中 外 物 理 学 精 品 书 系

本 书 出 版 得 到 " 国 家 出 版 基 金 " 资 助

U0230628

国家出版基金项目
NATIONAL PUBLICATION FOUNDATION

中外物理学精品书系

前沿系列·26

电磁场计算中的时域有限差分法

（第二版）

王长清 祝西里 编著

北京大学出版社
PEKING UNIVERSITY PRESS

图书在版编目(CIP)数据

电磁场计算中的时域有限差分法/王长清,祝西里编著. —2 版.—北京:北京
大学出版社,2014.2

(中外物理学精品书系·前沿系列)

ISBN 978-7-301-23722-9

Ⅰ.①电… Ⅱ.①王…②祝… Ⅲ.①电磁计算-有限差分法 Ⅳ.①TM15

中国版本图书馆 CIP 数据核字(2014)第 006721 号

书　　　名:电磁场计算中的时域有限差分法(第二版)

著作责任者:王长清　祝西里　编著

责 任 编 辑:王剑飞

标 准 书 号:ISBN 978-7-301-23722-9/O·0962

出 版 发 行:北京大学出版社

地　　　址:北京市海淀区成府路 205 号　100871

网　　　址:http://www.pup.cn　新浪官方微博:@北京大学出版社

电 子 信 箱:zpup@pup.pku.edu.cn

电　　　话:邮购部 62752015　发行部 62750672　编辑部 62765014
　　　　　　出版部 62754962

印 刷 者:北京中科印刷有限公司

经 销 者:新华书店
　　　　　　730 毫米×980 毫米　16 开本　25 印张　478 千字
　　　　　　1994 年 12 月第 1 版
　　　　　　2014 年 2 月第 2 版　2017 年 7 月第 2 次印刷

定　　　价:68.00 元

序　言

　　物理学是研究物质、能量以及它们之间相互作用的科学。她不仅是化学、生命、材料、信息、能源和环境等相关学科的基础,同时还是许多新兴学科和交叉学科的前沿。在科技发展日新月异和国际竞争日趋激烈的今天,物理学不仅囿于基础科学和技术应用研究的范畴,而且在社会发展与人类进步的历史进程中发挥着越来越关键的作用。

　　我们欣喜地看到,改革开放三十多年来,随着中国政治、经济、教育、文化等领域各项事业的持续稳定发展,我国物理学取得了跨越式的进步,做出了很多为世界瞩目的研究成果。今日的中国物理正在经历一个历史上少有的黄金时代。

　　在我国物理学科快速发展的背景下,近年来物理学相关书籍也呈现百花齐放的良好态势,在知识传承、学术交流、人才培养等方面发挥着无可替代的作用。从另一方面看,尽管国内各出版社相继推出了一些质量很高的物理教材和图书,但系统总结物理学各门类知识和发展,深入浅出地介绍其与现代科学技术之间的渊源,并针对不同层次的读者提供有价值的教材和研究参考,仍是我国科学传播与出版界面临的一个极富挑战性的课题。

　　为有力推动我国物理学研究、加快相关学科的建设与发展,特别是展现近年来中国物理学者的研究水平和成果,北京大学出版社在国家出版基金的支持下推出了"中外物理学精品书系",试图对以上难题进行大胆的尝试和探索。该书系编委会集结了数十位来自内地和香港顶尖高校及科研院所的知名专家学者。他们都是目前该领域十分活跃的专家,确保了整套丛书的权威性和前瞻性。

　　这套书系内容丰富,涵盖面广,可读性强,其中既有对我国传统物理学发展的梳理和总结,也有对正在蓬勃发展的物理学前沿的全面展示;既引进和介绍了世界物理学研究的发展动态,也面向国际主流领域传播中国物理的优秀专著。可以说,"中外物理学精品书系"力图完整呈现近现代世界和中国物理科学发展的全貌,是一部目前国内为数不多的兼具学术价值和阅读乐趣的经典物理丛书。

　　"中外物理学精品书系"另一个突出特点是,在把西方物理的精华要义"请进来"的同时,也将我国近现代物理的优秀成果"送出去"。物理学科在世界范围内的重要性不言而喻,引进和翻译世界物理的经典著作和前沿动态,可以满足当前国内物理教学和科研工作的迫切需求。另一方面,改革开放几十年来,我国的物理学研究取得了长足发展,一大批具有较高学术价值的著作相继问世。这套丛书首次将一些中国物理学者的优秀论著以英文版的形式直接推向国际相关研究的主流领域,使世界对中国物理学的过去和现状有更多的深入了解,不仅充分展示出中国物理学研究和积累的"硬实力",也向世界主动传播我国科技文化领域不断创新的"软实力",对全面提升中国科学、教育和文化领域的国际形象起到重要的促进作用。

　　值得一提的是,"中外物理学精品书系"还对中国近现代物理学科的经典著作进行了全面收录。20世纪以来,中国物理界诞生了很多经典作品,但当时大都分散出版,如今很多代表性的作品已经淹没在浩瀚的图书海洋中,读者们对这些论著也都是"只闻其声,未见其真"。该书系的编者们在这方面下了很大工夫,对中国物理学科不同时期、不同分支的经典著作进行了系统的整理和收录。这项工作具有非常重要的学术意义和社会价值,不仅可以很好地保护和传承我国物理学的经典文献,充分发挥其应有的传世育人的作用,更能使广大物理学人和青年学子切身体会我国物理学研究的发展脉络和优良传统,真正领悟到老一辈科学家严谨求实、追求卓越、博大精深的治学之美。

　　温家宝总理在2006年中国科学技术大会上指出,"加强基础研究是提升国家创新能力、积累智力资本的重要途径,是我国跻身世界科技强国的必要条件"。中国的发展在于创新,而基础研究正是一切创新的根本和源泉。我相信,这套"中外物理学精品书系"的出版,不仅可以使所有热爱和研究物理学的人们从中获取思维的启迪、智力的挑战和阅读的乐趣,也将进一步推动其他相关基础科学更好更快地发展,为我国今后的科技创新和社会进步做出应有的贡献。

"中外物理学精品书系"编委会　主任

中国科学院院士,北京大学教授

王恩哥

2010年5月于燕园

内 容 简 介

　　本书全面系统地论述了时域有限差分(FDTD)法的基本原理及其在广泛领域的应用方法,并反映了最新发展成果。前三章介绍了时域有限差分法的基本原理,包括差分格式的建立、数值色散和稳定性以及网格的剖分方法。第四章系统地介绍了应用于开域问题的各种吸收边界条件。第五至七章讨论了时域有限差分法在散射、辐射、微波和光波线路分析中的应用。第八章专门讨论了电磁波对人体作用的计算。第九章论述了时域多分辨分析法,这是时域有限差分法的一种扩展。第十章简要地介绍了时域有限差分法的并行化问题。本书可帮助读者迅速地掌握时域有限差分法的原理和应用技巧,以便尽快地用于解决实际问题。

　　本书可用作无线电电子学、无线电物理、电磁场工程、天线和微波技术等专业高年级学生和研究生的教学参考书,也可供在电磁散射、瞬变电磁场、电磁兼容、微波技术与天线、生物电磁学和电磁波在生物医学中应用等领域从事教学和研究工作的科技工作者阅读。

第二版前言

　　本书自第一版出版以来,将近 18 年过去了。在这 18 年中时域有限差分法不仅大大扩展了应用范围,而且在理论和技术方面也有了很大发展。在这一时期,时域有限差分法在我国的应用和研究,也取得了很多成果。在本书第一版出版时,我国从事时域有限差分法研究的科学工作者还寥寥无几。现在已经有了众多参与者,甚至可以说得到了一定的普及。在第一版前言中曾说:本书定位在介绍基本原理和可能应用的主要方面及初步成果上,旨在推进时域有限差分法在我国的推广应用。时至今日,显然这一目的已经达到。为了适应新形势的需要,出版新版本的时机已经成熟了。

　　本书修订版基本保留了原来的风格,主要是根据近 18 年国内外的研究成果增加了一些新的内容,并在结构上进行了调整,使得在内容的相互照应上更加合理。本书把原来九章的内容调整为八章,在章节的名称上也作了相应的改变,同时还增加了两章新的内容,即第九章和第十章。第九章的内容是时域多分辨分析法,之所以加入这部分内容是因为时域多分辨分析法可以被看作时域有限差分法的更普遍的形式,或者说时域有限差分法只是时域多分辨分析法的一种特殊形式;而且时域多分辨分析法在计算电磁学的发展上具有特殊的意义,有很多可期待的发展前途,而在我国又没有受到足够的重视。第十章讨论了时域有限差分法的并行化问题。并行化的问题反映了时域有限差分法研究的新趋势,可充分利用计算机技术发展的最新成果,来提高时域有限差分法的应用成效。除此之外,在不同的章节还增加了有关新发展的相应内容,如 §2.4,§2.5,§2.6 和 §2.7 中关于各向异性和色散媒质中的时域有限差分法、高阶时域有限差分法和 ADI 时域有限差分法等内容;以及 §4.8 中的 Berenger 完全匹配层法,§7.6 中集总参数元器件的模拟和 §8.9 中手机与人体的相互作用等内容。其他新增内容和修改之处还有很多,不再一一列举。

　　本书第一版出版以来,受到不少同行专家的关注和鼓励,也引起了许多青年学者和学生对本书所述内容的兴趣,有很多读者与笔者联系,讨论问题。所有这些对笔者从事修订工作起到了激励作用,在此对这些专家和学生表示深深谢意。

　　本书的修订工作是笔者在近几年于中国和美国两地交替生活期间逐渐完成

的。在此期间我们的儿女王海波和王海云、儿媳鹿军在美国为我们创造了良好的工作环境，并在收集资料方面给予了不少帮助。我们可爱的孙女 Anne 和 Claire、外孙女 Grace 的优秀表现，不仅使我们享受到了天伦之乐，而且在精神上也受到了鼓舞，让我们能更愉快地完成各项繁重工作。

　　尽管我们作了努力，但由于相关资料非常丰富，又不断有新的发展，这次修订仍会存在不少缺点，望读者批评指正。

编著者

2012 年 10 月于北京大学承泽园

第一版前言

由于需要解决的电磁场问题越来越复杂,电磁场的数值解法就更显得重要。电子计算机技术的飞速发展,又为数值计算提供了日新月异的有利条件。在这种情况下,电磁场的数值计算方法得到了迅速发展。在各种数值计算方法中,时域有限差分法近年来已引起了人们的高度重视。

在 1986 年本书作者应 Om P. Gandhi 教授的盛情邀请到美国犹他大学从事研究工作,第一次接触到时域有限差分法,从此对这一方法产生了浓厚的兴趣。在那时,时域有限差分法正处于走向成熟和扩大应用范围的阶段,在以后的几年又得到了迅猛的发展。回国后,由于深感这一方法对解决很多复杂的电磁场问题具有巨大意义,除了继续进行研究和应用外,还利用一切机会向国内同行们推荐介绍这一方法,希望尽快在国内得到推广应用。从那时起就萌发了一个想法,在时机成熟时写一本书详细介绍时域有限差分法的基本原理,对其应用进行系统的总结,并开始了积累和整理资料的工作。由于时域有限差分法正处于蓬勃发展的阶段,几乎每月都有新的成果出现,不仅应用范围不断扩大,而且方法本身也在不断发展。这种情况使写作遇到了矛盾:若很快成书,势必不能对这一方法进行完整的介绍;若等待它发展到一个适当的阶段,又不能满足尽快介绍推广的需要。本书定位在介绍基本原理和可能应用的主要方面及初步成果上,旨在推进时域有限差分法在我国的推广应用并发挥作用。

基于以上考虑,本书尽量详细地介绍了时域有限差分法的基本原理和应用的基本方法,希望使读者通过阅读本书就能很快地在实践中加以应用。本书的第一章介绍时域有限差分法产生和发展的背景,以及所具有的特点和应用的前景。第二章介绍时域有限差分格式的导出及其各种形式,还讨论了数值色散和稳定性等问题。第三章介绍了各种吸收边界条件和在计算中的应用。第四章叙述了平面波问题中网格空间总场区和散射场区的划分,讨论了平面波源的建立问题。第五章以散射问题为例介绍时域有限差分法的应用。第六章介绍时域有限差分法的最新发展。第七章到第九章分别介绍时域有限差分法在电磁剂量学、微波与光路的时域分析和天线辐射特性计算中应用的成果。

由于时域有限差分法可被用于解决广泛的电磁场问题,因此涉及电磁场工程的诸多方面,本书不仅可供从事电磁场理论和数值计算的科技工作者参考,对从事天线、微波、电磁兼容、电磁散射、生物电磁学和电磁场生物医学应用的广大科技工作者及对上述问题有兴趣的研究生和高年级本科生也有一定的参考价值。

　　本书是介绍时域有限差分法的初步尝试,加上作者水平有限,不当之处和错误在所难免,希望读者批评指正。

编著者

1993 年 10 月

目　　录

第一章 绪 论

§1.1 现代电磁场问题的特点

现代技术的许多方面都与电磁场,尤其是高频电磁场有关,复杂的高频电磁系统的分析与综合,以及高频电磁场与复杂目标相互作用的分析和计算,都成为现代技术发展的重要课题.在通信、雷达、物探、电磁防护、电磁兼容、医疗诊断、战略防御以及工农业生产和日常生活的各个领域中,高频电磁场的传输、辐射、散射和透入等问题,都起着非常重要的作用,有大量的课题需要深入研究.所有电磁场问题解决的最终要求是,求得满足实际条件的 Maxwell 方程的精确解答.获得封闭形式的解析解并给予正确的物理解释一向是人们所向往的解决问题的最佳结果.然而,只有一些典型几何形状和结构相对简单的问题才有可能求得严格的解析解.当代电磁场工程中高频电磁场问题的主要特点是电磁系统的高度复杂性.虽然对很多典型问题的解析分析仍然能帮助人们加深对电磁规律的认识,但作为工程问题的解决,解析方法往往无能为力.为了加深对现代电磁场问题特点的认识,我们以电磁散射问题为例加以说明.

现代的电磁系统大多是在一个非常复杂的环境中工作,电磁波与之作用的也往往是形状和结构上都极为复杂的系统.例如,很多电磁系统是在飞机、火箭或舰船上使用,而它们自身又作为电磁波与之作用的对象构成复杂的电磁散射系统.首先这些系统往往是电大的,亦即它们的线度往往要延伸数个波长或更多,其次其外形常常很不规则,包含多种形态的构件.它们的复杂性不仅表现在外形上,而且可能包括多种材料成分,并包括孔、缝、内腔和负载等各种内部结构.一个复杂的电磁系统中往往同时存在数种复杂的电磁物理过程,系统的结构对它的电磁特性有强烈的影响.下面就系统的形状、结构及入射电磁波本身的特性等方面略述高频电磁场散射问题的一些特点.

1. 与形态有关的电磁场运动的复杂性

电磁场理论所积累的丰富知识告诉我们,在不同形状的导电结构中可以产生各种不同的电磁物理过程.下面是一些典型的物理现象:

(1) 导电平面上的镜面效应;

(2) 棱角处的奇异表面电流和衍射现象;

(3) 弯曲表面的镜面效应及表面导(爬行)波;

（4）再入表面的边廊模；

（5）由长度、绕体或内腔引起的谐振现象.

2. 与构成材料有关的复杂因素

现代的电磁系统出于各种不同的需要而使用各种材料,如作为电磁窗口的雷达罩和作为隐身用的涂层就是由不同的材料构成.影响电磁特性的主要因素为：

（1）块状材料构件

——介电材料的介电常数和电导率；

——磁性材料的磁导率和磁损耗；

——复合材料的表面阻抗.

（2）影响表面电特性的材料

——层状或叠片性涂敷吸收性材料；

——各种原因造成的表面电特性的变化；

——表面弯曲或工程连接对材料特性的影响.

3. 表面孔、缝等形成的复杂电磁现象

电磁系统表面存在的孔或缝等均构成电磁波的耦合通道,这些因素不仅造成电磁波对系统内部的透入,同时也影响系统的外部特性.电磁波的透入渠道主要包括：

（1）特意设置的电磁窗口；

（2）座舱窗；

（3）引擎入口；

（4）组件搭接；

（5）随机造成的缝隙.

这些因素除了引起一般的耦合效应,还可能与邻近结构造成综合效应.由谐振效应引起的场的增强可能形成孔或缝隙中的击穿或打火现象,从而出现非线性效应.打火现象的出现可能减少电磁波的透入,也可能增加电磁波的耦合.

4. 内腔结构造成的复杂影响

现代电磁系统常常具有复杂的内腔结构,它们又可能通过孔或缝与外部相通.其内部可能存在各种复杂结构的负载,因而形成极为复杂的电磁现象.影响电磁特性的主要因素包括：

（1）作为谐振腔被激发,形成复杂的电磁振荡模式；

（2）腔的截止特性及其品质因数；

（3）沿腔内的导线或电缆激发起准 TEM 模,而把电磁能量输送到距入口较远的区域；

（4）多导体或电缆间的耦合现象；

(5) 各种负载的影响.

5. 入射波的复杂特性

现代电磁场工程中不仅关心稳态简谐电磁波的作用,还要关心核电磁脉冲(NEMP)、雷电和高能微波(HMP)的影响.后者属于瞬态电磁场.在研究瞬态电磁场与物体的作用时,不仅要考虑它的宽频带特性,而且物体的局域特性将起重要作用.此外,在一些问题中入射电磁波不仅有远场(平面波),有时还可能是辐射近场,在这种情况下必须了解近场的特性,而且还要考虑辐射源与物体之间的相互作用,使问题更加复杂.

电磁场工程涉及非常广泛的领域,包含着各种电磁场问题,上面仅就散射问题已经看到了现代电磁场工程中所需解决的电磁场问题的高度复杂性.简单的电磁模型已经远远不能满足现代电磁场工程的要求,必须考虑各种实际的复杂因素,这是一项非常困难的任务.为了满足解决电磁场工程中不断提出的各种复杂问题的需要,求解电磁场问题的方法也在不断地发展,并不断地出现更强有力的新方法.

§1.2 电磁场计算方法概述

在现代电磁场工程中,由于问题的复杂性,要求得封闭形式的解析解已经不可能,就是半解析的近似方法也只能在个别问题中得到有限的应用.能够较广泛发挥作用的,唯有各种数值方法.20世纪60年代以来随着电子计算机技术的发展,一些电磁场的数值计算方法发展了起来,并得到广泛的应用,其中主要有:属于频域技术的有限元法、矩量法和单矩法等;属于时域技术的时域有限差分法、传输线矩阵法和时域积分方程法等;属于高频技术的几何衍射理论和衍射物理理论等.各种方法都具有自己的特点和局限性,在实践中又经常把它们相互配合而形成各种混合方法.下面对以上计算方法进行简短的分类评述,以便更好地了解时域有限差分法的特点.

1. 直接频域法

直接频域法可以分为积分方程形式和微分方程形式.积分方程形式是把电磁场的作用作为边值问题来对待,对电场或磁场根据边界条件导出积分方程或积分-微分方程.但这些方程不具有一般性,不得不对具体的几何边界和材料特性进行再推导.矩量法是运用最广泛的解这类积分方程的近似方法,首先把积分方程转换为等效的矩阵方程,而后对矩阵方程进行求逆计算.这种方法适用于任意形状和非均匀性问题,但可能导致非常大的矩阵而且可能是病态的,使其应用范围受到了限制.近期采用快速Fourier变换(FFT)和共轭梯度法(CGM)等迭代技术,使得矩量法的应用范围得到了扩展.快速多极子方法(FMM)以及多层快速极子(MLFM)技术的发展使矩量法的应用达到了更高水平.

微分形式的方法主要是有限差分法和有限元法.有限元法可起始于微分方程的变分形式,这并不是对所有问题都能办到的.有限元法的最大优点在于单元划分的灵活性,从而可精细地模拟复杂的几何结构.这两种方法的主要缺点是需要较多的存储空间和计算时间.属于微分方程形式的还有单矩法,这一方法的要点是,根据问题的维度用球面或柱面环绕给定的结构,其最小半径选择为把结构全部包围在内,以便使外部区域的散射场能用外行的球或柱函数表示,而在内部区域可用有限元法解 Helmholtz 方程.这种方法保持了有限元法的优点.

2. 直接时域法

直接时域法也可分为积分方程和微分方程两种形式.最早的时域积分方程形式叫做滞后位积分法,在这种方法中用 Green 函数和散射体表面的边界条件建立时域积分方程.方程求解的基本方法是,把空间变量的积分区域和时间变量都离散化,从而把积分方程化为线性方程组.与直接频域法不同的是,方程组不是按求逆矩阵的方法求解,而是基于如下的考虑:在外加激励没有到达散射体时,其上的感应电流处处为零,由于场的传播速度是有限的,空间中各点在激励的影响没有到达之前场值亦为零,而且空间某点某时刻的响应仅受满足滞后关系的那些源的影响.这样可以从初值开始计算,并按时间步进的方式求出各时间取样点的场值.这种方法的主要优点是计算区域限制在结构的表面,其缺点是需要时间的后存储,以完成推迟积分,这大大增加了对存储空间的要求.

新的时域积分方程法的积分方程可以由时域麦克斯韦方程直接导出,并由势函数加以表达,也可以由频域积分方程出发经傅里叶逆变换而得到.在新的方法中,其空间变量部分仍用矩量法,而时间变量部分则采用差分法,并可分为显式解法与隐式解法两种形式,都采用步进法求解.后者的特点是时间步长的选取与空间离散尺度无关,可选取较长的时间步以减少计算量.为了提高时域积分方程法的计算效率,最新发展了时域平面波法.

以微分方程形式出发的时域方法有时域有限元法.建立时域有限元法的一条途径是直接从时域麦克斯韦方程组出发,另一种途径则是以波动方程为基础.两种方程都采用伽辽金法处理其中的空间变量部分,时间变量的部分则采用差分法,因此也可分为显式解法与隐式解法两种形式.时域有限元法的主要优点是保持了频域有限元法的优点,即空间离散的灵活性,从而对复杂的几何结构有较高的模拟精度.

采用微分方程形式的主要是时域有限差分法.这是一种保持 Maxwell 旋度方程中的时间变量,不经变换而直接在时域-空域中求解的方法,它能提供方程的齐次部分(瞬时)和非齐次部分(稳态)的全部解答.它在每一网格反复地运行由 Maxwell 旋度方程直接转换来的有限差分格式,从而实现在计算机的数字空间中对波的传播及与物体的作用进行模拟.在这种模拟中不需要后存储,一般只涉及上一时间步的场值.这种方法的缺点是计算区域不仅在结构的表面,还必须包括内部和足够的外部空间,以便有效地满足辐射条件.但由于它以最普遍的 Maxwell 方程作为出发点,故有非常广泛的适用范围.

传输线矩阵法则是利用场的传播与电压和电流在空间传输线网络中传播的类似性并按 Huygens 原理的多次散射过程进行描述.它与时域有限差分法是非常相近的,每一种传输线矩阵算法都存在一种等效的时域有限差分算法,反之亦然.

3. 高频近似法

对于电大物体,若其媒质特性和几何参数是缓慢变化的,则电磁波的传播具有局域性质,即给定观察点的场只取决于曲面的有限区域上的场的分布.在这种情况下电磁场的计算可以采用所谓高频近似,这里主要是指衍射的几何理论(GTD).GTD 是从几何光学中引申出来的,在其中引入了衍射射线,以消除几何光学射线边界上场的不连续性,并在这些边界间的区域中,尤其是在几何光学所预计的零场区中引入适当的场以作修正.GTD 法根据局部场原理,把物体分解为一些典型的几何构型,再以这些典型的几何结构的衍射场为基础进行场的计算.GTD 法已被证明解决很多电大问题是很有用的,但在阴影边界(SB)附近和反射边界(RB)附近的过渡区,以及在沿 GTD 公式预计为无限大场的散焦方向和在照射场的性质复杂的某些场合,GTD 法是不适用的.为了克服上述困难,后来又发展了一致性衍射理论(UTD)、一致性渐近理论(UAT)、衍射的物理理论(PTD)和衍射的谱理论(STD)等.

高频近似法适合计算电大导电体的电磁场问题,而对于电小结构及介质或其他非金属材料构成的系统则存在困难.相反的矩量法则适合于在低频或谐振频率附近使用,故能适用于金属和介质材料构成的系统.对于矩量法而言,由于须解非稀疏系数的线性方程组,使之需要的计算机存储空间与离散单元数 N 的平方成正比,计算时间则与 N^2 至 N^3 成正比.而且大矩阵趋于成为病态的,这将降低计算结果的精度.为了扩大矩量法应用的频率范围,采用了共轭梯度法和快速 Fourier 变换,应用范围已扩展到 10 个波长.快速多极子和多层快速多极子技术的应用可使计算量几乎达到 $O(N\log N)$ 的水平,也可用于一些电大问题.时域有限差分法不仅具有更强的模拟各种复杂结构的能力,还由于避免了解方程组,使得它所要求的存储空间和计算时间只与 N 成正比,其应用范围在近期内有希望达到 100 个波长.由于各种方法各有其特点和局限性,对于复杂的电大系统的问题采用各种混合方法,以发挥各种方法的特长,是解决这种复杂问题的可行途径.

§1.3　时域有限差分法的发展

早在 1966 年 K. S. Yee 在他发表的著名论文"Numerical Solution of Initial Boundary Value Problems Involving Maxwell's Equation in Isotropic Media"[1] 中,用后来被称为 Yee 氏网格的空间离散方式,把带时间变量的 Maxwell 旋度方程转化为差分格式,并成功地模拟了电磁脉冲与理想导体作用的时域响应. 这就诞生了后来被称做时域有限差分法(Finite-Difference Time-Domain, FDTD)的一种新的电磁场的时域计算方法. 当然,从现在的观点看,Yee 氏在初创时所用的方法还只是时域有限差分法的雏形,后来经过一批科学家的不断改进,经历了近 20 年的发展才逐渐走向成熟. 对这一方法的发展贡献最大的科学家除 Yee 氏外,还有 R. Holland, K. S. Kunz 和 A. Taflove 等. 在这近 20 年的发展中主要解决的是以下一些问题.

（1）吸收边界条件的应用和不断改善. 在 Yee 氏的最初方法中使用的是硬边界,把边界设置为理想导体(令边界的切向电场和法向磁场分量为零). 在这种情况下只能模拟电磁脉冲在到达边界以前一段时间的电磁过程,否则由于边界对电磁脉冲的反射,将改变电磁脉冲的传播路径,而不再是电磁脉冲在自由空间中的实际散射过程. 为了用有限的计算网格空间模拟无限大的物理空间,就要设法消除电磁波在网格空间边界上的反射,也就是要能吸收掉到达边界上的电磁波. 为吸收电磁波采用了硬边界和软边界两种方法. 所谓硬边界就是在边界处设置一定的吸收材料,使传播到边界的电磁波受到衰减,从而减小反射. 这一方法由于存在种种缺点而没有得到发展. 所谓软边界,是在边界处让电磁波满足一定的吸收边界条件,以消除电磁波从边界上的反射. 人们曾提出过多种吸收边界条件的方案,但得到广泛应用的是 B. Engquist 和 A. Majda 所提出的单向波方程,后来 G. Mur 给出了一阶和二阶近似的差分形式,更促进了这一吸收边界条件的推广.

（2）总场区和散射场区的划分. 在 Yee 氏的初始算法中没有场区的划分,入射波和散射波只能靠时-空上的分离. 这只有对窄脉冲才能实现,而且入射波只能沿某个坐标轴传播. 发展后的时域有限差分法利用连接条件把计算网格空间分为内部的总场区和外部的散射场区,吸收边界条件用在散射场区. 这样做的结果带来了以下的好处:

（i）可实现任意入射波的设置. 在这种方法中入射平面波是在单独的一维空间中传播,通过连接条件接入总场区,因此可以实现对入射波的入射方向、极化角度及其随时间变化规律的任意设置,大大扩展了这一方法的适用范围.

（ii）可以保证宽的计算动态范围. 在某些结构的阴影区或腔内散射场值很

小处,若直接计算散射场可能由于相减噪声的存在而产生很大误差,只计算总场则可避免这种误差的影响,从而提高了计算的动态范围.

(iii) 使散射体的设置变得简单. 由于在时域有限差分法中在总场区内介质交界面的边界条件是自动得到满足的,使得任意复杂的散射体结构的设置变得简单,因为散射体总是设置在总场区中. 如果用散射场编程,就需要在所有介质交界面处计算入射场,以便使散射场和入射场之和的总场满足边界条件,而今只需在连接边界上计算入射场.

(iv) 方便远场的计算. 由于近区散射场已经获得,由此计算远区散射场已经不成问题. 而且在散射场区可规定一个规则的等效面,只要该等效面上的切向电场和磁场分量已知,便可计算出远区散射场. 这样可使远区散射场的计算程序通用化,而与具体的散射体形式无关.

(3) 实现了稳态场的计算. 由于有了以上两种技术,网格空间边界的反射可降到很低的水平,而且入射波可以单独设置,以及总场区与散射场区的分离,都为稳态电磁场问题的计算创造了条件. 在解决了场的幅度和相位的检测后,计算远区稳态散射场也成为可能. 如此一来,直接时域方法和直接频域方法实现了直接转化,当需要单频率或窄频带的信息时,时域有限差分法就可以用于直接频域计算.

20 世纪 80 年代后期以来时域有限差分法进入一个新的发展阶段,即由成熟转入被广泛接受和应用,在应用中又不断有新的发展. 在 80 年代中期以前,时域有限差分法的研究和应用始终限于不大的一个圈子里,而在这之后的几年里发生了明显的变化,大批科学家参加了进来,使得它的应用范围迅速扩大. 随着应用范围的扩大,不断提出新的要求,这就促使对时域有限差分法进行更深入的研究,使其得到了进一步的发展. 在这一阶段主要解决了以下几个问题.

(1) 回路积分法和变形网格. 根据 Yee 氏网格中电磁场的空间关系和积分形式的 Faraday 定律和 Ampere 定律推导出了回路积分表示的差分格式,使之适用于任意形态的网格结构,使得原来用阶梯法模拟的曲面结构得到更精确的模拟.

(2) 亚网格技术. 在传统的时域有限差分法中对物体模拟的最小尺度为一个网格,为了模拟细微的结构只能把网格划细,这样会大大增加对存储空间和计算时间的要求. 在一些情况下这不仅意味着不经济,甚至可能超出计算机所具有的能力. 所谓亚网格技术是一种用于模拟小于一个网格尺度的结构的方法,如小于一个网格的导体窄缝或介质薄层等,这样就扩大了时域有限差分法的应用范围.

(3) 广义正交曲线坐标系中的差分格式和非正交变形网格. 这些方法把网格的形式多样化,以适应于更精确地模拟各种形状的物体. 正交曲线坐标系中的网格体系适合于模拟外形与坐标面相重合的物体,由于网格体系的规则性,使得编程比较容易.非正交变形网格则比较灵活,适于模拟形状复杂的结构.

（4）适于色散介质的差分格式.在用时域有限差分法计算脉冲电磁场与色散介质的相互作用时,由于脉冲含有宽的频率成分,差分格式中必须考虑介质的色散性质,传统的差分格式已不再适用.近来用适当的迭代技术解决了卷积计算问题,从而获得了适用于色散介质的差分格式,但色散关系必须有合适的数学模型.

（5）超吸收边界条件和色散吸收边界条件.传统的吸收边界条件只考虑边界面上的切向电场或切向磁场,超吸收边界条件则既考虑电场需满足的条件,又通过磁场的计算进行修正,从而进一步提高了相应吸收边界条件的效果.色散吸收边界条件是为了适应不同频率时传播速度不同的情况.

时域有限差分法近期发展的另一个特点是迅速扩大了它的应用范围.80年代中期以前它还主要用于电磁散射问题,到80年代中期首先成功地用于生物电磁剂量学问题的计算和电磁热疗系统的计算机模拟,到80年代后期期用于微波电路的时域分析被证明非常成功,进入90年代以来又成功地用于天线辐射特性的计算问题.随着新技术的不断提出,应用的范围和质量正在不断地扩大和提高.

自本书第一版出版（1994年）以来,就如书中所指出的那样,时域有限差分法又经历了一个不断有新的发展和深入、广泛应用的阶段.不仅已有的技术更加成熟,而且增加了新的内容.就新技术而言,主要有以下几点.

（1）新的吸收边界——完全匹配层（PML）.它是一种非物理的损耗媒质,开始以场分裂的形式描述,后又归结为一种单轴各向异性材料.它对入射波的无反射特性与频率及入射方向无关,而透入波则依指数规律衰减.它的性能大大优于以前的各类吸收边界条件,从而得到了广泛研究和应用.

（2）高阶FDTD技术.时域有限差分法计算精度的主要限制是其数值色散的存在,传统的时域有限差分法对空间和时间变量均采用具有二阶近似的中心差分格式.研究表明,利用更高阶的差分近似可以提高计算精度.当前最成熟的是在空间上采用四阶近似,而在时间上仍然采用二阶近似,称为FDTD(2.4).

（3）ADIK-FDID技术.它是一种无条件稳定的时域方法,是通过对不同变量交替使用显式和隐式解法而实现的.由于对时间步长没有稳定性条件所施加的限制,从而有希望提高计算效率.

（4）并行计算技术.随着计算机并行计算技术的发展,FDTD的并行化技术也逐渐成熟,尤其是基于消息传递接口（MPI）的并行算法已得到较普遍的应用.

（5）时域多分辨分析方法（MRTD）.它基于小波分析中的多分辨分析概念,利用小波正交基和伽辽金法对麦克斯韦方程进行离散化处理.利用特殊的脉冲正交基,由此方法得到的是与时域有限差分法相同的差分格式.因此MRTD可视为 FDTD 的更一般化的形式, 它有根据需要选择类似 FDTD 中多重网格的自适应能力. 它的基础网格可以选得较粗, 故可大大提高计算效率.

§1.4　时域有限差分法的特点

作为一种电磁场的数值计算方法, 时域有限差分法具有一些非常突出的特点, 也是它的优点. 正是由于这些, 使得越来越多的人对它产生了浓厚的兴趣, 并得到越来越广泛的应用. 这些特点中最重要的是以下几个方面.

(1) 直接时域计算. 时域有限差分法直接把含时间变量的 Maxwell 旋度方程在 Yee 氏网格空间中转换为差分方程. 在这种差分格式中每个网格点上的电场 (或磁场) 分量仅与它相邻的磁场 (或电场) 分量及上一时间步该点的场值有关. 在每一时间步计算网格空间各点的电场和磁场分量, 随着时间步的推进, 即能直接模拟电磁波的传播及其与物体的相互作用过程. 时域有限差分法把各类问题都作为初值问题来处理, 使电磁波的时域特性被直接反映出来. 这一特点使它能直接给出非常丰富的电磁场问题的时域信息, 给复杂的物理过程描绘出清晰的物理图像. 如果需要频域信息, 则只需对时域信息进行 Fourier 变换. 为获得宽频带的信息, 只需在宽频谱的脉冲激励下进行一次计算.

(2) 广泛的适用性. 由于时域有限差分法的直接出发点是概括电磁场普遍规律的 Maxwell 方程, 这就预示着这一方法应具有最广泛的适用性. 近几年的发展完全证实了这一点. 从具体的算法看, 在时域有限差分法的差分格式中被模拟空间电磁性质的参量是按空间网格给出的, 因此, 只需设定相应空间点以适当的参数, 就可模拟各种复杂的电磁结构. 媒质的非均匀性、各向异性、色散特性和非线性等均能很容易地进行精确模拟. 由于在网格空间中电场和磁场分量是被交叉放置的, 而且计算中用差分代替了微商, 使得介质交界面上的边界条件能自然得到满足, 这就为模拟复杂的结构提供了极大的方便. 任何问题只要能正确地对源和结构进行模拟, 时域有限差分法就应该给出正确的解答, 不论是散射、辐射、传输、透入或吸收中的哪一种, 也不论是瞬态问题还是稳态问题.

(3) 节约存储空间和计算时间. 在时域有限差分法中每个网格电场和磁场的六个分量及其上一时间步的值是必须存储的, 此外还有描述各网格电磁性质的参数以及吸收边界条件和连接条件的有关变量, 它们一般是空间网格总数 N 的数倍. 所以, 时域有限差分法所需要的存储空间直接由所需的网格空间决定, 与网格总数 N 成正比. 在计算时, 每个网格的电磁场都按同样的差分格式计算, 所以, 就所需的主要计算时间而言, 也是与网格总数 N 成正比. 相比之下, 若离散单元也是 N, 则矩量法所需的存储空间与 $(3N)^2$ 成正比, 而所需的 CPU 时间则与 $(3N)^2$ 至 $(3N)^3$ 成正比. 当 N 比较大时两者的差别是很明显的. 所以, 当 N

很大时,时域有限差分法往往是更合适的方法.

（4）适合并行计算.很多复杂的电磁场问题不能计算,往往不是因为没有可选用的方法,而是由于计算条件的限制.当代电子计算机的发展方向是运用并行处理技术,以进一步提高计算速度.并行计算机的发展推动了数值计算中并行处理的研究,适合并行计算的方法将更多地发挥作用.如前面所指出的,时域有限差分法的计算特点是,每一网格点上的电场（或磁场）只与其周围相邻网格点处的磁场（或电场）及其上一时间步的场值有关,这使得它特别适合并行计算.施行并行计算可使时域有限差分法所需的存储空间和计算时间减少为只与 $N^{1/3}$ 成正比.以直角坐标系中的立方体网格空间为例,若每个坐标方向的网格数为 n,则计算网格空间的网格总数 $N=n^3$.若用 $n\times n\times 6$ 个处理器,则每一处理器只需记忆和处理一行中一个场分量的有关信息,$n\times n$ 行可同时处理.这样,对于一个确定的时间步,全部运行时间就正比于完成一行处理所需的时间,这时间又正比于一行中一个场分量的个数 n,即 $N^{1/3}$.当然,以上仅是最简单粗略的估计,没有考虑处理器之间必不可少的信息交换.由此看来,时域有限差分法将随着并行计算机的发展而越来越显得重要.

（5）计算程序的通用性.由于 Maxwell 方程是时域有限差分法计算任何问题的数学模型,因而它的基本差分方程对广泛的问题是不变的.此外,吸收边界条件和连接条件对很多问题是可以通用的,而计算对象的模拟是通过给网格赋予参数来实现,对以上各部分没有直接联系,可以独立进行.因此一个基础的时域有限差分法计算程序,对广泛的电磁场问题具有通用性,对不同的问题或不同的计算对象只需修改有关部分,而大部分是共同的.

（6）简单、直观、容易掌握.由于时域有限差分法直接从 Maxwell 方程出发,不需要任何导出方程,这样就避免了使用更多的数学工具,使得它成为所有电磁场的计算方法中最简单的一种.其次,由于它能直接在时域中模拟电磁波的传播及其与物体作用的物理过程,所以它又是非常直观的一种方法.由于它既简单又直观,掌握它就不是件很困难的事情,只要有电磁场的基本理论知识,不需要数学上的很多准备,就可以学习运用这一方法解决很复杂的电磁场问题.这样,这一方法很容易得到推广,并在很广泛的领域发挥作用.

§1.5　时域有限差分法的应用

由于时域有限差分法具有如上节所指出的那样一些特点,使得它获得了其他方法不能与之相比的非常广泛的应用.到现在为止,它几乎用于电磁场工程中的各个方面,而且其应用的范围和成效还正在迅速地扩大和提高.下面只就时域有限差分法应用的一些主要方面及其所显示的优势加以简述.

1. 目标电磁散射特性研究中的应用

目标电磁散射特性是一个经典而又经久不衰的研究课题,当然问题的复杂性已今非昔比.隐身和反隐身技术的发展把这一问题的研究推向一个新的阶段.时域有限差分法的提出和发展大多是围绕着电磁散射问题进行的,因此很自然地它在电磁散射问题的计算中较早地得到了实际应用.在应用中已显示,对于结构复杂或线度达到数个波长的目标散射特性的计算,时域有限差分法具有突出的优越性.所谓复杂目标,主要指的是具有复杂的几何形状,包含不同种类的导电和介质材料,含有负载和结构复杂的内腔等,对这样类型的复杂目标散射特性的计算,传统的方法(如矩量法、几何衍射理论等)已不能完全适用.时域有限差分法由于其对复杂结构模拟的超凡能力,在计算极复杂目标的电磁散射问题中仍具有巨大潜力.

时域有限差分法用于目标散射特性研究中所具有的另一个突出特点是,通过目标对设定的入射脉冲平面波瞬态响应的计算,可获得目标在宽频带范围的散射特性,而且这种丰富信息的获得只需一次计算便能完成,而采用频域法时必须逐个频率进行计算.此外,时域有限差分法已被用于逆散射问题.

2. 在电磁兼容问题中的应用

电磁兼容性越来越受到人们的重视,其中有许多复杂的电磁场计算问题,透入和串扰是两个最具特点的问题.所谓透入问题,主要是指干扰源通过孔、缝等电磁通道向目标内部的能量耦合;所谓串扰,则主要是指干扰源对导线或电缆的耦合以及导线之间的干扰.为了计算这些复杂的电磁场问题,首先是对这些复杂的结构进行正确的模拟,而时域有限差分法正是在这方面有其突出的优越性.因此,时域有限差分法已用于计算非常复杂的电磁兼容问题.由于时域有限差分法的直接时域计算的特性,因而对核电磁脉冲的计算问题特别合适,并在这方面已经取得了很多重要的成果.

值得指出的是,透入问题和散射特性有密切的关系.若一个目标有明显的透入问题存在,则须考虑到透入问题的影响才能正确地计算目标的散射特性.

在透入问题中的一个复杂现象是在孔或缝的某处出现击穿,这将导致非线性效应.在适当的条件下击穿现象可能引起耦合能量的增加,因此击穿的影响是个需要认真研究的问题,包括击穿现象的耦合问题有希望用时域有限差分法获得解决.

3. 在天线辐射特性计算中的应用

时域有限差分法用于天线辐射特性的计算虽然开始得较晚,但发展得很快,现在已经涉及多种类型的问题,除线性振子天线外,还有微带天线、喇叭天线和反射面天线等.时域有限差分法用于天线辐射特性计算所具有的优越性仍然是对复杂结构的模拟能力.当天线结构简单,如线性振子天线,矩量法仍具有优势.

时域有限差分法在计算天线的瞬态辐射特性方面具有突出的优点. 天线的瞬态辐射信息有利于深刻理解天线中电磁波辐射的详细过程,对改进天线的性能具有重要的意义. 此外,时域有限差分法的直接时域特性在天线宽频带辐射特性的计算中也显示出了突出的优点,只需采用适当脉冲作为激励源,由天线的瞬态辐射特性中即可获得其宽频带的辐射特性. 时域有限差分法不仅用来计算天线辐射的方向性,也可以计算天线的各种重要的辐射参量.

4. 在微波电路和光路时域分析中的应用

微波电路和光路的时域分析是时域有限差分法被成功应用的另一个重要方面. 随着通信和雷达等技术的发展,高速和宽带器件显得越来越重要,而且需要了解它们的宽频带和包括时间在内的四维信息. 在解决这类问题方面传统的频域方法已不能适应要求,而时域有限差分法却由于它所具有的特点显示出很大的优越性,即不仅能通过一次运行获得宽频带的信息,而且可以了解脉冲信号在电路中的详细传输过程,从而大大加深对电路工作的深刻理解. 现在,用时域有限差分法不仅分析了均匀传输系统,而且分析了各类非均匀性,甚至诸如定向耦合器、滤波器等一些功能器件的传输特性;不仅包括波导及其器件,还涉及微带线、共面波导和槽线等. 此外,时域有限差分法在解决本征值问题方面也显示出了其独特的优点. 最近时域有限差分法已开始用于光路的分析中,在这方面的应用还有巨大的潜力,必将发挥更大的作用.

5. 在生物电磁剂量学研究中的应用

生物电磁剂量学是一门新兴的边缘学科,它的主要内容是研究在电磁波照射下生物体(特别是人体)吸收电磁能量及其内部电磁场分布的规律. 生物体是个形状和结构都极为复杂的电磁目标,其内部有各种器官和不同类型的机体组织,它们的电磁特性各异,所以生物体是一个高度非均匀的有耗电磁体. 电磁波与这样的目标的作用构成一个非常复杂的电磁场问题. 用传统的频域方法计算这种问题遇到了难以克服的困难. 正是时域有限差分法在生物电磁剂量学中的应用才使得这门学科达到了更具实际意义的水平,使得它所提供的知识在电磁安全防护、电磁热疗等领域具有了实际指导意义. 时域有限差分法在生物电磁剂量学中之所以能取得这样大的成功,正是因为它所具有的模拟复杂结构的超凡能力和所需存储空间及运算时间相对较少这一特点. 时至今日人们已用时域有限差分法研究了从工频到微波的广泛频率内平面电磁波对人体的作用,而且分析了入射波传播、极化方向、人体姿态对人体吸收电磁能量的影响. 近期对脉冲电磁波与人体的作用正在进行深入的研究,其中的一个难点是如何考虑人体组织的色散特性对计算结果的影响. 这一研究的另一个意义是,可以通过一次运算而获得很宽频率范围内电磁波对人体作用的丰富信息. 近期研究的另一个领域是辐射近场对人体的作用,这一研究与移动通信可能造成的对人体的伤害及热疗的计算机模拟有关.这个问题的主要特点是,要把辐射器的辐射近场和辐射场与人体的作用在同一个网格空间中同时进行计算,这使问题的难度进一步增加.热疗系统计算机模拟的目的是使热疗技术进一步克服盲目性,使之建立在科学的精确计算基础之上,以便科学地制订治疗方案,提高治疗效果.

6. 在瞬态电磁场研究中的应用

所谓瞬态电磁场问题,主要是指一个电磁系统在单个无载波(空心)的窄脉冲信号作用下所呈现的瞬态特性.这一问题在前面所叙述的几个问题中已经出现.除了上述一些应用,瞬态电磁场还涉及核电磁脉冲防护、冲激脉冲雷达、遥感和目标识别以及时域测量技术等领域.值得指出的是,时域有限差分法的发展初期就把解决核电磁脉冲对复杂目标的作用问题作为开发目的之一,因此时域有限差分法能在瞬态电磁场问题的研究中得到广泛的有效应用就是很自然的事情了.

第二章 时域有限差分法基本原理

§2.1 Yee 氏算法

2.1.1 微商的差商近似

有限差分法是用变量离散的、含有有限个未知数的差分方程近似地替代连续变量的微分方程.因此,首要任务是构造合理的差分格式,使得它的解能保持原问题的主要性质,并且有相当高的精确度.建立差分方程的基本步骤是把变量按某种方式离散化,然后用差商近似地替代微分方程中的微商.为了表明用差商替代微商的精确程度,我们用一元函数为例来加以说明.假设 $f(x)$ 为 x 的连续函数,若在 x 轴上每隔长度 h 取一个点,其中任一点用 x_i 表示,则在 x_{i+1} 点上的函数值 $f(x_{i+1})$ 可通过 Taylor 级数表示为

$$f(x_{i+1}) = f(x_i) + \frac{h}{1!}\frac{\partial f(x)}{\partial x}\bigg|_{x=x_i} + \frac{h^2}{2!}\frac{\partial^2 f(x)}{\partial x^2}\bigg|_{x=x_i} + \frac{h^3}{3!}\frac{\partial^3 f(x)}{\partial x^3}\bigg|_{x=x_i} + \cdots,$$
$$(2.1.1)$$

由此可得

$$\frac{f(x_{i+1}) - f(x_i)}{h} = \frac{\partial f(x)}{\partial x}\bigg|_{x=x_i} + \frac{h}{2!}\frac{\partial^2 f(x)}{\partial x^2}\bigg|_{x=x_i}$$
$$+ \frac{h^2}{3!}\frac{\partial^3 f(x)}{\partial x^3}\bigg|_{x=x_i} + \cdots = \frac{\partial f(x)}{\partial x}\bigg|_{x=x_i} + O(h), \quad (2.1.2)$$

而

$$f(x_{i-1}) = f(x_i) - \frac{h}{1!}\frac{\partial f(x)}{\partial x}\bigg|_{x=x_i} + \frac{h^2}{2!}\frac{\partial^2 f(x)}{\partial x^2}\bigg|_{x=x_i}$$
$$- \frac{h^3}{3!}\frac{\partial^3 f(x)}{\partial x^3}\bigg|_{x=x_i} + \cdots,$$
$$(2.1.3)$$

故

$$\frac{f(x_i) - f(x_{i-1})}{h} = \frac{\partial f(x)}{\partial x}\bigg|_{x=x_i} - \frac{h}{2!}\frac{\partial^2 f(x)}{\partial x^2}\bigg|_{x=x_i}$$
$$+ \frac{h^2}{3!}\frac{\partial^3 f(x)}{\partial x^3}\bigg|_{x=x_i} - \cdots = \frac{\partial f(x)}{\partial x}\bigg|_{x=x_i} - O(h). \quad (2.1.4)$$

$\dfrac{f(x_{i+1}) - f(x_i)}{h}$ 叫做 $f(x)$ 在 x_i 点的向前差商,而 $\dfrac{f(x_i) - f(x_{i-1})}{h}$ 则叫做

$f(x)$ 在 x_i 点的向后差商. 由式(2.1.2)和(2.1.4)可知,向前差商和向后差商与微商相比均为变量离散步长 h 的一阶近似.

若把式(2.1.1)和式(2.1.3)相减,则可解得

$$\frac{f(x_{i+1}) - f(x_{i-1})}{2h} = \left.\frac{\partial f(x)}{\partial x}\right|_{x=x_i} + \left.\frac{h^2}{3!}\frac{\partial^3 f(x)}{\partial x^3}\right|_{x=x_i}$$

$$+ \left.\frac{h^4}{5!}\frac{\partial^5 f(x)}{\partial x^5}\right|_{x=x_i} + \cdots = \left.\frac{\partial f(x)}{\partial x}\right|_{x=x_i} + O(h^2). \quad (2.1.5)$$

$\frac{f(x_{i+1}) - f(x_{i-1})}{2h}$ 叫做 $f(x)$ 在 x_i 点的中心差商. 由式(2.1.5)可知,中心差商与微商相比为变量离散步长的二阶近似. 显然,就差商对微商逼近的精度而言,在上面三种差商形式中,中心差商的精度最高. 在时域有限差分法中正是用中心差商代替微商由 Maxwell 方程来建立差分方程的.

2.1.2　Yee 氏网格

为了建立差分方程,首先要在变量空间把连续变量离散化. 通常是用一定形式的网格来划分变量空间,且只取网格结点上的未知量作为计算对象. 这样,自变量变为离散的,又只在有限个点上计算未知量. 当在每个离散点上用差商来替代微商时,就把在一定空间解微分方程的问题化为解有限个差分方程的问题. 由微分方程导出的差分方程的一般通式,常常称为该方程的差分格式.

一个逼近程度高的差分格式,不一定能给出好的近似解,这是因为一个合理的差分格式还必须保持原问题的基本物理性质,所以在构造差分格式时常常从物理定律出发,以便建立能给出高精度近似解的差分方程.

电磁场的最基本规律是 Maxwell 方程组,它们的一般形式是依赖时间变量的旋度方程. 从含有时间变量的 Maxwell 旋度方程出发,建立计算时域电磁场的数值方法是很自然的,K. S. Yee 正是由此出发于 1966 年创立了计算电磁场的时域有限差分法.

一般情况下,在时域计算电磁场要在包括时间在内的四维空间进行. 如果采用有限差分法,首先就要把问题的变量空间进行离散化,也就是要建立合适的网格剖分体系. 从 Maxwell 方程出发建立差分方程的复杂性在于,不仅要在四维空间中进行,还要能同时计算电场和磁场的六个分量. 在四维空间中合理地离散六个未知场量成为建立具有高精度的差分格式的关键问题. Yee 氏正是因为提出了一个合理的网格体系,才成功地创立时域有限差分法. 我们把他所使用的网格体系称为 Yee 氏网格. 在直角坐标系中的 Yee 氏网格示于图 2.1. 这个网格体系的特点是,电场和磁场各分量在空间的取值点被交叉地放置,使得在每个坐标平面上每个电场分量的四周由磁场分量环绕,同时每个磁场分量的四周由电场

分量环绕. 这样的电磁场空间配置符合电磁场的基本规律——Faraday 电磁感应定律和 Ampere 环流定律, 亦即 Maxwell 方程的基本要求, 因而也符合电磁波在空间传播的规律. 正是由于电磁场分量在空间网格中的这种配置, 使得用时域有限差分法在计算机的存储空间中可以模拟电磁波的传播及其与散射体的相互作用过程. 在这种电磁场的配置下, 当空间出现介质突变面时, 可以使突变面上场分量的连续性条件自然得到满足, 因而为一些复杂结构的电磁场计算问题带来很大方便. 这一点保证了时域有限差分法应用的广泛性.

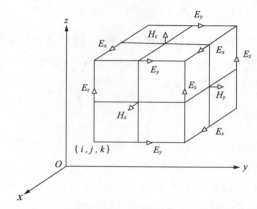

图 2.1　一个 Yee 氏网格单元及电磁场各分量在网格空间离散点的相互关系

　　电磁场的计算与计算空间媒质的电磁性质有重要关系, 在网格空间中除了规定电磁场的离散取值点以外, 还必须同时给出各离散点相应媒质的电磁参量, 即电场离散点处的介电常数和电导率以及磁场离散点处的磁导率和等效磁阻率. 这也说明, 通过赋予空间点电磁参量的方法可在网格空间中模拟各种媒质空间及各种电磁结构, 这使得用时域有限差分法模拟电磁波与各种复杂的电磁结构的相互作用变得比较容易. 当然用立方体模拟复杂的弯曲几何表面在精度上会出现问题, 但可以通过采用其他形式的网格来克服这一缺点.

　　在 Yee 氏网格中, 每个坐标轴方向上场分量间相距半个网格空间步长, 因而同一种场分量之间相隔正好为一个空间步长. 在图 2.1 的网格单元中没有给出时间的离散规则. 为了保证计算的稳定性, 时间离散的步长与空间步长必须满足一定的关系, 不能任意给定. 由以后的分析可知, 时间步长可选为电磁波传播一个空间步长所需时间的一半. 这样, 在实际运用时域有限差分法时, 网格的空间步长选定后, 时间变量的离散规则也就完全确定了. 也就是说在选定了空间网格结构后, 就可根据差分近似的基本原则来建立所需的差分方程.

　　虽然上面只给出了直角坐标中的 Yee 氏网格, 但所讨论的一些原则可帮助我们去建立其他形式的、具有类似性能的、适合不同几何结构的空间网格.

2.1.3　Maxwell 方程

Maxwell 方程组概括了宏观电磁场的基本规律,它由两个旋度方程和两个散度方程构成. 两个旋度方程是 Faraday 电磁感应定律和 Ampere 环流定律的微分形式. 从本质上讲,对时变电磁场而言 Maxwell 方程组的四个方程中两个旋度方程是基本的,因为两个散度方程可以由它们导出. 所以,研究时变电磁场问题可以以两个旋度方程作为出发点. 时域有限差分法是在时域计算电磁场的一种数值方法,自然应该从含时间变量的两个 Maxwell 旋度方程出发.

在叙述基本原理阶段,我们把问题尽量简化,以便突出关键问题. 因此,假定我们暂时限定所研究的电磁场问题只涉及各向同性、线性且与时间无关的媒质,但可以存在电的和磁的损耗. 于是在无源区域,我们可把 Maxwell 方程的两个旋度方程表示为如下的形式:

$$\nabla \times \boldsymbol{E} = -\mu \frac{\partial \boldsymbol{H}}{\partial t} - \sigma_{\mathrm{m}} \boldsymbol{H}, \tag{2.1.6a}$$

$$\nabla \times \boldsymbol{H} = \varepsilon \frac{\partial \boldsymbol{E}}{\partial t} + \sigma \boldsymbol{E}, \tag{2.1.6b}$$

其中 $\boldsymbol{E}$ 为电场强度,单位为伏/米(V/m); $\boldsymbol{H}$ 为磁场强度,单位为安/米(A/m); ε 为介电常数,单位为法/米(F/m); μ 为磁导率,单位为亨/米(H/m); σ 为电导率,单位为西门子/米(S/m); σ_{m} 为等效磁阻率,单位为欧/米(Ω/m). 这里引进等效磁阻率的目的主要在于使方程具有对称性,并能适用于广泛的问题.

在导出差分方程时,要从电磁场各分量满足的方程出发,因此需要写出与方程(2.1.1)等价的电磁场的六个分量所满足的方程. 在直角坐标系中,令 $\boldsymbol{E} = E_x \hat{\boldsymbol{x}} + E_y \hat{\boldsymbol{y}} + E_z \hat{\boldsymbol{z}}$, $\boldsymbol{H} = H_x \hat{\boldsymbol{x}} + H_y \hat{\boldsymbol{y}} + H_z \hat{\boldsymbol{z}}$,其中 $\hat{\boldsymbol{x}}$, $\hat{\boldsymbol{y}}$ 和 $\hat{\boldsymbol{z}}$ 分别为 x, y 和 z 三个坐标的单位矢量,则展开方程(2.1.6)后可得

$$\frac{\partial E_x}{\partial t} = \frac{1}{\varepsilon} \left(\frac{\partial H_z}{\partial y} - \frac{\partial H_y}{\partial z} - \sigma E_x \right), \tag{2.1.7a}$$

$$\frac{\partial E_y}{\partial t} = \frac{1}{\varepsilon} \left(\frac{\partial H_x}{\partial z} - \frac{\partial H_z}{\partial x} - \sigma E_y \right), \tag{2.1.7b}$$

$$\frac{\partial E_z}{\partial t} = \frac{1}{\varepsilon} \left(\frac{\partial H_y}{\partial x} - \frac{\partial H_x}{\partial y} - \sigma E_z \right), \tag{2.1.7c}$$

$$\frac{\partial H_x}{\partial t} = \frac{1}{\mu} \left(\frac{\partial E_y}{\partial z} - \frac{\partial E_z}{\partial y} - \sigma_{\mathrm{m}} H_x \right), \tag{2.1.8a}$$

$$\frac{\partial H_y}{\partial t} = \frac{1}{\mu} \left(\frac{\partial E_z}{\partial x} - \frac{\partial E_x}{\partial z} - \sigma_{\mathrm{m}} H_y \right), \tag{2.1.8b}$$

$$\frac{\partial H_z}{\partial t} = \frac{1}{\mu} \left(\frac{\partial E_x}{\partial y} - \frac{\partial E_y}{\partial x} - \sigma_{\mathrm{m}} H_z \right). \tag{2.1.8c}$$

下面导出 Maxwell 旋度方程的近似差分表示时,就是从这六个等价的关于电磁场各分量的一阶偏微分方程组出发. 在电磁场问题中某些三维问题可以简化为二维问题,从而使问题的讨论大大简化. 在散射问题中,如果入射波和散射体的形状及结构均与 z 无关,则散射场也将与 z 无关,于是可用任何一个与 z 垂直的截面上的解反映三维问题的全部解答,因而三维电磁场问题可在二维上获得解决. 当电场和磁场均与 z 无关时,方程组(2.1.7)和(2.1.8)就分裂为相互独立的两组方程,其中的一组电场只有 E_z 分量,这类电磁波称作横磁波并用 TM_z 表示,或称电型波且用 E 表示;另一个方程组中的磁场只有 H_z 分量,这类电磁波称作横电波并用 TE_z 表示,或称磁型波且用 H 表示. 这两种波的方程为:

TM_z(E)波

$$\frac{\partial E_z}{\partial t} = \frac{1}{\varepsilon}\left(\frac{\partial H_y}{\partial x} - \frac{\partial H_x}{\partial y} - \sigma E_z\right), \tag{2.1.9a}$$

$$\frac{\partial H_x}{\partial t} = -\frac{1}{\mu}\left(\frac{\partial E_z}{\partial y} + \sigma_{\mathrm m} H_x\right), \tag{2.1.9b}$$

$$\frac{\partial H_y}{\partial t} = \frac{1}{\mu}\left(\frac{\partial E_z}{\partial x} - \sigma_{\mathrm m} H_y\right); \tag{2.1.9c}$$

TM_z(H)波

$$\frac{\partial H_z}{\partial t} = \frac{1}{\mu}\left(\frac{\partial E_x}{\partial y} - \frac{\partial E_y}{\partial x} - \sigma_{\mathrm m} H_z\right), \tag{2.1.10a}$$

$$\frac{\partial E_x}{\partial t} = \frac{1}{\varepsilon}\left(\frac{\partial H_z}{\partial y} - \sigma E_x\right), \tag{2.1.10b}$$

$$\frac{\partial E_y}{\partial t} = -\frac{1}{\varepsilon}\left(\frac{\partial H_z}{\partial x} + \sigma E_y\right). \tag{2.1.10c}$$

由以上方程可以看出,TM_z 波只有 E_z,H_x 和 H_y 三个分量,而 TE_z 波只有 H_z,E_x 和 E_y 三个分量. 这两种波的对应关系是很显然的,只要做如下置换:

$$E_z \longleftrightarrow H_z, \qquad H_x \longleftrightarrow -E_x, \qquad H_y \longleftrightarrow -E_y,$$
$$\varepsilon \longleftrightarrow \mu, \qquad \sigma_{\mathrm m} \longleftrightarrow \sigma,$$

就可以由一种波型变换为另一种波型. 这些关系在计算程序由一种波型转换为另一种波型时是很有意义的.

2.1.4　Maxwell 旋度方程的有限差分表示

Yee 氏于 1966 年首先导出了 Maxwell 旋度方程(2.1.7)和(2.1.8)的有限差分方程. 为表示方便起见,在采用图 2.1 那种 Yee 氏网格时,用 Δx,Δy 和 Δz 分别代表在 x,y 和 z 坐标方向的网格空间步长,网格点的空间坐标简单地表示为

$$(i, j, k) = (i\Delta x, j\Delta y, k\Delta z),$$

其中 i,j 和 k 均为整数,分别表示 x,y 和 z 坐标方向的网格标号或空间步长个数. 时间步长将用 Δt 表示,用 n 表示时间步长的个数. 一个时变场量一般既与空间坐标有关,也与时间变量有关. 为了表示方便把时间变量写在其代表符号的右上角,并采用下面的简化表示方法:

$$F^n(i,j,k) = F(i\Delta x, j\Delta y, k\Delta z, n\Delta t),$$

其中 F 为任意时变场量.

在把 Maxwell 旋度方程转化为差分方程时,Yee 氏采用了具有二阶精度的中心差商近似. 在 Yee 氏网格中由于不同场量之间相距为半个空间步长,因而 $F^n(i,j,k)$ 在 x 方向的中心差商可依式 (2.1.5) 而表示为

$$\frac{\partial F^n(i,j,k)}{\partial x} = \frac{F^n\left(i+\frac{1}{2},j,k\right) - F^n\left(i-\frac{1}{2},j,k\right)}{\Delta x} + O(\Delta x^2). \quad (2.1.11)$$

同理,对时间微商也采用中心差商近似,且也是相隔半个步长进行计算时就可能得到

$$\frac{\partial F^n(i,j,k)}{\partial t} = \frac{F^{n+\frac{1}{2}}(i,j,k) - F^{n-\frac{1}{2}}(i,j,k)}{\Delta t} + O(\Delta t^2). \quad (2.1.12)$$

用式 (2.1.11) 和 (2.1.12) 这种形式的中心差商近似地替代 Maxwell 旋度方程中的微商,就可获得 Yee 氏所给出的差分方程. 例如在 $[n+1/2]$ 时间步对 $[i+1/2,j,k]$ 点的 E_x 利用中心差商近似,可由方程 (2.1.7a) 得到

$$\frac{E_x^{n+1}\left(i+\frac{1}{2},j,k\right) - E_x^n\left(i+\frac{1}{2},j,k\right)}{\Delta t} = \frac{1}{\varepsilon\left(i+\frac{1}{2},j,k\right)}$$

$$\cdot\left[\frac{H_z^{n+\frac{1}{2}}\left(i+\frac{1}{2},j+\frac{1}{2},k\right) - H_z^{n+\frac{1}{2}}\left(i+\frac{1}{2},j-\frac{1}{2},k\right)}{\Delta y}\right.$$

$$-\frac{H_y^{n+\frac{1}{2}}\left(i+\frac{1}{2},j,k+\frac{1}{2}\right) - H_y^{n+\frac{1}{2}}\left(i+\frac{1}{2},j,k-\frac{1}{2}\right)}{\Delta z}$$

$$\left.-\sigma E_x^{n+\frac{1}{2}}\left(i+\frac{1}{2},j,k\right)\right]. \quad (2.1.13)$$

在差分方程 (2.1.13) 中包含相隔半个时间步的三个 E_x 值,这为实际编程计算带来不便. 为克服此缺点,可采用如下的近似:

$$E_x^{n+\frac{1}{2}}\left(i+\frac{1}{2},j,k\right) = \frac{1}{2}\left[E_x^{n+1}\left(i+\frac{1}{2},j,k\right) + E_x^n\left(i+\frac{1}{2},j,k\right)\right].$$

在这一近似下由式 (2.1.13) 可获得关于 E_x 的差分方程:

$$E_x^{n+1}\left(i+\frac{1}{2},j,k\right)=\frac{1-\dfrac{\sigma\left(i+\frac{1}{2},j,k\right)\Delta t}{2\varepsilon\left(i+\frac{1}{2},j,k\right)}}{1+\dfrac{\sigma\left(i+\frac{1}{2},j,k\right)\Delta t}{2\varepsilon\left(i+\frac{1}{2},j,k\right)}}\cdot E_x^n\left(i+\frac{1}{2},j,k\right)$$

$$+\frac{\Delta t}{\varepsilon\left(i+\frac{1}{2},j,k\right)}\cdot\frac{1}{1+\dfrac{\sigma\left(i+\frac{1}{2},j,k\right)\Delta t}{2\varepsilon\left(i+\frac{1}{2},j,k\right)}}$$

$$\cdot\left[\frac{H_z^{n+\frac{1}{2}}\left(i+\frac{1}{2},j+\frac{1}{2},k\right)-H_z^{n+\frac{1}{2}}\left(i+\frac{1}{2},j-\frac{1}{2},k\right)}{\Delta y}\right.$$

$$\left.-\frac{H_y^{n+\frac{1}{2}}\left(i+\frac{1}{2},j,k+\frac{1}{2}\right)-H_y^{n+\frac{1}{2}}\left(i+\frac{1}{2},j,k-\frac{1}{2}\right)}{\Delta z}\right]. \qquad (2.1.14)$$

用完全类似的方法可得其他电场分量满足的差分方程,其形式完全类似.

关于磁场各分量满足的差分方程,由于方程(2.1.8)和(2.1.7)的对称性,很容易从对比中求得. 由于在方程(2.1.14)中磁场各分量的值均取在 $n+1/2$ 时间步,后面出现的磁场值也应取自 $n+1/2$ 时间步或 $n-1/2$ 时间步,以保证取值的时间步差为一个整时间步. 这样也可以保证在下面方程中出现的电场分量的取值时间与前面电场分量取值的时间相同,为未知量的存储和计算带来很多方便. 按照以上考虑可得到各磁场分量满足的差分方程,其中对 H_x 有

$$H_x^{n+\frac{1}{2}}\left(i,j+\frac{1}{2},k+\frac{1}{2}\right)$$

$$=\frac{1-\dfrac{\sigma_{\mathrm{m}}\left(i,j+\frac{1}{2},k+\frac{1}{2}\right)\Delta t}{2\mu\left(i,j+\frac{1}{2},k+\frac{1}{2}\right)}}{1+\dfrac{\sigma_{\mathrm{m}}\left(i,j+\frac{1}{2},k+\frac{1}{2}\right)\Delta t}{2\mu\left(i,j+\frac{1}{2},k+\frac{1}{2}\right)}}\cdot H_x^{n-\frac{1}{2}}\left(i,j+\frac{1}{2},k+\frac{1}{2}\right)$$

$$+\frac{\Delta t}{\mu\left(i,j+\frac{1}{2},k+\frac{1}{2}\right)}\cdot\frac{1}{1+\dfrac{\sigma_{\mathrm{m}}\left(i,j+\frac{1}{2},k+\frac{1}{2}\right)\Delta t}{2\mu\left(i,j+\frac{1}{2},k+\frac{1}{2}\right)}}$$

$$\cdot \left[\frac{E_y^n\left(i, j + \frac{1}{2}, k + 1\right) - E_y^n\left(i, j + \frac{1}{2}, k\right)}{\Delta z} \right.$$

$$\left. - \frac{E_z^n\left(i, j + 1, k + \frac{1}{2}\right) - E_z^n\left(i, j, k + \frac{1}{2}\right)}{\Delta y} \right]. \quad (2.1.15)$$

对 H_y 和 H_z 有完全类似的方程.

　　由所列出的差分方程可以看出该算法的一大特点是,任一网格点上的电场分量只与它上一个时间步的值及四周环绕它的磁场分量有关;同样地,任一网格点上的磁场分量也只与它上一时间步时的值及四周环绕它的电场分量有关. 此外,方程中的 ε, μ, σ 和 σ_m 都表示成了空间坐标的函数. 这说明,这些参数可以设置成非均匀的或各向异性的. 因此,这种算法在处理媒质的非均匀性和各向异性方面不仅有效,而且很方便.

2.1.5　均匀立方体网格空间中的差分方程

　　方程组(2.1.14)和(2.1.15)是在网格的空间步长 $\Delta x, \Delta y$ 和 Δz 可取不同值时的一般情况. 在没有特殊需要时,常常把三个空间步长取成相等,成为均匀立方体网格. 若用 Δs 表示统一的空间步长,即有

$$\Delta x = \Delta y = \Delta z = \Delta s,$$

在这种情况下式(2.1.14)和(2.1.15)中的系数可采用如下的简化表示:

$$CA(i, j, k) = \frac{1 - \dfrac{\sigma(i, j, k)\Delta t}{2\varepsilon(i, j, k)}}{1 + \dfrac{\sigma(i, j, k)\Delta t}{2\varepsilon(i, j, k)}}, \quad (2.1.16\text{a})$$

$$CB(i, j, k) = \frac{\Delta t}{\varepsilon(i, j, k)\Delta s} \cdot \frac{1}{1 + \dfrac{\sigma(i, j, k)\Delta t}{2\varepsilon(i, j, k)}}, \quad (2.1.16\text{b})$$

$$DA(i, j, k) = \frac{1 - \dfrac{\sigma_m(i, j, k)\Delta t}{2\mu(i, j, k)}}{1 + \dfrac{\sigma_m(i, j, k)\Delta t}{2\mu(i, j, k)}}, \quad (2.1.17\text{a})$$

$$DB(i, j, k) = \frac{\Delta t}{\mu(i, j, k)\Delta s} \cdot \frac{1}{1 + \dfrac{\sigma_m(i, j, k)\Delta t}{2\mu(i, j, k)}}. \quad (2.1.17\text{b})$$

这里所标出的 (i, j, k) 是为了特别说明这些参数一般情况下是空间坐标的函数. 即使在同一个网格单元中,由于有半空间步长的分辨率,也可以赋予它们不同的数值,用以表明媒质的非均匀性或各向异性. 在均匀立方体网格中使用以上简化符号后,差分方程(2.1.14)和(2.1.15)变为如下的形式:

$$E_x^{n+1}\left(i+\frac{1}{2},j,k\right)=CA\left(i+\frac{1}{2},j,k\right)\cdot E_x^n\left(i+\frac{1}{2},j,k\right)$$

$$+CB\left(i+\frac{1}{2},j,k\right)\cdot\left[H_z^{n+\frac{1}{2}}\left(i+\frac{1}{2},j+\frac{1}{2},k\right)\right.$$

$$-H_z^{n+\frac{1}{2}}\left(i+\frac{1}{2},j-\frac{1}{2},k\right)+H_y^{n+\frac{1}{2}}\left(i+\frac{1}{2},j,k-\frac{1}{2}\right)$$

$$\left.-H_y^{n+\frac{1}{2}}\left(i+\frac{1}{2},j,k+\frac{1}{2}\right)\right],\tag{2.1.18}$$

$$H_x^{n+\frac{1}{2}}\left(i,j+\frac{1}{2},k+\frac{1}{2}\right)$$

$$=DA\left(i,j+\frac{1}{2},k+\frac{1}{2}\right)\cdot H_x^{n-\frac{1}{2}}\left(i,j+\frac{1}{2},k+\frac{1}{2}\right)$$

$$+DB\left(i,j+\frac{1}{2},k+\frac{1}{2}\right)\cdot\left[E_y^n\left(i,j+\frac{1}{2},k+1\right)\right.$$

$$-E_y^n\left(i,j+\frac{1}{2},k\right)+E_z^n\left(i,j,k+\frac{1}{2}\right)$$

$$\left.-E_z^n\left(i,j+1,k+\frac{1}{2}\right)\right].\tag{2.1.19}$$

由方程组(2.1.18)和(2.1.19)可以看出,就该算法的主要部分而言,如果所取的计算网格空间包含的网格单元数为 N,那么需要存储的数据单元数包括六个电场和磁场分量以及四个表征空间媒质分布的参数,它们各为 N 个.虽然方程中出现两个相邻时间步的电场和磁场各分量的值,由于并不重复使用,只需存储一个时间步的计算结果.所以,就主要计算部分而言,时域有限差分法所需要的存储空间只与 N 成正比.由差分方程还可以看出,每一时间步总的计算时间为每个网格点计算时间乘以网格数 N,所以时域有限差分法所需的 CPU 时间也是与 N 成正比的.这一特点是非常有意义的,尤其是当 N 很大时其意义就更加突出.

如果计算空间中的媒质是分区均匀的,则媒质参数的表示方法可以进一步简化,从而使所需要的存储空间进一步减少,实际所需要的存储单元只相当于区域的个数.

由差分方程还可以看出时域有限差分法的另一个特点,它不像矩量法或其他频域法最终归结为解一个代数方程组,而是在每一时间步直接由相邻场值计算每一网格点的场量,以获得空间场量随时间变化的信息.

2.1.6　非磁性媒质中规约化电场的差分方程

在大多数电磁场问题中,计算空间内不包括磁性媒质,在这种情况下 $\mu=\mu_0$,$\sigma_m=0$.此外,在非磁性媒质中,在使用国际单位制(SI)时,电场和磁场在数值上

往往相差较大,如在自由空间中平面波的电场和磁场即有关系:

$$E = \eta_0 H = \sqrt{\mu_0/\varepsilon_0}\, H,$$

其中 $\eta_0 \approx 377\,\Omega$. 这种数值关系给计算带来不便. 为克服这一影响,可用一规约化的电场 $\widetilde{E}$ 替代原来的电场 E,二者之间的关系为

$$\widetilde{E} = E/\eta_0 = \sqrt{\varepsilon_0/\mu_0}\, E. \qquad (2.1.20)$$

在规约化后,方程中的媒质参量将采用以下的符号表示法:

$$CA(i,j,k) = \frac{1 - \dfrac{\sigma(i,j,k)\Delta t}{2\varepsilon(i,j,k)}}{1 + \dfrac{\sigma(i,j,k)\Delta t}{2\varepsilon(i,j,k)}}, \qquad (2.1.21a)$$

$$CD = \frac{\Delta t}{\Delta s} \cdot \frac{1}{\sqrt{\varepsilon_0 \mu_0}}, \qquad (2.1.21b)$$

$$CB(i,j,k) = \frac{\varepsilon_0}{\varepsilon(i,j,k) + \dfrac{\sigma(i,j,k)\Delta t}{2}}, \qquad (2.1.21c)$$

采用以上符号和规约化电场,差分方程的形式为

$$\begin{aligned}
\widetilde{E}_x^{n+1}\left(i+\tfrac{1}{2},j,k\right) =\ & CA\left(i+\tfrac{1}{2},j,k\right)\widetilde{E}_x^{n}\left(i+\tfrac{1}{2},j,k\right) \\
& + CD \cdot CB\left(i+\tfrac{1}{2},j,k\right) \cdot \left[H_z^{n+\frac{1}{2}}\left(i+\tfrac{1}{2},j+\tfrac{1}{2},k\right) \right. \\
& - H_z^{n+\frac{1}{2}}\left(i+\tfrac{1}{2},j-\tfrac{1}{2},k\right) + H_y^{n+\frac{1}{2}}\left(i+\tfrac{1}{2},j,k-\tfrac{1}{2}\right) \\
& \left. - H_y^{n+\frac{1}{2}}\left(i+\tfrac{1}{2},j,k+\tfrac{1}{2}\right) \right],
\end{aligned} \qquad (2.1.22a)$$

$$\begin{aligned}
\widetilde{E}_y^{n+1}\left(i,j+\tfrac{1}{2},k\right) =\ & CA\left(i,j+\tfrac{1}{2},k\right)\widetilde{E}_y^{n}\left(i,j+\tfrac{1}{2},k\right) \\
& + CD \cdot CB\left(i,j+\tfrac{1}{2},k\right) \cdot \left[H_x^{n+\frac{1}{2}}\left(i,j+\tfrac{1}{2},k+\tfrac{1}{2}\right) \right. \\
& - H_x^{n+\frac{1}{2}}\left(i,j+\tfrac{1}{2},k-\tfrac{1}{2}\right) \\
& \left. + H_z^{n+\frac{1}{2}}\left(i-\tfrac{1}{2},j+\tfrac{1}{2},k\right) - H_z^{n+\frac{1}{2}}\left(i+\tfrac{1}{2},j+\tfrac{1}{2},k\right) \right],
\end{aligned} \qquad (2.1.22b)$$

$$\begin{aligned}
\widetilde{E}_z^{n+1}\left(i,j,k+\tfrac{1}{2}\right) =\ & CA\left(i,j,k+\tfrac{1}{2}\right)\widetilde{E}_z^{n}\left(i,j,k+\tfrac{1}{2}\right) \\
& + CD \cdot CB\left(i,j,k+\tfrac{1}{2}\right) \cdot \left[H_y^{n+\frac{1}{2}}\left(i+\tfrac{1}{2},j,k+\tfrac{1}{2}\right) \right. \\
& \left. - H_y^{n+\frac{1}{2}}\left(i-\tfrac{1}{2},j,k+\tfrac{1}{2}\right) \right.
\end{aligned}$$

$$+ H_x^{n+\frac{1}{2}}\left(i,j-\frac{1}{2},k+\frac{1}{2}\right) - H_x^{n+\frac{1}{2}}\left(i,j+\frac{1}{2},k+\frac{1}{2}\right)\Big] ; \qquad (2.1.22c)$$

计算磁场的差分格式则为

$$H_x^{n+\frac{1}{2}}\left(i,j+\frac{1}{2},k+\frac{1}{2}\right) = H_x^{n-\frac{1}{2}}\left(i,j+\frac{1}{2},k+\frac{1}{2}\right)$$

$$+ CD \cdot \Big[\widetilde{E}_y^n\left(i,j+\frac{1}{2},k+1\right) - \widetilde{E}_y^n\left(i,j+\frac{1}{2},k\right)$$

$$+ \widetilde{E}_z^n\left(i,j,k+\frac{1}{2}\right) - \widetilde{E}_z^n\left(i,j+1,k+\frac{1}{2}\right)\Big], \qquad (2.1.23a)$$

$$H_y^{n+\frac{1}{2}}\left(i+\frac{1}{2},j,k+\frac{1}{2}\right) = H_y^{n-\frac{1}{2}}\left(i+\frac{1}{2},j,k+\frac{1}{2}\right)$$

$$+ CD \cdot \Big[\widetilde{E}_z^n\left(i+1,j,k+\frac{1}{2}\right) - \widetilde{E}_z^n\left(i,j,k+\frac{1}{2}\right)$$

$$+ \widetilde{E}_x^n\left(i+\frac{1}{2},j,k\right) - \widetilde{E}_x^n\left(i+\frac{1}{2},j,k+1\right)\Big], \qquad (2.1.23b)$$

$$H_z^{n+\frac{1}{2}}\left(i+\frac{1}{2},j+\frac{1}{2},k\right) = H_z^{n-\frac{1}{2}}\left(i+\frac{1}{2},j+\frac{1}{2},k\right)$$

$$+ CD \cdot \Big[\widetilde{E}_x^n\left(i+\frac{1}{2},j+1,k\right) - \widetilde{E}_x^n\left(i+\frac{1}{2},j,k\right)$$

$$+ \widetilde{E}_y^n\left(i,j+\frac{1}{2},k\right) - \widetilde{E}_y^n\left(i+1,j+\frac{1}{2},k\right)\Big]. \qquad (2.1.23c)$$

由以上方程可以看出,对于非磁性媒质的空间,时域有限差分法所需的计算机存储空间可以进一步减少. 由于在选定 Δt 与 Δs 的关系之后 CD 为一常数,磁场的计算就只与场量有关,与空间媒质的介电特性没有直接的计算关系.

2.1.7 二维空间中的时域有限差分方程

为了说明一些原理性的问题,在二维空间显得比较简单明了,因此有时我们需要二维空间的时域有限差分方程. 由前面的分析已知,在二维空间电磁场分裂为独立的两种波型,$\mathrm{TM}_z(\mathrm{E})$波和 $\mathrm{TE}_z(\mathrm{H})$波. 它们所满足的时域有限差分方程可以从已导出的三维空间的方程按与 z 无关的条件获得,也可以从方程(2.1.9)和(2.1.10)直接导出. 在非磁性媒质中,用均匀正方形网格,TM_z 波和 TE_z 的时域有限差分方程分别为:

$\mathrm{TM}_z(\mathrm{E})$波

$$\widetilde{E}_z^{n+1}(i,j) = CA(i,j) \cdot \widetilde{E}_z^n(i,j) + CD \cdot CB(i,j)$$

$$\cdot \Big[H_y^{n+\frac{1}{2}}\left(i+\frac{1}{2},j\right) - H_y^{n+\frac{1}{2}}\left(i-\frac{1}{2},j\right)$$

$$+ H_x^{n+\frac{1}{2}}\left(i,j-\frac{1}{2}\right) - H_x^{n+\frac{1}{2}}\left(i,j+\frac{1}{2}\right)\Big], \qquad (2.1.24a)$$

$$H_x^{n+\frac{1}{2}}\left(i,j+\frac{1}{2}\right) = H_x^{n-\frac{1}{2}}\left(i,j+\frac{1}{2}\right)$$

$$+ CD \cdot \left[\widetilde{E}_z^n(i,j) - \widetilde{E}_z^n(i,j+1)\right], \tag{2.1.24b}$$

$$H_y^{n+\frac{1}{2}}\left(i+\frac{1}{2},j\right) = H_y^{n-\frac{1}{2}}\left(i+\frac{1}{2},j\right)$$

$$+ CD \cdot \left[\widetilde{E}_z^n(i+1,j) - \widetilde{E}_z^n(i,j)\right]; \tag{2.1.24c}$$

$\mathrm{TE}_z(\mathrm{H})$ 波

$$H_z^{n+\frac{1}{2}}\left(i+\frac{1}{2},j+\frac{1}{2}\right) = H_z^{n-\frac{1}{2}}\left(i+\frac{1}{2},j+\frac{1}{2}\right)$$

$$+ CD \cdot \left[\widetilde{E}_x^n\left(i+\frac{1}{2},j+1\right) - \widetilde{E}_x^n\left(i+\frac{1}{2},j\right)\right.$$

$$\left. + \widetilde{E}_y^n\left(i,j+\frac{1}{2}\right) - \widetilde{E}_y^n\left(i+1,j+\frac{1}{2}\right)\right], \tag{2.1.25a}$$

$$\widetilde{E}_x^{n+1}\left(i+\frac{1}{2},j\right) = CA\left(i+\frac{1}{2},j\right) \cdot \widetilde{E}_x^n\left(i+\frac{1}{2},j\right)$$

$$+ CD \cdot CB\left(i+\frac{1}{2},j\right) \cdot \left[H_z^{n+\frac{1}{2}}\left(i+\frac{1}{2},j+\frac{1}{2}\right)\right.$$

$$\left. - H_z^{n+\frac{1}{2}}\left(i+\frac{1}{2},j-\frac{1}{2}\right)\right], \tag{2.1.25b}$$

$$\widetilde{E}_y^{n+1}\left(i,j+\frac{1}{2}\right) = CA\left(i,j+\frac{1}{2}\right) \cdot \widetilde{E}_y^n\left(i,j+\frac{1}{2}\right)$$

$$+ CD \cdot CB\left(i,j+\frac{1}{2}\right) \cdot \left[H_z^{n+\frac{1}{2}}\left(i-\frac{1}{2},j+\frac{1}{2}\right)\right.$$

$$\left. - H_z^{n+\frac{1}{2}}\left(i+\frac{1}{2},j+\frac{1}{2}\right)\right], \tag{2.1.25c}$$

其中 $CA(i,j)$ 和 $CB(i,j)$ 与式(2.1.21a)和(2.1.21c)的差异仅是把三维坐标变量变为二维.

§2.2 数值稳定性分析

2.2.1 数值稳定性

由 Maxwell 旋度方程按 Yee 氏网格所导出的差分方程是一种显式差分格式,它的执行是通过按时间步推进计算电磁场在计算空间内的变化规律. 这种差分格式存在稳定性问题,即时间变量步长 Δt 与空间变量步长 $\Delta x, \Delta y$ 和 Δz 之间必须满足一定条件,否则将出现数值不稳定性. 这种不稳定性表现为,随着计算步数的增加,被计算的场量的数值无限制地增大. 其原因不同于误差的积累,而是由于电磁波传播的因果关系被破坏而造成的. 因此, 为了用所导出的差分方程进行稳定的计算, 就需要合理地选取时间步长与空间步长之间的关系. Taflove 等人于 1975 年对 Yee 氏差分格式的稳定性进行了讨论, 并导出了对时间步长的限制条件[4].

时域有限差分法是在计算机的存储空间中模拟电磁波的传播和作用. 为了确定稳定性的条件需要考虑在该算法中出现的各种数字波模, 但由于任何波模都可以展开为平面波谱, 故一个算法若对平面波不稳定则对任何波模都不稳定, 因此我们可以用平面波为对象来进行讨论. 讨论的基本步骤是, 把时域有限差分算式分解为时间和空间的本征值问题. 假定平面波本征模在数值空间中传播, 这些模的本征值谱由数值空间的微分过程来确定, 并与由时间微分过程确定的本征值谱作比较. 按要求, 空间本征值的完全谱必须落在稳定区内, 以此来确定稳定性条件. 为了简单起见, 我们以二维空间中的 TM$_z$ 波为例进行讨论, 但所用的方法具有一般性的意义, 可以很方便地应用于三维情况.

2.2.2　时间本征值问题

假定我们仅考虑均匀无耗的非磁性媒质空间, 则二维 TM$_z$ 波的旋度方程的分量展开形式为

$$\frac{\partial E_z}{\partial t} = \frac{1}{\varepsilon}\left(\frac{\partial H_y}{\partial x} - \frac{\partial H_x}{\partial y}\right), \tag{2.2.1a}$$

$$\frac{\partial H_x}{\partial t} = -\frac{1}{\mu}\frac{\partial E_z}{\partial y}, \tag{2.2.1b}$$

$$\frac{\partial H_y}{\partial t} = \frac{1}{\mu}\frac{\partial E_z}{\partial x}. \tag{2.2.1c}$$

按中心差商近似和二维 Yee 氏网格可得到它们满足的差分方程:

$$\frac{E_z^{n+1}(i,j) - E_z^n(i,j)}{\Delta t} = \frac{1}{\varepsilon}\cdot\left[\frac{H_y^{n+\frac{1}{2}}\left(i+\frac{1}{2},j\right) - H_y^{n+\frac{1}{2}}\left(i-\frac{1}{2},j\right)}{\Delta x}\right.$$

$$\left. - \frac{H_x^{n+\frac{1}{2}}\left(i,j+\frac{1}{2}\right) - H_x^{n+\frac{1}{2}}\left(i,j-\frac{1}{2}\right)}{\Delta y}\right], \tag{2.2.2a}$$

$$\frac{H_x^{n+\frac{1}{2}}\left(i,j+\frac{1}{2}\right) - H_x^{n-\frac{1}{2}}\left(i,j+\frac{1}{2}\right)}{\Delta t} = -\frac{1}{\mu}\frac{E_z^n(i,j+1) - E_z^n(i,j)}{\Delta y}, \tag{2.2.2b}$$

$$\frac{H_y^{n+\frac{1}{2}}\left(i+\frac{1}{2},j\right) - H_y^{n-\frac{1}{2}}\left(i+\frac{1}{2},j\right)}{\Delta t} = \frac{1}{\mu}\frac{E_z^n(i+1,j) - E_z^n(i,j)}{\Delta x}. \tag{2.2.2c}$$

　　首先我们把方程(2.2.2)中时间微商部分分离出来,并构造成时间本征值问题. 该本征值问题的方程为

$$\frac{E_z^{n+1}(i,j) - E_z^n(i,j)}{\Delta t} = \lambda E_z^{n+\frac{1}{2}}(i,j), \tag{2.2.3a}$$

$$\frac{H_x^{n+\frac{1}{2}}\left(i, j+\frac{1}{2}\right) - H_x^{n-\frac{1}{2}}\left(i, j+\frac{1}{2}\right)}{\Delta t} = \lambda H_x^n\left(i, j+\frac{1}{2}\right), \tag{2.2.3b}$$

$$\frac{H_y^{n+\frac{1}{2}}\left(i+\frac{1}{2}, j\right) - H_y^{n-\frac{1}{2}}\left(i+\frac{1}{2}, j\right)}{\Delta t} = \lambda H_y^n\left(i+\frac{1}{2}, j\right). \tag{2.2.3c}$$

可以看出,这些方程有一个共同的特点,即方程右边的场值由该点场的前半时间步和后半时间步的场值之差与时间步长之比来确定. 如果用 V_i 来表示式(2.2.3)中的任意一个场量,则可以把式(2.2.3)写成如下统一形式:

$$\frac{V_i^{n+\frac{1}{2}} - V_i^{n-\frac{1}{2}}}{\Delta t} = \lambda V_i^n. \tag{2.2.4}$$

现在定义一个解的增长因子

$$q_i = \frac{V_i^{n+\frac{1}{2}}}{V_i^n}, \tag{2.2.5}$$

为保证方程(2.2.3)的解是稳定的,必须有 $|q_i| \leqslant 1$. 把 q_i 代入式(2.2.4)就可得到关于 q_i 的代数方程

$$q_i^2 - \lambda \Delta t q_i - 1 = 0. \tag{2.2.6}$$

该方程的两个根为

$$q_i = \frac{\lambda \Delta t}{2} \pm \left[1 + \left(\frac{\lambda \Delta t}{2}\right)^2\right]^{\frac{1}{2}}. \tag{2.2.7}$$

可以看出,为使 $|q_i| \leqslant 1$,需要满足以下两个条件:

$$\mathrm{Re}(\lambda) = 0; \tag{2.2.8a}$$

$$-\frac{2}{\Delta t} \leqslant \mathrm{Im}(\lambda) \leqslant \frac{2}{\Delta t}. \tag{2.2.8b}$$

也就是说,只要式(2.2.3)的本征值限定在虚轴上且在式(2.2.8b)所限定的范围内,式(2.2.3)的解就是稳定的.

2.2.3　空间本征值问题

　　为了使时间本征值问题的方程组(2.2.3)符合原差分方程(2.2.2),还必须保证方程(2.2.2)的右侧构成如下的空间本征值问题:

$$\frac{H_y\left(i+\frac{1}{2}, j\right) - H_y\left(i-\frac{1}{2}, j\right)}{\Delta x} - \frac{H_x\left(i, j+\frac{1}{2}\right) - H_x\left(i, j-\frac{1}{2}\right)}{\Delta y}$$

$$= \lambda \varepsilon E_z(i,j), \tag{2.2.9a}$$

$$\frac{E_z(i,j+1) - E_z(i,j)}{\Delta y} = -\lambda \mu H_x\left(i, j+\frac{1}{2}\right), \tag{2.2.9b}$$

$$\frac{E_z(i+1,j) - E_z(i,j)}{\Delta x} = \lambda \mu H_y\left(i+\frac{1}{2}, j\right). \tag{2.2.9c}$$

由于任意波模都可展开为平面波谱,故仍然讨论平面波本征模的稳定性问题.假定平面波本征模取如下的形式:

$$E_z(I,J) = E_z \exp[-\mathrm{j}(k_x I\Delta x + k_y J\Delta y)], \tag{2.2.10a}$$

$$H_x(I,J) = H_x \exp[-\mathrm{j}(k_x I\Delta x + k_y J\Delta y)], \tag{2.2.10b}$$

$$H_y(I,J) = H_y \exp[-\mathrm{j}(k_x I\Delta x + k_y J\Delta y)], \tag{2.2.10c}$$

此处 k_x 和 k_y 分别为波矢量在 x 和 y 方向的分量;j 为虚数单位 j $= \sqrt{-1}$;而用大写的 I 和 J 代替小写的 i 和 j 是为了避免它们与虚数单位符号相混.式(2.2.10)所表示的波必须满足 TM$_z$ 波场方程(2.2.2),因而必须也满足(2.2.9).把式(2.2.10)代入(2.2.9),经整理后可得

$$E_z = \mathrm{j}\frac{2}{\lambda \varepsilon}\left[\frac{H_y}{\Delta x}\sin\left(\frac{k_x \Delta x}{2}\right) - \frac{H_x}{\Delta y}\sin\left(\frac{k_y \Delta y}{2}\right)\right], \tag{2.2.11a}$$

$$H_x = -\mathrm{j}\frac{2E_z}{\lambda \mu \Delta y}\sin\left(\frac{k_y \Delta y}{2}\right), \tag{2.2.11b}$$

$$H_y = \mathrm{j}\frac{2E_z}{\lambda \mu \Delta x}\sin\left(\frac{k_x \Delta x}{2}\right). \tag{2.2.11c}$$

把式(2.2.11b)和(2.2.11c)所表示的 H_x 和 H_y 代入式(2.2.11a)中,便可得到关于 λ 的关系:

$$\lambda^2 = -\frac{4}{\varepsilon \mu}\left[\frac{1}{\Delta x^2}\sin^2\left(\frac{k_x \Delta x}{2}\right) + \frac{1}{\Delta y^2}\sin^2\left(\frac{k_y \Delta y}{2}\right)\right]. \tag{2.2.12}$$

考虑到正弦函数的幅度不超过 1,则由式(2.2.12)可以很清楚地看出,对所有可能的 k_x 和 k_y 应该有

$$\mathrm{Re}(\lambda) = 0, \tag{2.2.13a}$$

$$|\mathrm{Im}(\lambda)| \leqslant 2v\left[\frac{1}{(\Delta x)^2} + \frac{1}{(\Delta y)^2}\right]^{\frac{1}{2}}, \tag{2.2.13b}$$

其中 $v = 1/\sqrt{\varepsilon \mu}$ 为电磁波的传播速度.式(2.2.13)是满足方程(2.2.2)的所有可能的平面波的本征值谱的范围.

2.2.4　数值稳定条件

我们已从与方程(2.2.2)等效的两个本征值问题(2.2.3)和(2.2.9)导出了本征值全谱(2.2.13)及稳定性要求本征值的取值范围所受到的限制.因此,综合式(2.2.9)和(2.2.13)就可以得到 TM$_z$ 波的时域差分算法(2.2.2)数值稳定性

所要求的条件. 直接比较(2.2.9)和(2.2.13)可得

$$2v\left[\frac{1}{\Delta x^2}+\frac{1}{\Delta y^2}\right]^{\frac{1}{2}}\leqslant\frac{2}{\Delta t},$$

通常把它写做

$$\Delta t\leqslant\frac{1}{v\sqrt{\left(\frac{1}{\Delta x}\right)^2+\left(\frac{1}{\Delta y}\right)^2}}. \qquad (2.2.14)$$

这一条件给出了时间步长与空间步长之间必须满足的关系. 或者说, 当空间步长选定后, 为了使计算是稳定的, 时间步长的选取所受到的限制, 称为 Courant 条件.

虽然式(2.2.14)是由二维空间中的 TM$_z$ 波导出的, 但我们可以用类似的方法导出一般的三维时域有限差分算法(2.1.14)和(2.1.15)数值稳定性的条件. 这一条件为式(2.2.14)的自然推广, 其形式为

$$\Delta t\leqslant\frac{1}{v\sqrt{\left(\frac{1}{\Delta x}\right)^2+\left(\frac{1}{\Delta y}\right)^2+\left(\frac{1}{\Delta z}\right)^2}}. \qquad (2.2.15)$$

如果采用均匀立方体网格, 则 $\Delta x=\Delta y=\Delta z=\Delta s$, 于是数值稳定性条件(2.2.14)和(2.2.15)就简化为

$$\Delta t\leqslant\frac{\Delta s}{v\sqrt{2}}\quad\text{和}\quad\Delta t\leqslant\frac{\Delta s}{v\sqrt{3}}. \qquad (2.2.16)$$

由此可以推知, 对 n 维的情况稳定性条件成为

$$\Delta t\leqslant\frac{\Delta s}{v\sqrt{n}}. \qquad (2.2.17)$$

因此, 在一维的情况下这一条件就变为 $\Delta t\leqslant\Delta s/v$. 这就是说, 就一维情况而言, 稳定性条件是要求时间步长不能大于电磁波传播一个空间步长所需的时间, 否则就破坏了因果关系. 这一情况可帮助我们理解不同维空间中数值稳定性条件的物理意义.

如果计算空间中的媒质不是均匀的, 那么稳定性条件对不同的媒质区域是不同的, 因为 v 的取值不同. 但由于稳定性条件是个不等式, 故我们只要选对最大的 v 满足的条件, 在其他区域中自然也就得到满足. 因此, 对非均匀媒质构成的计算空间我们用如下的数值稳定性条件:

$$\Delta t\leqslant\frac{\Delta s}{v_{\max}\sqrt{n}}, \qquad (2.2.18)$$

其中 $v_{\max}$ 为计算空间中电磁波的最大速度, n 为空间维度. 对非均匀网格的算法也有类似的结果.

§2.3　数值色散问题

2.3.1　数值色散现象

　　如果电磁波所在空间的媒质特性与频率有关,则电磁波的传播速度也将是频率的函数,这种现象称为色散.存在色散现象的媒质称为色散媒质.显然,在非色散媒质中,电磁波的传播速度应该与频率无关.所以,如果时域有限差分算法是精确的,则用时域有限差分方程在计算机中所模拟的平面波的相速度应该与频率无关.但是,由于时域有限差分方程只是原 Maxwell 旋度方程的一种近似,当在计算机的存储空间对电磁波的传播进行模拟时,在非色散媒质空间中也出现色散现象,且电磁波的相速度随波长、传播方向及变量离散化的情况而发生变化.我们把这种非物理的色散现象称为数值色散.数值色散会导致脉冲波形的破坏,出现人为的各向异性及虚假的折射等现象.因此数值色散是时域有限差分法的一个重要问题,它是提高该算法计算精度的一个重要限制.

　　分析数值色散问题的基本方法是把单色平面波的一般形式代入差分方程,从而导出频率与时间和空间步长之间的关系,亦即数值色散关系.由此可讨论各种因素的作用.为了使问题简单明了,仍然只讨论二维空间中的 TM 波,且假定计算空间中的媒质是均匀、无耗、非磁性的.但所用的方法具有一般性,很容易把它推广到三维空间.

2.3.2　数值色散关系

　　在二维空间中一任意单色平面波可以表示为

$$E_z^n(I,J) = E_z \exp[-\mathrm{j}(k_x I \Delta x + k_y J \Delta y - \omega n \Delta t)], \qquad (2.3.1a)$$

$$H_x^n(I,J) = H_x \exp[-\mathrm{j}(k_x I \Delta x + k_y J \Delta y - \omega n \Delta t)], \qquad (2.3.1b)$$

$$H_y^n(I,J) = H_y \exp[-\mathrm{j}(k_x I \Delta x + k_y J \Delta y - \omega n \Delta t)]. \qquad (2.3.1c)$$

此处的符号和式(2.2.10)中的意义相同,而 ω 则是角频率.把式(2.3.1)代入差分方程(2.2.2),经过整理后得到

$$E_z \sin\left(\frac{\omega \Delta t}{2}\right) = \frac{\Delta t}{\varepsilon}\left[\frac{H_x}{\Delta y}\sin\left(\frac{k_y \Delta y}{2}\right) - \frac{H_y}{\Delta x}\sin\left(\frac{k_x \Delta x}{2}\right)\right], \qquad (2.3.2a)$$

$$H_x = \frac{\Delta t E_z}{\mu \Delta y} \frac{\sin\left(\dfrac{k_y \Delta y}{2}\right)}{\sin\left(\dfrac{\omega \Delta t}{2}\right)}, \qquad\qquad (2.3.2b)$$

$$H_y = \frac{\Delta t E_z}{\mu \Delta x} \frac{\sin\left(\frac{k_x \Delta x}{2}\right)}{\sin\left(\frac{\omega \Delta t}{2}\right)}. \qquad (2.3.2c)$$

把式(2.3.2b)和(2.3.2c)代入(2.3.2a),消去 E_z,H_x 和 H_y,即可得到

$$\left(\frac{1}{v\Delta t}\right)^2 \sin^2\left(\frac{\omega \Delta t}{2}\right) = \frac{1}{\Delta x^2}\sin^2\left(\frac{k_x \Delta x}{2}\right) + \frac{1}{\Delta y^2}\sin^2\left(\frac{k_y \Delta y}{2}\right), \quad (2.3.3)$$

其中 $v = 1/\sqrt{\varepsilon\mu}$ 为均匀媒质中的光速.式(2.3.3)即为平面电磁波作为差分方程 (2.2.2)的解所必然存在的关系,并称作二维空间中 TM_z 波的色散关系.

不难证明,用类似的方法可以求得适于三维情况的数值色散关系式:

$$\left(\frac{1}{v\Delta t}\right)^2 \sin^2\left(\frac{\omega \Delta t}{2}\right)$$
$$= \frac{1}{\Delta x^2}\sin^2\left(\frac{k_x \Delta x}{2}\right) + \frac{1}{\Delta y^2}\sin^2\left(\frac{k_y \Delta y}{2}\right) + \frac{1}{\Delta z^2}\sin\left(\frac{k_z \Delta z}{2}\right). \quad (2.3.4)$$

由电磁场理论知道,对于均匀无耗各向同性媒质空间中的平面电磁波,可用 解析方法得到色散关系:

$$\frac{\omega^2}{v^2} = k_x^2 + k_y^2 + k_z^2. \qquad (2.3.5)$$

不难发现,当 $\Delta t, \Delta x, \Delta y$ 和 Δz 均趋于零时,式(2.3.4)的极限便是式(2.3.5). 这说明,数值色散是由于用近似差商计算替代连续微商而引起的.因而数值色散 的影响也可以通过减少离散化过程所取时间和空间步长而无限地减小.当然这 种减小是受实际限制的,因为时间和空间步长的减小就意味着计算网格空间的 总网格数目的增加,因而相应地增加对计算机存储空间和计算时间的要求.所 以,在实践中总是根据问题的性质和实际条件来适当地选择时间和空间步长,因 而数值色散是这种算法中不可避免的现象.对实际有意义的是,估计在一定的时 间和空间步长下数值色散对计算精度所造成的影响.

2.3.3 数值色散的数量估算

数值色散关系(2.3.3)或(2.3.4)给出了平面波的相速度 v 与时间和空间步 长之间的关系.由此关系出发,可以从数量上估算出这些因素对数值色散的影 响.我们将仍以均匀无耗媒质空间中的二维 TM_z 波为例来进行讨论.由此所得 的结果对其他情况也有直接的意义,或可用类似的方法进行估算.

为了表明数值色散与平面波入射角度的关系,我们假定波矢 $\boldsymbol{k}$ 与 x 轴之间 的夹角为 α,若用 k 表示波矢的模,则有

$$k_x = k\cos\alpha, \qquad k_y = k\sin\alpha.$$

此外还假定采用正方形网格的二维均匀 Yee 氏网格空间,且令 $\Delta x = \Delta y = \Delta s$,这

时数值色散关系(2.3.3)就变成

$$\left(\frac{\Delta s}{v\Delta t}\right)^2 \sin^2\left(\frac{\omega\Delta t}{2}\right) = \sin^2\left(\frac{k\cos\alpha\Delta s}{2}\right) + \sin^2\left(\frac{k\sin\alpha\Delta s}{2}\right). \qquad (2.3.6)$$

如令

$$A = \frac{\Delta s\cos\alpha}{2}, \quad B = \frac{\Delta s\sin\alpha}{2}, \quad C = \left(\frac{\Delta s}{v\Delta t}\right)^2 \sin^2\left(\frac{\omega\Delta t}{2}\right),$$

则可得方程

$$\sin^2(Ak) + \sin^2(Bk) = C. \qquad (2.3.7)$$

对于给定的 $\alpha, \omega, \Delta s$ 和 Δt 可由此解得 k. 可用牛顿法的迭代程序进行计算,其形式为

$$k_{i+1} = k_i - \frac{\sin^2(Ak_i) + \sin^2(Bk_i) - C}{A\sin(2Ak_i) + B\sin(2Bk_i)}. \qquad (2.3.8)$$

在计算时 Δt 的选择要满足稳定性条件,在时域有限差分的实际计算中一般选为

$$\Delta t = \frac{\Delta s}{2v}.$$

图 2.2 和 2.3 给出了按上述方法计算的一些结果.

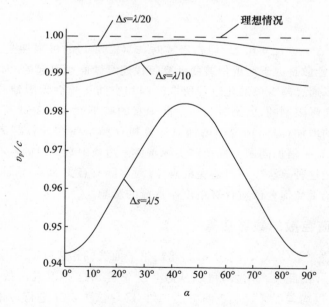

图 2.2   三种空间步长时相速十度 v_p 与平面
波入射角 α 之间的关系

图 2.2 给出了三种空间步长时相速度 v_p 与平面波入射角 α 之间的关系,其中 $\Delta s = \lambda/5$ 为粗网格,$\Delta s = \lambda/10$ 为正常网格,$\Delta s = \lambda/20$ 为细网格. 由图可以看出,对三种空间步长相速度的最大值均出现在 $\alpha = 45°$,而当 $\alpha = 0°$ 和 $\alpha = 90°$ 时相

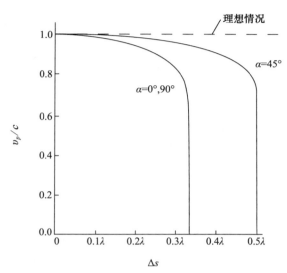

图 2.3 三种入射角度所对应的相速度
随空间步长变化的情况

速度为最小值. 因此,Yee 氏网格空间即使对物理上各向同性的媒质空间也是各向异性的,这是 Yee 氏算法所固有的一种特性. 但是计算网格中的相速度对实际物理空间中相速度的偏离随空间步长的减小而迅速地减小. 计算表明,当 $\Delta s = \lambda/10$ 时,相速度的最大偏离为 -1.3%;当 $\Delta s = \lambda/20$ 时,相速度的最大偏离已减小到 -0.31%,即空间步长减小一倍时,最大偏离差不多以 $4:1$ 的速度减小.

图 2.3 显示出在 $\alpha = 45°$ 和 $\alpha = 0°$(或 $90°$)时相速度随空间步长变化的情况. 在计算中始终取 $v\Delta t = \Delta s/2$,以保证满足稳定性条件. 可以看出,不管哪一种入射角度,随着空间步长的增加,相速度都减小,而且空间步长达到某一数值后相速度会急剧地下降为零;对于不同的入射角,这一步长值也有差异,$\alpha = 45°$ 时这一步长值最大. 这说明,对于一定频率、一定入射角度的平面波,存在一个空间步长的极限值. 超过这一极限值,平面波在相应 Yee 氏网格中的相速度就要下降到零,亦即电磁波已不能在这种网格空间中传播. 换言之,在给定网格步长的计算网格空间中所能传播(相速度不为零)的电磁波的频率是受到限制的,即存在一个截止频率,高于该频率的电磁波不能在这种网格空间中传播. 因此,一个给定的网格空间相当于一个低通滤波器. 这也是 Yee 氏算法所固有的一个特点. 这一现象的存在给计算具有很宽频谱的脉冲电磁场问题带来一定困难. 由于存在数值色散使得高频分量的相速度低于低频分量的相速度,而高频分量的一部分还可能被截止,就会使脉冲电磁波的波形在 Yee 氏网格空间传播的过程中发生严重畸变. 为了减少这种畸变现象,要慎重选取空间步长,以使脉冲的主要频谱分量远离截止频率,一般地要求所对应的波长小于 10 个空间步长.

除了上述各向异性、相速度降低甚至截止等现象外,当使用非均匀网格时还会导致折射效应. 这是由于网格尺寸的改变引起相速度的变化,因而在不同尺寸网格的交界面上发生折射现象. 这是一种非物理原因引起的,即使模拟的是均匀的媒质空间,只要使用非均匀网格,这种现象就会存在,因此它也是 Yee 氏算法固有的一个特点.

2.3.4 获得理想色散关系的特殊条件

前面已经指出,当时间步长和空间步长都趋于无限小时,时域有限差分算法中的数值色散关系(2.3.4)就趋于由解析法得到的色散关系(2.3.5),因此式(2.3.5)的这种色散关系可称为数值色散的理想色散关系. 由于计算机的存储空间有限,不可能无限地减小步长,因而实际上不可能通过减小步长的方法达到理想的色散关系. 那么有没有其他途径达到这一目的呢? 是有的,只需选取特殊的网格形式和波的传播方向,就可以实现理想的色散关系. 例如,在二维网格空间只有选取正方形网格($\Delta x = \Delta y = \Delta s$),而且让波沿网格的对角线方向传播,就有

$$k_x = k_y = k/\sqrt{2}.$$

若 Δt 的选取满足如下的稳定性条件:

$$\Delta t = \frac{\Delta s}{v\sqrt{2}},$$

则式(2.3.3)变为

$$\frac{\omega^2}{v^2} = k^2 = k_x^2 + k_y^2,$$

这就是二维情况下的理想色散关系.

在三维网格空间中,若令波沿着正立方体的对角线方向传播,另有下列条件:

$$\Delta x = \Delta y = \Delta z = \Delta s, \quad k_x = k_y = k_z = k/\sqrt{3},$$

$$\Delta t = \frac{\Delta s}{v\sqrt{3}},$$

则三维的数值色散关系(2.3.4)亦将变为理想的色散关系(2.3.5).

由上面的分析不难想象,对一维的情况,只要满足 $\Delta t = \Delta s/v$ 就会有理想的色散关系.

§2.4   各向异性媒质中的差分格式

如果媒质是各向异性的,则麦克斯韦方程的差分格式会有些不同. 在最一般情况下,各向异性媒质的电磁参数需用张量描述,分别记作 $\bar{\bar{\varepsilon}}$, $\bar{\bar{\sigma}}$, $\bar{\bar{\mu}}$ 和 $\bar{\bar{\sigma}}_m$,电磁

场所满足的两个旋度方程成为

$$\nabla \times \boldsymbol{H} = \bar{\bar{\varepsilon}} \cdot \frac{\partial \boldsymbol{E}}{\partial t} + \bar{\bar{\sigma}} \cdot \boldsymbol{E}, \tag{2.4.1a}$$

$$\nabla \times \boldsymbol{E} = -\bar{\bar{\mu}} \cdot \frac{\partial \boldsymbol{H}}{\partial t} - \bar{\bar{\sigma}}_{\mathrm{m}} \cdot \boldsymbol{H}. \tag{2.4.1b}$$

通常遇到的情况是,媒质的电性参数是各向异性的,而磁性参数则是各向同性的,这种媒质称为各向异性电介质.另一种情况是媒质的电性参数是各向同性的,只有磁性参数是各向异性的,这种媒质称为各向异性磁性媒质.对各向异性媒质而言,方程(2.4.1b)就变为与(2.1.6a)相同,它的差分格式与各向同性媒质中的格式相同.对方程(2.4.1a)而言,由于张量的作用使得它的差分格式需要一些特别的处理.

如果电场 $\boldsymbol{E}$ 对时间的微商仍取中心差分近似,而对磁场 $\boldsymbol{H}$ 的旋度暂不展开,则由方程(2.4.1a)可以得到

$$\nabla \times \boldsymbol{H}^{n+\frac{1}{2}} = \left(\frac{\bar{\bar{\varepsilon}}}{\Delta t} + \frac{\bar{\bar{\sigma}}}{2}\right) \cdot \boldsymbol{E}^{n+1} - \left(\frac{\bar{\bar{\varepsilon}}}{\Delta t} - \frac{\bar{\bar{\sigma}}}{2}\right) \cdot \boldsymbol{E}^n. \tag{2.4.2}$$

为了书写简便,下面主要讨论无耗各向异性电介质的情况,这时方程(2.4.2)成为

$$\nabla \times \boldsymbol{H}^{n+\frac{1}{2}} = \frac{\bar{\bar{\varepsilon}}}{\Delta t} \cdot \boldsymbol{E}^{n+1} - \frac{\bar{\bar{\varepsilon}}}{\Delta t} \cdot \boldsymbol{E}^n, \tag{2.4.3}$$

由此可得

$$\boldsymbol{E}^{n+1} = \Delta t \bar{\bar{\varepsilon}}^{-1} \cdot \nabla \times \boldsymbol{H}^{n+\frac{1}{2}} + \boldsymbol{E}^n. \tag{2.4.4}$$

一般情况下 $\bar{\bar{\varepsilon}}$ 可表示为

$$\bar{\bar{\varepsilon}} = \begin{bmatrix} \varepsilon_{xx} & \varepsilon_{xy} & \varepsilon_{xz} \\ \varepsilon_{yx} & \varepsilon_{yy} & \varepsilon_{yz} \\ \varepsilon_{zx} & \varepsilon_{zy} & \varepsilon_{zz} \end{bmatrix},$$

由此可解得

$$\bar{\bar{\varepsilon}}^{-1} = \bar{\bar{K}} = \begin{bmatrix} K_{xx} & K_{xy} & K_{xz} \\ K_{yx} & K_{yy} & K_{yz} \\ K_{zx} & K_{zy} & K_{zz} \end{bmatrix},$$

则可把方程(2.4.4)在直角坐标系中写成矩阵形式

$$\begin{bmatrix} E_x^{n+1} \\ E_y^{n+1} \\ E_z^{n+1} \end{bmatrix} = \Delta t \begin{bmatrix} K_{xx} & K_{xy} & K_{xz} \\ K_{yx} & K_{yy} & K_{yz} \\ K_{zx} & K_{zy} & K_{zz} \end{bmatrix} \begin{bmatrix} \dfrac{\partial H_z^{n+\frac{1}{2}}}{\partial y} - \dfrac{\partial H_y^{n+\frac{1}{2}}}{\partial z} \\[2mm] \dfrac{\partial H_x^{n+\frac{1}{2}}}{\partial z} - \dfrac{\partial H_z^{n+\frac{1}{2}}}{\partial x} \\[2mm] \dfrac{\partial H_y^{n+\frac{1}{2}}}{\partial x} - \dfrac{\partial H_x^{n+\frac{1}{2}}}{\partial y} \end{bmatrix} + \begin{bmatrix} E_x^n \\ E_y^n \\ E_z^n \end{bmatrix}, \tag{2.4.5}$$

其中对 E_x^{n+1} 的算式为

$$E_x^{n+1} = \Delta t K_{xx}\left(\frac{\partial H_z^{n+\frac{1}{2}}}{\partial y} - \frac{\partial H_y^{n+\frac{1}{2}}}{\partial z}\right) + \Delta t K_{xy}\left(\frac{\partial H_x^{n+\frac{1}{2}}}{\partial z} - \frac{\partial H_z^{n+\frac{1}{2}}}{\partial x}\right)$$

$$+ \Delta t K_{xz}\left(\frac{\partial H_y^{n+\frac{1}{2}}}{\partial x} - \frac{\partial H_x^{n+\frac{1}{2}}}{\partial y}\right) + E_x^n. \tag{2.4.6}$$

在 Yee 氏网格中,对 $E_x^{n+1}\left(i+\frac{1}{2}, j, k\right)$ 而言,当空间微商也取中心差分近似时可从式(2.4.6)得到

$$E_x^{n+1}\left(i+\frac{1}{2}, j, k\right) = \Delta t K_{xx}\left[\frac{H_z^{n+\frac{1}{2}}\left(i+\frac{1}{2}, j+\frac{1}{2}, k\right) - H_z^{n+\frac{1}{2}}\left(i+\frac{1}{2}, j-\frac{1}{2}, k\right)}{\Delta y}\right.$$

$$\left.- \frac{H_y^{n+\frac{1}{2}}\left(i+\frac{1}{2}, j, k+\frac{1}{2}\right) - H_y^{n+\frac{1}{2}}\left(i+\frac{1}{2}, j, k-\frac{1}{2}\right)}{\Delta z}\right]$$

$$+ \Delta t K_{xy}\left[\frac{H_x^{n+\frac{1}{2}}\left(i+\frac{1}{2}, j, k+\frac{1}{2}\right) - H_x^{n+\frac{1}{2}}\left(i+\frac{1}{2}, j, k-\frac{1}{2}\right)}{\Delta z}\right.$$

$$\left.- \frac{H_z^{n+\frac{1}{2}}(i+1, j, k) - H_z^{n+\frac{1}{2}}(i, j, k)}{\Delta x}\right]$$

$$+ \Delta t K_{xz}\left[\frac{H_y^{n+\frac{1}{2}}(i+1, j, k) - H_y^{n+\frac{1}{2}}(i, j, k)}{\Delta x}\right.$$

$$\left.- \frac{H_x^{n+\frac{1}{2}}\left(i+\frac{1}{2}, j+\frac{1}{2}, k\right) - H_x^{n+\frac{1}{2}}\left(i+\frac{1}{2}, j-\frac{1}{2}, k\right)}{\Delta y}\right] + E_x^n\left(i+\frac{1}{2}, j, k\right).$$

$$\tag{2.4.7}$$

在 Yee 氏网格上磁场各分量的取值点仅为

$$H_x\left(i, j\pm\frac{1}{2}, k\pm\frac{1}{2}\right), H_y\left(i\pm\frac{1}{2}, j, k\pm\frac{1}{2}\right), H_z\left(i\pm\frac{1}{2}, j\pm\frac{1}{2}, k\right),$$

而上式中所需要的一些磁场分量的值不在其中. 解决这一困难的简单办法是,用它们周围的已知量的平均来取得. 例如

$$H_x^{n+\frac{1}{2}}\left(i+\frac{1}{2}, j, k+\frac{1}{2}\right) = \frac{1}{4}\left[H_x^{n+\frac{1}{2}}\left(i, j+\frac{1}{2}, k+\frac{1}{2}\right) + H_x^{n+\frac{1}{2}}\left(i, j-\frac{1}{2}, k+\frac{1}{2}\right)\right.$$

$$\left.+ H_x^{n+\frac{1}{2}}\left(i+1, j+\frac{1}{2}, k+\frac{1}{2}\right) + H_x^{n+\frac{1}{2}}\left(i+1, j-\frac{1}{2}, k+\frac{1}{2}\right)\right],$$

其他不在网格取值点上的量也可作类似的处理. 解决了这一问题之后,式(2.4.7)就可以作为 $E_x^{n+1}\left(i+\frac{1}{2}, j, k\right)$ 的计算网格了.

对于有耗的具有 $\bar{\bar{\sigma}}$ 的各向异性介质,式(2.4.2)成为

$$E^{n+1} = \left(\frac{\bar{\bar{\varepsilon}}}{\Delta t} + \frac{\bar{\bar{\sigma}}}{2}\right)^{-1} \cdot \nabla \times H^{n+\frac{1}{2}} + \left(\frac{\bar{\bar{\varepsilon}}}{\Delta t} + \frac{\bar{\bar{\sigma}}}{2}\right)^{-1} \cdot \left(\frac{\bar{\bar{\varepsilon}}}{\Delta t} - \frac{\bar{\bar{\sigma}}}{2}\right) \cdot E^n. \quad (2.4.8)$$

这时除了上式右侧第一项会引起与式(2.4.4)同样的问题外,上式的第二项也会出现类似的问题.不过这种问题也可采用同样的方法进行处理,没有更复杂的问题出现.

对于各向异性磁性媒质而言,只需特别对待式(2.4.1b),所遇到的问题及解决的方法与各向异性电介质中的情况完全类似,完全可以类比地进行讨论.

§2.5　适用于色散媒质的时域有限差分格式

2.5.1　时域中的色散媒质

直到现在,我们所讨论的时域有限差分算法实际上都假定了计算空间中的媒质是非色散的.对单色稳定电磁波的问题,媒质的色散性质不产生影响,对窄频带的问题也可以近似地忽略媒质的色散特性,但对包含宽频谱的瞬态电磁场问题,媒质的色散性质起着重要作用.对非色散媒质,介电常数 ε 与频率无关,因而有 $D(t) = \varepsilon E(t)$.但是,对于色散媒质 ε 是频率的函数,只有在频域中有 $D(\omega) = \varepsilon(\omega)E(\omega)$,在时域中就没有这样简单的关系了.因此当在时域中把 Maxwell 方程转化为差分形式时,就必须考虑 D 与 E 在时域的关系.在频域算法中对待瞬态场这种时域问题的做法是,先在频域求解,然后经 Fourier 逆变换而达到时域的解答.对于宽频带的问题这一做法是非常不经济的.由于时域有限差分法也适用于稳态电磁场问题,因此对瞬态电磁场问题也可采用上述方法,那样一来就没有发挥时域有限差分法在时域计算中的优越性.应该在存在色散媒质时也要采用直接时域算法.

Luebbers 等(1990)提出一种卷积的递归算法,导出了适用于 Debye 色散模型的时域有限差分格式[55],后来(1992)又把这一方法发展为适用于 N 阶色散媒质的形式[91].到 1996 年这一方法又有了改进[114],这种方法称为分段线性递归卷积.在同一时期又发展了一种辅助微分方程法,它有更广泛的应用范围.

描述色散媒质特性主要有两类数字模型,一种称为德拜(Debye)模型,在频域其一般形式为

$$\hat{\varepsilon}(\omega) = \varepsilon_0 \varepsilon_\infty + \varepsilon_0 \sum_{p=1}^{P} \frac{\Delta \varepsilon_p}{1 + i\omega\tau_p}, \quad (2.5.1)$$

其中 $\hat{\varepsilon}(\omega)$ 代表频域中的 ε,以下"^"号均表示频域中的量;ε_∞ 为频率无限时的相对介电常数,$\Delta\varepsilon_p = \varepsilon_{0,p} - \varepsilon_{\infty,p}$,而 τ_p 则为弛豫时间.由于电极化率 $\varepsilon(\omega)$ 的关系为

$$\hat{\varepsilon}(\omega) = \varepsilon_0 [\varepsilon_\infty + \hat{\chi}_p(\omega)],$$

故由式(2.5.1)可知

$$\hat{\chi}_p(\omega) = \sum_{p=1}^{P} \frac{\Delta\varepsilon_p}{1+\mathrm{i}\omega\tau_p}. \tag{2.5.2}$$

德拜模型的特点是在频域具有分立的一个或多个实的极点. 如果只有一个极点 p, 则有

$$\hat{\chi}_p(\omega) = \frac{\Delta\varepsilon_p}{1+\mathrm{i}\omega\tau_p}, \tag{2.5.3}$$

变换到时域则得到

$$\chi(t) = \frac{\Delta\varepsilon_p}{\tau_p}\mathrm{e}^{-t/\varepsilon_p}u(t), \tag{2.5.4}$$

其中 $u(t)$ 为单位阶函数.

另一种模型称为洛伦兹(Lorentz)模型, 其一般形式为

$$\hat{\varepsilon}(\omega) = \varepsilon_0\varepsilon_\infty + \sum_{p=1}^{P} \frac{\Delta\varepsilon_p\omega_p^2}{\omega_p^2+2\mathrm{i}\omega\delta_p-\omega^2}, \tag{2.5.5}$$

其特点是在频域具有一个或多个复共轭极点对, 其中 ω_p 为媒质的无阻尼谐振频率, δ_p 则是阻尼系数. 对于只有单个极点对的情况, 电极化率成为

$$\hat{\chi}_p(\omega) = \frac{\Delta\varepsilon_p\omega_p^2}{\omega_p^2+2\mathrm{i}\omega\delta_p-\omega^2}, \tag{2.5.6}$$

变换到时域则是

$$\chi_p(t) = \frac{\Delta\varepsilon_p\omega_p^2}{\sqrt{\omega_p^2-\delta_p^2}}\mathrm{e}^{-\delta_p t}\sin\left(\sqrt{\omega_p^2-\delta_p^2}\,t\right)u(t). \tag{2.5.7}$$

能用德拜模型描述其色散特性的媒质称为德拜媒质, 由洛伦兹模型描述的媒质称为洛伦兹媒质, 下面就针对这两种媒质中的电磁波的差分格式进行讨论.

2.5.2 分段线性递归卷积法

对于线性色散媒质, Luebbers 等人发展了一种分段线性递归卷积法, 简记 PLRC, 用以导出电磁场的差分格式. 在频域, 电位移矢量 $\boldsymbol{D}(t)$ 和电场强度 $\boldsymbol{E}(t)$ 之间的关系需要用卷积来表达, 其一般形式为

$$\boldsymbol{D}(t) = \varepsilon_0\varepsilon_\infty\boldsymbol{E}(t) + \varepsilon_0\int_0^t \boldsymbol{E}(t-\tau)\chi(\tau)\mathrm{d}\tau. \tag{2.5.8}$$

在 $t=n\Delta t$ 时, 依上式可得

$$\boldsymbol{D}^n = \varepsilon_0\varepsilon_\infty\boldsymbol{E}^n + \varepsilon_0\int_0^{n\Delta t} \boldsymbol{E}(n\Delta t-\tau)\chi(\tau)\mathrm{d}\tau. \tag{2.5.9}$$

设定在每一时间步 Δt 内 $\boldsymbol{E}(t)$ 为一常值, 则 $\boldsymbol{E}(t)$ 可用插值形式近似地表示为

$$\boldsymbol{E}(t) = \boldsymbol{E}^k + \left(\frac{\boldsymbol{E}^{k+1}-\boldsymbol{E}^k}{\Delta t}\right)(t-k\Delta t), \tag{2.5.10}$$

为了应用方便, 上式又可改写为

$$E(n\Delta t - \tau) = E^{n-m} + \left(\frac{E^{n-m-1} - E^{n-m}}{\Delta t}\right)(\tau - m\Delta t). \qquad (2.5.11)$$

把它应用于式(2.5.9)中就可得到

$$D^n = \varepsilon_0 \varepsilon_\infty E^n + \varepsilon_0 \sum_{m=0}^{n-1} \left[E^{n-m}\chi^m + (E^{n-m-1} - E^{n-m})\xi^m\right], \qquad (2.5.12)$$

其中

$$\chi^m = \int_{m\Delta t}^{(m+1)\Delta t} \chi(\tau)\mathrm{d}\tau, \qquad (2.5.13a)$$

$$\xi^m = \frac{1}{\Delta t}\int_{m\Delta t}^{(m+1)\Delta t} (\tau - m\Delta t)\chi(\tau)\mathrm{d}\tau, \qquad (2.5.13b)$$

由此又有

$$D^{n+1} = \varepsilon_0(\varepsilon_\infty + \chi^0 - \xi^0)E^{n+1} + \varepsilon_0\xi^0 E^n$$

$$+ \sum_{m=0}^{n-1}\left[E^{n-m}\chi^{m+1} + (E^{n-m-1} - E^{n-m})\xi^{m+1}\right]. \qquad (2.5.14)$$

对旋度方程 $\nabla \times H = \dfrac{\partial D}{\partial t}$ 中的时间微商取中心差分近似得

$$\nabla \times H^{n+\frac{1}{2}} = \frac{D^{n+1} - D^n}{\Delta t}, \qquad (2.5.15)$$

把式(2.5.12)和(2.5.14)代入式(2.5.15)即可得到

$$E^{n+1} = \left(\frac{\varepsilon_\infty - \xi^0}{\varepsilon_\infty - \xi^0 + \chi^0}\right)E^n + \left(\frac{\Delta t/\varepsilon_0}{\varepsilon_\infty - \xi^0 + \chi^0}\right)\nabla \times H^{n+\frac{1}{2}}$$

$$+ \left(\frac{1}{\varepsilon_\infty - \xi^0 + \chi^0}\right)\sum_{m=0}^{n-1}\left[E^{n-m}\Delta\chi^m + (E^{n-m-1} - E^{n-m})\Delta\xi^m\right], \qquad (2.5.16)$$

其中

$$\Delta\chi^m = \chi^m - \chi^{m+1}, \qquad (2.5.17a)$$

$$\Delta\xi^m = \xi^m - \xi^{m+1}. \qquad (2.5.17b)$$

为表述简单,定义一个参变矢量

$$\psi^n = \sum_{m=0}^{n-1}\left[E^{n-m}\Delta\chi^m + (E^{n-m-1} - E^{n-m})\Delta\xi^m\right], \qquad (2.5.18)$$

只要找到 ψ^n 的逆推关系,则式(2.5.16)就成为可执行的逆推形式的差分格式. 为找到这种具体的逆推关系,下面结合实际的色散媒质特性模型进行讨论.

对于德拜媒质,应用时域模型式(2.5.4)于式(2.5.13)可得

$$\chi_p^m = \Delta\varepsilon_p(1 - \mathrm{e}^{-\Delta t/\tau_p})\mathrm{e}^{-m\Delta t/\tau_p}, \qquad (2.5.19a)$$

$$\xi_p^m = \frac{\Delta\varepsilon_p\tau_p}{\Delta t}\left[1 - \left(\frac{\Delta t}{\tau_p} + 1\right)\mathrm{e}^{-\Delta t/\tau_p}\right]\mathrm{e}^{-m\Delta t/\tau_p}, \qquad (2.5.19b)$$

并由式(2.5.17)得到

$$\Delta\chi_p^{m+1} = \Delta\chi_p^m\mathrm{e}^{-\Delta t/\tau_p}, \qquad (2.5.20a)$$

$$\Delta\xi_p^{m+1} = \Delta\xi_p^m e^{-\Delta t/\tau_p},\qquad (2.5.20b)$$

所以,对德拜媒质而言,立即可以得到 $\boldsymbol{\psi}^n$ 的逆推关系

$$\boldsymbol{\psi}_p^n = (\Delta\chi_p^0 - \Delta\xi_p^0)\boldsymbol{E}^n + \Delta\xi_p^0 \boldsymbol{E}^{n-1} + \boldsymbol{\psi}_p^{n-1} e^{-\Delta t/\tau_p}.\qquad (2.5.21)$$

对于洛伦兹媒质,不能直接由式(2.5.7)获得所需的逆推关系,而是引入一个辅助复数参量 $\boldsymbol{\chi}_p(t)$,其定义为

$$\boldsymbol{\chi}_p(t) = -\,\mathrm{i}\gamma_p e^{(-\alpha_p + \mathrm{i}\beta_p)t} u(t),\qquad (2.5.22)$$

其中

$$\alpha_p = \delta_p,\quad \beta_p = \sqrt{\omega_p^2 - \delta_p^2},\quad \gamma_p = \Delta\varepsilon_p\omega_p^2/\beta_p.$$

很容易看出,$\hat{\chi}_p(t)$ 的实部便是式(2.5.7)所表示的 $\chi_p(t)$,用 $\hat{\chi}_p(t)$ 代替 $\chi_p(t)$,可由式(2.5.13)得到

$$\hat{\chi}_p^m = \frac{-\mathrm{i}\gamma_p}{\alpha_p - \mathrm{i}\beta_p}\left[1 - e^{(-\alpha_p + \mathrm{i}\beta_p)\Delta t}\right]e^{(-\alpha_p + \mathrm{i}\beta_p)m\Delta t},\qquad (2.5.23a)$$

$$\hat{\xi}_p^m = \frac{-\mathrm{i}\gamma_p/\Delta t}{(\alpha_p - \mathrm{i}\beta_p)^2}\left\{\left[(\alpha_p - \mathrm{i}\beta_p)\Delta t + 1\right]e^{(-\alpha_p + \mathrm{i}\beta_p)\Delta t} - 1\right\}e^{(-\alpha_p + \mathrm{i}\beta_p)m\Delta t},$$

$$\qquad (2.5.23b)$$

且有关系

$$\hat{\chi}_p^{m+1} = \hat{\chi}_p^m e^{(-\alpha_p + \mathrm{i}\beta_p)\Delta t},\qquad (2.5.24a)$$

$$\hat{\xi}_p^{m+1} = \hat{\xi}_p^m e^{(-\alpha_p + \mathrm{i}\beta_p)\Delta t}.\qquad (2.5.24b)$$

相应于式(2.5.18)有

$$\hat{\boldsymbol{\psi}}^n = \sum_{m=0}^{n-1}\left[\boldsymbol{E}^{n-m}\Delta\hat{\chi}_p^m + (\boldsymbol{E}^{n-m-1} - \boldsymbol{E}^{n-m})\Delta\hat{\xi}_p^m\right],\qquad (2.5.25)$$

其中

$$\Delta\hat{\chi}_p^m = \hat{\chi}_p^m - \hat{\chi}_p^{m+1},\quad \Delta\hat{\xi}_p^m = \hat{\xi}_p^m - \hat{\xi}_p^{m+1}.$$

利用以上关系不难得到

$$\hat{\boldsymbol{\psi}}_p^n = (\Delta\hat{\chi}_p^0 - \Delta\hat{\xi}_p^0)\boldsymbol{E}^n + \Delta\hat{\xi}_p^0 \boldsymbol{E}^{n-1} + \hat{\boldsymbol{\psi}}_p^{n-1} e^{(-\alpha_p + \mathrm{i}\beta_p)\Delta t},\qquad (2.5.26)$$

由式(2.5.13)不难推知

$$\chi_p^m = \mathrm{Re}(\hat{\chi}_p^m),\quad \xi_p^n = \mathrm{Re}(\hat{\xi}_p^m),\qquad (2.5.27)$$

从而由式(2.5.25)不难得到

$$\psi_p^n = \mathrm{Re}(\hat{\boldsymbol{\psi}}_p^n).\qquad (2.5.28)$$

这样一来,无论对德拜媒质还是洛伦兹媒质,在只有一个或一对极点的情况下,都可得到电场的逆推关系

$$\boldsymbol{E}^{n+1} = \left(\frac{\varepsilon_\infty - \xi^0}{\varepsilon_\infty - \xi^0 + \chi^0}\right)\boldsymbol{E}^n + \left(\frac{\Delta t/\varepsilon_0}{\varepsilon_\infty - \xi^0 + \chi^0}\right)\nabla\times\boldsymbol{H}^{n+\frac{1}{2}}$$

$$+ \left(\frac{1}{\varepsilon_\infty - \xi^0 + \chi^0}\right)\boldsymbol{\psi}^n,\qquad (2.5.29)$$

其中 $\nabla \times \boldsymbol{H}^{n+\frac{1}{2}}$ 可在空间坐标中展开后,按空间坐标的中心差分进行近似,从而得到完整的电场计算的差分格式.关于磁场的计算,由于 μ 与频率无关,其计算格式与非色散媒质时相同.

2.5.3　辅助微分方程法

辅助微分方程法,简记为 ADE,由 T. Kashiwa 等人提出,这一方法与 PLRC 法有相同的精度,但能适用于任意非线性的色散媒质.

首先我们针对一般形式的德拜模型所描述的媒质来讨论这一问题.根据我们选择的简谐波与时间的关系(2.3.1),我们有频域的旋度方程

$$\nabla \times \hat{\boldsymbol{H}} = \mathrm{i}\omega\varepsilon(\omega)\hat{\boldsymbol{E}} + \sigma\hat{\boldsymbol{E}}.$$

把式(2.5.1)代入其中可得

$$\nabla \times \hat{\boldsymbol{H}} = \mathrm{i}\omega\varepsilon_0\varepsilon_\infty\hat{\boldsymbol{E}} + \mathrm{i}\omega\varepsilon_0\sum_{p=1}^{P}\frac{\Delta\varepsilon_p}{1+\mathrm{i}\omega\tau_p}\hat{\boldsymbol{E}} + \sigma\hat{\boldsymbol{E}}$$

$$= \mathrm{i}\omega\varepsilon_0\varepsilon_\infty\hat{\boldsymbol{E}} + \sigma\hat{\boldsymbol{E}} + \sum_{p=1}^{P}\hat{\boldsymbol{J}}_p, \qquad (2.5.30)$$

其中

$$\hat{\boldsymbol{J}}_p = \varepsilon_0\Delta\varepsilon p\ \frac{\mathrm{i}\omega}{1+\mathrm{i}\omega\tau_p}\hat{\boldsymbol{E}}. \qquad (2.5.31)$$

相对于式(2.5.30)的时域方程为

$$\nabla \times \boldsymbol{H} = \varepsilon_0\varepsilon_\infty\frac{\partial\boldsymbol{E}}{\partial t} + \sigma\boldsymbol{E} + \sum_{p=1}^{P}\boldsymbol{J}_p. \qquad (2.5.32)$$

在方程(2.5.31)的两侧乘以 $(1+\mathrm{i}\omega\tau_p)$ 可得到

$$\hat{\boldsymbol{J}}_p + \mathrm{i}\omega\tau_p\hat{\boldsymbol{J}}_p = \mathrm{i}\omega\varepsilon_0\Delta\tau_p\hat{\boldsymbol{E}},$$

变换到时域便是

$$\boldsymbol{J}_p(t) + \tau_p\frac{\partial\boldsymbol{J}_p}{\partial t} = \varepsilon_0\Delta\varepsilon_p\frac{\partial\boldsymbol{E}}{\partial t}, \qquad (2.5.33)$$

用中心差分代替时间微商,上式可近似地改写成

$$\left(\frac{\boldsymbol{J}_p^{n+1}+\boldsymbol{J}_p^{n}}{2}\right) + \tau_p\left(\frac{\boldsymbol{J}_p^{n+1}-\boldsymbol{J}_p^{n}}{\Delta t}\right) = \varepsilon_0\Delta\varepsilon_p\left(\frac{\boldsymbol{E}^{n+1}-\boldsymbol{E}^{n}}{\Delta t}\right), \qquad (2.5.34)$$

由此又可得

$$\boldsymbol{J}_p^{n+1} = K_p\boldsymbol{J}_p^{n} + \beta_p\left(\frac{\boldsymbol{E}^{n+1}-\boldsymbol{E}^{n}}{\Delta t}\right), \qquad (2.5.35)$$

其中

$$K_p = \frac{1-\Delta t/2\tau_p}{1+\Delta t/2\tau_p}, \qquad (2.5.36\mathrm{a})$$

$$\beta_p = \frac{\varepsilon_0\Delta\varepsilon_p\Delta t/\tau_p}{1+\Delta t/2\tau_p}. \qquad (2.5.36\mathrm{b})$$

采用近似

$$\boldsymbol{J}^{n+\frac{1}{2}} = \frac{1}{2}(\boldsymbol{J}^{n+1} + \boldsymbol{J}^n) = \frac{1}{2}\Big[(1+K_p)\boldsymbol{J}^n + \frac{\beta_p}{\Delta t}(\boldsymbol{E}^{n+1} - \boldsymbol{E}^n)\Big], \quad (2.5.37)$$

则可把式(2.5.32)改写成

$$\nabla \times \boldsymbol{H}^{n+\frac{1}{2}} = \varepsilon_0 \varepsilon_\infty \Big(\frac{\boldsymbol{E}^{n+1} - \boldsymbol{E}^n}{\Delta t}\Big) + \sigma\Big(\frac{\boldsymbol{E}^{n+1} + \boldsymbol{E}^n}{2}\Big)$$

$$+ \frac{1}{2}\sum_{p=1}^{P}\Big[(1+K_p)\boldsymbol{J}_p^n + \frac{\beta_p}{\Delta t}(\boldsymbol{E}^{n+1} - \boldsymbol{E}^n)\Big], \quad (2.5.38)$$

最后得到电场的逆推步进关系

$$\boldsymbol{E}^{n+1} = \left\{\frac{2\varepsilon_0\varepsilon_\infty + \sum\limits_{p=1}^{P}\beta_p - \sigma\Delta t}{2\varepsilon_0\varepsilon_\infty + \sum\limits_{p=1}^{P}\beta_p - \sigma\Delta t}\right\}\boldsymbol{E}^n$$

$$+ \left\{\frac{2\Delta t}{2\varepsilon_0\varepsilon_\infty + \sum\limits_{p=1}^{P}\beta_p - \sigma\Delta t}\right\}\Big[\nabla \times \boldsymbol{H}^{n+\frac{1}{2}} - \frac{1}{2}\sum_{p=1}^{P}(1+K_p)\boldsymbol{J}_p^n\Big]. \quad (2.5.39)$$

对于洛伦兹媒质,在一般情况下有

$$\hat{\boldsymbol{J}}_p = \varepsilon_0 \Delta\varepsilon_p\omega_p^2\Big(\frac{\mathrm{i}\omega}{\omega_p^2 + 2\mathrm{i}\omega\delta_p - \omega^2}\Big)\hat{\boldsymbol{E}}, \quad (2.5.40)$$

两边乘以 $\omega_p^2 + 2\mathrm{i}\omega\delta_p - \omega^2$ 便得

$$\omega_p^2\hat{\boldsymbol{J}}_p + 2\mathrm{i}\omega\delta_p\hat{\boldsymbol{J}}_p - \omega^2\hat{\boldsymbol{J}}_p = \mathrm{i}\omega\tau_0\Delta\varepsilon_p\omega_p^2\hat{\boldsymbol{E}}, \quad (2.5.41)$$

变换到时域便是

$$\omega_p^2\boldsymbol{J}_p + 2\delta_p\frac{\partial\boldsymbol{J}_p}{\partial t} + \frac{\partial^2\boldsymbol{J}_p}{\partial t^2} = \varepsilon_0\Delta\varepsilon_p\omega_p^2\frac{\partial\boldsymbol{E}}{\partial t}. \quad (2.5.42)$$

该式在时间步 n 的中心差分近似为

$$\omega_p^2\boldsymbol{J}^n + 2\delta_p\Big(\frac{\boldsymbol{J}^{n+1} - \boldsymbol{J}^{n-1}}{2\Delta t}\Big) + \Big[\frac{\boldsymbol{J}_p^{n+1} - 2\boldsymbol{J}^n + \boldsymbol{J}_p^{n-1}}{(\Delta t)^2}\Big]$$

$$= \varepsilon_0\Delta\varepsilon_p\omega_p^2\Big(\frac{\boldsymbol{E}^{n+1} - \boldsymbol{E}^{n-1}}{2\Delta t}\Big), \quad (2.5.43)$$

由上式解得 $\boldsymbol{J}^{n+1}$,得到

$$\boldsymbol{J}_p^{n+1} = \tau_p\boldsymbol{J}_p^{n-1} + d_p\boldsymbol{J}_p^{n-1} + e_p\Big(\frac{\boldsymbol{E}^{n+1} - \boldsymbol{E}^{n-1}}{2\Delta t}\Big), \quad (2.5.44)$$

其中

$$\tau_p = \frac{2 - \omega_p^2(\Delta t)^2}{1 + \delta_p\Delta t}, \quad d_p = \frac{\delta_p\Delta t - 1}{\delta_p\Delta t + 1}, \quad e_p = \frac{\varepsilon_0\Delta\varepsilon_p\omega_p^2(\Delta t)^2}{1 + \delta_p\Delta t}.$$

采用近似

$$\boldsymbol{J}^{n+\frac{1}{2}} = \frac{1}{2}(\boldsymbol{J}^{n+1} + \boldsymbol{J}^n) = \frac{1}{2}\Big[(1+\tau_p)\boldsymbol{J}_p^n + d_p\boldsymbol{J}_p^{n-1} + \frac{e_p}{2\Delta t}(\boldsymbol{E}^{n+1} - \boldsymbol{E}^{n-1})\Big],$$

$$(2.5.45)$$

则由式(2.5.32)得

$$\nabla \times \boldsymbol{H}^{n+\frac{1}{2}} = \varepsilon_0 \varepsilon_\infty \left(\frac{\boldsymbol{E}^{n+1} - \boldsymbol{E}^n}{\Delta t} \right) + \sigma \left(\frac{\boldsymbol{E}^{n+1} + \boldsymbol{E}^n}{2} \right)$$
$$+ \frac{1}{2} \sum_{p=1}^{P} \left[(1 + \tau_p) \boldsymbol{J}_p^n + d_p \boldsymbol{J}_p^{n-1} + \frac{e_p}{2\Delta t} (\boldsymbol{E}^{n+1} + \boldsymbol{E}^{n-1}) \right].$$

$$(2.5.46)$$

由此解出 $\boldsymbol{E}^{n+1}$, 有

$$\boldsymbol{E}^{n+1} = A \boldsymbol{E}^{n-1} + B \boldsymbol{E}^n$$
$$+ C \left\{ \nabla \times \boldsymbol{H}^{n+\frac{1}{2}} - \frac{1}{2} \sum_{p=1}^{P} \left[(1 + \tau_p) \boldsymbol{J}_p^n + d_p \boldsymbol{J}_p^{n-1} \right] \right\},$$

$$(2.5.47)$$

其中

$$A = \frac{\dfrac{1}{2} \sum_{p=1}^{P} e_p}{2\varepsilon_0 \varepsilon_\infty + \dfrac{1}{2} \sum_{p=1}^{P} e_p + \sigma \Delta t},$$

$$(2.5.48a)$$

$$B = \frac{2\varepsilon_0 \varepsilon_\infty - \sigma \Delta t}{2\varepsilon_0 \varepsilon_\infty + \dfrac{1}{2} \sum_{p=1}^{P} e_p + \sigma \Delta t},$$

$$(2.5.48b)$$

$$C = \frac{2\Delta t}{2\varepsilon_0 \varepsilon_\infty + \dfrac{1}{2} \sum_{p=1}^{P} e_p + \sigma \Delta t}.$$

$$(2.5.48c)$$

把式(2.5.39),(2.5.47)与非色散媒质中相应的计算格式相比较可知,现在的计算格式不像非色散媒质中那样简单直接,必须分几步进行,所需存储的量也有所增加.

§2.6　高阶时域有限差分法

经典的 Yee 氏时域有限差分法在对时间变量和空间变量微商的差分近似时都采用了具有二阶精度的中心差分. 为叙述简单起见,我们把这种方法记做 FDTD(2,2). 虽然 FDTD(2,2)在很多领域得到了广泛的应用,但由于存在数值色散,限制了它在大尺度问题中的应用. 为了保证一定的计算精度,数值色散误差的存在要求网格空间步长要足够小,一般要求不大于波长的十分之一. 此外,稳定条件限制的同时也就规定了可以选取的最大时间步长. 为了增加空间步长,又不降低计算精度,就必须减小数值色散误差. 达到此目的的一个最直接的途径是提高差分近似的精度,这就产生了高阶时域有限差分法.

人们对高阶时域有限差分法已开展了多方面的研究,对各阶精度差分近似

的搭配进行了比较.结果发现,当时间上取二阶精度、空间上取四阶精度,即 FDTD(2,4)相对比较优越.下面仅对这一形式作简要介绍.

2.6.1 高阶时域有限差分法的差分格式

在 §2.1 中我们已导出了如式(2.1.5)所示的函数 $f(x)$ 的具有二阶精度的中心差分近似.在直角坐标系的均匀网格空间中,对函数 $f(x,y)$ 我们可以给出分别对 x 和 y 的二阶中心差分 $D_{2x}f(x,y)$ 和 $D_{2y}f(x,y)$,按以前的离散表示方法我们有

$$D_{2x}f(i,j) = \frac{1}{\Delta x}\Big[f\Big(i+\frac{1}{2},j\Big) - f\Big(i-\frac{1}{2},j\Big)\Big], \qquad (2.6.1)$$

$$D_{2y}f(i,j) = \frac{1}{\Delta y}\Big[f\Big(i,j+\frac{1}{2}\Big) - f\Big(i,j-\frac{1}{2}\Big)\Big], \qquad (2.6.2)$$

其中 Δx 和 Δy 为沿 x 和 y 方向的空间步长.

如果我们把 $f(x)$ 的泰勒(Taylor)展开精确到四阶,就可得到具有四级精度的中心差分近似.由于

$$f\Big(x\pm\frac{1}{2}\Delta x\Big) = f(x) + \Big(\pm\frac{1}{2}\Delta x\Big)\frac{\partial}{\partial x}f(x) + \frac{1}{2!}\Big(\pm\frac{1}{2}\Delta x\Big)^2\frac{\partial^2}{\partial x^2}f(x)$$
$$+ \frac{1}{3!}\Big(\pm\frac{1}{2}\Delta x\Big)^3\frac{\partial^3}{\partial x^3}f(x) + \frac{1}{4!}\Big(\pm\frac{1}{2}\Delta x\Big)^4\frac{\partial^4}{\partial x^4}f(x) + \cdots, \qquad (2.6.3)$$

$$f\Big(x\pm\frac{3}{2}\Delta x\Big) = f(x) + \Big(\pm\frac{3}{2}\Delta x\Big)\frac{\partial}{\partial x}f(x) + \frac{1}{2!}\Big(\pm\frac{3}{2}\Delta x\Big)^2\frac{\partial^2}{\partial x^2}f(x)$$
$$+ \frac{1}{3!}\Big(\pm\frac{3}{2}\Delta x\Big)^3\frac{\partial^3}{\partial x^3}f(x) + \frac{1}{4!}\Big(\pm\frac{3}{2}\Delta x\Big)^4\frac{\partial^4}{\partial x^4}f(x) + \cdots, \qquad (2.6.4)$$

由上两式分别得到

$$f\Big(x+\frac{1}{2}\Delta x\Big) - f\Big(x-\frac{1}{2}\Delta x\Big) = \Delta x\,\frac{\partial}{\partial x}f(x) + \frac{1}{24}\Delta x^3\,\frac{\partial^3}{\partial x^3}f(x) + O(\Delta x^5), \qquad (2.6.5)$$

$$f\Big(x+\frac{3}{2}\Delta x\Big) - f\Big(x-\frac{3}{2}\Delta x\Big) = 3\Delta x\,\frac{\partial}{\partial x}f(x) + \frac{27}{24}\Delta x^3\,\frac{\partial^3}{\partial x^3}f(x) + O(\Delta x^5). \qquad (2.6.6)$$

因此又有

$$\frac{\partial f}{\partial x} = \frac{f\Big(x-\frac{3}{2}\Delta x\Big) - f\Big(x+\frac{3}{2}\Delta x\Big) + 27f\Big(x+\frac{1}{2}\Delta x\Big) - 27f\Big(x-\frac{1}{2}\Delta x\Big)}{24\Delta x}$$
$$+ O(\Delta x^4), \qquad (2.6.7)$$

这是一种具有四阶近似的中心差分形式,据此,我们可以定义二元函数 $f(x,y)$ 的四阶中心差分 D_{4x} 和 D_{4y} 的离散表示

$$D_{4x}f(i,j) = D_{2x}f(i,j) + \frac{1}{24\Delta x}\Big[3f\Big(i+\frac{1}{2},j\Big) - 3f\Big(i-\frac{1}{2},j\Big)$$
$$- f\Big(i+\frac{3}{2},j\Big) + f\Big(i-\frac{3}{2},j\Big)\Big], \tag{2.6.8}$$

$$D_{4y}f(i,j) = D_{2y}f(i,j) + \frac{1}{24\Delta y}\Big[3f\Big(i,j+\frac{1}{2}\Big) - 3f\Big(i,j-\frac{1}{2}\Big)$$
$$- f\Big(i,j+\frac{3}{2}\Big) + f\Big(i,j-\frac{3}{2}\Big)\Big]. \tag{2.6.9}$$

把以上定义运用到二维电磁场问题中,即可得到一种二维 FDTD$(2,4)$,其中对时间变量仍保持二阶中心差分. 例如,对 TM$_z$ 问题,可把其方程

$$\mu\frac{\partial H_x}{\partial t} = -\frac{\partial E_z}{\partial y},$$

$$\mu\frac{\partial H_y}{\partial t} = \frac{\partial E_z}{\partial x},$$

$$\varepsilon\frac{\partial E_z}{\partial t} = \frac{\partial H_y}{\partial x} - \frac{\partial H_x}{\partial y}.$$

变为相应的 FDTD$(2,4)$差分格式

$$H_x^{n+\frac{1}{2}}\Big(i,j+\frac{1}{2}\Big) = H_x^{n-\frac{1}{2}}\Big(i,j+\frac{1}{2}\Big) - \frac{\Delta t}{\mu}D_{4y}E_z^n\Big(i,j+\frac{1}{2}\Big), \tag{2.6.10}$$

$$H_y^{n+\frac{1}{2}}\Big(i+\frac{1}{2},j\Big) = H_y^{n-\frac{1}{2}}\Big(i+\frac{1}{2},j\Big) + \frac{\Delta t}{\mu}D_{4x}E_z^n\Big(i+\frac{1}{2},j\Big), \tag{2.6.11}$$

$$E_z^{n+1}(i,j) = E_z^n(i,j) + \frac{\Delta t}{\varepsilon}D_{4x}H_y^{n+\frac{1}{2}}(i,j) - \frac{\Delta t}{\varepsilon}D_{4y}H_x^{n+\frac{1}{2}}(i,j), \tag{2.6.12}$$

对三维问题也可采用类似的办法得到相应的差分格式.

2.6.2　稳定性和色散特性分析

为了说明高阶时域有限差分法的确能减小数值色散误差,需要对其稳定性和色散特性进行定量分析. 为了得到稳定的条件,仍然可以利用式(2.2.5)所示的增长因子,其中 F 表示任一场分量的频谱分量,它们可由式(2.6.10)~(2.6.12)的傅里叶变换求得,由此可知[47]

$$q = \pm\sqrt{1 - (v\Delta t)^2\Big[\Big(\frac{M_x}{\Delta x}\Big)^2 + \Big(\frac{M_y}{\Delta y}\Big)^2\Big]} + iv\Delta t\sqrt{\Big(\frac{M_x}{\Delta x}\Big)^2 + \Big(\frac{M_y}{\Delta y}\Big)^2}, \tag{2.6.13}$$

其中

$$M_x = \frac{1}{24}\Big[27\sin\Big(\frac{1}{2}k_x\Delta x\Big) - \sin\Big(\frac{3}{2}k_x\Delta x\Big)\Big],$$

$$M_y = \frac{1}{24}\left[27\sin\left(\frac{1}{2}k_y\Delta y\right) - \sin\left(\frac{3}{2}k_y\Delta y\right)\right]. \qquad (2.6.14)$$

而 $k_x = k\cos\alpha, k_y = k\sin\alpha, v = 1/\sqrt{\varepsilon\mu}, k = \omega\sqrt{\varepsilon\mu}.\ \alpha$ 为波的传播方向与 x 轴之间的夹角.

为了保证计算的稳定,增长因子必须满足条件 $|q|\leqslant 1$. 据此,可由式(2.6.13)得到 FDTD(2,4)的稳定性条件为

$$v\Delta t\sqrt{\left(\frac{M_x}{\Delta x}\right)^2 + \left(\frac{M_y}{\Delta y}\right)^2} \leqslant 1, \qquad (2.6.15)$$

采用与以前类似的方法,可以得到 FDTD(2,4)的色散方程

$$\sin\left(\frac{1}{2}\omega\Delta t\right) = v\Delta t\sqrt{\left(\frac{M_x}{\Delta x}\right)^2 + \left(\frac{M_y}{\Delta y}\right)^2}, \qquad (2.6.16)$$

或更直观地表示为

$$\left[\frac{1}{v\Delta t}\sin\left(\frac{1}{2}\omega\Delta t\right)\right]^2 = \frac{1}{\Delta x}\left[\frac{9}{8}\sin\left(\frac{1}{2}k_x\Delta x\right) - \frac{1}{24}\sin\left(\frac{3}{2}k_x\Delta x\right)\right]^2$$

$$+ \frac{1}{\Delta y}\left[\frac{9}{8}\sin\left(\frac{1}{2}k_y\Delta y\right) - \frac{1}{24}\sin\left(\frac{3}{2}k_y\Delta y\right)\right]^2, \qquad (2.6.17)$$

以上结果不难推广到三维的情况.

图 2.4(a)和(b)分别给出了在不同空间步长时根据以上公式计算的 FDTD(2,4)的色散特性与 FDTD(2,2)的比较,可以明显地看出 FDTD(2,4)的优越性.

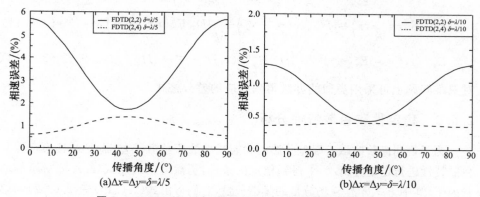

(a)$\Delta x = \Delta y = \delta = \lambda/5$ (b)$\Delta x = \Delta y = \delta = \lambda/10$

图 2.4 FDTD(2,4)与 FDTD(2,2)数值色散特性的比较

以上仅是 FDTD(2,4)的最基本的形式和具有的特性.为了进一步提高这一方法的效能,已经提出了很多改进措施,其中有一项是在差分格式中引入权重系数,使之介于 FDTD(2,2)和 FDTD(2,4)之间,权重系数的选择由优化数值色散特性来决定.新的研究已经把高阶时域有限差分法与 PML 相结合,甚至建立在非正交网格体系中.

§2.7　ADI-FDTD 法

到现在为止,以前所讨论的时域有限差分法都是显式法,它的最大特点是只有其时间步长满足 Courant 条件时计算才是稳定的.该稳定条件不仅限制了可选取的最大时间步长,而且时间步长还和计算域内所选取的最小空间步长相关.空间步长越小,时间步长也要相应地减小,这一限制大大影响了计算效率.隐式时域差分法是无条件稳定的,时间步可取得更长,但在计算的每一时间步都要解代数方程,并不能提高计算效率.

在求解热传导问题中早已发展了一种交替方向隐式法(Alternating Direction Implicit Method,简称 ADI).其基本做法是,在求解偏微分方程时,先选取一个变量方向按隐式差分格式处理,而余下的变量方向按显式差分格式处理,然后交换隐式和显式差分格式处理的变量方向.对于每一步而言,计算仍是条件稳定的,但复合的结果使整个计算成为无条件稳定的.

1999 年,T. Namiki 给出了一种利用 ADI 原理求解麦克斯韦方程的时域有限差分格式[132],称之为 ADI-FDTD 法,它被证明是无条件稳定的.这一方法的提出,很快引起了广泛研究的兴趣,已经取得了很多成果.下面对 ADI-FDTD 法的基本原理作简要介绍.

2.7.1　ADI-FDTD 的基本格式

为了书写简便,以下仅以 TE_z 波问题为例说明 ADI-FDTD 法建立差分格式的基本步骤. TE_z 波的麦克斯韦方程在直角坐标中具有如下的形式

$$\varepsilon \frac{\partial E_x}{\partial t} = \frac{\partial H_z}{\partial y}, \tag{2.7.1a}$$

$$\varepsilon \frac{\partial E_y}{\partial t} = \frac{\partial H_z}{\partial x}, \tag{2.7.1b}$$

$$\mu \frac{\partial H_z}{\partial t} = \frac{\partial E_x}{\partial y} - \frac{\partial E_y}{\partial x}. \tag{2.7.1c}$$

差分格式的建立仍在 Yee 氏网格中进行.与传统的方法不同的是,把 n 到 $n+1$ 时间步分为两个子时间步进行,第一个子时间步为 n 到 $n+1/2$,第二个子时间步为 $n+1/2$ 到 $n+1$.在第一个子时间步建立差分格式时,方程(2.7.1a)为显式,而方程(2.7.1b)和(2.7.1c)为隐式,仍采用中心差分近似,其形式为

$$E_x^{n+\frac{1}{2}}\left(i+\frac{1}{2},j\right) = E_x^n\left(i+\frac{1}{2},j\right)$$
$$+ \left(\frac{\Delta t}{2\varepsilon\Delta y}\right)\left[H_z^n\left(i+\frac{1}{2},j+\frac{1}{2}\right) - H_z^n\left(i+\frac{1}{2},j-\frac{1}{2}\right)\right],$$
$$\tag{2.7.2a}$$

$$E_y^{n+\frac{1}{2}}\left(i,j+\frac{1}{2}\right) = E_y^n\left(i,j+\frac{1}{2}\right)$$
$$- \left(\frac{\Delta t}{2\varepsilon\Delta x}\right)\left[H_z^{n+\frac{1}{2}}\left(i+\frac{1}{2},j+\frac{1}{2}\right) - H_z^{n+\frac{1}{2}}\left(i-\frac{1}{2},j+\frac{1}{2}\right)\right],$$

$$\text{(2.7.2b)}$$

$$H_z^{n+\frac{1}{2}}\left(i+\frac{1}{2},j+\frac{1}{2}\right) = H_z^n\left(i+\frac{1}{2},j+\frac{1}{2}\right)$$
$$+ \left(\frac{\Delta t}{2\mu\Delta y}\right)\left[E_x^n\left(i+\frac{1}{2},j+1\right) - E_x^n\left(i+\frac{1}{2},j\right)\right]$$
$$- \left(\frac{\Delta t}{2\mu\Delta x}\right)\left[E_y^{n+\frac{1}{2}}\left(i+1,j+\frac{1}{2}\right) - E_y^{n+\frac{1}{2}}\left(i,j+\frac{1}{2}\right)\right],$$

$$\text{(2.7.2c)}$$

方程(2.7.2b)的特点是,右边的 H_z 与左边 E_y 取相同时间的值,方程(2.7.2c)的特点则是右边 E_y 与左边 H_z 取相同时间的值. 显然,方程(2.7.2b)不能直接用步进法计算,因为 $H_z^{n+\frac{1}{2}}$ 还是未知. 为解决这一问题,可利用式(2.7.2c)消去 $H_z^{n+\frac{1}{2}}$,从而得到

$$E_y^{n+\frac{1}{2}}\left(i-1,j+\frac{1}{2}\right) - \left[\left(\frac{2\sqrt{\varepsilon\mu}\Delta x}{\Delta t}\right)^2 + 2\right]E_y^{n+\frac{1}{2}}\left(i,j+\frac{1}{2}\right) + E_y^{n+\frac{1}{2}}\left(i+1,j+\frac{1}{2}\right)$$
$$= -\left(\frac{2\sqrt{\varepsilon\mu}\Delta x}{\Delta t}\right)^2 E_y^n\left(i,j+\frac{1}{2}\right)$$
$$+ \left(\frac{2\mu\Delta x}{\Delta t}\right)\left[H_z^n\left(i+\frac{1}{2},j+\frac{1}{2}\right) - H_z^n\left(i-\frac{1}{2},j+\frac{1}{2}\right)\right]$$
$$+ \left(\frac{\Delta x}{\Delta y}\right)\left[E_x^n\left(i+\frac{1}{2},j+1\right) - E_x^n\left(i+\frac{1}{2},j\right)\right.$$
$$\left. + E_x^n\left(i+\frac{1}{2},j+1\right) - E_x^n\left(i-\frac{1}{2},j+1\right)\right], \qquad \text{(2.7.3)}$$

它可以表示成一个对角带状矩阵方程,由此可解出 $E_y^{n+\frac{1}{2}}$,在此之后方程(2.7.2c)也就可以计算了.

　　作为第二个子时间步,把方程(2.7.1b)表示成显式,其他两个成为隐式,其形式为

$$E_x^{n+1}\left(i+\frac{1}{2},j\right) = E_x^{n+\frac{1}{2}}\left(i+\frac{1}{2},j\right)$$
$$+ \left(\frac{\Delta t}{2\varepsilon\Delta y}\right)\left[H_z^{n+1}\left(i+\frac{1}{2},j+\frac{1}{2}\right) - H_z^{n+1}\left(i+\frac{1}{2},j-\frac{1}{2}\right)\right],$$

$$\text{(2.7.4a)}$$

$$E_y^{n+1}\left(i,j+\frac{1}{2}\right) = E_y^{n+\frac{1}{2}}\left(i,j+\frac{1}{2}\right)$$

$$- \left(\frac{\Delta t}{2\varepsilon \Delta x} \right) \left[H_z^{n+\frac{1}{2}} \left(i + \frac{1}{2}, j + \frac{1}{2} \right) - H_z^{n+\frac{1}{2}} \left(i - \frac{1}{2}, j + \frac{1}{2} \right) \right],$$
$$(2.7.4\mathrm{b})$$

$$
\begin{aligned}
H_z^{n+1} \left(i + \frac{1}{2}, j + \frac{1}{2} \right) = {} & H_z^{n+\frac{1}{2}} \left(i + \frac{1}{2}, j + \frac{1}{2} \right) \\
& + \left(\frac{\Delta t}{2\mu \Delta y} \right) \left[E_x^{n+1} \left(i + \frac{1}{2}, j + 1 \right) - E_x^{n+1} \left(i + \frac{1}{2}, j \right) \right] \\
& - \left(\frac{\Delta t}{2\mu \Delta x} \right) \left[E_y^{n+\frac{1}{2}} \left(i + 1, j + \frac{1}{2} \right) - E_y^{n+\frac{1}{2}} \left(i, j + \frac{1}{2} \right) \right].
\end{aligned}
$$
$$(2.7.4\mathrm{c})$$

在这一过程中方程（2.7.4a）不能直接执行，但可利用（2.7.4c）消去 H_z^{n+1}，从而有

$$
\begin{aligned}
& E_x^{n+1} \left(i + \frac{1}{2}, j - 1 \right) - \left[\left(\frac{2\sqrt{\varepsilon\mu}\Delta y}{\Delta t} \right)^2 + 2 \right] E_x^{n+1} \left(i + \frac{1}{2}, j \right) + E_x^{n+1} \left(i + \frac{1}{2}, j + 1 \right) \\
& = - \left(\frac{2\sqrt{\varepsilon\mu}\Delta y}{\Delta t} \right)^2 E_x^{n+\frac{1}{2}} \left(i + \frac{1}{2}, j \right) \\
& \quad + \left(\frac{2\mu\Delta y}{\Delta t} \right) \left[H_z^{n+\frac{1}{2}} \left(i + \frac{1}{2}, j - \frac{1}{2} \right) - H_z^{n+\frac{1}{2}} \left(i + \frac{1}{2}, j + \frac{1}{2} \right) \right] \\
& \quad + \left(\frac{\Delta y}{\Delta x} \right) \left[E_y^{n+\frac{1}{2}} \left(i + 1, j + \frac{1}{2} \right) - E_y^{n+\frac{1}{2}} \left(i, j + \frac{1}{2} \right) \right. \\
& \quad \left. + E_y^{n+\frac{1}{2}} \left(i + 1, j - \frac{1}{2} \right) - E_y^{n+\frac{1}{2}} \left(i, j - \frac{1}{2} \right) \right].
\end{aligned}
$$
$$(2.7.5)$$

由该方程解出 E_x^{n+1} 后，后面两个方程就都可以执行了．完成了这两个子时间步的计算就可进入下一个时间步，依此可完成全部按步进法的计算．

对三维电磁场问题要考虑 6 个场分量的计算，其中每个场分量都满足类似（2.7.1c）的方程．对比方程（2.7.2c）和（2.7.4c）可以发现它们之间的差别．在适用于第一子时间步的方程（2.7.2c）中对 E_x 取的是显式，对 E_y 取的是隐式，而在适用于第二子时间步的方程（2.7.4c）中正好相反，对 E_x 取的是隐式，而对 E_y 则取的是显式．把这一交替原则运用到三维电磁场的 6 个分量的方程中，就能得到三维电磁场问题的 ADI-FDTD 差分格式，这里不再一一列出．ADI-FDTD 的另一种差分格式的建立方法是对方程（2.7.1c）形式的方程右侧的第一项采用显式格式，第二项采用隐式格式，在第二个子时间段交换显、隐的次序．

2.7.2　稳定性分析

以上建立的 ADI-FDTD 差分格式应该是无条件稳定的，下面对此加以证明．

对二维 TE$_z$ 波而言，3 个分量一般可以表示为

$$\begin{cases} E_x^n = E_{x0} q_l^n \, \mathrm{e}^{\mathrm{i}(k_x x + k_y y)} , \\ E_y^n = E_{y0} q_l^n \, \mathrm{e}^{\mathrm{i}(k_x x + k_y y)} , \\ H_z^n = H_{z0} q_l^n \, \mathrm{e}^{\mathrm{i}(k_x x + k_y y)} , \end{cases} \tag{2.7.6}$$

其中 q_l 为增长因子,$l=1,2$,分别代表第一子时间步和第二子时间步. 为了计算 q_l,把式(2.7.6)代入(2.7.2a)~(2.7.2c),可以得到

$$\begin{cases} (q_1-1)E_{x0} - \mathrm{i}\left(\dfrac{\Delta t}{\varepsilon \Delta y}\right)\sin\left(\dfrac{1}{2}k_y \Delta y\right)H_{z0} = 0 , \\[2mm] (q_1-1)E_{y0} + \mathrm{i}\left(\dfrac{\Delta t}{\varepsilon \Delta x}\right)\sin\left(\dfrac{1}{2}k_x \Delta x\right)q_1 H_{z0} = 0 , \\[2mm] \mathrm{i}\left(\dfrac{\Delta t}{\mu \Delta y}\right)\sin\left(\dfrac{1}{2}k_y \Delta y\right)E_{x0} - \mathrm{i}\left(\dfrac{\Delta t}{\mu \Delta x}\right)\sin\left(\dfrac{1}{2}k_x \Delta x\right)q_1 E_{y0} - (q_1-1)H_{z0} = 0 \end{cases} \tag{2.7.7}$$

把 E_{x0},E_{y0} 和 H_{z0} 作为未知量,由系数行列式为零可得

$$\alpha q_1^2 - 2q_1 + \beta = 0 , \tag{2.7.8}$$

其中

$$\alpha = 1 + \left(\frac{\Delta t}{\sqrt{\varepsilon\mu}\,\Delta x}\right)^2 \sin^2\left(\frac{1}{2}k_x \Delta x\right) ,$$

$$\beta = 1 + \left(\frac{\Delta t}{\sqrt{\varepsilon\mu}\,\Delta y}\right)^2 \sin^2\left(\frac{1}{2}k_y \Delta y\right) .$$

由方程(2.7.8)可解得 q_1 为

$$q_1 = \frac{1 \pm \mathrm{i}\,\sqrt{\alpha\beta - 1}}{\alpha} . \tag{2.7.9}$$

类似地,把式(2.7.6)代入方程(2.7.4a)~(2.7.4c)又可得到

$$\begin{cases} (q_2-1)E_{x0} - \mathrm{i}\left(\dfrac{\Delta t}{\varepsilon \Delta y}\right)\sin\left(\dfrac{1}{2}k_y \Delta y\right)q_2 H_{z0} = 0 , \\[2mm] (q_2-1)E_{y0} + \mathrm{i}\left(\dfrac{\Delta t}{\varepsilon \Delta x}\right)\sin\left(\dfrac{1}{2}k_x \Delta x\right)H_{z0} = 0 , \\[2mm] \mathrm{i}\left(\dfrac{\Delta t}{\mu \Delta y}\right)\sin\left(\dfrac{1}{2}k_y \Delta y\right)q_2 E_{x0} - \mathrm{i}\left(\dfrac{\Delta t}{\mu \Delta x}\right)\sin\left(\dfrac{1}{2}k_x \Delta x\right)E_{y0} - (q_2-1)H_{z0} = 0 . \end{cases} \tag{2.7.10}$$

由此得

$$\beta q_2^2 - 2q_2 + \alpha = 0 , \tag{2.7.11}$$

于是

$$q_2 = \frac{1 \pm \mathrm{i}\,\sqrt{\alpha\beta - 1}}{\beta} , \tag{2.7.12}$$

这样,对整个时间步的增长因子 q 有

$$|q| = |q_1 q_2| = |q_1| |q_2| = \sqrt{\frac{\beta}{\alpha}} \sqrt{\frac{\alpha}{\beta}} = 1. \qquad (2.7.13)$$

这说明 ADI-FDTD 对 TE_z 波的运算格式是无条件稳定的. 对于三维问题也可用类似的方法证明,按上述规则建立起来的 ADI-FDTD 差分格式也是无条件稳定的.

第三章 网格剖分法的改进

§3.1 曲线坐标系中的时域有限差分法

3.1.1 矩形网格的局限性

经典的时域有限差分法都是采用矩形网格,在直角坐标系中把 Maxwell 旋度方程转化为差分形式.到现在为止所讨论的时域有限差分法都是属于这种情况.实践已经证明,矩形网格的时域有限差分法能用于解决非常广泛的问题,并能保证有较高的精确度.

在矩形网格构成的网格空间中精确地模拟具有直角边的物体是很自然的,但对任意弯曲的边界就只能采用阶梯形近似的方法,如图 3.1 所示,显然这种近似方法的精度与网格的尺寸直接相关,只有在网格为无限小时,才能达到精确模拟.对实际情况而言,由于网格的缩小就意味着模拟一定物理空间所需的总网格数的急剧增加,所需的存储空间和 CPU 时间也将以同样的比例增加,所以网格的大小总是受到实际条件的限制.虽然大多数情况下阶梯近似能提供有相当精度的电磁模型,但当存在较强的表面波时,阶梯近似所引起的误差就变得明显了,这时需要对几何形状有更精确的模拟.一般来讲,只有当所选坐标系的坐标面与所模拟的电磁系统的表面相一致时,所选择的网格空间才能简便而精确地模拟其几何形体.

图 3.1 弯曲边界的阶梯近似

为了解决散射体的精确模拟问题,已有不少学者对传统的时域有限差分法进行改进,其中 Holland(1983)[28],Madsen 和 Ziolhowski(1988)[43] 等讨论了在非正交曲线坐标系中 Maxwell 方程的时域有限差分解法.下面依照他们的方法来论述这一问题,并讨论在正交曲线坐标系中应用的结果.

3.1.2　广义曲线坐标系中的矢量

设
$$u^1 = f_1(x, y, z), \quad u^2 = f_2(x, y, z), \quad u^3 = f_3(x, y, z) \tag{3.1.1}$$

为某一给定域中直角坐标 x, y 和 z 的三个独立、连续和单值的函数,则该域中任一点 $P(x, y, z)$ 都有确定的三个值 u^1, u^2 和 u^3 与之对应,反之在域内对应每组 u^1, u^2 和 u^3 值有一确定的点. 函数 u^1, u^2 和 u^3 称为广义曲线坐标. u^1, u^2 和 u^3 等于常数可确定通过 P 的三个坐标面,如图 3.2 所示.

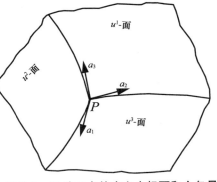

由曲线坐标的讨论知[283],如果 $\boldsymbol{\alpha}_1$, $\boldsymbol{\alpha}_2, \boldsymbol{\alpha}_3$ 表示 P 点的幺矢量(Unitary Vectors), $\boldsymbol{\alpha}^1, \boldsymbol{\alpha}^2, \boldsymbol{\alpha}^3$ 为其互易幺矢量,则它们之间有关系

图 3.2　通过 P 点的广义坐标面和幺矢量

$$\begin{cases} \boldsymbol{\alpha}^1 = \dfrac{1}{V}(\boldsymbol{\alpha}_2 \times \boldsymbol{\alpha}_3), \\[2mm] \boldsymbol{\alpha}^2 = \dfrac{1}{V}(\boldsymbol{\alpha}_3 \times \boldsymbol{\alpha}_1), \\[2mm] \boldsymbol{\alpha}^3 = \dfrac{1}{V}(\boldsymbol{\alpha}_1 \times \boldsymbol{\alpha}_2), \end{cases} \tag{3.1.2}$$

其中
$$V = \boldsymbol{\alpha}_1 \cdot (\boldsymbol{\alpha}_2 \times \boldsymbol{\alpha}_3).$$

不难发现,存在如下关系:
$$\boldsymbol{\alpha}^i \cdot \boldsymbol{\alpha}_j = \delta_{ij}, \qquad i, j = 1, 2, 3, \tag{3.1.3}$$

其中 δ_{ij} 为 Kronecker δ.

若 $\boldsymbol{F}$ 为 P 点上的固定矢量,它可在基底系统 $\boldsymbol{\alpha}_1, \boldsymbol{\alpha}_2, \boldsymbol{\alpha}_3$ 上分解为分量,也可在互易系统 $\boldsymbol{\alpha}^1, \boldsymbol{\alpha}^2, \boldsymbol{\alpha}^3$ 上分解为分量,即有

$$\boldsymbol{F} = \sum_{i=1}^{3} f^i \boldsymbol{\alpha}_i = \sum_{j=1}^{3} f_j \boldsymbol{\alpha}^j. \tag{3.1.4}$$

f^i 称做矢量 $\boldsymbol{F}$ 的逆变分量,而 f_j 称做矢量 $\boldsymbol{F}$ 的协变分量. 二者之间存在如下的关系:

$$f_j = \sum_{i=1}^{3} g_{ji} f^i, \quad f^i = \sum_{j=1}^{3} g^{ij} f_j, \tag{3.1.5}$$

其中
$$g_{ji} = \boldsymbol{\alpha}_j \cdot \boldsymbol{\alpha}_i = g_{ij}, \tag{3.1.6a}$$

$$g^{ij} = \boldsymbol{\alpha}^i \cdot \boldsymbol{\alpha}^j = g^{ji}, \tag{3.1.6b}$$

我们定义一组与幺矢量对应的单位矢量：

$$\boldsymbol{e}_1 = \frac{\boldsymbol{\alpha}_1}{\sqrt{g_{11}}}, \quad \boldsymbol{e}_2 = \frac{\boldsymbol{\alpha}_2}{\sqrt{g_{22}}}, \quad \boldsymbol{e}_3 = \frac{\boldsymbol{\alpha}_3}{\sqrt{g_{33}}}, \tag{3.1.7}$$

令 F^1, F^2, F^3 表示 $\boldsymbol{F}$ 在 $\boldsymbol{e}_1, \boldsymbol{e}_2, \boldsymbol{e}_3$ 基底系统中分解的分量,则有

$$\boldsymbol{F} = F^1 \boldsymbol{e}_1 + F^2 \boldsymbol{e}_2 + F^3 \boldsymbol{e}_3. \tag{3.1.8}$$

类似地定义

$$\boldsymbol{e}^1 = \frac{\boldsymbol{\alpha}^1}{\sqrt{g^{11}}}, \quad \boldsymbol{e}^2 = \frac{\boldsymbol{\alpha}^2}{\sqrt{g^{22}}}, \quad \boldsymbol{e}^3 = \frac{\boldsymbol{\alpha}^3}{\sqrt{g^{33}}}, \tag{3.1.9}$$

则 $\boldsymbol{F}$ 也可表示为

$$\boldsymbol{F} = F_1 \boldsymbol{e}^1 + F_2 \boldsymbol{e}^2 + F_3 \boldsymbol{e}^3. \tag{3.1.10}$$

显然存在着以下关系：

$$F^i = \sqrt{g_{ii}} f^i, \quad F_i = \sqrt{g^{ii}} f_i, \quad i = 1, 2, 3 \tag{3.1.11}$$

和

$$F^i = \sum_{j=1}^{3} G^{ij} F_j, \quad F_i = \sum_{j=1}^{3} G_{ij} F^j, \quad i = 1, 2, 3, \tag{3.1.12}$$

其中

$$G^{ij} = \sqrt{\frac{g_{ii}}{g_{jj}}} g^{ij}, \quad G_{ij} = \sqrt{\frac{g^{ii}}{g_{jj}}} g_{ij}. \tag{3.1.13}$$

3.1.3 广义曲线坐标系中 Maxwell 方程的差分格式

在曲线坐标系中矢量场 $\boldsymbol{F}$ 的旋度可表示为

$$\nabla \times \boldsymbol{F} = \frac{1}{\sqrt{g}} \left[\left(\frac{\partial f_3}{\partial u^2} - \frac{\partial f_2}{\partial u^3} \right) \boldsymbol{\alpha}_1 + \left(\frac{\partial f_1}{\partial u^3} - \frac{\partial f_3}{\partial u^1} \right) \boldsymbol{\alpha}_2 + \left(\frac{\partial f_2}{\partial u^1} - \frac{\partial f_1}{\partial u^2} \right) \boldsymbol{\alpha}_3 \right],$$

$$\tag{3.1.14}$$

其中

$$g = \begin{vmatrix} g_{11} & g_{12} & g_{13} \\ g_{21} & g_{22} & g_{23} \\ g_{31} & g_{32} & g_{33} \end{vmatrix}.$$

据此可以在曲线坐标系中展开 Maxwell 方程

$$-\mu \frac{\partial \boldsymbol{H}}{\partial t} = \nabla \times \boldsymbol{E},$$

若令 $\boldsymbol{H} = H^1 \boldsymbol{e}_1 + H^2 \boldsymbol{e}_2 + H^3 \boldsymbol{e}_3, \boldsymbol{E} = E_1 \boldsymbol{e}^1 + E_2 \boldsymbol{e}^2 + E_3 \boldsymbol{e}^3$,则关于 H^1 分量的方程为

$$-\mu \frac{\partial H^1}{\partial t} = \sqrt{\frac{g_{11}}{g}} \left(\frac{\partial (E_3 / \sqrt{g^{33}})}{\partial u^2} - \frac{\partial (E_2 / \sqrt{g^{22}})}{\partial u^3} \right). \tag{3.1.15}$$

其他分量的差分方程有类似的形式. 用同样的方法对 Maxwell 方程

$$\varepsilon \frac{\partial \boldsymbol{E}}{\partial t} + \sigma \boldsymbol{E} = \nabla \times \boldsymbol{H}$$

进行展开, 若令 $\boldsymbol{E} = E^1 \boldsymbol{e}_1 + E^2 \boldsymbol{e}_2 + E^3 \boldsymbol{e}_3$, $\boldsymbol{H} = H_1 \boldsymbol{e}^1 + H_2 \boldsymbol{e}^2 + H_3 \boldsymbol{e}^3$, 则可得关于 E^1 分量的方程为

$$\varepsilon \frac{\partial E^1}{\partial t} + \sigma E^1 = \sqrt{\frac{g_{11}}{g}} \left[\frac{\partial (H_3 / \sqrt{g^{33}})}{\partial u^2} - \frac{\partial (H_2 / \sqrt{g^{22}})}{\partial u^3} \right]. \qquad (3.1.16)$$

若采用图 3.3 所示的网格结构, 则(3.1.15)的差分形式为

$$H^{1(n+1)}(i,j,k) = H^{1(n)}(i,j,k) - \frac{\sqrt{g_{11}/g}\,(i,j,k)}{\mu(i,j,k)/\Delta t} \bigg|_{H_1}$$

$$\cdot \left\{ \frac{\left[E_3^{n+\frac{1}{2}}/\sqrt{g^{33}}\right](i,j+1,k) - \left[E_3^{n+\frac{1}{2}}/\sqrt{g^{33}}\right](i,j,k)}{U_0^2(j+1) - U_0^2(j)} \bigg|_{E_3} \right.$$

$$\left. - \frac{\left[E_2^{n+\frac{1}{2}}/\sqrt{g^{22}}\right](i,j,k+1) - \left[E_2^{n+\frac{1}{2}}/\sqrt{g^{22}}\right](i,j,k)}{U_0^3(k+1) - U_0^3(k)} \bigg|_{E_2} \right\}, \qquad (3.1.17)$$

其中 $|_{H_1}$ 表示相关的量 g_{11}, g 和 μ 均在 H_1 所在的网格点取值, $|_{E_3}$ 和 $|_{E_2}$ 的含义类似. 对场分量 H^2 和 H^3 可作类似的展开. 在式(3.1.17)中存在的问题是磁场为逆变分量, 电场却是协变分量, 故需把磁场也用协变分量表示出来. 借助式 (3.1.12)的关系可完成这一转换任务, 但是由于在网格中 H^1, H^2 和 H^3 不是在同一网格点上, 需要应用线性插值近似. 例如逆变分量知道后, 协变分量 H_1 可以表示成

$$H_1^{(n+1)}(i,j,k) = G_{11}(i,j,k)\,|_{H_1} \cdot H^{1(n+1)}(i,j,k)$$

$$+ \frac{1}{4} G_{12}(i,j,k)\,|_{H_1} \cdot \left[H^{2(n+1)}(i,j,k) + H^{2(n+1)}(i,j+1,k) \right.$$

$$+ H^{2(n+1)}(i-1,j,k) + H^{2(n+1)}(i-1,j+1,k) \right]$$

$$+ \frac{1}{4} G_{13}(i,j,k)\,|_{H_1} \cdot \left[H^{3(n+1)}(i,j,k) + H^{3(n+1)}(i,j,k+1) \right.$$

$$+ H^{3(n+1)}(i-1,j,k) + H^{3(n+1)}(i-1,j,k+1) \right]. \qquad (3.1.18)$$

其他分量的计算可由式(3.1.18)经角标代换而求得.

应用图 3.3, 场方程(3.1.16)可表示为差分形式

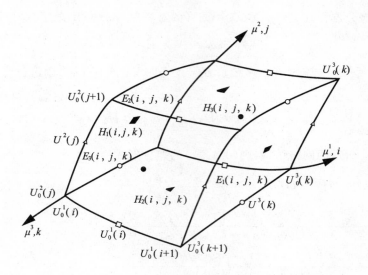

图 3.3　广义曲线坐标中的一个网格单元

$$E^{1\,(n+\frac{1}{2})}(i,j,k) = \frac{\varepsilon(i,j,k)/\Delta t - \sigma(i,j,k)/2}{\varepsilon(i,j,k)/\Delta t + \sigma(i,j,k)/2}\bigg|_{E_1} \cdot E^{1\,(n-\frac{1}{2})}(i,j,k)$$

$$+ \frac{\sqrt{g_{11}/g}(i,j,k)}{\varepsilon(i,j,k)/\Delta t + \sigma(i,j,k)/2}\bigg|_{E_1}$$

$$\cdot \left\{ \frac{[H_3^{(n)}/\sqrt{g^{33}}](i,j,k) - [H_3^{(n)}/\sqrt{g^{33}}](i,j-1,k)}{U^2(j) - U^2(j-1)}\bigg|_{H_3} \right.$$

$$\left. - \frac{[H_2^{(n)}/\sqrt{g^{22}}](i,j,k) - [H_2^{(n)}/\sqrt{g^{22}}](i,j,k-1)}{U^3(k) - U^3(k-1)}\bigg|_{H_2} \right\}, \qquad (3.1.19)$$

而对电场由逆变分量计算协变分量的关系为

$$E_1^{(n+\frac{1}{2})}(i,j,k) = G_{11}(i,j,k)\,|_{E_1} \cdot E^{1\,(n+\frac{1}{2})}(i,j,k)$$

$$+ \frac{1}{4}G_{12}(i,j,k)\,|_{E_1} \cdot [E^{2\,(n+\frac{1}{2})}(i,j,k) + E^{2\,(n+\frac{1}{2})}(i+1,j,k)$$

$$+ E^{2\,(n+\frac{1}{2})}(i,j-1,k) + E^{2\,(n+\frac{1}{2})}(i+1,j-1,k)]$$

$$+ \frac{1}{4}G_{13}(i,j,k)\,|_{E_1} \cdot [E^{3\,(n+\frac{1}{2})}(i,j,k) + E^{3\,(n+\frac{1}{2})}(i+1,j,k)$$

$$+ E^{3\,(n+\frac{1}{2})}(i,j,k-1) + E^{3\,(n+\frac{1}{2})}(i+1,j,k-1)], \qquad (3.1.20)$$

其他分量的计算格式不难由类似的方法求得.

作为广义曲线坐系的一个特例是非正交的直线坐标系. Fusco(1990, 1991)[58,73]讨论了上述一般原理在非正交直线网格空间中的应用. 在这种特殊情况下, g^{ij} 将与坐标无关, 在式(3.1.15)和(3.1.16)中的 $\sqrt{g^{22}}$ 和 $\sqrt{g^{33}}$ 可以提到微分号之外, 而且 G_{ij} 与 (i,j,k) 无关, 可以只在某一点把它计算出来. 这样可使

Maxwell 方程的差分格式大大简化,成为目前非正交坐标系的时域有限差分法应用的一个具体范例.

3.1.4　数值稳定性分析

Lee 和 Mittra(1992)对非正交直线坐标系中时域有限差分格式的稳定性进行了分析[79],得出二维和三维空间中的数值稳定性条件. 如果用 $\boldsymbol{A}_i(i=1,2,3)$ 表示网格单元的棱边矢量,其模为相应网格边的长度,并定义互易矢量 $\boldsymbol{A}^i$ 如下:

$$\boldsymbol{A}^1 = \frac{1}{V}\boldsymbol{A}_2 \times \boldsymbol{A}_3, \quad \boldsymbol{A}^2 = \frac{1}{V}\boldsymbol{A}_3 \times \boldsymbol{A}_1, \quad \boldsymbol{A}^3 = \frac{1}{V}\boldsymbol{A}_1 \times \boldsymbol{A}_2, \quad (3.1.21)$$

其中

$$V = \boldsymbol{A}_1 \cdot (\boldsymbol{A}_2 \times \boldsymbol{A}_3), \quad (3.1.22)$$

则数值稳定性条件可按下述方式导出.

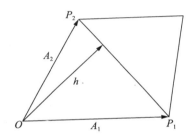

图 3.4　二维空间中一个非正交网格

对于二维情况,若用 h 表示两网格面的最短距离,如图 3.4 所示,则根据因果性要求,能量的传播不能大于光速,因而差分格式中的时间步长 Δt 必须不大于 h/v,其中 v 为电磁波在网格所模拟媒质中的传播速度.若用 S 表示二维网格的面积,则由图 3.4 可知

$$h = \frac{S}{\sqrt{(\boldsymbol{A}_1 - \boldsymbol{A}_2) \cdot (\boldsymbol{A}_1 - \boldsymbol{A}_2)}} = \frac{S}{\sqrt{q_{11} + q_{22} - 2q_{12}}}, \quad (3.1.23)$$

其中

$$q_{ij} = \boldsymbol{A}_i \cdot \boldsymbol{A}_j, \quad i,j = 1,2, \quad (3.1.24)$$

因而稳定性条件可表示为

$$\Delta t \leqslant \frac{1}{v}\left(\frac{S}{\sqrt{q_{11} + q_{22} - 2q_{12}}}\right). \quad (3.1.25)$$

对于以 Δx 和 Δy 为边长的正交网格,条件(3.1.25)即成为

$$\Delta t \leqslant \frac{1}{v\sqrt{\dfrac{1}{\Delta x^2} + \dfrac{1}{\Delta y^2}}}, \quad (3.1.26)$$

这与以前在直角坐标系中所导出的结果完全一致.若采用非均匀网格,则式

(3.1.25)中的 h 应选网格空间中最小者.

对于三维的情况,可从矢量波动方程出发,例如 $\boldsymbol{E}$ 所满足的方程为

$$\nabla \times \nabla \times \boldsymbol{E} = -\frac{1}{v^2}\frac{\partial^2 \boldsymbol{E}}{\partial t^2}. \tag{3.1.27}$$

因为任意波都可展开为平面波,而平面波可视做波动方程的本征模,故必须要求差分格式对任一平面波稳定.现在用 u^1,u^2 和 u^3 表示所考虑网格点的坐标,则平面波可表示为

$$\boldsymbol{E}(u^1,u^2,u^3,t) = \boldsymbol{E}(t)\mathrm{e}^{-\mathrm{j}k\cdot r} = \boldsymbol{E}(t)\mathrm{e}^{-\mathrm{j}(k_1 u^1 + k_2 u^2 + k_3 u^3)}, \tag{3.1.28}$$

其中 k_i 为 $\boldsymbol{k}$ 在 $\boldsymbol{A}_i$ 方向的投影.在一般的非正交直线坐标系中算符 ∇ 可表示为

$$\nabla = \boldsymbol{A}^1 \frac{\partial}{\partial u^1} + \boldsymbol{A}^2 \frac{\partial}{\partial u^2} + \boldsymbol{A}^3 \frac{\partial}{\partial u^3}, \tag{3.1.29}$$

当把式(3.1.28)代入式(3.1.29)并让 $\Delta u^i = 1$,由中心差商近似可把 ∇ 表示为

$$\nabla = -2\mathrm{j}\sum_i \left\{ \boldsymbol{A}^i \sin\left[\frac{\Delta(k_i u^i)}{2}\right] \right\}. \tag{3.1.30}$$

对于表示为式(3.1.28)的平面波,必然满足散度为零的条件,于是方程(3.1.27)成为

$$(\nabla \cdot \nabla)\boldsymbol{E} = \frac{1}{v^2}\frac{\partial^2 \boldsymbol{E}}{\partial t^2}. \tag{3.1.31}$$

定义增长因子

$$q = \boldsymbol{E}^{n+1}/\boldsymbol{E}^n \tag{3.1.32},$$

并把式(3.1.30)代入式(3.1.31)则可以得到

$$-4\left\{ \sum_l \left(\boldsymbol{A}^l \sin\left[\frac{\Delta(k_l u^l)}{2}\right] \right) \cdot \sum_m \left(\boldsymbol{A}^m \sin\left[\frac{\Delta(k_m u^m)}{2}\right] \right) \right\}\boldsymbol{E}$$
$$= \frac{1}{v^2}\frac{q^2 - 2q + 1}{q\Delta t^2}E, \tag{3.1.33}$$

从中解出 q,则有

$$q = (1 - 2D^2 \Delta t^2) \pm 2D\Delta t \sqrt{D^2 \Delta t^2 - 1}, \tag{3.1.34}$$

其中

$$D^2 = v^2 \sum_{l,m=1}^{3} \left\{ \boldsymbol{A}^l \cdot \boldsymbol{A}^m \sin\left[\frac{\Delta(k_l u^l)}{2}\right]\sin\left[\frac{\Delta(k_m u^m)}{2}\right] \right\}. \tag{3.1.35}$$

如果增长因子满足条件

$$|q| \leqslant 1, \tag{3.1.36}$$

差分格式就是稳定的.由式(3.1.34)可以看出,为满足式(3.1.36)只有

$$D^2 \Delta t^2 \leqslant 1. \tag{3.1.37}$$

正如前面所指出的,任何平面波都必须满足条件(3.1.37).由式(3.1.35)知,所有可能的平面波都有

$$D^2 \leqslant v^2 \sum_{l,m=1}^{3} q^{lm}, \tag{3.1.38}$$

其中

$$q^{lm} = \boldsymbol{A}^l \cdot \boldsymbol{A}^m, \tag{3.1.39}$$

于是数值稳定性条件就归结为在网格空间中要求

$$\Delta t \leqslant \frac{1}{v\sqrt{\sum\limits_{l,m=1}^{3} q^{lm}}}. \tag{3.1.40}$$

不难发现,当网格空间由直角坐标系中的矩形网格构成时,条件(3.1.40)就变成以前对直角坐标系所导出的结果.

3.1.5 正交曲线坐标系中 Maxwell 方程的差分格式

正交曲线坐标系是广义曲线坐标系中应用最广泛的一类. 对正交曲线坐标系而言,幺矢量 $\boldsymbol{\alpha}_1, \boldsymbol{\alpha}_2, \boldsymbol{\alpha}_3$ 是互相正交的,而且互易幺矢量 $\boldsymbol{\alpha}^i$ 与 $\boldsymbol{\alpha}_i (i=1,2,3)$ 相互平行,在数值上的关系为

$$\boldsymbol{\alpha}^i = \frac{\boldsymbol{\alpha}_i}{g_{ii}}, \quad i=1,2,3. \tag{3.1.41}$$

此外 $g_{ij}=0$(当 $i \neq j$). 按习惯在正交曲线坐标系中采用符号

$$h_i = \sqrt{g_{ii}}, \quad i=1,2,3, \tag{3.1.42}$$

且有

$$g^{ii} = \frac{1}{g_{ii}} = \frac{1}{h_i^2}, \quad i=1,2,3, \tag{3.1.43}$$

$$\sqrt{g} = h_1 h_2 h_3. \tag{3.1.44}$$

由于 $\boldsymbol{\alpha}^i$ 与 $\boldsymbol{\alpha}_i$ 平行,因而有 $\boldsymbol{e}^i = \boldsymbol{e}_i$,于是任一矢量 $\boldsymbol{F}$ 的逆变分量 $\boldsymbol{F}^i$ 与协变分量相等.

在正交曲线坐标系中矢量场 $\boldsymbol{F}$ 的旋度可表示为

$$\nabla \times \boldsymbol{F} = \frac{1}{h_2 h_3}\left[\frac{\partial}{\partial u^2}(h_3 F^3) - \frac{\partial}{\partial u^3}(h_2 F^2)\right]\boldsymbol{e}_1$$
$$+ \frac{1}{h_3 h_1}\left[\frac{\partial}{\partial u^3}(h_1 F^1) - \frac{\partial}{\partial u^1}(h_3 F^3)\right]\boldsymbol{e}_2$$
$$+ \frac{1}{h_1 h_2}\left[\frac{\partial}{\partial u^1}(h_2 F^2) - \frac{\partial}{\partial u^2}(h_1 F^1)\right]\boldsymbol{e}_3. \tag{3.1.45}$$

据此,可把场方程(3.1.15)和(3.1.16)在正交曲线坐标系中的差分格式表示为

$$H_1^{(n+1)}(i,j,k) = H_1^{(n)}(i,j,k) - \frac{\Delta t}{h_2 h_3 \mu(i,j,k)}$$
$$\cdot \left[\frac{h_3 E_3^{(n+\frac{1}{2})}(i,j+1,k) - h_3 E_3^{(n+\frac{1}{2})}(i,j,k)}{U_0^2(j+1) - U_0^2(j)}\right.$$

$$-\frac{h_2 E_2^{(n+\frac{1}{2})}(i,j,k+1) - h_2 E_2^{(n+\frac{1}{2})}(i,j,k)}{U_0^3(k+1) - U_0^3(k)}\Bigg], \quad (3.1.46)$$

$$E_1^{(n+\frac{1}{2})}(i,j,k) = \frac{\varepsilon(i,j,k)/\Delta t - \sigma(i,j,k)/2}{\varepsilon(i,j,k)/\Delta t + \sigma(i,j,k)/2} \cdot E_1^{(n-\frac{1}{2})}(i,j,k)$$

$$+ \frac{1/h_2 h_3(i,j,k)}{\varepsilon(i,j,k)/\Delta t + \sigma(i,j,k)/2}$$

$$\cdot \Bigg[\frac{h_3 H_3^{(n)}(i,j,k) - h_3 H_3^{(n)}(i,j-1,k)}{U_0^2(j) - U_0^2(j-1)}$$

$$-\frac{h_2 H_2^{(n)}(i,j,k) - h_2 H_2^{(n)}(i,j,k-1)}{U_0^3(k) - U_0^3(k-1)}\Bigg]. \quad (3.1.47)$$

其他场分量的差分格式可用类似的方法导出.

3.1.6　圆柱坐标系中的时域有限差分法

作为正交曲线坐标系中的一个实例,我们讨论圆柱坐标系中的时域有限差分法.对于圆柱坐标系而言,

$$u^1 = r, \quad u^2 = \theta, \quad u^3 = z,$$

$$h_1 = 1, \quad h_2 = r, \quad h_3 = 1.$$

为了简单起见,我们假设电磁场与 z 无关,于是可分为 TM_z 波和 TE_z 波两个独立的情况来进行讨论.若不考虑损耗($\sigma = 0$),则在柱坐标中 TE 和 TM 波的场方程分别为:

TE_z 波

$$\begin{cases} \mu \dfrac{\partial H_z}{\partial t} = -\dfrac{1}{r}\dfrac{\partial(rE_\theta)}{\partial r} + \dfrac{\partial E_r}{\partial \theta}, \\[2mm] \varepsilon \dfrac{\partial E_\theta}{\partial t} = -\dfrac{\partial H_z}{\partial r}, \\[2mm] \varepsilon \dfrac{\partial E_r}{\partial t} = \dfrac{1}{r}\dfrac{\partial H_z}{\partial \theta}; \end{cases} \quad (3.1.48)$$

TM_z 波

$$\begin{cases} \varepsilon \dfrac{\partial E_z}{\partial t} = \dfrac{1}{r}\dfrac{\partial(rH_\theta)}{\partial r} - \dfrac{1}{r}\dfrac{\partial H_r}{\partial \theta}, \\[2mm] \mu \dfrac{\partial H_\theta}{\partial t} = \dfrac{\partial E_z}{\partial r}, \\[2mm] \mu \dfrac{\partial H_r}{\partial t} = -\dfrac{1}{r}\dfrac{\partial E_z}{\partial \theta}. \end{cases} \quad (3.1.49)$$

可以看出,TM_z 波和 TE_z 波的场方程有很好的对应关系,只要讨论一种情况,另一种情况就可以利用对应关系导出.下面将以 TM 波为例来说明问题.由于所处理的已是个二维问题,可采用图 3.5 所示的网格.在这种网格空间中,式(3.1.49)的

差分形式为

$$E_z^{n+1}\left(i+\frac{1}{2},j+\frac{1}{2}\right)=E_z^n\left(i+\frac{1}{2},j+\frac{1}{2}\right)$$

$$+\frac{\Delta t}{\left(i+\frac{1}{2}\right)\Delta r\varepsilon\left(i+\frac{1}{2},j+\frac{1}{2}\right)}$$

$$\cdot\left[(i+1)H_\theta^{n+\frac{1}{2}}\left(i+1,j+\frac{1}{2}\right)-iH_\theta^{n+\frac{1}{2}}\left(i,j+\frac{1}{2}\right)\right]$$

$$-\frac{\Delta t}{\left(i+\frac{1}{2}\right)\Delta r\Delta\theta\varepsilon\left(i+\frac{1}{2},j+\frac{1}{2}\right)}$$

$$\cdot\left[H_r^{n+\frac{1}{2}}\left(i+\frac{1}{2},j+1\right)-H_r^{n+\frac{1}{2}}\left(i+\frac{1}{2},j\right)\right],\qquad(3.1.50a)$$

$$H_\theta^{n+\frac{1}{2}}\left(i,j+\frac{1}{2}\right)=H_\theta^{n-\frac{1}{2}}\left(i,j+\frac{1}{2}\right)+\frac{\Delta t}{\Delta r\mu\left(i,j+\frac{1}{2}\right)}$$

$$\cdot\left[E_z^n\left(i+\frac{1}{2},j+\frac{1}{2}\right)-E_z^n\left(i-\frac{1}{2},j+\frac{1}{2}\right)\right],\qquad(3.1.50b)$$

$$H_r^{n+\frac{1}{2}}\left(i+\frac{1}{2},j\right)=H_r^{n-\frac{1}{2}}\left(i+\frac{1}{2},j\right)+\frac{\Delta t}{\left(i+\frac{1}{2}\right)\Delta r\Delta\theta\mu\left(i+\frac{1}{2},j\right)}$$

$$\cdot\left[E_z^n\left(i+\frac{1}{2},j-\frac{1}{2}\right)-E_z^n\left(i+\frac{1}{2},j+\frac{1}{2}\right)\right],\qquad(3.1.50c)$$

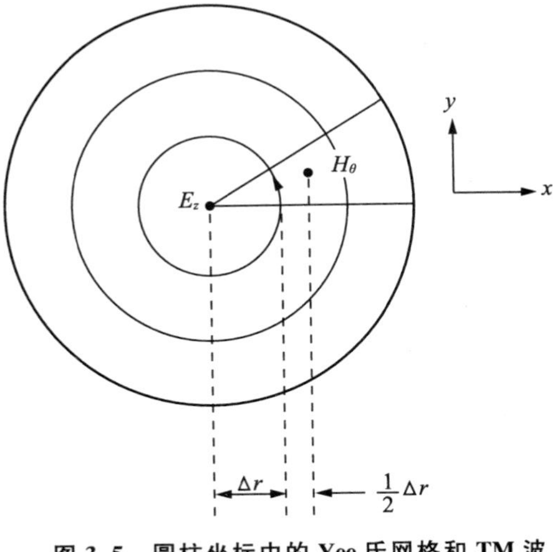

图 3.5　圆柱坐标中的 Yee 氏网格和 TM 波

其中 Δr 为坐标变量 r 的空间步长，$\Delta\theta$ 为 θ 的空间步长，i 为 r 坐标的网格数，j 为 θ 坐标的网格数. 用类似的方法可以求得 TE 波的差分格式.

如在直角坐标中一样,在曲线坐标中也存在由于差分近似而导致的色散现象. 现在讨论圆柱坐标系中 TM 波的色散关系. 在圆柱坐标系中 TM 型平面波可表示为(为与虚数单位 j 相区分,此处网格数用大写)

$$E_z^n\left(I+\frac{1}{2},J+\frac{1}{2}\right)=E_{x0}\,\mathrm{e}^{\mathrm{j}(kr\cos\theta-\omega t)}=E_{x0}\,\mathrm{e}^{\mathrm{j}\left[k\left(I+\frac{1}{2}\right)\Delta r\cos\left(J+\frac{1}{2}\right)\Delta\theta-\omega n\Delta t\right]},\quad(3.1.51\mathrm{a})$$

$$H_\theta^{n+\frac{1}{2}}\left(I,J+\frac{1}{2}\right)=H_{\theta0}\,\mathrm{e}^{\mathrm{j}\left[kI\Delta r\cos\left(J+\frac{1}{2}\right)\Delta\theta-\omega\left(n+\frac{1}{2}\right)\Delta t\right]},\quad(3.1.51\mathrm{b})$$

$$H_r^{n+\frac{1}{2}}\left(I+\frac{1}{2},J\right)=H_{r0}\,\mathrm{e}^{\mathrm{j}\left[k\left(I+\frac{1}{2}\right)\Delta r\cos J\Delta\theta-w\left(n+\frac{1}{2}\right)\Delta t\right]}.\quad(3.1.51\mathrm{c})$$

把式(3.1.51)代入(3.1.50)可得

$$\sin\left(\frac{\omega\Delta t}{2}\right)E_{z0}=-\frac{\Delta tH_{\theta0}}{\left(I+\frac{1}{2}\right)\Delta r\varepsilon}\cdot\left\{\left(I+\frac{1}{2}\right)\sin\left[\frac{k}{2}\Delta r\cos\left(J+\frac{1}{2}\right)\Delta\theta\right]\right.$$

$$\left.-\frac{\mathrm{j}}{2}\cos\left[\frac{k}{2}\Delta r\cos\left(J+\frac{1}{2}\right)\Delta\theta\right]\right\}-\frac{\Delta tH_{r0}}{\left(I+\frac{1}{2}\right)\Delta r\Delta\theta\varepsilon}$$

$$\cdot\sin\left[\frac{k}{2}\left(I+\frac{1}{2}\right)\Delta r\Delta\theta\sin\left(J+\frac{1}{2}\right)\Delta\theta\right],\quad(3.1.52\mathrm{a})$$

$$\sin\left(\frac{\omega\Delta t}{2}\right)H_{r0}=\frac{E_{z0}\Delta t}{\left(I+\frac{1}{2}\right)\Delta r\Delta\theta\mu}\cdot\sin\left[\frac{k}{2}\left(I+\frac{1}{2}\right)\Delta r\Delta\theta\sin J\Delta\theta\right],\quad(3.1.52\mathrm{b})$$

$$\sin\left(\frac{\omega\Delta t}{2}\right)H_{\theta0}=-\frac{E_{z0}\Delta t}{\Delta r\mu}\sin\left[\frac{k}{2}\Delta r\cos\left(J+\frac{1}{2}\right)\Delta\theta\right].\quad(3.1.52\mathrm{c})$$

由方程(3.1.52)经代换可得到圆柱坐标系中 TM$_z$ 波的数值色散关系为

$$\sin^2\left(\frac{\omega\Delta t}{2}\right)=v^2\left(\frac{\Delta t}{\Delta r}\right)^2\sin^2\left[\frac{k}{2}\Delta r\cos\left(J+\frac{1}{2}\right)\Delta\theta\right]$$

$$+\frac{v^2\Delta t^2}{\left(I+\frac{1}{2}\right)^2\Delta r^2\Delta\theta^2}\cdot\sin\left[\frac{k}{2}\left(I+\frac{1}{2}\right)\Delta r\Delta\theta\sin J\Delta\theta\right]$$

$$\cdot\sin\left[\frac{k}{2}\left(I+\frac{1}{2}\right)\Delta r\Delta\theta\sin\left(J+\frac{1}{2}\right)\Delta\theta\right]$$

$$-\mathrm{j}\,\frac{v^2\Delta t^2}{4\left(I+\frac{1}{2}\right)\Delta r^2}\sin\left[k\Delta r\cos\left(J+\frac{1}{2}\right)\Delta\theta\right].\quad(3.1.53)$$

当步长减小时,上式一阶近似的极限为

$$\omega^2=v^2k^2\left(1-\frac{\mathrm{j}}{kR}\cos\theta\right),\quad(3.1.54)$$

其中 R 为所考察网格点的矢径,θ 为其辐角,j 为虚数单位. 由此可知,在曲线坐标的网格空间中,数值色散关系在步长趋于零时的极限与自由空间中精确的色散关系并不相同. 在数值色散关系中 ω 为一复数函数, 因而场分量呈现指数增加或减小, 其变率由各向异性因子和坐标线曲率来决定. 由于这里所发生的数值色散是一种空间效应, 更合适的是把波数看做实频率的复数函数. 在几何上发生的情况是, 当曲率很大时, 坐标基矢量变得很小, 为了能表示物理场, 逆变分量就必须增加. 确已证实, 当趋于奇异性时, 逆变切向分量将变为无界. 由式 (3.1.54) 还可以看出, 当波数很大时, 数值色散效应将变小, 然而这一结果并无实际意义, 因为从其他方面考虑空间步长 Δr 与波长之比要保持足够小, 故 k 相对于 $1/\Delta r$ 不能太大.

　　曲线坐标系中的时域有限差分法可能遇到的一个特殊问题是, 在计算网格空间中存在奇异点. 在极坐标系中的坐标原点就是一个典型例子. 如果该点设置的是 E_z, 如在 TM 波的情形, 则该点的 E_z 及邻近网格点上的 E_z 的计算均不能按正常的差分格式进行. 一般地, 在奇异点上的场值需要一些特殊的近似处理方法. 这些特殊点在某些坐标系中可能构成一条线, 如圆柱坐标系.

§3.2　环路法和曲面模拟

3.2.1　环路法

　　典型的时域有限差分法是从 Maxwell 旋度方程出发, 在 Yee 氏网格空间中把 Maxwell 方程组转化为差分方程. 我们曾经指出 Yee 氏网格结构的一个特点是, 电磁场各分量在网格空间中的配置符合 Faraday 电磁感应定律和 Ampere 环流定律的空间关系. 因此, 时域有限差分格式的导出也可以从积分形式的 Maxwell 方程出发, 利用环路构成的网格, 采用积分近似的方法. 这种方法首先由 Taflove 等 (1988) 提出[40], 后来称为环路法 (Cantour Path Method, 简称 CP). CP 法的最大优点是其网格的随意性, 这是因为它的差分格式的导出是由积分形式的 Maxwell 方程出发, 原则上可以与坐标系无关. 随意网格的使用为任意形状散射和辐射体的模拟带来了很大方便, 但完全的随意网格必然给编程带来麻烦. 所以, 在实践中 CP 法往往用于在直角坐标系的网格空间中模拟电磁体的曲面结构.

　　假设我们考虑的是线性无耗、各向同性的非磁性介质构成的媒质空间, 则在其中积分形式的 Maxwell 方程为

$$\frac{\partial}{\partial t}\iint_S \boldsymbol{H}\cdot\mathrm{d}\boldsymbol{S}=-\frac{1}{\mu}\oint_c \boldsymbol{E}\cdot\mathrm{d}\boldsymbol{l},\tag{3.2.1a}$$

$$\frac{\partial}{\partial t}\iint_S \boldsymbol{E}\cdot\mathrm{d}\boldsymbol{S}=\frac{1}{\varepsilon}\oint_c \boldsymbol{H}\cdot\mathrm{d}\boldsymbol{l}.\tag{3.2.1b}$$

式(3.2.1a)和(3.2.1b)分别表示 Faraday 电磁感应定律和 Ampere 环流定律,其中 C 为封闭曲线环路,S 为以 C 为边界的曲面. 在 Yee 氏网格中有磁场环路环绕任一电场分量,同时也有电场环路环绕任一磁场分量.图 3.6(a)和(b)分别为 E_z 和 H_x 的环形链及 H_z 和 E_x 的环形链.下面利用这些环路导出 CP 法中电场 E_z 和磁场 H_z 的差分格式.

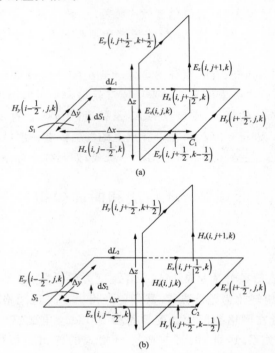

图 3.6　Yee 氏网格中电场和磁场环链

首先把式(3.2.1b)应用于图 3.6(a)中的环路 C_1,令 $E_z(i,j,k)$ 等于 E_z 在整个 S_1 面上的平均值,对时间微商采用中心差商近似则有

$$\frac{\partial}{\partial t}\iint_{S_1}\boldsymbol{E}\cdot\mathrm{d}\boldsymbol{S}=\frac{\partial}{\partial t}\big[E_z(i,j,k)\Delta x\Delta y\big]=\frac{E_z^{n+1}(i,j,k)-E_z^n(i,j,k)}{\Delta t}\Delta x\Delta y.$$

$$(3.2.2)$$

此外,若令环路 C_1 每一边中点的磁场值等于沿该边磁场的平均值,则环路积分可表示为

$$\oint_{C_1}\boldsymbol{H}\cdot\mathrm{d}\boldsymbol{l}=H_x\left(i,j-\frac{1}{2},k\right)\Delta x+H_y\left(i+\frac{1}{2},j,k\right)\Delta y$$

$$-H_x\left(i,j+\frac{1}{2},k\right)\Delta x-H_y\left(i-\frac{1}{2},j,k\right)\Delta y.\qquad(3.2.3)$$

因此,把 Ampere 环流定律(3.2.1b)用于环路 C_1 就可得到

$$E_z^{n+1}(i,j,k) = E_z^n(i,j,k) + \frac{\Delta t}{\varepsilon(i,j,k)}$$

$$\cdot \left[\frac{H_y^{n+\frac{1}{2}}\left(i+\frac{1}{2},j,k\right) - H_y^{n+\frac{1}{2}}\left(i-\frac{1}{2},j,k\right)}{\Delta x} \right.$$

$$\left. - \frac{H_x^{n+\frac{1}{2}}\left(i,j+\frac{1}{2},k\right) - H_x^{n+\frac{1}{2}}\left(i,j-\frac{1}{2},k\right)}{\Delta y} \right]. \tag{3.2.4}$$

不难发现,这一结果与由微分形式导出的完全一致,这说明用 Yee 氏网格和积分形式的 Maxwell 方程也可以导出完全相同的时域有限差分格式.不仅如此,由积分形式的 Maxwell 方程导出的差分表示可不依赖于坐标系,可以给出更灵活的表示.为得到更一般的形式,可把 C_1 环路加以变形.假设变形后的四个边的边长分别用 l_1,l_2,l_3 和 l_4 表示,S_1 的面积用 A 表示,则由式(3.2.2)和(3.2.3)考虑到变形后的参量可以得到

$$E_z^{n+1}(i,j,k) = E_z^n(i,j,k) + \frac{\Delta t}{A\varepsilon(i,j,k)}\left[H_x^{n+\frac{1}{2}}\left(i,j-\frac{1}{2},k\right)l_1 \right.$$

$$\left. + H_y^{n+\frac{1}{2}}\left(i+\frac{1}{2},j,k\right)l_2 - H_x\left(i,j+\frac{1}{2},k\right)l_3 - H_y\left(i-\frac{1}{2},j,k\right)l_4 \right]. \tag{3.2.5}$$

用类似的方法可得到其他电场分量的差分格式.

为了获得磁场 H_z 的差分格式,我们把 Faraday 电磁感应定律(3.2.1a)用于图 3.6(b)中的环路 C_2.如果用 $H_z(i,j,k)$ 代表 S_2 上磁场 H_z 的平均值,而用环路 C_2 各段中点的电场等于该边上电场相应分量的平均值,则采用中心差商近似表示时间微商后可以得到磁场 H_z 分量的差分格式

$$H_z^{n+\frac{1}{2}}(i,j,k) = H_z^{n-\frac{1}{2}}(i,j,k) - \frac{\Delta t}{\mu(i,j,k)}$$

$$\cdot \left[\frac{E_y^n\left(i+\frac{1}{2},j,k\right) - E_y^n\left(i-\frac{1}{2},j,k\right)}{\Delta x} \right.$$

$$\left. - \frac{E_x^n\left(i,j+\frac{1}{2},k\right) - E_x^n\left(i,j-\frac{1}{2},k\right)}{\Delta y} \right]. \tag{3.2.6}$$

这一结果也与由微分形式导出的完全一致.用完全类似的方法可把式(3.2.6)表示成一般环路的形式:

$$H_z^{n+\frac{1}{2}}(i,j,k) = H_z^{n-\frac{1}{2}}(i,j,k) - \frac{\Delta t}{A\mu(i,j,k)}\left[E_x^n\left(i,j-\frac{1}{2},k\right)l_1 \right.$$

$$\left. + E_y^n\left(i+\frac{1}{2},j,k\right)l_2 - E_x^n\left(i,j+\frac{1}{2},k\right)l_3 - E_y^n\left(i-\frac{1}{2},j,k\right)l_4 \right]. \tag{3.2.7}$$

其他磁场分量的差分格式可以用类似的方法获得.

3.2.2 良导体曲面的模拟(TE 情形)

在直角坐标系的网格空间中导电曲面不能和网格面相重合,从而使得与曲面相连的一些网格成为非正常网格或变形网格.若要保持网格的完整,弯曲表面就只能用阶梯来代替.若要保持弯曲表面的精确模拟,就需要有在变形网格中计算电磁场的差分格式.上面所讨论的 CP 法正是具有这种功能.现在讨论在 TE 波照射下良导体曲面用 CP 法的模拟问题.

变形网格的一般情况是,与导体曲面相连部分按曲面形状变形,其余部分则保持不变.在运用 CP 法于变形网格时假设在网格面内是均匀的,或者只计算在网格面内的平均值.由于被模拟的是良导体,故导体表面的切向电场为零,亦即可设与导电曲面相重合的网格一边上的电场等于零,而假定其余网格直边上的电场是不变的.在直边上电场的计算可按上面导出的 Ampere 定律的差分格式进行,而临近导体表面磁场的计算则需用变形网格的 Faraday 定律进行.在 TE 波情况下模拟导体表面主要有以下三种情况需要考虑,它们相应地由图 3.7 (a),(b)和(c)示出.

在图 3.7(a)所示的情形中,导体表面电场为法向的,它的计算需用导体表面上的磁场,这些磁场需由表面附近磁场经插值获得.磁场的计算采用一般的变形网格的 Faraday 定律即可进行.

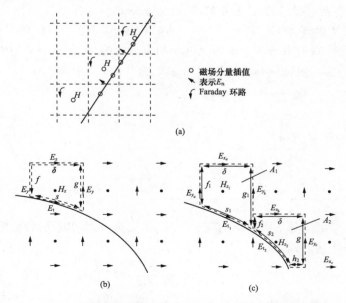

图 3.7 导体曲面模拟中 TE 波情况下的三类变形网格

图 3.7(b)和(c)所示出的变形网格的特点是,电场分量与 Faraday 定律的积分路径是共线的,运用变形网格的 Faraday 定律差分格式可获得以下结果.

对图 3.7(b)的标准亚网格有

$$H_z^{n+\frac{1}{2}}\left(i+\frac{1}{2},j+\frac{1}{2}\right) = C \cdot H_z^{n-\frac{1}{2}}\left(i+\frac{1}{2},j+\frac{1}{2}\right) + D \cdot \left[E_y^n\left(i,,j+\frac{1}{2}\right) \cdot f \right.$$

$$\left. - E_y^n\left(i+1,j+\frac{1}{2}\right) \cdot g + E_x^n\left(i+\frac{1}{2},j+1\right) \cdot \delta \right], \tag{3.2.8}$$

其中

$$C = \left(\frac{\mu_0 A}{\Delta t} - \frac{sZ_s}{2}\right) \Big/ \left(\frac{\mu_0 A}{\Delta t} + \frac{sZ_s}{2}\right), \tag{3.2.9}$$

$$D = 1 \Big/ \left(\frac{\mu_0 A}{\Delta t} + \frac{sZ_s}{2}\right). \tag{3.2.10}$$

对图 3.7(c)中的标准伸长网格有

$$H_{z_1}^{n+\frac{1}{2}}\left(i+\frac{1}{2},j+\frac{1}{2}\right) = C_1 \cdot H_{z_1}^{n-\frac{1}{2}}\left(i+\frac{1}{2},j+\frac{1}{2}\right) + D_1 \cdot \left[E_{y_a}^n\left(i,j+\frac{1}{2}\right) \cdot f_1 \right.$$

$$\left. - E_{y_b}^n\left(i+1,j+\frac{1}{2}\right) \cdot g_1 + E_{x_a}^n\left(i+\frac{1}{2},j+1\right) \cdot \delta \right], \tag{3.2.11}$$

其中

$$C_1 = \left(\frac{\mu_0 A_1}{\Delta t} - \frac{s_1 Z_{s_1}}{2}\right) \Big/ \left(\frac{\mu_0 A_1}{\Delta t} + \frac{s_1 Z_{s_1}}{2}\right), \tag{3.2.12}$$

$$D_1 = 1 \Big/ \left(\frac{\mu_0 A_1}{\Delta t} + \frac{s_1 Z_{s_1}}{2}\right). \tag{3.2.13}$$

对图 3.7(c)中的非标准亚网格有

$$H_{z_2}^{n+\frac{1}{2}}\left(i+\frac{1}{2},j+\frac{1}{2}\right) = C_2 \cdot H_{z_2}^{n-\frac{1}{2}}\left(i+\frac{1}{2},j+\frac{1}{2}\right)$$

$$+ D_2 \cdot \left[E_{y_b}^n\left(i,j+\frac{1}{2}\right) \cdot f_2 - E_{y_c}^n\left(i+1,j+\frac{1}{2}\right) \cdot \delta \right.$$

$$\left. + E_{x_b}^n\left(i+\frac{1}{2},j+1\right) \cdot \delta - E_{x_c}^n\left(i+\frac{1}{2},j+1\right) \cdot h_2 \right], \tag{3.2.14}$$

其中

$$C_2 = \left(\frac{\mu_0 A_2}{\Delta t} - \frac{s_2 Z_{s_2}}{2}\right) \Big/ \left(\frac{\mu_0 A_2}{\Delta t} + \frac{s_2 Z_{s_2}}{2}\right), \tag{3.2.15}$$

$$D_2 = 1 \Big/ \left(\frac{\mu_0 A_2}{\Delta t} + \frac{s_2 Z_{s_2}}{2}\right). \tag{3.2.16}$$

在上面几个方程中需要说明的几个参数还有:

(1) A 为相应环路所围的面积;

(2) f, g, h 为环路直边非标准网格边长,δ 则为标准网格边长;

（3）s 为曲边弧长；

（4）Z_s 为相应导体曲面的表面阻抗.

3.2.3 良导体曲面的模拟（TM 情形）

在 TM 情形下模拟良导体曲面时，邻近导体曲面的 Faraday 环路的一边与曲面重合，因而成为变形网格，如图 3.8 所示，而计算电场的 Ampere 环路则是不变形的. 在计算中所考虑的磁场为所在环路内的平均值，位于导电曲面上截断环路上电场的切向分量等于导体表面阻抗 Z_s 乘以同一位置上的磁场 H_φ，而 H_φ 是由 H_x 和 H_y 经插值而得到的.

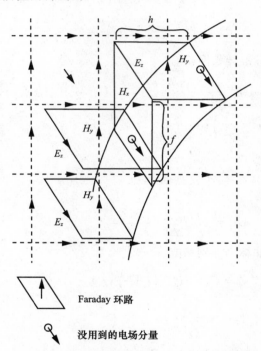

Faraday 环路

没用到的电场分量

图 3.8　TM 情形导体曲面的 Faraday 环路

对于理想导体的情形（$Z_s = 0$），应用变形网格的 Faraday 定律于图 3.8 所示的曲面可得

$$H_x^{n+\frac{1}{2}}\left(i, j+\frac{1}{2}\right) = H_x^{n-\frac{1}{2}}\left(i, j+\frac{1}{2}\right) - \frac{\Delta t}{\mu_0 f} \cdot E_z^n(i, j+1), \quad (3.2.17)$$

$$H_y^{n+\frac{1}{2}}\left(i+\frac{1}{2}, j\right) = H_y^{n-\frac{1}{2}}\left(i+\frac{1}{2}, j\right) + \frac{\Delta t}{\mu_0 h} \cdot E_z^n(i, j). \quad (3.2.18)$$

这里只需要知道导体曲面对网格线的截断点，比 TE 情形所需要的几何参数要少得多.

3.2.4　介质体曲面的模拟

在模拟介质体曲面时,Faraday 环路是变形的,Ampere 环路则不是,如图 3.9所示.Faraday 环路的一边与介质体的曲面相重合,变形网格环路中的磁场用其平均值表示,在变形网格与介质曲面相重合的一边的电场需要一个辅助的 Ampere 环路进行计算.变形环路其余直线段上的电场仍可假定是不变的,这些电场的计算可通过正常矩形环路的 Ampere 定律通过邻近的磁场分量来进行.

靠近介质体表面的磁场的计算差分格式通过变形环路的 Faraday 定律可得到

$$
\begin{aligned}
H_z^{n+\frac{1}{2}}\left(i+\frac{1}{2},j+\frac{1}{2}\right) = \ & H_z^{n-\frac{1}{2}}\left(i+\frac{1}{2},j+\frac{1}{2}\right) \\
& + D\cdot\left[E_y^n\left(i,j+\frac{1}{2}\right)\delta_y - E_t^n(p)\cdot l_t\right. \\
& \left. + E_x^n\left(i+\frac{1}{2},j+1\right)\cdot l_3 - E_x^n\left(i+\frac{1}{2},j\right)\cdot l_1\right],
\end{aligned}
\tag{3.2.19}
$$

其中 $D = \Delta t/\mu A$, l_t 为沿介质体表面一段环路的长度, l_1 和 l_3 为环路底和顶环路段的长度, δ_y 为环路左边一段的长度, p 则是 E_t 的标志.

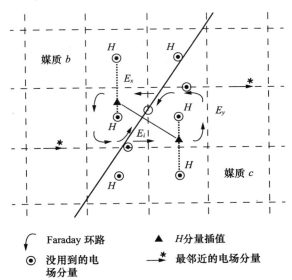

图 3.9　介质体表面 TE 情形的变形网格

辅助电场切向分量的计算格式由 Ampere 定律可得

$$
E_t^{n+1}(p) = E_t^n(p) + \Delta t\cdot\left\{\left[H^{n+\frac{1}{2}}\left(i+\frac{1}{2},j+\frac{3}{2}\right)\cdot b_1\right.\right.
$$

$$+ H^{n+\frac{1}{2}}\left(i+\frac{1}{2},j+\frac{1}{2}\right) \cdot b_2 \Big] \Big/ A_b \varepsilon_b \left(i+\frac{1}{2},j\right)$$

$$- \Big[H^{n+\frac{1}{2}}\left(i+\frac{3}{2},j+\frac{1}{2}\right) \cdot c_1$$

$$+ H^{n+\frac{1}{2}}\left(i+\frac{3}{2},j-\frac{1}{2}\right) \cdot c_2 \Big] \Big/ A_c \varepsilon_c \left(i+\frac{3}{2},j\right) \Big\}, \qquad (3.2.20)$$

其中 A_b 和 A_c 分别为 Ampere 环路左右两部分的面积;b_1,b_2 和 c_1,c_2 为磁场线性插值的系数.对于 TM 波的情形可做相应考虑.

§3.3 亚网格技术

3.3.1 亚网格技术的意义和研究进展

应用传统的时域有限差分格式,不管在什么坐标系的网格空间中所能模拟的最小尺度均不小于一个网格.若需要模拟的结构很小,而需要计算场的物理空间又不能相对地减小,当把整个计算空间都用适合于模拟小尺度结构的网格时,整个空间的网格数就可能非常巨大.在很多电磁场问题中需要模拟很窄的缝隙或很细的导线,若把网格的尺度取得与缝的宽度或细线的直径一样,所需的存储空间可能会超出现有的计算条件,致使计算实际不能进行.在这种情况下就需要一种技术,在大尺度的网格空间中能够模拟比网格尺度小的结构.我们把这种技术称为亚网格技术.使用亚网格技术可以在均匀网格空间中模拟比网格尺度小得多的结构,从而可大大节省计算机的存储空间.

已有不少学者在时域有限差分法中亚网格技术的研究方面作出了贡献.Holland 和 Simpson(1981)提出了细导线的模拟方法[18],而 Gilbert 和 Holland(1981)则提出了窄缝的模拟技术[22];Turner 和 Bacon(1988)用矩量法验证了窄缝的模拟方法,并指出了所存在的缺点[44],Taflove 等(1988)把 CP 法用于模拟细导线和窄缝,并在二维空间进行了验证[40];Riley 和 Turner(1991)在以上研究的基础上提出了一种用表征窄缝特性的瞬态积分方程与时域有限差分格式相结合的方法[60].

由于 Taflove 等人所提出的方法是在时域有限差分格式的框架内,不需要补充其他知识,下面仅限于介绍他们所提出的建立在 CP 法基础上的亚网格技术.

3.3.2 二维 TE 情形下导体窄缝的模拟

考虑图 3.10 所示的一种二维导体窄缝,当缝宽小于网格空间步长时的 TE 波问题,为了具有广泛性,导体的边界不与任何网格边相重合.在这种情况下,传统的时域有限差分格式不能正确地模拟导体的窄缝结构和不占满网格的导体边界的位置. 由上一节的讨论已知, CP 方法在变形网格的模拟方面有很大的灵活性,可以用来模拟亚网格的电磁结构. 由图可以看出,在这种结构中有三种类型的网格需要考虑,它们分别由环路 C_1, C_2 和 C_3 构成,在这类网格中磁场的计算需要特殊考虑,而所有网格中电场的计算都可依正常的时域有限差分格式进行. 所提到的三类变形网格中的磁场都可以用上一节的 Faraday 定律的变形网格差分格式进行,其结果为(这里 δ 表示空间步长)

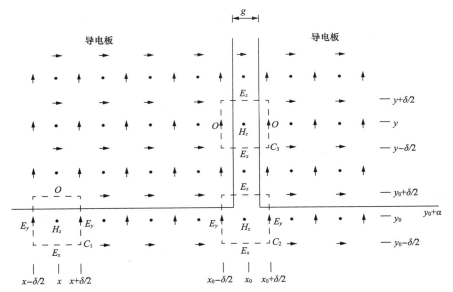

图 3.10　二维 TE 问题中的导体窄缝

对变形网格 C_1 有

$$\frac{H_z^{n+\frac{1}{2}}(x,y_0)-H_z^{n-\frac{1}{2}}(x,y_0)}{\Delta t}$$

$$\approx \left\{\left[E_y^n\left(x-\frac{\delta}{2},y_0\right)-E_y^n\left(x+\frac{\delta}{2},y_0\right)\right]\cdot\left(\frac{\delta}{2}+\alpha\right)\right.$$

$$\left.-E_y^n\left(x,y_0-\frac{\delta}{2}\right)\cdot\delta\right\}/\left\{\mu_0\delta\left(\frac{\delta}{2}+\alpha\right)\right\}, \tag{3.3.1}$$

对变形网格 C_2 有

$$\frac{H_z^{n+\frac{1}{2}}(x_0,y_0)-H_z^{n-\frac{1}{2}}(x_0,y_0)}{\Delta t}$$

$$\approx\left\{E_x^n\left(x_0,y_0+\frac{\delta}{2}\right)\cdot g-E_x^n\left(x_0,y_0-\frac{\delta}{2}\right)\cdot\delta\right.$$

$$\left.+\left[E_y^n\left(x_0-\frac{\delta}{2},y_0\right)-E_y^n\left(x_0+\frac{\delta}{2},y_0\right)\right]\cdot\left(\frac{\delta}{2}+\alpha\right)\right\}/$$

$$\left\{ \mu_0 \cdot \left[\delta \cdot \left(\frac{\delta}{2} + \alpha \right) + g \cdot \left(\frac{\delta}{2} - \alpha \right) \right] \right\} \tag{3.3.2}$$

对变形网格 C_3 有

$$\frac{H_z^{n+\frac{1}{2}}(x_0,y) - H_z^{n-\frac{1}{2}}(x_0,y)}{\Delta t}$$

$$\approx \frac{E_x^n \left(x_0, y + \frac{\delta}{2} \right) \cdot g - E_x^n \left(x_0, y - \frac{\delta}{2} \right) \cdot g}{\mu_0 g \delta}. \tag{3.3.3}$$

在得到以上公式时应用了 CP 法中惯常使用的假设,即磁场是环路内的平均值,电场在沿环路的直线段为常数,自然地这里就假设了电场在跨越窄缝的方向是不变的,同时还应用了导体内部电场和磁场近似为零这一事实.

在式(3.3.3)中的 g 可以消掉,这样一来在窄缝中场的关系就如一维空间中的平面波,这是由于所做的近似假设所造成的.

为了检验上述亚网格技术的精确度,Taflove 等给出了计算实例,其中之一(如图 3.11 所示)是一个二维导体直缝的 TE 波散射问题,导体宽度为 $\lambda/10$,缝的两边各长 $\lambda/2$,缝宽 $\lambda/40$.若采用均匀网格的正规差分格式计算这样的问题,网格的空间步长就不能小于 $\lambda/40$,以便至少用一个网格来表示缝的宽度.Taflove 等用下述三种方法计算了这一问题:

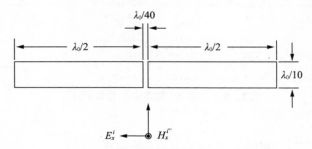

图 3.11 二维导体直缝的 TE 波散射问题

(1) 在空间步长为 $\lambda/10$ 的网格空间中用亚网格技术模拟窄缝,导体的宽度为 1 个网格;

(2) 在空间步长为 $\lambda/40$ 的网格空间中用一个网格模拟窄缝,导体宽度为 4 个网格,全部用正规差分格式计算;

(3) 用高精度取样的矩量法,窄缝的取样密度为 $\lambda/400$,其余部分的取样密度为 $\lambda/220$.

图 3.12 和图 3.13 分别给出了沿缝的中心线上电场和磁场的幅度及相位分布.由图可以看出,用三种方法所计算的结果非常接近,这说明上面所述亚网格技术能够保证一定的精度.这一例子同时还说明时域有限差分法对矩量法的优

越性:在取样密度大大减小的情况下,几乎得到了同样精确的计算结果.

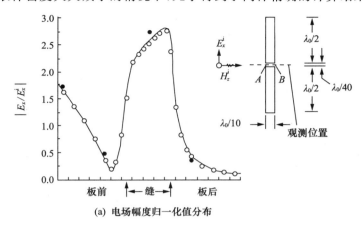

(a) 电场幅度归一化值分布

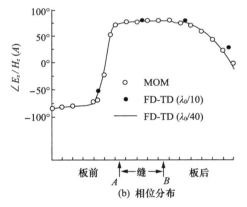

(b) 相位分布

图 3.12　三种方法计算沿导体直缝中心线上电场的比较

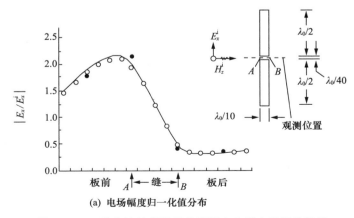

(a) 电场幅度归一化值分布

图 3.13　三种方法计算沿导体直缝中心线上磁场的比较

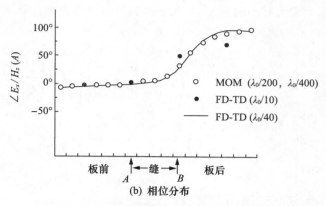

(b) 相位分布

图 3.13　三种方法计算沿导体直缝中心线上磁场的比较(续)

3.3.3　细导线的模拟(TM 情形)

现在考虑直径比所用网格空间步长小很多时的模拟问题,在 TM 波情况进行讨论. 图 3.14 给出了计算导线附近磁场的 Faraday 环路,这里只讨论 H_y 的计算问题,其他分量的计算是类似的. 由散射近场的物理特性可假定,导线附近环绕磁场和径向电场按 $1/r$ 规律变化,其中 r 为距导线中心的垂直距离. 按通常 CP 方法的假定环路中心的磁场代表环路中磁场的平均值,环路与 z 轴平行的直线段中点的电场为全段上电场的平均值. 在这些假设条件下环路 C 中的场可表示为

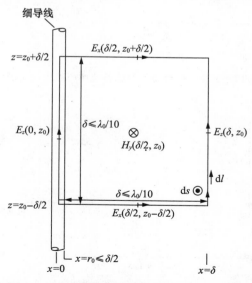

图 3.14　计算细导线附近磁场的 Faraday 环路

$$H_y(x,z) \approx H_y\left(\frac{\delta}{2}, z_0\right) \cdot \frac{(\delta/2)}{x} \cdot [1 + C_1 \cdot (z - z_0)], \tag{3.3.4}$$

$$E_x\left(x, z_0 \pm \frac{\delta}{2}\right) \approx E_x\left(\frac{\delta}{2}, z_0 \pm \frac{\delta}{2}\right) \cdot \frac{(\delta/2)}{x}, \tag{3.3.5}$$

$$E_z(0, z) = 0, \tag{3.3.6}$$

$$E_z(\delta, z) = E_z(\delta, z_0) \cdot [1 + C_2 \cdot (z - z_0)]. \tag{3.3.7}$$

其中 C_1 和 C_2 是不需要知道的两个任意常数.

根据上述场的表示,对 C 环路应用 Faraday 定律可得到

$$\frac{H_y^{n+\frac{1}{2}}\left(\frac{\delta}{2}, z_0\right) - H_y^{n-\frac{1}{2}}\left(\frac{\delta}{2}, z_0\right)}{\Delta t}$$

$$\approx \left\{ \left[E_x^n\left(\frac{\delta}{2}, z_0 - \frac{\delta}{2}\right) - E_x^n\left(\frac{\delta}{2}, z_0 + \frac{\delta}{2}\right) \right] \right.$$

$$\left. \cdot \frac{1}{2}\ln\left(\frac{\delta}{r_0}\right) + E_z^n(\delta, z_0) \right\} \Big/ \left\{ \mu_0 \frac{\delta}{2}\ln\left(\frac{\delta}{r_0}\right) \right\}, \tag{3.3.8}$$

其中 r_0 为导线的半径.

为了验证这一亚网格技术的精确度,Taflove 等给出了计算实例,并把结果与精确法进行了比较.图 3.15 是一无限长理想导体细线周围磁场的亚网格技术计算结果与本征函数展开法的比较.网格空间的空间步长固定为 $\lambda/10$,而导线的半径 a 从 $\lambda/30\,000$ 到 $\lambda/30$,比较的磁场固定在距导线中心 $\lambda/20$ 处.所给结果显示,两种方法符合得非常好.

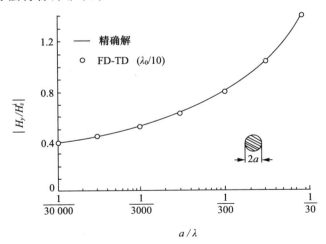

图 3.15　无限长细导线附近磁场的计算

图 3.16 是另一个实例的结果,导线长度为 2 个波长,网格空间的步长仍为 $\lambda/10$,导线半径固定为 $\lambda/300$,计算了距导线中心 $\lambda/20$ 距离上从导线中心到端点

平行线上的磁场.同时给出了用矩量法计算的结果,计算时使用采样密度 $\lambda/60$.
所给结果同样显示出两种方法有极好的一致性.

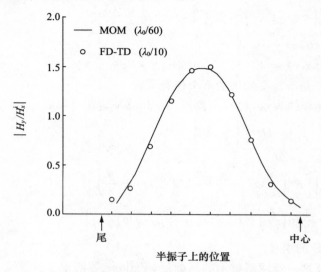

图 3.16   两种方法计算细导线附近磁场的比较

§3.4   多重网格细化技术

3.4.1   局部网格细化的意义

在用时域有限差分法处理开放问题时,为了模拟无限大空间需要在网格空
间的截断处设置吸收边界条件.为了保证边界条件有良好的吸收特性,需保证外
行波的入射角度保持在一个适当的范围内,这就要求吸收边界离开散射体足够
的距离.因此,在计算散射或辐射等问题时,除了模拟散射体或辐射体所必需的
网格空间外还需要一定的辅助空间.这一辅助空间所需要的网格数随着模拟散
射体或辐射体所需主网格空间网格数的增加而增加.这意味着,如果采用均匀网
格空间,当需要把主网格空间划细时,辅助网格空间也要同样地划细,于是整个
空间的网格数目就会急剧增加.当均匀网格空间的空间步长减小 n 倍时,若保持
所模拟的物理空间不变,总网格数就将增加 n^3 倍.

在很多问题中我们会遇到这样的矛盾,即既要模拟足够大的物理空间,又必
须使用足够小的网格尺度.例如:

(1)具有复杂内部结构或几何形状复杂的物体的散射问题.为了细致模拟
散射体的几何形状或内部结构,网格的尺度就必须足够小,但散射体所占的物理
空间往往又比较大,尤其在需要了解内部结构对散射特性的影响和需要知道场

在内部结构中的分布时,问题就显得更加突出.

(2) 具有高度非均匀性物体的散射内场问题.为了细致地反映物体的非均匀性,必须用小尺度的网格模拟物体的非均匀特性,当物体的物理尺度相对较大时,在均匀网格空间中解决这种问题所需的网格数是非常巨大的.

(3) 结构复杂辐射体辐射场的计算问题.需要细致模拟辐射体的细微结构,辐射体又必然要占据相当的物理空间,且又要了解一定的物理空间中辐射近场的分布,所需的网格空间的网格数据往往是一个巨大的数字.

解决这类问题的一种可选择方案是采用非均匀的网格空间,只在需要细致模拟的部分使用细分的网格,而其余部分,尤其是辅助空间部分使用所允许的最粗网格.我们把这种方法称为局部网格细化技术.这一技术最初由 Kunz 和 Simpson(1981)使用[21],本书作者进一步发展了这种方法(1991,1993)[213,223],Zivanovic 等(1991)提出了新的方案[63].下面简要介绍这种技术的基本原理.

3.4.2　边界场直接插值法

为了叙述简单明了起见,我们将以二维空间中的 TM 波问题为例进行讨论.假定所讨论的空间媒质为非磁性的,则该类问题可用式(2.1.24)表示的时域有限差分格式进行计算.局部网格细化技术是在计算网格空间中的局部采用更细的网格.图 3.17 示出了这种方法的一个实例,其中图(a)为二维 TM 问题的Yee 氏均匀网格空间,其中阴影部分被细化,若细化网格的空间步长比原网格缩小一倍,则细化的网格空间如图(b)所示.由时域差分格式的特点可知,任一网格点的场值只直接决定于其邻近网格点的场值及该网格点上的场在上一时间步所求得的场值.此外,根据场的唯一性原理,一封闭面所包围空间中的电磁场由Maxwell 方程和封闭面上场的切向分量唯一地确定.由此我们可以按如下方法来求解局部细化空间中的电磁场问题:在用均匀网格按时域有限差分格式计算粗网格中电磁场的同时,在每一时间步由相邻网格点上的场进行插值获得细化网格空间的边界切向场,然后按相应的时间步长在细化的网格空间中执行时域差分格式,从而获得相应时间步数细化网格空间中的电磁场.这样当粗网格空间按正常步骤执行完差分格式,同时就获得了细化网格空间相同条件下的电磁场.对图 3.17 所示的 TM 波情形而言,就是在图(a)所示的粗网格空间中执行差分格式的每一步,都由画圈的网格点上的电场用插值的方法求出图(b)中用圈标出的网格点上的电场,然后在图(b)所示的细化网格空间中执行两次差分格式,计算出相应时间步时细化网格空间中的电磁场.这样当图(a)中的计算完毕,图(b)中的问题也同时获得解决.显然,细化网格空间中的场分布比粗网格中具有较高的空间分辨率.这对于那些需要了解局部空间中更细致场分布的问题具有实际意义.

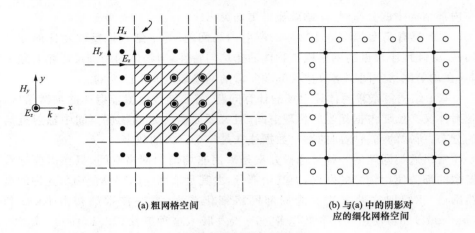

(a) 粗网格空间

(b) 与(a)中的阴影对
应的细化网格空间

图 3.17　TM 问题的二维网格空间

图 3.18 是用上述方法计算的方形介质柱体内部场分布的结果. 无限长介质柱体,$\varepsilon_r=35,\sigma=0.13\,\mathrm{S/m}$,入射平面波的电场与柱体平行. 在粗网格空间中介质柱体占据 5×5 个网格,以其为中心取 7×7 网格进行细化,空间步长分两种情况缩小. 图 3.18 所给的结果是沿入射波方向介质柱中心线上电场的分布,图(a)中所示为步长缩小为 1/2 时(介质柱占 10×10 个网格)的计算结果,图上同时还给出了用缩小后的网格组成的均匀网格空间中直接计算的结果;图(b)中给出的是步长缩小为 1/4(介质柱体占据 20×20 个网格)时的计算结果,同时还示出了用细网格构成的均匀网格空间中直接计算的结果. 两种情况的结果都显示,用局部细化网格技术计算的内场分布与用同样网格直接在均匀网格空间中计算的结果很接近.

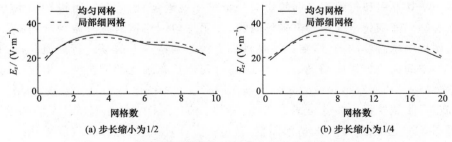

(a) 步长缩小为1/2

(b) 步长缩小为1/4

图 3.18　用网格细化技术计算的介质柱内的电场分布

这种计算方法的特点是,对粗网格空间的计算而言,是否存在细化网格空间,其结果不受任何影响. 这样做法的缺点是,粗网格中计算的电磁场与细网格对细化空间中电磁体的细致描述无关,当需要用细网格模拟散射体或辐射体的细微结构并研究其影响时,上述做法不能达到目的. 为达到这一目的,必须把细网格中计算的结果反馈到粗网格的计算中去. 为此在粗网格中执行差分格式时也可以不包括细化网格空间所占据的那部分粗网格空间,而执行差分格式时所需要的位于细化空间中的那些网格点的场值可由细化网格上的值取平均来获得.这样做的结果不仅使细网格中的场反馈到了粗网格空间中,还可以减小粗网格空间中的计算量.

在一个主网格空间中,细化网格空间可以不止一个.由于主网格空间的差分格式和各个细化网格空间中的差分格式并不同时执行,因而不同时占用主存储器,所以细化网格空间的设置不影响主网格空间网格数的设置,而细化网格空间的网格数的设置也只受主存储器容量的限制.网格细化技术可以嵌套使用,形成多重网格技术.

3.4.3　边界场计算的波动方程法

细化网格空间中场的计算精度主要决定于其边界切向场的计算精度,在上面叙述的方法中边界场是由粗网格中的场经插值获得的.Zivanovic 等(1991)[63] 给出了另外一种方法,细网格空间边界场的切向分量由波动方程通过粗网格中的场计算得到.一个实例由图 3.19 示出,图(b)为网格空间三个区域的划分.最里面的区域 1 为细网格空间,在它外面宽度为一个粗网格部分称区域 2,最外面是区域 3,为粗网格空间.若用 E 表示要计算的场分量,它们需满足齐次波动方程

$$\nabla^2 E - \frac{1}{v^2}\frac{\partial^2 E}{\partial t^2} = 0, \qquad (3.4.1)$$

其中 v 为所考虑区域中光的速度.应用二次差分近似,可把方程(3.4.1)转换为差分形式

$$E^{n+1}(i,j,k) = 2E^n(i,j,k) - E^{n-1}(i,j,k)$$
$$u^2 \Delta t^2 \left[\frac{E^n(i+1,j,k) - 2E^n(i,j,k) + E^n(i-1,j,k)}{\Delta x^2} \right.$$
$$+ \frac{E^n(i,j+1,k) - 2E^n(i,j,k) + E^n(i,j-1,k)}{\Delta y^2}$$
$$\left. + \frac{E^n(i,j,k+1) - 2E^n(i,j,k) + E^n(i,j,k-1)}{\Delta z^2} \right], \qquad (3.4.2)$$

其中 Δx,Δy 和 Δz 为粗网格空间的空间步长,Δt 为其时间步长.由于在上式中要用到网格点之外的场,需要用二次插值的方式由粗网格空间网格点上的场值获得.图 3.19(a)为(b)中用曲线标出部分的放大,其中非网格点上的场需用二次插值方法求得,例如点 6 处的场 E 可按下式计算:

$$E_6 = E_1 - \frac{f'_x \Delta x}{3} - \frac{f'_y \Delta y}{3} + \frac{f''_x \Delta x^2}{18} + \frac{f''_y \Delta y^2}{18} + \frac{f''_{xy} \Delta x \Delta y}{9}, \quad (3.4.3)$$

其中

$$f'_x = \frac{E_{1'} - E_4}{2\Delta x}, \quad f'_y = \frac{E_{1'} - E_{13}}{2\Delta y}, \quad f''_x = \frac{E_{1'} + E_4 - 2E_1}{2\Delta x^2},$$

$$f''_y = \frac{E_{1''} + E_{13} - 2E_1}{\Delta y^2}, \quad f''_{xy} = \frac{E_{4''} + E_{13'} - E_{1'}E_{16}}{4\Delta x \Delta y},$$

这里 $1'''$ 位于 $1'$ 上面与 1 成对角处. 区域 1 和区域 3 中均执行正规的有限差分格式. 在图 3.19 所示的情况, 在粗网格空间中每执行一次差分格式, 要在细网格空间中执行三次, 因为其中的时间步长为粗网格空间中的三分之一.

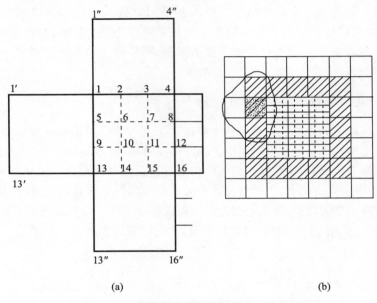

(a)　　　　　　　　　　　　　　　　　　(b)

图 3.19　计算细分网格中场量的一种方法

§3.5　表面阻抗边界条件(SIBC)法

3.5.1　引用表面阻抗概念的必要性

　　由以前的讨论已知, 在时域有限差分法中为了保证一定的计算精度和必要的相位等信息, 所用网格空间的步长与波长之比有一定的限度. 在一般情况下要求空间步长不大于波长的十分之一. 如果计算空间中包括高介电常数的介质, 由于波长比自由空间中短, 使得网格空间步长也要相应变小. 如果介质的复介电常数为

$$\hat{\varepsilon}_r = \varepsilon_r - \frac{\sigma}{j\omega\varepsilon_0},$$

则介质中的波长 λ 与自由空间中波长 λ_0 之间的关系为

$$\lambda = \frac{\lambda_0}{\sqrt{|\hat{\varepsilon}_r|}}.$$

如果采用均匀网格空间,则空间步长 Δs 要求不大于 $\lambda/10$. 这样一来,网格空间的网格总数可能是非常巨大的. 如果介质所占空间内的场分布不是必须知道的,则对于高导电介质可以利用 Leonto vich 所引入的表面阻抗概念而避免介质区域内部场分布的计算,从而可以仍然采用自由空间中的网格空间步长,这样可大大节省存储空间和 CPU 时间.

这一问题可以用图 3.20 来说明,图中给出了由平面分开的两个区域,一边为自由空间,另一边为高损耗介质. 按传统的时域有限差分法,网格空间的空间步长应该以介质所在空间为依据进行选取,结果所形成的均匀网格空间如图 3.20(a)所示. 希望通过引用表面阻抗概念,把问题变为图 3.20(b)所示的情形,网格空间的建立只以自由空间为依据.

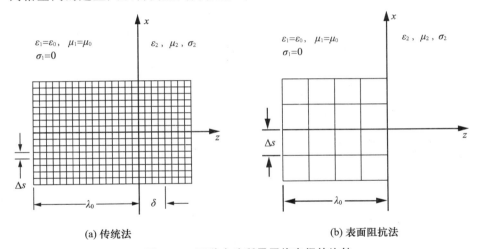

图 3.20　两种方法所需网格空间的比较

把表面阻抗概念引入时域有限差分法始于 Maloney 和 Smith(1992)[78],然后由 Beggs 等(1992)加以发展[77],下面根据 Beggs 等的叙述加以讨论.

3.5.2　非色散表面阻抗边界条件

考虑如图 3.21 所示的简单情况. 由 ε, μ 和 σ 为参数的介质空间与自由空间有一无限大平面边界,这种情况可作为一个一维问题来处理. 设 E_x 和 H_y 为边界面上的两个切向场分量,则它们之间可用表面阻抗 Z_s 来联系,当所考虑的频率为 ω 时,这关系在频域可表示为

$$\hat{E}_x(\omega) = \hat{Z}_s(\omega) \cdot \hat{H}_y(\omega).$$ (3.5.1)

当介质的电导率比较高时,频域表面阻抗可表示为

$$\hat{Z}_s(\omega) = (1-\mathrm{j})\sqrt{\frac{\omega\mu}{2\sigma}}.$$ (3.5.2)

这说明 $\hat{Z}_s(\omega)$ 为复阻抗,若它的实部用 $\hat{R}_s(\omega)$ 表示,虚部用 $\hat{X}_s(\omega)$ 表示,则式 (3.5.1)可写做

$$\hat{E}_x(\omega) = [\hat{R}_s(\omega) - \mathrm{j}\hat{X}_s(\omega)] \cdot \hat{H}_y(\omega). \tag{3.5.3}$$

也可以把 $\hat{X}_s(\omega)$ 用感抗 $\hat{L}_s(\omega)$ 替代,这时有

$$\hat{E}_x(\omega) = [\hat{R}_s(\omega) - \mathrm{j}\omega\hat{L}_s(\omega)] \cdot \hat{H}_y(\omega), \tag{3.5.4}$$

其中

$$\hat{R}_s(\omega) = \sqrt{\frac{\omega\mu}{2\sigma}}, \quad \hat{L}_s(\omega) = \sqrt{\frac{\mu}{2\sigma\omega}}. \tag{3.5.5}$$

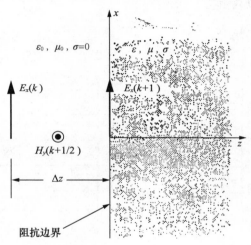

图 3.21 以平面为边界的两个区域

由此可见,在一般情况下表面阻抗为频率的函数,如考虑单一频率下的稳态问题或窄频带的问题,则可把表面阻抗作为常数来对待,即 $\hat{R}_s(\omega) = R_s$,$\hat{L}_s(\omega) = L_s$. 在这种情况下式(3.5.4)变为

$$\hat{E}_x(\omega) = (R_s - \mathrm{j}\omega L_s) \cdot \hat{H}_y(\omega). \tag{3.5.6}$$

为了把这一关系引入到时域有限差分格式中,需把式(3.5.6)转换到时域. 为此,对其进行逆 Fourier 变换,其结果为

$$E_x(t) = R_s H_y(t) + L_s \frac{\partial}{\partial t} H_y(t), \tag{3.5.7}$$

此式定义了联系 $E_x(t)$ 和 $H_y(t)$ 的一种边界条件,我们称之为非色散表面阻抗边界条件.

为了使这一边界条件能在时域有限差分格式中执行,需要把式(3.5.7)转化为差分形式.为此把 Faraday 定律

$$\int_C \boldsymbol{E} \cdot \mathrm{d}\boldsymbol{l} = -\mu_0 \frac{\partial}{\partial t} \int_S \boldsymbol{H} \cdot \mathrm{d}\boldsymbol{S}$$

用于图 3.21 所示的网格,可以得到

$$-\mu_0(\Delta x \Delta z)\left[\frac{\partial}{\partial(n\Delta t)} H_y^n\left(k+\frac{1}{2}\right)\right] = E_x^n(k+1)\Delta x - E_x^n(k)\Delta x,$$

$$(3.5.8)$$

而式(3.5.7)在边界上的差分形式为

$$E_x^n(k+1) = R_s H_y^n\left(k+\frac{1}{2}\right) + L_s \frac{\partial}{\partial(n\Delta t)} H_y^n\left(k+\frac{1}{2}\right). \quad (3.5.9)$$

把式(3.5.9)代入式(3.5.8),消去 $E_x^n(k+1)$ 可得

$$-(\mu_0 \Delta z)\left[\frac{\partial}{\partial(n\Delta t)} H_y^n\left(k+\frac{1}{2}\right)\right] = R_s H_y^n\left(k+\frac{1}{2}\right)$$

$$+ L_s\left[\frac{\partial}{\partial(n\Delta t)} H_y^n\left(k+\frac{1}{2}\right)\right] - E_z^n(k), \quad (3.5.10)$$

而 $H_y^n(k+1/2)$ 又可近似地表示为

$$H_y^n\left(k+\frac{1}{2}\right) \simeq \frac{1}{2}\left[H_y^{n+\frac{1}{2}}\left(k+\frac{1}{2}\right) + H_y^{n-\frac{1}{2}}\left(k+\frac{1}{2}\right)\right]. \quad (3.5.11)$$

把此近似应用于式(3.5.10),并完成微商的差分表示,即得

$$-(\mu_0 \Delta z + L_s)\left[H_y^{n+\frac{1}{2}}\left(k+\frac{1}{2}\right) - H_y^{n-\frac{1}{2}}\left(k+\frac{1}{2}\right)\right]$$

$$= \frac{R_s \Delta t}{2}\left[H_y^{n+\frac{1}{2}}\left(k+\frac{1}{2}\right) - H_y^{n-\frac{1}{2}}\left(k+\frac{1}{2}\right)\right] - \Delta t E_x^n(k). \quad (3.5.12)$$

由上式解出 $H_y^{n+\frac{1}{2}}(k+1/2)$ 就可得到非色散表面阻抗边界条件的差分格式

$$H_y^{n+\frac{1}{2}}\left(k+\frac{1}{2}\right) = \left(\frac{\mu_0 \Delta z + L_s - R_s \Delta t/2}{\mu_0 \Delta z + L_s + R_s \Delta t/2}\right) H_y^{n-\frac{1}{2}}\left(k+\frac{1}{2}\right)$$

$$- \frac{\Delta t}{\mu_0 \Delta z + L_s + R_s \Delta t/2} E_z^n(k). \quad (3.5.13)$$

§3.6　介质薄层的模拟

3.6.1　需要解决的问题

在很多电磁场问题中需要模拟厚度很小的介质层.例如在当代隐形技术中,为了减小目标的雷达散射截面,常常在目标的表面涂上吸收电磁波的介质薄层;在飞行体上的电磁窗口也要以透波的介质为材料;雷达罩则更是一个典型情况.在这样一些问题中所遇到的介质层的厚度,往往比可允许采用的网格空间步长要小得多,因而不可能用传统的时域有限差分格式计算这样的电磁场问题,需要

发展一种专门技术来解决这一特殊问题.

　　显然,这里所提出的问题与§3.3 中所解决的问题类似,需要的也是一种亚网格技术,主要区别是,这里要考虑介质的特点,因此 CP 法仍然是解决这一问题的关键. Tirkas 和 Demarest(1991)及 Maloney 和 Smith(1992)用类似的方法分别讨论了介质薄层的模拟问题[69,80],下面将按 Tirkas 等的方式对该问题进行讨论.

3.6.2　自由空间中的平板介质层

　　考虑一种厚度为 d、参数为 ε 和 μ 的平板状介质层,为了使公式简明,这里不考虑介质损耗的影响,但加进损耗的影响也不会产生任何困难. 图 3.22 给出了模拟介质薄层的一种可能的网格结构,其特点是网格结构对介质层的中心面是对称的. 建立这样一种网格空间的时域有限差分格式从积分形式的 Maxwell 方程出发最为方便,正如在§3.3 中所做的那样. 在现在的问题中,与介质层有关的两种典型环路由 C_1 和 C_2 标出. 显然沿 C_1 对磁场的线积分和对该环路所包围电场的面积分满足 Ampere 定律,而沿 C_2 对电场的线积分和对该环路所包围磁场的面积分满足 Faraday 定律. 由于介质层的厚度必然是电小的,所有磁场分量和电场的切向分量在介质内的分布都可认为是线性的,但电场的法向分量在跨越分界面时是不连续的.

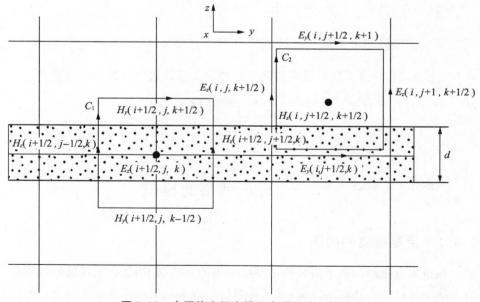

图 3.22　在网格空间中模拟介质层的一种形式

　　若用 ε_{ave} 表示 C_1 所包围网格中介质介电常数的平均值,且

$$\varepsilon_{ave} = \varepsilon_0 + (\varepsilon - \varepsilon_0)d/\Delta z, \tag{3.6.1}$$

则应用 Ampere 定律于 C_1 有

$$\oint_{C_1} \boldsymbol{H} \cdot \mathrm{d}\boldsymbol{l} = \frac{\partial}{\partial t} \int_s \varepsilon \boldsymbol{E} \cdot \mathrm{d}\boldsymbol{S} = \frac{\partial}{\partial t}(\varepsilon_{\mathrm{ave}} \cdot E_x \Delta x \Delta y), \qquad (3.6.2)$$

其中 E_x 代表穿过 C_1 环路电场的平均值. 按照 CP 法的近似规则和对 E_x 的时间微商的中心差商近似,可由式(3.6.2)得到

$$E_x^{n+1}\left(i+\frac{1}{2},j,k\right) = E_x^n\left(i+\frac{1}{2},j,k\right) - \frac{\Delta t}{\varepsilon_{\mathrm{ave}}}\left\{\frac{1}{\Delta y}\left[H_z^{n+\frac{1}{2}}\left(i+\frac{1}{2},j-\frac{1}{2},k\right)\right.\right.$$

$$-H_z^{n+\frac{1}{2}}\left(i+\frac{1}{2},j+\frac{1}{2},k\right)\right] + \frac{1}{\Delta z}\left[H_y^{n+\frac{1}{2}}\left(i+\frac{1}{2},j,k+\frac{1}{2}\right)\right.$$

$$\left.\left.-H_y^{n+\frac{1}{2}}\left(i+\frac{1}{2},j,k-\frac{1}{2}\right)\right]\right\}. \qquad (3.6.3)$$

当对 C_2 应用 Faraday 定律时,由于电场的法向分量在介质交界面处的不连续性,对电场的线积分需作特殊考虑. 假设 E_z 在交界面附近随 z 的变化如图3.23所示,则 E_z 可以表示为

$$E_z = \begin{cases} \dfrac{\varepsilon_0}{\varepsilon}\left[E_z\left(i,j,k+\frac{1}{2}\right)+A\cdot z\right], & -\dfrac{\Delta z}{2} \leqslant z \leqslant -\dfrac{\Delta z}{2}+\dfrac{d}{2}, \\[3mm] \left[E_z\left(i,j,k+\frac{1}{2}\right)+A\cdot z\right], & -\dfrac{\Delta z}{2}+\dfrac{d}{2} \leqslant z \leqslant \dfrac{\Delta z}{2}. \end{cases}$$

$$(3.6.4)$$

这里 z 是相对于 C_2 的中心而言,A 为 E_z 沿 z 的变化率,可由下式近似求得:

$$A(i,j) = \left[E_z\left(i,j,k+\frac{1}{2}\right)-E_z\left(i,j,k-\frac{1}{2}\right)\right]\Big/\Delta z. \qquad (3.6.5)$$

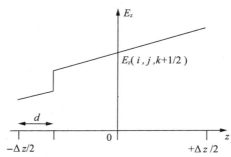

图 3.23 法向电场在交界面附近的分布

考虑到式(3.6.4)和(3.6.5),由 Faraday 定律可得

$$H_x^{n+\frac{1}{2}}\left(i,j+\frac{1}{2},k+\frac{1}{2}\right) = H_x^{n-\frac{1}{2}}\left(i,j+\frac{1}{2},k+\frac{1}{2}\right)$$

$$+\frac{\Delta t}{\mu \Delta y \Delta z}\left\{\left[\Delta z + \frac{d}{2}\left(\frac{\varepsilon_0}{\varepsilon}-1\right)\right] \cdot \left[E_z^n\left(i,j,k+\frac{1}{2}\right)\right.\right.$$

$$- E_z^n \left(i, j+1, k+\frac{1}{2} \right) \Big] + \big[A(i,j) - A(i,j+1) \big]$$

$$\cdot \frac{d}{4} \left(\frac{\varepsilon_0}{\varepsilon} - 1 \right) \left(\frac{d}{2} - \Delta z \right) + \Delta y \left[E_y^n \left(i, j+\frac{1}{2}, k+1 \right) - E_y^n \left(i, j+\frac{1}{2}, k \right) \right] \Big\}.$$

$$(3.6.6)$$

对于 $y-z$ 面可得关于 E_y 和 H_y 的类似差分格式.

3.6.3　以导体为依托的介质层

当介质层涂敷在导体平面上时,在网格空间中的一种模拟方法示于图3.24,这时典型的环路为图中的 C_1,C_2 和 C_3. C_1 是用来计算介质空气交界面上切向电场 E_x 的一个典型环路,由于导体的存在,它在 z 方向与正常的环路相比被缩短了.假设 H_x 和 E_x 在介质层内部或其附近的变化是线性的并在导体面上等于零,如图 3.25 所示,并可表示为

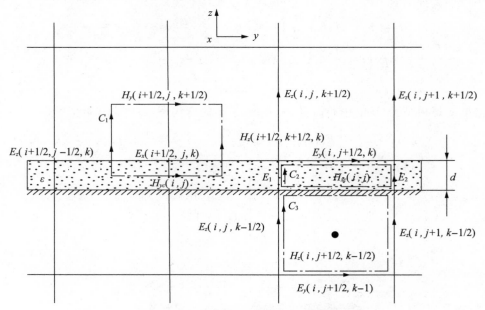

图 3.24　以导体为依托的介质层的模拟

$$H_z = \begin{cases} 0, & -\dfrac{\Delta z}{2} \leqslant z \leqslant -d, \\ H_z \left(i+\dfrac{1}{2}, j+\dfrac{1}{2}, k \right) \left(1 + \dfrac{z}{d} \right), & -d \leqslant z \leqslant \dfrac{\Delta z}{2}, \end{cases} \quad (3.6.7)$$

$$E_x = \begin{cases} 0, & -\dfrac{\Delta z}{2} \leqslant z \leqslant -d, \\[2mm] E_z\left(i+\dfrac{1}{2},j,k\right)\left(1+\dfrac{z}{d}\right), & -d \leqslant z \leqslant \dfrac{\Delta z}{2}. \end{cases} \tag{3.6.8}$$

考虑到式(3.6.7)和(3.6.8),对 C_1 运用 Ampere 定律即可得

$$E_x^{n+1}\left(i+\frac{1}{2},j,k\right)$$

$$= E_x^n\left(i+\frac{1}{2},j,k\right) - \frac{\Delta t}{\varepsilon_0\left[\varepsilon_r\dfrac{3d}{8}+\dfrac{\Delta z}{2}+\dfrac{(\Delta z)^2}{8d}\right]\Delta y}$$

$$\cdot\left\{\left[H_z^{n+\frac{1}{2}}\left(i+\frac{1}{2},j-\frac{1}{2},k\right)-H_z^{n+\frac{1}{2}}\left(i+\frac{1}{2},j+\frac{1}{2},k\right)\right]\right.$$

$$\left.\cdot\left(\frac{\Delta z^2}{8d}+\frac{\Delta z}{2}+\frac{3d}{8}\right)+\left[H_y^{n+\frac{1}{2}}\left(i+\frac{1}{2},j,k+\frac{1}{2}\right)-H_{yc}^{n+\frac{1}{2}}(i,j)\right]\Delta y\right\},$$

$$\tag{3.6.9}$$

此处 $H_{yc}(i,j)$ 是介质层中间的 y 向磁场.

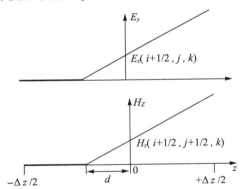

图 3.25　切向电场和法线磁场沿 z 方向的变化

　　位于介质中层 x 方向的磁场分量可以通过把 Faraday 定律应用于环路 C_2 而获得,考虑到边界条件积分中所用到的在介质内的电场法向分量等于介质上方电场乘以 $1/\varepsilon_r$,由此可得

$$H_{xc}^{n+\frac{1}{2}}(i,j) = H_{xc}^{n-\frac{1}{2}}(i,j) + \frac{\Delta t}{\mu}\left\{\frac{\varepsilon_0}{\varepsilon\Delta y}\left[E_z^n\left(i,j,k+\frac{1}{2}\right)\right.\right.$$

$$\left.\left. - E_z^n\left(i,j+1,k+\frac{1}{2}\right)\right] + \frac{1}{d}E_y^n\left(i,j+\frac{1}{2},k+1\right)\right\}. \tag{3.6.10}$$

　　对于 y 方向的场分量可用类似方法得到相应的差分格式.关于环路 C_3 的应用可视导体的实际结构来处理,若为充满网格的良导体,则问题是显然的;若导体是非满格的,则可根据§3.3所述亚网格技术处理.

3.6.4　介质层中的裂缝

考虑一种如图 3.26 所示的带有裂缝的介质层,假定介质层依托于导体上,并可作为二维问题处理.对于非磁性介质,裂缝附近的磁场可假定是线性变化的,但裂缝附近的切向电场在裂缝中的变化将呈现一种如静态偶极子的分布.这一效应引起两方面的困难:①场的非线性变化将改变 Ampere 定律的计算方法;②当用 Faraday 定律计算磁场时,所需要的不是网格点上 E_x 的值,而是整个环路的线积分.幸好,由于裂缝对场的扰动是局部的,可用准静态方法来描述切向电场的非线性行为.TE 极化的入射波将在介质材料中激发 x 方向的极化电流,其强度为 $j\omega\varepsilon_0(\varepsilon_r-1)\boldsymbol{E}$,并由顶面的极大值变到理想导体表面的零值.一旦电流遇到裂缝,便在裂缝壁上积聚起电荷,这些电荷分布又扰动裂缝附近的切向电场.

计算包括裂缝的网格中电场切向分量的数学模型具有如下的形式:

$$E_x(x,y) = E_{xL}\left(1+\frac{y}{d}\right) + E_{xNL} \cdot f(x,y) + Ax, \qquad (3.6.11)$$

其中 E_{xL} 和 A 为常数,它们所在项的线性行为是因为在 y 和 x 方向介质层没有裂缝;$f(x,y)$ 是偶极子的图形函数,用以模拟裂缝两面正负电荷及对导体的镜像电荷所产生的电场.E_{xNL} 是非线性变化场的强度,裂缝壁上表面电荷的强度为

$$(\varepsilon-\varepsilon_0)(1+y/d).$$

为了使这一模型在建立差分格式时可以利用,需要知道 $f(x,0)$ 和 $f(0,y)$,以便完成沿裂缝壁电场的线积分和沿裂缝上面磁场分量的线积分,它们分别为

$$f(x,0) = \frac{\varepsilon_r-1}{2\pi}\left\{\arctan\left[\frac{-2d}{x-\frac{w}{2}}\right] + \frac{x-\frac{w}{2}}{2d}\cdot\ln\left[\frac{\left(x-\frac{w}{2}\right)^2+4d^2}{\left(x-\frac{w}{2}\right)^2}\right]\right.$$

$$\left. -\arctan\left[\frac{-2d}{x+\frac{w}{2}}\right] - \frac{x+\frac{w}{2}}{2d}\ln\left[\frac{\left(x+\frac{w}{2}\right)^2+4d^2}{\left(x+\frac{w}{2}\right)^2}\right]\right\}, \qquad (3.6.12)$$

$$f(0,y) = \frac{\varepsilon_r-1}{2\pi}\left\{2\left(1+\frac{y}{d}\right)\cdot\left[\arctan\left[\frac{y+2d}{\frac{w}{2}}\right] - \arctan\left[\frac{y}{\frac{w}{2}}\right]\right]\right.$$

$$\left. +\frac{w}{2d}\ln\left[\frac{\left(\frac{w}{2}\right)^2+y^2}{\left(\frac{w}{2}\right)^2+(y+2d)^2}\right]\right\}. \qquad (3.6.13)$$

点 $(0,0)$ 取在裂缝的中心,w 为裂缝的宽度,d 是介质层厚度.E_{xL} 和 E_{xNL} 是相互

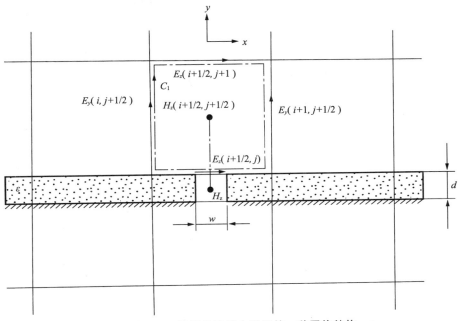

图 3.26 模拟带裂缝介质层的一种网格结构

关联的,因为裂缝上的电荷分布与壁上的总电场 E 成正比. 利用式(3.6.11)~
(3.6.13)可导出计算裂缝上方 x 方向电场平均值的方程,而沿介质层其余方向
电场的计算与无裂缝时相同. 一旦平均电场计算出来,模型(3.6.11)就可用于获
得沿裂缝表面电场分布的细节.

3.6.5 某些数值结果

为了验证上述模拟方法的计算精度,Tirkas 等提供了一些数值计算实例.
首先考虑了一个二维 TE 问题,介质层的宽度为 2λ,厚度为 $\lambda/40$,$\varepsilon_r = 4.5$,$\sigma = 0$.
计算了介质层的雷达散射截面,其结果示于图 3.27,其中虚线为用上述方法所
获结果,计算时所用网格的空间步长等于 $\lambda/20$. 实线所示为用传统的时域有限
差分格式计算的结果,计算时均匀网格空间的空间步长为 $\lambda/80$. 可以看出,用两
种方法所计算的结果在主瓣和旁瓣的大部分都有很好的符合. 图 3.28 给出了上
述问题中沿介质表面 x 方向电场分量的分布,两种方法所获结果有较好的一致
性. 作为 TM 问题也有类似的结果.

当上述介质层依托在一导电薄片上时,作为 TE 问题计算了介质层近场的
分布,其结果由图 3.29 给出. 该图显示,本节所述模拟方法与传统均匀网格方法
的计算结果大部分都符合得较好,只在接近边缘部分出现明显的差异. 图上还给
出了只有导体片时的场分布,以显示介质片的影响.

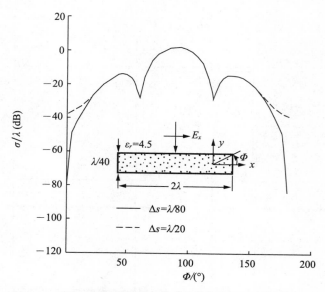

图 3.27 无耗介质薄层雷达散射截面不同方法计算结果的比较

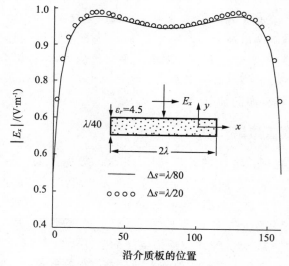

图 3.28 无耗介质薄层上的电场分布

图 3.30 示出了当介质层存在裂缝时的场分布,在这一问题中本节所述方法与高分辨率均匀网格的传统时域有限差分格式所获结果取得了很好的一致性.

综合上述各种例证,都说明本节所述对介质薄层在不同情况下的模拟方法基本上是可行的,但也存在一些需要改进的地方.把这些方法与传统的时域有限差分格式联用,可以模拟各种包括介质薄层的复杂电磁结构.

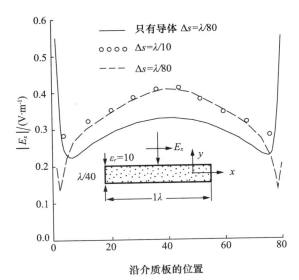

沿介质板的位置

图 3.29　以导体为依托的薄介质层上的近场分布

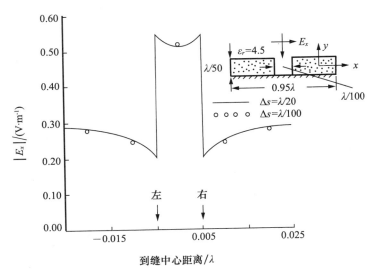

到缝中心距离/λ

图 3.30　带裂缝介质层上的场分布

第四章 开域问题中的吸收边界条件

§4.1 开放问题中吸收边界条件的必要性

由时域有限差分法的基本原理可知,这种算法的一个重要特点是,在需要计算电磁场的全部区域建立 Yee 氏网格计算空间. 于是,对于像辐射、散射等这类开放问题,所需要的网格空间成为无限大的. 任何计算机的存储空间都是有限的,因此在无限大网格空间中计算电磁场是根本不可能的. 在实际计算中总是在某处把网格空间截断,使之成为有限的. 这样一来,在网格空间的截断处就会出现非物理的电磁波的反射,这将严重地影响计算的精度,必须设法消除这种反射现象. 另一方面,中心差商形式的时域有限差分方程由于需要截断边界外场的信息用于边界网格点上场的计算,故也需要适合于截断边界网格点计算的算法.

总体来讲,需要一种截断边界网格点处场的特殊计算方法,它不仅能保证边界场计算的必要精度,而且还能大大消除非物理因素引起的入射到截断边界的波的反射,使得用有限的网格空间就能模拟电磁波在无界空间中的传播. 加于边界场的适合上述要求的算法称为辐射边界条件(Radiation Boundary Conditions)或吸收边界条件(Absorbing Boundary Conditions).

在时域有限差分法发展的早期,人们曾用过多种吸收边界条件. Taylor 等(1969)[2]用的是外推法,Taflove 和 Brodwin(1975)[4]采用外行波的模拟法,后来 Taflove(1980)[13]直接在计算空间周围设置吸收边界层,使外行波被吸收. 所有这些方法一般都是效果欠佳,而又缺乏改进的一般理论.

对吸收边界条件比较系统和深入的研究主要是沿着两个方向进行的. 其一是利用模零化微分算子来建立辐射边界条件,它可以看做是 Sommerfeld 辐射条件的发展,这项工作主要由 Kriegsmann 和 Morawetz(1979)[12]以及 Bayliss 和 Turkel(1980)[17]完成. 另一个方向是通过波动方程的因子分解而获得单行波方程,并由此而建立吸收边界条件,这项工作主要由 Engquist 和 Majda(1977)[7]完成,而 Mur(1981)[20]则给出了单行波方程的各阶近似及其差分格式,从而使这一条件得到了较广泛的应用. 我们将主要讨论以单行波方程为基础的吸收边界条件,同时也简略地介绍辐射边界条件和由 Fang 和 Mei(1988)[42]、(1992)[87]提出的对上述边界条件的一种改进——超吸收边界条件. 由 Berenger

(1994)[103]提出并经过广泛研究的完全匹配层(PML)是吸收边界条件的最新发展,它是该领域中一个全新的发展方向,具有优良的性能.

§4.2　单向波方程和吸收边界条件

4.2.1　单向波与吸收边界

由前面的讨论可知,为了用有限的网格空间来模拟电磁波在无限大空间中的传播,需要在网格空间的截断边界施行一种特殊算法,使得投射到截断边界上的波不产生反射,就像被边界完全吸收一样.为了说明这一吸收的概念和条件,我们先讨论最简单的一维的情况.

不难验证,如下形式的方程

$$\left[\frac{\partial}{\partial x} - \frac{1}{v}\frac{\partial}{\partial t}\right]\phi(x,t) = 0 \tag{4.2.1}$$

的解可以表示为

$$\phi(x,t) = f(x + vt). \tag{4.2.2}$$

它表示一个只沿 x 的负方向传播的波,故称为单向波(One-Way Wave),因此方程(4.2.1)可称为单向波方程(One-Way Wave Equation).可以证明,如果一个垂直投射到一个平面边界上的平面波满足方程(4.2.1),它在边界上就不会产生反射.

假设截断边界面在 $x=0$ 处,则 $\phi(x,t)$ 满足条件(4.2.1)就是要求

$$\frac{\partial}{\partial x}\phi(x,t)\mid_{x=0} = \frac{1}{v}\frac{\partial}{\partial t}\phi(x,t)\mid_{x=0}. \tag{4.2.3}$$

如果采用向前差商近似, x 方向的空间步长为 Δx,时间步长用 Δt 表示,并令 $x=0$ 时 $i=0$,则式(4.2.3)的差分形式为

$$\phi^n(1) - \phi^n(0) = \frac{\Delta x}{v\Delta t}[\phi^{n+1}(0) - \phi^n(0)].$$

并可改写为如下的形式:

$$\phi^{n+1}(0) = \phi^n(0)\left(1 - \frac{v\Delta t}{\Delta x}\right) + \frac{v\Delta t}{\Delta x}\phi^n(1). \tag{4.2.4}$$

该式说明,边界上任何时间步的 ϕ 值可以计算出来,而且若 $\Delta x = v\Delta t$,则

$$\phi^{n+1}(0) = \phi^n(1). \tag{4.2.5}$$

这说明,在满足稳定性条件的情况下满足条件(4.2.1)的波具有这样的特性, $i=0$ 处时间步为 $n+1$ 时的波正好是 $i=1$ 处时间步 n 时的波,也就是说,该波的运动只是一个时间步向左(朝向边界)移动一个网格步长,好像不存在边界一样,不发生任何反射,计算时也不需要边界外的任何信息.所以沿 x 负方向投射到

平面边界的平面波,只要在边界上令其满足由式(4.2.1)所表示的条件,就不会在边界上发生反射,好像波被边界完全吸收一样,故条件(4.2.1)也称为吸收边界条件.

一个波动方程

$$\frac{\partial^2 \phi}{\partial x^2} - \frac{1}{v^2}\frac{\partial^2 \phi}{\partial t^2} = 0 \qquad (4.2.6)$$

可以写作

$$\left(\frac{\partial}{\partial x} - \frac{1}{v}\frac{1}{\partial t}\right)\left(\frac{\partial}{\partial x} + \frac{1}{v}\frac{\partial}{\partial t}\right)\phi = 0, \qquad (4.2.7)$$

它相当于两个单向波方程

$$\left(\frac{\partial}{\partial x} - \frac{1}{v}\frac{\partial}{\partial t}\right)\phi = 0, \qquad (4.2.8a)$$

$$\left(\frac{\partial}{\partial x} + \frac{1}{v}\frac{\partial}{\partial t}\right)\phi = 0, \qquad (4.2.8b)$$

已经证明(4.2.8a)为左边界的吸收边界条件,用同样的方法可以证明(4.2.8b)为右边界的吸收边界条件.如果令算子

$$L_1 = \frac{\partial^2}{\partial x^2} - \frac{1}{v^2}\frac{\partial^2}{\partial t^2}, \qquad (4.2.9a)$$

$$L_1^+ = \frac{\partial}{\partial x} + \frac{1}{v}\frac{\partial}{\partial t}, \qquad (4.2.9b)$$

$$L_1^- = \frac{\partial}{\partial x} - \frac{1}{v}\frac{\partial}{\partial t}, \qquad (4.2.9c)$$

则有

$$L_1^+ \cdot L_1^- = L_1. \qquad (4.2.10)$$

这说明 L_1^+ 和 L_1^- 可以通过对 L_1 进行因子分解得到,而 L_1^- 和 L_1^+ 正是吸收边界条件(4.2.8a)和(4.2.8b)的两个算子(这里的角标 1 是为了标明为一维算子).这一情况具有普遍意义,可以把该做法推广到二维和三维空间中去.

4.2.2　二维和三维单向波方程

在二维和三维的问题中,波可以以任何方式投射到边界上.由于任意波可以用平面波谱的叠加来表示,故可以用以任意角度投射到边界的平面波来代表实际问题中可能遇到的情况.图 4.1 表示出二维矩形区域中投射到边界的平面波与边界的关系.在二维和三维的情况,所需要的吸收边界条件不仅要求在 $\theta = 0$ 时不存在截断边界的反射,而且要在尽量大的 θ 值范围内满足这一要求.

现在先讨论如图 4.1 所示的二维计算网格空间,Ω 是其内部.在其中我们用时域有限差分法模拟沿任何方向波的传播,到达其边界 $\partial\Omega$ 的均为外行数字波

(Outward Propagating Numerical Waves)，而边界对外行数字波而言就如同计算网格空间无限扩展一样. 为此必须使边界处的场量满足单向波方程，显然这里的单向波已不仅是指垂直于边界的特殊方向.

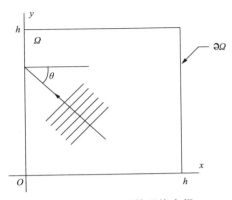

图 4.1　二维矩形计算网格空间

　　为了获得二维问题的单向波方程，可仿照对一维波动问题中使用的方法，即对二维波动方程算子进行因子分解. 设 $\phi(x, y, t)$ 为二维问题中的任一场分量，则对无源区域有波动方程

$$\left(\frac{\partial^2}{\partial x^2} + \frac{\partial^2}{\partial y^2} - \frac{1}{v^2}\frac{\partial^2}{\partial t^2}\right)\phi = 0. \tag{4.2.11}$$

若定义算子

$$L_2 = \frac{\partial^2}{\partial x^2} + \frac{\partial^2}{\partial y^2} - \frac{1}{v^2}\frac{\partial^2}{\partial t^2}, \tag{4.2.12}$$

则波动方程(4.2.11)可写做

$$L_2\phi = 0. \tag{4.2.13}$$

对 L_2 进行因子分解

$$L_2\phi = L_2^+ L_2^- \phi = 0,$$

其中

$$L_2^+ = \frac{\partial}{\partial x} + \frac{1}{v}\frac{1}{\partial t}\sqrt{1 - S^2}, \tag{4.2.14a}$$

$$L_2^- = \frac{\partial}{\partial x} - \frac{1}{v}\frac{\partial}{\partial t}\sqrt{1 - S^2}, \tag{4.2.14b}$$

$$S = v\frac{\partial}{\partial y}\bigg/\frac{\partial}{\partial t}. \tag{4.2.14c}$$

　　Engquist 和 Majda 证明[9]，当把 L_2^- 应用于边界 $x=0$(图 4.1)的 ϕ 时，ϕ 可以是以任意角度从 Ω 内部入射到 $x=0$ 边界的平面波，其都会被边界所吸收. 换句话说

$$L_2^-\phi = 0 \quad (x = 0) \tag{4.2.15}$$

就是保证从 Ω 内部以任意角度入射到 $x=0$ 边界的平面波 ϕ 的精确的解析吸收边界条件. 类似地

$$L_2^+\phi = 0 \quad (x = h) \tag{4.2.16}$$

为 $x=h$ 边界面上的精确解析吸收边界条件，亦即满足条件(4.2.16)的以任意

角度从 Ω 内部投射到 $x=h$ 面上的平面波 ϕ 将被边界精确地全部吸收.

对于图 4.1 中 $y=0$ 和 $y=h$ 两个边界,显然可以得到与式(4.2.15)和(4.2.16)两个吸收边界条件完全类似的条件,因为在上面的分析中 x 和 y 两个坐标处于完全相同的地位,只需把 $\partial/\partial x$ 与 $\partial/\partial y$ 进行交换就可获得垂直于 y 坐标的两个边界面的精确的吸收边界条件.

为了导出直角坐标系中三维网格空间的精确吸收边界条件,仍可从三维波动方程

$$\left(\frac{\partial^2}{\partial x^2} + \frac{\partial^2}{\partial y^2} + \frac{\partial^2}{\partial z^2} - \frac{1}{v^2}\frac{\partial}{\partial t^2}\right)\phi = L_3\phi = 0 \qquad (4.2.17)$$

和算子 L 出发,对 L_3 进行因子分解:

$$L_3\phi = L_3^+ L_3^- \phi = 0,$$

其中

$$L_3^{\pm} = \frac{\partial}{\partial x} \pm \frac{1}{v}\frac{\partial}{\partial t}\sqrt{1-D^2}, \qquad (4.2.18a)$$

$$D = v\left[\left(\frac{\partial}{\partial y}\bigg/\frac{\partial}{\partial t}\right)^2 + \left(\frac{\partial}{\partial z}\bigg/\frac{\partial}{\partial t}\right)^2\right]^{\frac{1}{2}}. \qquad (4.2.18b)$$

对于垂直于 x 坐标轴的两个边界面 $x=0$ 和 $x=h$ 的精确吸收边界条件为

$$L_3^- \phi = 0 \qquad (x=0), \qquad (4.2.19a)$$
$$L_3^+ \phi = 0 \qquad (x=h). \qquad (4.2.19b)$$

对于与 y 和 x 轴垂直的另外四个边界面,由于 x, y 和 z 坐标的完全等价地位,很容易得到与式(4.2.18)和(4.2.19)相类似的精确吸收边界条件.

4.2.3　近似吸收边界条件

上面所导出的精确吸收边界条件,无论是二维的式(4.2.14)还是三维的式(4.2.18)中的算子都包含有一个根号部分.这类算子由于对空间变量和时间变量都是非局部的,它们被称为伪微分算子.这种算子的特性作为吸收边界条件,不适合直接进行数值计算.在时域有限差分法中,能够实际执行的吸收边界条件是通过对精确吸收边界条件中的根号部分取近似而得到的,故称为近似吸收边界条件.在执行这种近似吸收边界条件时会使得在边界上出现某种数量的反射,问题是取怎样的近似能使这种反射在尽量宽的入射角范围内减到最小.下面我们在二维空间中对这一问题进行讨论,由此得出的结果对三维问题也是适用的.

Mur 给出了适合于在时域有限差分法中应用的吸收边界条件的二阶近似形式[23],他把精确吸收边界条件中的根号部分进行 Taylor 展开,然后取其前两项,即令

$$\sqrt{1-S^2} \approx 1 - S^2/2. \qquad (4.2.20)$$

把这一近似代回式(4.2.14b)便得到

$$\left[\frac{\partial}{\partial x} - \frac{1}{v}\frac{\partial}{\partial t} + \frac{v}{2}\left(\frac{\partial}{\partial y}\right)^2 \middle/ \frac{\partial}{\partial t}\right]\phi = 0, \tag{4.2.21}$$

用 $\partial/\partial t$ 乘式(4.2.21)就可得到

$$\left(\frac{\partial^2}{\partial x\partial t} - \frac{1}{v}\frac{\partial^2}{\partial t^2} + \frac{v}{2}\frac{\partial^2}{\partial y^2}\right)\phi = 0. \tag{4.2.22}$$

这就是 Mur 所建议的具有二阶近似的、适用于二维问题的近似吸收边界条件. 它在时域有限差分法中有广泛的应用.

Trefethen 和 Halpern(1985)[32] 提出了一种一般性的近似方法. 他们把 $\sqrt{1-S^2}$ 的值在$[-1,1]$中用一有理函数

$$R(S) = \frac{p_m(S)}{q_n(S)} \tag{4.2.23}$$

来表示,其中 $p_m(S)$ 和 $q_n(S)$ 分别为 m 和 n 阶多项式,并用(m,n)来表示 $R(S)$ 的类型. 例如 $R(S)$ 的$(2,0)$类型近似使 $\sqrt{1-S^2}$ 有如下的近似表示:

$$\sqrt{1-S^2} \approx p_0 + p_2 S^2. \tag{4.2.24}$$

由此可得具有二阶近似的 $x=0$ 处的吸收边界条件为

$$\left(\frac{\partial^2}{\partial x\partial t} - \frac{p_0}{v}\frac{\partial^2}{\partial t^2} - vp_2\frac{\partial^2}{\partial y^2}\right)\phi = 0. \tag{4.2.25}$$

系数 p_0 和 p_2 一般由插值法来决定,所使用的标准方法包括 Chebyshev 多项式、最小二乘法和 Padé 近似等,其目标是导出一种近似吸收边界条件,使得在尽量宽的入射波角度内在截断边界上有足够小的反射系数. 对于其他边界可导出与式(4.2.25)类似的近似吸收边界条件.

为了提高吸收边界条件的性能,可以取更高阶的近似. 如果取 $R(S)$ 的$(2,2)$类型,则 $\sqrt{1-S^2}$ 的近似式为

$$\sqrt{1-S^2} \approx \frac{p_0 + p_2 S^2}{q_0 + q_2 S^2}, \tag{4.2.26}$$

由此可获得三阶近似的吸收边界条件

$$\left(q_0\frac{\partial^3}{\partial x\partial t^2} + v^2 q_2\frac{\partial^3}{\partial x\partial y^2} - \frac{p_0}{v}\frac{\partial^3}{\partial t^3} - p_2 v\frac{\partial^3}{\partial t\partial y^2}\right)\phi = 0. \tag{4.2.27}$$

p 和 q 的不同选择,给出各种不同的近似吸收边界条件. 例如,若在式(4.2.25)中选取 $p_0=1, p_2=-1/2$,称为$(2,0)$类型的 Padé 近似,这样所得到的就是 Mur 所给出的近似吸收边界条件(4.2.22).式(4.2.27)的 Padé 近似则是 $q_0 = p_0 = 1$, $q_2 = -1/4, p_2 = -3/4$.它的某些性能优于 Mur 吸收边界条件(4.2.22).

§4.3 几种近似吸收边界条件的性能

4.3.1 近似吸收边界条件所引起的反射

理想的吸收边界条件保证外行数字波在边界处不产生反射.上节导出的解析吸收边界条件属于这一类,但它不能在数值计算中直接执行.近似吸收边界条件由于破坏了原算子的严格关系,将会在边界处引起某种反射.正确地对这种反射的性质做出评价,对在实践中选择近似吸收边界条件的种类和估价它所引起的计算误差是很有意义的.近似吸收边界条件所引起的反射可用反射系数表示出来.一般讲这一反射系数将是波对边界面入射角度 θ 的函数.

图 4.1 中所示的对 $x=0$ 平面的入射平面波可表示为

$$\phi_{\text{inc}} = \exp[j(\omega t + k\cos\theta x - k\sin\theta y)], \qquad (4.3.1)$$

其中 k 为入射平面波的波数.如果在边界上存在反射,且反射系数用 R 表示,则在边界处的总场可表示为

$$\phi = \exp[j(\omega t + k\cos\theta x - k\sin\theta y)] + R\exp[j(\omega t - k\cos\theta x - k\sin\theta y)].$$
$$(4.3.2)$$

如果 R 是某近似吸收边界条件所引起的反射系数,则式(4.3.2)所表示的 ϕ 应该满足该边界条件.因此把式(4.3.2)代入式(4.2.25)和(4.2.27)就可求出二阶近似和三阶近似吸收边界条件所引起的反射系数.不难验证这些反射系数分别为

$$R'' = \frac{\cos\theta - p_0 - p_2\sin^2\theta}{\cos\theta + p_0 + p_2\sin^2\theta}, \qquad (4.3.3)$$

和

$$R''' = \frac{q_0\cos\theta + q_2\cos\theta\sin^2\theta - p_0 - p_2\sin^2\theta}{q_0\cos\theta + q_2\cos\theta\sin^2\theta + p_0 + p_2\sin^2\theta}. \qquad (4.3.4)$$

不难看出,对于 $(2,0)$ 类型的 Padé 近似,只有 $\theta=0$ 时才有 $R=0$,亦即只有垂直入射到边界的平面波才能被 $(2,0)$ 类型 Padé 近似的吸收边界条件全部吸收,对其他角度入射的平面波这一吸收边界条件都会引起反射,且反射系数是入射角 θ 的函数.

在实际应用中,从复杂目标产生的反射波往往覆盖很宽的入射角度,故获得在较宽入射角范围内具有良好吸收特性的近似吸收边界条件是很重要的.

4.3.2 几种近似吸收边界条件的性能比较

如前所述,前面用单向波方程所建立的近似吸收边界条件与近似精度的类型及 p, q 值的选取直接相关,不同的近似方法给出不同的近似吸收边界条件.

Trefethen 和 Holpern 发展了 7 种方法以获得各种近似吸收边界条件,这 7 种方
法是:

(1) Padé 法,

(2) 亚区间上的 Chebyshev 法(L_a^∞),

(3) Chebyshev 点插值法,

(4) 最小二乘法(L^2),

(5) Chebyshev-Padé 法(C-P),

(6) Newman 点插值法,

(7) Chebyshev 法(L^∞).

表 4.1 和 4.2 分别给出了用以上 7 种方法所获得的二阶和三阶近似吸收边界条
件的主要参数和性能,其中包括 p,q 值及得到精确吸收的入射角度. 由表可以
看出,无论是二阶近似还是三阶近似,Padé 法所获得的近似吸收边界条件只在
垂直入射($\theta=0°$)时才有精确的吸收,而用其他方法所获得的二阶近似吸收边界
条件有两个精确吸收的角度,三阶近似有三个精确吸收的角度. 故一般而言,三
阶近似的吸收边界条件比二阶近似有更优良的性能.

表 4.1　二阶近似吸收边界条件

近似类型	p_0	p_2	精确吸收角度/(°)
Padé	1.000 00	−0.500 00	0.00
L_a^∞ ($\alpha=20°$)	1.000 23	−0.515 55	7.6,　18.7
Chebyshev 点插值法	1.035 97	−0.765 37	22.5,　67.5
L_2	1.030 84	−0.736 31	22.1,　64.4
C−P	1.061 03	−0.848 83	25.8,　73.9
Newman 点插值法	1.000 00	−1.000 00	0.0,　90.0
L^∞	1.125 00	−1.000 00	31.4,　81.6

表 4.2　三阶近似吸收边界条件

近似类型	p_0	p_2	q_2	精确吸收角度/(°)
Padé	1.000 00	−0.750 00	−0.250 00	0.00
L_a^∞ ($\alpha=45°$)	0.999 73	−0.808 64	−0.316 57	11.7,　31.9,　43.5
Chebyshev 点插值法	0.996 50	−0.912 96	−0.472 58	15.0,　45.0,　75.0
L_2	0.992 50	−0.922 33	−0.510 84	18.4,　51.3,　76.6
C−P	0.990 30	−0.943 14	−0.555 56	18.4,　53.1,　81.2
Newman 点插值法	1.000 00	−1.000 00	−0.669 76	0.0,　60.5,　90.0
L^∞	0.956 51	−0.943 54	−0.703 85	26.9,　66.6,　87.0

注:对所有类型 $q_0=1.000\,00$.

§4.4　吸收边界条件的差分格式

4.4.1　一维吸收边界条件的差分格式

在一些电磁场问题中,对某些网格空间的边界面而言只有垂直入射的外行波存在,这时就可以考虑应用精确的一维吸收边界条件.设一维网格点用 $i=0$, $1,2,\cdots$ 表示,$i=0$ 为左边界,网格步长为 Δs,时间步长为 Δt. 为了把一维吸收边界条件(4.2.1)应用于上述离散网格空间,需要把它变为差分形式. 在 §4.2 我们已用向前差商近似导出过它的差分格式,但为了和网格空间内部的计算格式相一致,现在导出按中心差商近似的差分格式.

边界点场 $\phi(0)$ 的中心差商近似为

$$\frac{\partial}{\partial x}\big[\phi^n(0)\big] = \frac{\phi^n\left(\frac{1}{2}\right) - \phi^n\left(-\frac{1}{2}\right)}{\Delta s} + O(\Delta^2 s), \tag{4.4.1}$$

这样计算中要用到网格空间外场的知识. 为克服这一缺点,改为求 $\phi^n(1/2)$ 的中心差商,且使用如下的近似:

$$\phi^n\left(\frac{1}{2}\right) = \frac{\phi^n(1) + \phi^n(0)}{2}, \tag{4.4.2}$$

把边界场的计算完全用网格空间内部结点上的场表示出来. 为了减少需要记忆的单元数和不出现半时间步长,同时还采用近似式:

$$\phi^{n+\frac{1}{2}}(i) = \frac{\phi^{n+1}(i) + \phi^n(i)}{2}. \tag{4.4.3}$$

采用这些近似表示后我们有

$$\frac{\partial}{\partial x}\left[\phi^{n+\frac{1}{2}}\left(\frac{1}{2}\right)\right] = \frac{\phi^{n+\frac{1}{2}}(1) - \phi^{n+\frac{1}{2}}(0)}{\Delta s}$$
$$= \frac{\phi^{n+1}(1) + \phi^n(1) - \phi^{n+1}(0) - \phi^n(0)}{2\Delta s}, \tag{4.4.4}$$

$$\frac{\partial}{\partial t}\left[\phi^{n+\frac{1}{2}}\left(\frac{1}{2}\right)\right] = \frac{\phi^{n+\frac{1}{2}}\left(\frac{1}{2}\right) - \phi^n\left(\frac{1}{2}\right)}{\Delta t}$$
$$= \frac{\phi^{n+1}(1) + \phi^{n+1}(0) - \phi^n(1) - \phi^n(0)}{2\Delta t}, \tag{4.4.5}$$

把式(4.4.4)和(4.4.5)代入(4.2.1)便可得到

$$\phi^{n+1}(0) = \phi^n(1) + \frac{v\Delta t - \Delta s}{v\Delta t + \Delta s}\big[\phi^{n+1}(1) - \phi^n(0)\big], \tag{4.4.6}$$

在满足稳定条件 $\Delta s = 2v\Delta t$ 时,该差分格式有非常简单的形式:

$$\phi^{n+1}(0) = \phi^n(1) - \frac{1}{3}[\phi^{n+1}(1) - \phi^n(0)]. \qquad (4.4.7)$$

这一差分格式说明,任意时间步的边界场值,可通过边界点及与其相邻的网格空间内部一个网格点上相邻两个时间步的场值计算出来. 关于右边界吸收边界条件的差分格式可以用完全类似的方法导出.

4.4.2　二维空间二阶近似吸收边界条件的差分格式

假设 $x = 0$ 为二维矩形空间的左侧边界,则二阶近似的吸收边界条件由式(4.2.25)表示. 当我们用中心差商近似把它表示为差分形式时,遇到与一维空间中同样的问题. 若我们采用与式(4.4.2)和(4.4.3)类似的近似时,可考虑 $(1/2, j)$ 点场量的差分表示,并有以下的结果:

$$\begin{aligned}
\frac{\partial^2}{\partial t \partial x}\left[\phi^n\left(\frac{1}{2}, j\right)\right] &= \frac{\partial}{\partial t}\left[\frac{\phi^n(1,j) - \phi^n(0,j)}{\Delta x}\right] \\
&= \left[\frac{\phi^{n+\frac{1}{2}}(1,j) - \phi^{n-\frac{1}{2}}(1,j) - \phi^{n+\frac{1}{2}}(0,j) + \phi^{n-\frac{1}{2}}(0,j)}{\Delta t \Delta x}\right] \\
&= \frac{1}{2\Delta t \Delta x}[\phi^{n+1}(1,j) - \phi^{n-1}(1,j) - \phi^{n+1}(0,j) + \phi^{n-1}(0,j)], \quad (4.4.8)
\end{aligned}$$

$$\begin{aligned}
\frac{\partial^2}{\partial t^2}\left[\phi^n\left(\frac{1}{2}, j\right)\right] &= \frac{\partial}{\partial t}\left[\frac{\phi^{n+\frac{1}{2}}\left(\frac{1}{2}, j\right) - \phi^{n-\frac{1}{2}}\left(\frac{1}{2}, j\right)}{\Delta t}\right] \\
&= \frac{1}{\Delta t^2}\left[\phi^{n+1}\left(\frac{1}{2}, j\right) - 2\phi^n\left(\frac{1}{2}, j\right) + \phi^{n-1}\left(\frac{1}{2}, j\right)\right] \\
&= \frac{1}{2\Delta t^2}[\phi^{n+1}(1,j) + \phi^{n+1}(0,j) - 2\phi^n(1,j) \\
&\quad - 2\phi^n(0,j) + \phi^{n-1}(1,j) + \phi^{n-1}(0,j)], \qquad (4.4.9)
\end{aligned}$$

$$\begin{aligned}
\frac{\partial^2}{\partial y^2}\left[\phi^n\left(\frac{1}{2}, j\right)\right] &= \frac{1}{2}\frac{\partial}{\partial y}[\phi^n(1,j+1) + \phi^n(0,j+1) \\
&\quad - \phi^n(1,j) - \phi^n(0,j)] \\
&= \frac{1}{2\Delta y^2}[\phi^n(1,j+1) + \phi^n(0,j+1) - 2\phi^n(1,j) \\
&\quad - 2\phi^n(0,j) + \phi^n(1,j-1) + \phi^n(0,j-1)]. \qquad (4.4.10)
\end{aligned}$$

把以上结果代入式(4.2.25)并假设 $\Delta x = \Delta y = \Delta s, \Delta s = 2v\Delta t$,则可以得到式(4.2.25)的差分格式为

$$\phi^{n+1}(0,j) = \frac{1}{2p_0 + 1}A_1 - \frac{2p_0}{2p_0 + 1}A_2 - \frac{p_2}{4p_0 + 2}A_3, \qquad (4.4.11)$$

其中

$$\begin{cases} A_1 = \phi^{n+1}(1,j) - \phi^{n-1}(1,j) + \phi^{n-1}(0,j), \\ A_2 = \phi^{n+1}(1,j) - 2\phi^n(1,j) - 2\phi^n(0,j) + \phi^{n-1}(1,j) + \phi^{n-1}(0,j), \\ A_3 = \phi^n(1,j+1) - 2\phi^n(1,j) + \phi^n(1,j-1) \\ \qquad + \phi^n(0,j+1) - 2\phi^n(0,j) + \phi^n(0,j-1). \end{cases}$$
(4.4.12)

适用于其他边界面的二阶近似吸收边界条件的差分格式可用完全类似的方法导出.

4.4.3　二维空间三阶近似吸收边界条件的差分格式

现在考虑把适用于 $x=0$ 边界面的三阶近似吸收边界条件(4.2.27)转化为差分形式. 如果直接采用中心差商近似所导出的将是一种隐含式, 为了获得显式表达, Blaschak 和 Kriegsmann(1988)[48] 采用了如下的导出方法.

用 $v\Delta t^2$ 遍乘式(4.2.27), 并引用辅助函数

$$\psi = \left(\frac{p_0}{v}\Delta t^2 \frac{\partial^2}{\partial t^2} + vp_2\Delta t^2 \frac{\partial^2}{\partial y^2} - q_0\Delta t^2 \frac{\partial^2}{\partial x\partial t} \right)\phi ,$$
(4.4.13)

则式(4.2.27)可重写做

$$\frac{\partial \psi}{\partial t} = v^3 \Delta t^2 q_2 \frac{\partial^3 \phi}{\partial x\partial y^2}.$$
(4.4.14)

现在把中心差商近似运用于式(4.4.14), 可获得如下显式:

$$\psi^{n+1}(0,j) = \frac{q_2}{4}\Gamma + \psi^{n-1}(0,j),$$
(4.4.15a)

$$\psi^0(0,j) = \psi^1(0,j) = 0,$$
(4.4.15b)

其中

$$\Gamma = \phi^n(1,j+1) - 2\phi^n(1,j) + \phi^n(1,j-1) - \phi^n(0,j+1) \\ + 2\phi^n(0,j) - \phi^n(0,j-1).$$
(4.4.16)

最后再用中心差商近似离散式(4.4.13), 即可获得 $\phi^{n+1}(0,j)$ 的显式差分表示 (假设 $\Delta x = \Delta y = \Delta s, \Delta s = 2v\Delta t$):

$$\phi^{n+1}(0,j) = \frac{4}{2p_0 + q_0}\left[\psi^n(0,j) + \frac{q_0}{4}A_1 - \frac{p_0}{2}A_2 - \frac{p_2}{8}A_3 \right],$$
(4.4.17)

其中 A_1, A_2, 和 A_3 如式(4.4.12)中的定义.

4.4.4　三维空间 Mur 吸收边界条件的差分格式

考虑三维空间中 $x=0$ 边界的吸收边界条件(4.2.19a), 当取近似

$$\sqrt{1 - D^2} \approx 1 - D^2/2$$
(4.4.18)

时, 就得到 Mur 给出的一种近似吸收边界条件

$$\left[\frac{\partial^2}{\partial x \partial t} - \frac{1}{v}\frac{\partial^2}{\partial t^2} + \frac{v}{2}\left(\frac{\partial^2}{\partial y^2} + \frac{\partial^2}{\partial z^2} \right) \right]\phi = 0. \tag{4.4.19}$$

利用导出二维空间二阶近似吸收边界条件差分格式完全类似的方法可以得到$(\Delta x = \Delta y = \Delta z = \Delta s)$

$$\phi^{n+1}(0,j,k) = -\phi^{n-1}(1,j,k) + \frac{v\Delta t - \Delta s}{v\Delta t + \Delta s} \cdot \left[\phi^{n+1}(1,j,k) + \phi^{n-1}(0,j,k) \right]$$

$$+ \frac{2\Delta s}{v\Delta t + \Delta s}\left[\phi^n(0,j,k) + \phi^n(1,j,k) \right] + \frac{(v\Delta t)^2}{2\Delta s(v\Delta t + \Delta s)}$$

$$\cdot \left[\phi^n(0,j+1,k) - 2\phi^n(0,j,k) + \phi^n(0,j-1,k) + \phi^n(1,j+1,k) \right.$$

$$- 2\phi^n(1,j,k) + \phi^n(1,j-1,k) + \phi^n(0,j,k+1) - 2\phi^n(0,j,k)$$

$$\left. + \phi^n(0,j,k-1) + \phi^n(1,j,k+1) - 2\phi^n(1,j,k) + \phi^n(1,j,k-1) \right]. $$

$$\tag{4.4.20}$$

当采用稳定条件 $\Delta s = 2v\Delta t$ 时,上式中的系数可以简化.这一差分格式已在很多问题中得到广泛应用.

4.4.5 二维空间吸收边界条件差分格式中角点的计算

由式(4.4.11)和(4.4.12)不难发现,用于二维网格空间的吸收边界条件对 $x=0$ 边界的差分格式中含有 $j-1$ 和 $j+1$.这就是说,如果 $j=0,1,2,\cdots,N$,则当计算 $\phi^{n+1}(0,0)$ 时,需要知道 $\phi^n(0,-1)$,而计算 $\phi^{n+1}(0,N)$ 时,需要知道 $\phi^n(0,N+1)$.但是 $\phi^n(0,-1)$ 和 $\phi^n(0,N+1)$ 都是计算网格空间之外的场值,计算机存储空间中没有这些量的信息.考察其他边界面上吸收边界条件的差分格式将发现,都有这种问题存在.因此,对于矩形边界的计算空间而言,四个角点上的网格点场值是不能用上面导出的那种差分格式进行计算的.

为了解决这一问题,需要给出四个角点计算的特殊的差分格式.Taflove 和 Umashanker(1982)[24]给出了一种被证明为行之有效的处理方法.这种方法满足对吸收边界条件所提出的各项要求,即:①只需要计算空间内部网格点上场量的知识;②对外行数字波只引起少量的反射;③在数值上是稳定的.

我们以(0,0)角点为例来讨论这一问题,图 4.2 是对这种方法的说明.假设所有到达(0,0)点的外行波都是沿从网格空间中心到(0,0)点的径向射线方向传播.如果在径向射线上距(0,0)点一个网格步长 Δs 处的外行波场值用 $\bar{\phi}$ 表示,则角点上的值可视做 $\bar{\phi}$ 沿射线传播 Δs 的结果.若满足稳定性条件 $\Delta s = 2v\Delta t$,则传播这段距离需要两个时间步长的时间.因此角点上的场值与 $\bar{\phi}$ 之间满足关系

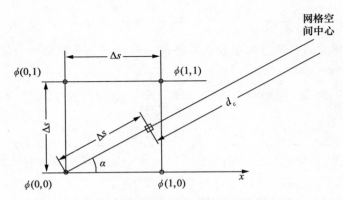

图 4.2 吸收边界条件中角点的一种处理方法

$$\phi^{n+1}(0,0) = f_{\text{rad}}\bar{\phi}^{n-1},\tag{4.4.21}$$

其中 f_{rad} 为沿径向外行散射波的衰减因子. 若用 d_c 表示从网格空间中心到 $\bar{\phi}$ 取值处以空间步长 Δs 为单位的距离, 则

$$f_{\text{rad}} = \left(\frac{d_c}{d_c + 1}\right)^{\frac{1}{2}}.\tag{4.4.22}$$

$\bar{\phi}^{n-1}$ 是 $(0,0)$ 点及在网格空间内部相邻点 $(0,1),(1,0)$ 和 $(1,1)$ 处在 $n-1$ 时间步场值的线性插值. 若用 α 表示径向射线与 x 轴之间的夹角, 则有

$$\begin{aligned}\bar{\phi}^{n-1} = {}& (1-\sin\alpha)(1-\cos\alpha)\phi^{n-1}(0,0) + (1-\sin\alpha)\cos\alpha\phi^{n-1}(1,0)\\ & + \sin\alpha(1-\cos\alpha)\phi^{n-1}(0,1) + \sin\alpha\cos\alpha\,\phi^{n-1}(1,1).\end{aligned}\tag{4.4.23}$$

对其他角点也可用类似的方法导出其计算格式.

4.4.6 三维空间中棱角的吸收边界条件

与二维空间的吸收边界类似, 三维空间的吸收边界条件的差分格式, 在矩形三维网格空间的所有棱角线上是不能执行的, 因为它们需要关于计算空间外相邻网格点的场值参与运算. 可采用与二维空间类似的方法来解决这一问题. 例如考虑棱 $(0,0,k)$, $k=0,1,2,\cdots$ 各点场的计算, 也用在网格空间中心到 $(0,0,k)$ 点的径向射线上, 距该点一个空间步长处的外行波场值 $\bar{\phi}^{n-1}$ 来计算 $\phi^{n+1}(0,0,k)$, 且有

$$\phi^{n+1}(0,0,k) = f_{\text{rad}}\bar{\phi}^{n-1}.\tag{4.4.24}$$

现在的 $\bar{\phi}^{n-1}$ 是以 $(0,0,k)$ 为一角的网格单元八个角点上在 $n-1$ 时间步场值的线性插值. 若仍用 α 表示径向射线与 x 轴的夹角, 而用 β 表示射线与 z 轴的夹角, 则 $\bar{\phi}^{n-1}$ 的计算按下式进行:

$$\bar{\phi}^{n-1} = (1-\sin\beta)(1-\cos\beta\sin\alpha)(1-\cos\beta\cos\alpha)\phi^{n-1}(0,0,k)$$

$+(1-\sin\beta)(1-\cos\beta\sin\alpha)\cos\beta\,\cos\alpha\,\phi^{n-1}(1,0,k)$

$+(1-\sin\beta)\cos\beta\,\sin\alpha(1-\cos\beta\,\cos\alpha)\,\phi^{n-1}(0,1,k)$

$+(1-\sin\beta)\cos^2\beta\,\sin\alpha\,\cos\alpha\,\phi^{n-1}(1,1,k)$

$+\sin\beta(1-\cos\beta\sin\alpha)(1-\cos\beta\cos\alpha)\,\phi^{n-1}(0,0,k+1)$

$+\sin\beta(1-\cos\beta\sin\alpha)\cos\beta\,\cos\alpha\,\phi^{n-1}(1,0,k+1)$

$+\sin\beta\,\cos\beta\,\sin\alpha(1-\cos\beta\,\cos\alpha)\,\phi^{n-1}(0,1,k+1)$

$+\sin\beta\,\cos^2\beta\,\sin\alpha\,\cos\alpha\,\phi^{n-1}(1,1,k+1).$ \hfill (4.4.25)

§4.5 Mur 吸收边界条件的数值验证

4.5.1 数值试验

前面曾对几种近似吸收边界条件的性能进行了解析分析,并给出了一些数值计算结果. 现在这些吸收边界条件已转化为差分形式,可在计算机上实际运行. 用数值计算的实际结果进行验证称为数值试验.

Blaschak 和 Kriegsmann(1988)[48]设计了一种对吸收边界条件的性能进行测试的数值试验方法,并用二维空间中的 TM 波进行了验证. 取 Ω_B 作为基础计算网格空间,而其中的一部分 Ω_T 作为试验网格空间,它的边界带有要考察的吸收边界条件,如图 4.3 所示. 试验空间的网格数为 100×50,在其中的 $(50,25)$ 点处设置一线源,令其激发一窄脉冲波. 当在该空间中执行 TM 波的时域有限差分格式时,就能在网格空间中模拟该脉冲的传播过程. 因为 Ω_T 是 Ω_B 的一部分,故在 Ω_T 所占据的那部分两个计算网格空间完全重合. 因此,源所激发的柱面波在两个网格空间按同样的步调传播. 在没有到达 Ω_T 的边界以前,两个空间中的波是完全相同的,且在 Ω_B 中的波在其截断边界的反射尚未到达 Ω_T 的边界之前,对 Ω_T 而言,Ω_B 仍与无限大计算空间无异. 在这段时间内 Ω_T 范围内 Ω_B 和 Ω_T 中的波若有差异,那一定是由于 Ω_T 的吸收边界条件所引起的反射而造成的. 因而,考察这种差异就能评价 Ω_T 所用吸收边界条件的性能. 对于二维 TM 波电场只有一个分量,故只要用这一个电场分量就能反映波的传播特性. 若用 $E_T^n(i,j)$ 表示 Ω_T 空间中第 n 时间步 (i,j) 点的电场值,用 $E_B^n(i,j)$ 表示 Ω_B 中的电场值,则在 n 时间步 (i,j) 点处两个网格空间中波的差别 $D^n(i,j)$ 可表示为

$$D^n(i,j)=E_T^n(i,j)-E_B^n(i,j).\hfill (4.5.1)$$

把空间 Ω_T 每一点在时间步 n 时的差异的平方加起来称为总反射误差,并用 ε_T^n 表示,则有

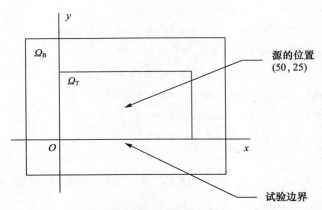

图 4.3　数值试验网格空间

$$\varepsilon_{\mathrm{T}}^{n} = \sum_{i} \sum_{j} \left[D^{n}(i,j) \right]^{2}. \tag{4.5.2}$$

所使用的脉冲源具有如下的形式:

$$E^{n}(50,25) = \begin{cases} \alpha(10 - 15\cos\omega_1\xi + 6\cos\omega_2\xi - \cos\omega_3\xi), & \xi \leqslant \tau \\ 0, & \xi > \tau \end{cases} \tag{4.5.3a}$$

其中

$$\begin{cases} \alpha = \dfrac{1}{320}, \quad \omega_m = \dfrac{2\pi m}{\tau} \quad (m = 1,2,3), \\ \xi = n\Delta t, \quad \tau = 10^{-9}. \end{cases} \tag{4.5.3b}$$

在运行时取 $\Delta t = 2.5 \times 10^{-11}$ s,而 $\Delta s = 2v\Delta t$,v 为自由空间中的光速.脉冲随时间变化的波形示于图 4.4,这种脉冲的优点是它具有较少的高频成分.如以前讨论所知,高频成分能引起较严重的数值色散,因而影响对吸收边界条件的测试精度.

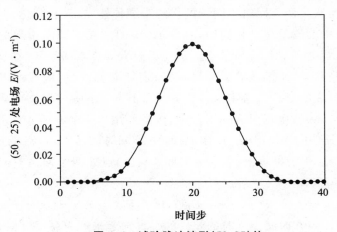

图 4.4　试验脉冲波形(50,25)处

　　源所在的位置距 Ω_T 的边界 $y=0$ 为 $25\Delta s$,按照关系 $\Delta s=2v\Delta t$,源点的扰动需要 50 个时间步才能传到 $y=0$ 的边界,故源的脉冲峰需要 70 个时间步传到该边界. 选择离开 $y=0$ 边界的第一列($J=1$)为测试反射的观察点, $n=100$ 为观察的时间步数,这时外行脉冲波的大部分已通过边界并存在最大的可观察反射.

4.5.2　吸收边界条件对脉冲波的反射特性

　　Blaschak 和 Kriegsmann 对表 4.1 和表 4.2 中的七种二阶和三阶近似边界条件,按上述方法进行了数字试验,即把每种由式(4.4.11)和(4.4.17)表示的适合于 TM 波的近似边界条件的差分格式加于 Ω_T 的边界,而后在 Ω_B 和 Ω_T 中执行 TM 波的差分方程. 由于 Ω_B 的外边界都比 Ω_T 的边界外延 25 个网格,故在 150 个时间步内 Ω_B 边界的反射波不会影响测试结果.

　　比较所有的结果显示,对于每一种近似方法而言,(2,2)类(三阶近似)总是优于(2,0)类(二阶近似). 就七种近似边界条件相比,Padé 和亚区间 Chebyshev (L_a^∞)相对较好. 图 4.5(a)为 Padé 吸收边界条件的局部差值,带黑点的曲线为(2,0)类,另一条为(2,2)类;(b)示出的是其全域差值. 为了显示宽范围的反射特性,图上的纵坐标标度均为脉冲峰值的归一化值. 由图可以清楚地看出,三阶近似比二阶近似无论局部差值还是全域差值都有明显的优越性. 对其他类型的吸收条件也有类似的结果.

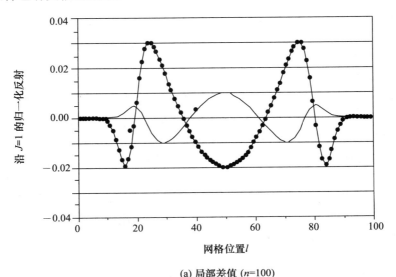

(a) 局部差值 ($n=100$)

图 4.5　Padé 吸收边界条件的数值试验结果

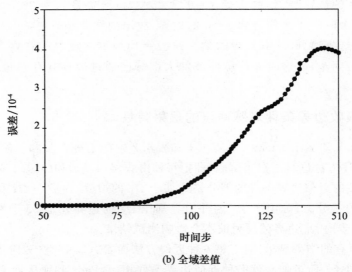

(b) 全域差值

图 4.5　Padé 吸收边界条件的数值试验结果(续)

4.5.3　近似吸收边界条件对稳定源辐射波反射的数值试验

　　Mur(1981)在给出了实质为 Padé 吸收边界条件的同时,还用稳定线源的辐射波在二维空间对一阶和二阶近似的吸收边界条件进行了数值验证[20]. 验证是对 TM 波进行的,用 35×35 的均匀网格空间,取 $\Delta s = 2v\Delta t = 0.1\lambda$,$\lambda$ 为波长. 在(5,5)网格点设置一线源,随时间按如下规律变化:

$$E^n(5,5) = E_0 \sin\left(\frac{2\pi v}{\lambda} \cdot n\Delta t\right), \tag{4.5.4}$$

其中 n 为时间步数.

　　试验结果给出了在 $n=141$ 时辐射场的幅度分布. 如果吸收边界条件是理想的,辐射波应像在无限大空间传播一样,作为柱面波的场分布,等值线应该是以源为中心的同心圆. 任何由边界条件引起的反射都会引起等值线的变形,因此可从等值线与圆的差异来评价吸收边界条件的性能. 图 4.6 为源在(5,5)点时 $n=141$ 的辐射场等值线分布,实线为二阶近似吸收边界条件的结果,虚线为一阶近似吸收边界条件的情形. 使用二阶近似吸收边界条件时,辐射场的等值线很接近同心圆,而一阶近似吸收边界条件的结果则相差甚远,尤其是外行波入射角度大的部分边界附近等值线的变形更为严重.

　　图 4.7 是当源位于(3,3)网格点时的结果. 这时,由于辐射波对边界入射角度在更大范围变大,使得二阶近似时的等值线也有严重的变形. 这一结果说明,为使吸收边界条件对入射波有较好的吸收能力,辐射波源(或散射体边界)距计算网格空间的边界要有足够的距离. 就试验所用的网格空间而言,源所在

网格距边界应该不少于 5 个网格空间步长.

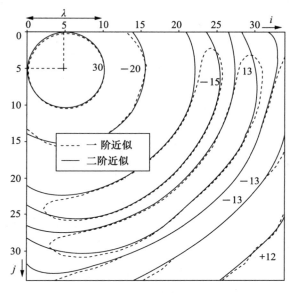

图 4.6　位于 $(5,5)$ 稳定源辐射场在 141 时间步时的
等值线(计算网格空间为 35×35 网格)

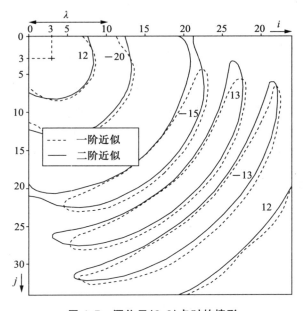

图 4.7　源位于 $(3,3)$ 点时的情形

4.5.4 吸收边界条件对散射波反射的数值试验

Blaschak 和 Kriegsmann 还提供了用散射波在边界的反射对吸收边界条件

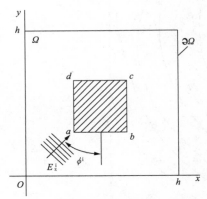

图 4.8 计算散射问题的网格空间

进行数值试验的结果,这一试验是通过计算散射体表面电流来间接进行的.图 4.8 示出了试验用的计算网格空间,空间的中心用 $abcd$ 表示的是一横截面为正方形的理想导体柱,入射平面波电场为 E_z^i,入射角分 $\phi^i=0°$ 和 $\phi^i=45°$ 两种情况.显然这是一个二维 TM 波问题,在这种情况下散射体表面电流存在精确解.

计算空间由 $50×50$ 网格组成,散射体占 $20×20$ 个网格,位于计算空间的中心,入射平面波为稳定简谐波,频率为 300 MHz,网格步长的选择是使得 $k_0 A=1$,其中 A 为散射体一

面的半宽,k_0 为自由空间波数. 在 $\phi^i=0$ 时计算了 $a\text{-}b$ 面和 $d\text{-}c$ 面的表面电流密度,当 $\phi^i=45°$ 时计算了 $a\text{-}b\text{-}c$ 面上的表面电流密度.

图 4.9 为 $\phi^i=0$ 时用三阶近似的 Padé 吸收边界条件所获得的结果与精确解的比较,其中纵坐标为表面电流密度幅度被入射波磁场归一化的值. 在 $a\text{-}b$ 面横坐标中的 0 对应 a 点,20 则对应 b 点,而在 $d\text{-}c$ 面 0 对应 d 点,20 则对应 c 点. 所得结果显示,吸收边界条件在入射波直接照射的面上与理论值有很好的一致性,但在 $d\text{-}c$ 面上三阶近似的 L_a^∞ 和 Padé 条件明显的要差,这有些出乎意料.事实上这种现象的出现有其一定的根源.首先在散射波的试验中在简谐波达到稳定之前波和边界要发生多次作用,边界反射与数值误差又相混合.这些误差在入射波的照射面影响较小,因为表面电流主要由入射波引起,而在阴影面情况则不同,那里的电流是入射波由边角的衍射引起的,其幅度比入射波要小得多,因而对边界反射波显得更加敏感.

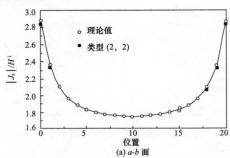

图 4.9 用 Padé 条件时散射体表面电流与精确解的比较

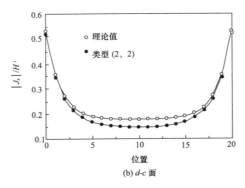

(b) d-c 面

图 4.9 用 Padé 条件时散射体表面电流与精确解的比较(续)

当 $\phi^i = 45°$ 时的结果示于图 4.10. 这一试验的目的是考察当散射波对边界的入射角更多地远离正面入射时吸收边界的性质. 图中给出了当用二阶近似的 Padé 和三阶近似的 L_a^∞ 条件时 a-b-c 面上表面电流与精确解的比较. 这些结果显示每种条件都给出很好的结果,很难辨别它们之间的明显差别.

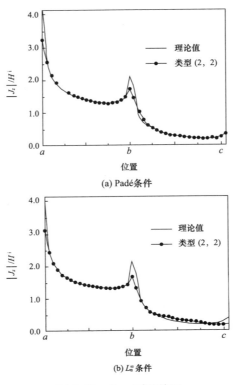

(a) Padé 条件

(b) L_a^∞ 条件

图 4.10 $\phi^i = 45°$ 的情形

§4.6 超吸收边界条件

4.6.1 超吸收边界条件的提出

虽然前面所介绍的吸收边界条件已得到广泛的应用,但仍然存在着一些缺点. 在有些问题中这些吸收边界条件的反射显得过大,或者所适应入射角的范围不够宽广. 所以,进一步改进吸收边界条件的性能,一直是被广泛关注的问题. 提高吸收边界条件的性能,不仅能提高计算的精度,而且允许计算网格空间的外边界能更接近辐射源或散射体表面,从而可节省计算机的存储空间和计算时间. Fang 和 Mei(1988)[42]第一次提出了超吸收边界条件的概念. 传统的吸收边界条件只在边界上给电场或磁场进行特殊处理,而不同时计算二者. 这是因为只要在边界知道了电场或磁场,则内部区域的场就能唯一地确定. 在超吸收边界条件中让磁场也参与计算并用它来减少计算电场时所产生的非物理因素引起的反射,从而改善原吸收边界条件的性能,故称做超吸收边界条件.

4.6.2 二维空间平面电磁波电场与磁场的比例关系

将以二维空间为例来讨论超吸收边界条件的原理和差分格式,在这里先为以后的应用做一些准备. 假设只在各向同性、均匀无耗的媒质空间内讨论问题,则二维空间的 TM 波满足如下的 Maxwell 方程:

$$\frac{\partial E_z}{\partial t} = \frac{1}{\varepsilon}\left(\frac{\partial H_y}{\partial x} - \frac{\partial H_x}{\partial y}\right), \tag{4.6.1a}$$

$$\frac{\partial H_x}{\partial t} = -\frac{1}{\mu}\frac{\partial E_z}{\partial y}, \tag{4.6.1b}$$

$$\frac{\partial H_y}{\partial t} = \frac{1}{\mu}\frac{\partial E_z}{\partial x}. \tag{4.6.1c}$$

若采用图 4.11 所示的二维 Yee 氏网格标记,方程(4.6.1)按中心差商展开的差分方程具有如下的形式:

$$E_z^n(i,j) = E_z^{n-1}(i,j) + C_1\Big[H_y^{n-\frac{1}{2}}\Big(i+\frac{1}{2},j\Big) - H_y^{n-\frac{1}{2}}\Big(i-\frac{1}{2},j\Big)$$
$$- H_x^{n-\frac{1}{2}}\Big(i,j+\frac{1}{2}\Big) + H_x^{n-\frac{1}{2}}\Big(i,j-\frac{1}{2}\Big)\Big], \tag{4.6.2a}$$

$$H_x^{n+\frac{1}{2}}\Big(i,j+\frac{1}{2}\Big) = H_x^{n-\frac{1}{2}}\Big(i,j+\frac{1}{2}\Big) - C_2\big[E_z^n(i,j+1) - E_z^n(i,j)\big],$$

$$\tag{4.6.2b}$$

$$H_y^{n+\frac{1}{2}}\left(i+\frac{1}{2},j\right)=H_y^{n-\frac{1}{2}}\left(i+\frac{1}{2},j\right)+C_2\left[E_z^n(i+1,j)-E_z^n(i,j)\right],$$

$$(4.6.2c)$$

其中

$$C_1=\frac{\Delta t}{\varepsilon\,\Delta s},\qquad C_2=\frac{\Delta t}{\mu\,\Delta s}. \qquad (4.6.3)$$

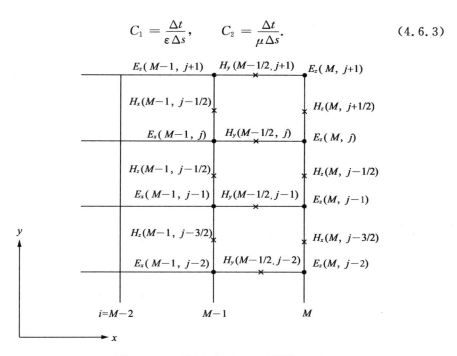

图 4.11 二维 TM 波的 Yee 氏网格

平面电磁波的电场和磁场各分量可表示为式(4.3.1)的形式,当把这种表达形式代入式(4.6.2)时便可得到

$$H_x\sin\frac{\omega\Delta t}{2}=C_2E_z\sin\left(\frac{k_y\Delta s}{2}\right), \qquad (4.6.4a)$$

$$H_y\sin\left(\frac{\omega\Delta t}{2}\right)=-C_2E_z\sin\left(\frac{k_x\Delta s}{2}\right). \qquad (4.6.4b)$$

若令

$$a_{\mathrm{TM}}=\frac{C_2\sin\left(\frac{k_y\Delta s}{2}\right)}{\sin\left(\frac{\omega\Delta t}{2}\right)},\qquad b_{\mathrm{TM}}=\frac{C_2\sin\left(\frac{k_x\Delta s}{2}\right)}{\sin\left(\frac{\omega\Delta t}{2}\right)}, \qquad (4.6.5)$$

则有

$$H_x=a_{\mathrm{TM}}E_z, \qquad (4.6.6a)$$

$$H_y=-b_{\mathrm{TM}}E_z. \qquad (4.6.6b)$$

对于 TE 波,按同样的方法可以导出

$$E_x \sin\left(\frac{\omega\Delta t}{2}\right) = -C_1 H_z \sin\left(\frac{k_y\Delta s}{2}\right), \tag{4.6.7a}$$

$$E_y \sin\left(\frac{\omega\Delta t}{2}\right) = C_1 H_z \sin\left(\frac{k_x\Delta s}{2}\right). \tag{4.6.7b}$$

若令

$$a_{\mathrm{TE}} = \frac{C_1 \sin\left(\frac{k_y\Delta s}{2}\right)}{\sin\left(\frac{\omega\Delta t}{2}\right)}, \qquad b_{\mathrm{TE}} = \frac{C_1 \sin\left(\frac{k_x\Delta s}{2}\right)}{\sin\left(\frac{\omega\Delta t}{2}\right)}, \tag{4.6.8}$$

则有

$$E_x = -a_{\mathrm{TE}} H_z, \tag{4.6.9a}$$

$$E_y = b_{\mathrm{TE}} H_z. \tag{4.6.9b}$$

必须指出,式(4.6.6)和(4.6.9)中的正负号与波的传播方向有关.

4.6.3 超吸收边界条件的导出

设图 4.11 中 $i=M$ 为该计算网格空间的边界之一,现以此边界上超吸收边界条件的导出为例进行讨论,其他边界上的超吸收边界条件可用类似的方法导出.

由 TM 波的差分方程(4.6.2)可以看出,在 $i=M$ 边界,只有 E_z 分量需要计算,因为在 $i=M$ 上的 H_x 分量对网格空间内部场的计算没有贡献.传统的吸收边界条件只要求 $i=M$ 上各网格点上的 E_z 按所给定的特殊差分格式进行计算,而超吸收边界条件则再用 $i=M-1/2$ 线上的 H_y 对 E_z 进行修正,以便减少反射.

设 $E_z^{n(c)}(M,j)$ 为用某传统的吸收边界条件计算所得的在 n 时间步的值,并用 $E_z^{n(e)}(M,j)$ 表示当计算网格空间为无限大时计算所得的结果(精确值).显然,二者之差就是吸收边界条件所引入的误差.若用 er_1 表示这一误差,即有

$$\mathrm{er}_1 = E_z^{n(c)}(M,j) - E_z^{n(e)}(M,j). \tag{4.6.10}$$

按照计算程序,用吸收边界条件计算所得的 $E_z^{n(c)}(M,j)$ 将用于按式(4.6.2c)计算 $H_y^{n+\frac{1}{2}}\left(M-\frac{1}{2},j\right)$,其关系为

$$H_x^{n+\frac{1}{2}(1)}\left(M-\frac{1}{2},j\right) = H_y^{n-\frac{1}{2}}\left(M-\frac{1}{2},j\right)$$
$$+ C_2\left[E_z^{n(c)}(M,j) - E_z^n(M-1,j)\right], \tag{4.6.11}$$

这里的 $H_y^{n+\frac{1}{2}(1)}\left(M-\frac{1}{2},j\right)$ 通过 $E_z^{n(c)}(M,j)$ 引入了误差.把式(4.6.10)代入式(4.6.11)得到

$$H_y^{n+\frac{1}{2}(1)}\left(M-\frac{1}{2},j\right)=H_y^{n-\frac{1}{2}}\left(M-\frac{1}{2},j\right)$$

$$+C_2\left[E_z^{n(e)}(M,j)+\text{er}_1-E_z^n(M-1,j)\right]=H_y^{n+\frac{1}{2}(e)}\left(M-\frac{1}{2},j\right)+C_2\,\text{er}_1,$$

$$(4.6.12)$$

此处 $H_y^{n+\frac{1}{2}(e)}\left(M-\frac{1}{2},j\right)$ 表示精确解.

现在把用于计算 $E_z^n(M,j)$ 的原吸收边界条件的差分格式应用于计算 $H_y^{n+\frac{1}{2}}\left(M-\frac{1}{2},j\right)$,并用 $H_y^{n+\frac{1}{2}(2)}\left(M-\frac{1}{2},j\right)$ 来表示计算结果. 若用 er_2 表示这一计算引入的误差,则有

$$\text{er}_2=H_y^{n+\frac{1}{2}(2)}\left(M-\frac{1}{2},j\right)-H_y^{n+\frac{1}{2}(e)}\left(M-\frac{1}{2},j\right).\qquad(4.6.13)$$

显然 er_1 和 er_2 不是无关的,下面来分析它们之间的关系. 假定以 θ 角入射到边界的平面波用波数 k_x 和 k_y 表示,则 H_y 对 E_z 的关系可用(4.6.6b)表示. 由于是把同一个吸收边界条件用于计算 $E_z^n(M,j)$ 和 $H_y^{n+\frac{1}{2}}\left(M-\frac{1}{2},j\right)$,故计算时引入的误差也应满足同样的关系(4.6.6b),于是可得

$$\text{er}_2=-b_{\text{TM}}\exp\left[-\text{j}\left(\frac{\omega\Delta t}{2}+\frac{k_x\Delta s}{2}\right)\right]\cdot\text{er}_1,\qquad(4.6.14)$$

因子 $\exp\left[-\text{j}\left(\frac{\omega\Delta t}{2}+\frac{k_x\Delta s}{2}\right)\right]$ 是由于 $E_z^n(M,j)$ 和 $H_y^{n+\frac{1}{2}}\left(M-\frac{1}{2},j\right)$ 的时间步和空间位置的不同而引入的. 考虑到式(4.6.14),式(4.6.13)可以改写为

$$H_y^{n+\frac{1}{2}(2)}\left(M-\frac{1}{2},j\right)=H_y^{n+\frac{1}{2}(e)}\left(M-\frac{1}{2},j\right)$$

$$-b_{\text{TM}}\exp\left[-\text{j}\left(\frac{\omega\Delta t}{2}+\frac{k_x\Delta s}{2}\right)\right]\cdot\text{er}_1.\qquad(4.6.15)$$

由式(4.6.12)和式(4.6.15)消去 er_1 就可得到

$$H_y^{n+\frac{1}{2}(e)}\left(M-\frac{1}{2},j\right)=\left\{C_2H_y^{n+\frac{1}{2}(2)}\left(M-\frac{1}{2},j\right)\right.$$

$$\left.+b_{\text{TM}}\cdot\exp\left[\text{j}\left(\frac{\omega\Delta t}{2}+\frac{k_x\Delta s}{2}\right)\right]H_y^{n+\frac{1}{2}(1)}\left(M-\frac{1}{2},j\right)\right\}\bigg/$$

$$\left\{C_2+\exp\left[\text{j}\left(\frac{\omega\Delta t}{2}+\frac{k_x\Delta s}{2}\right)\right]\cdot b_{\text{TM}}\right\}.\qquad(4.6.16)$$

这就是说,只要按同一吸收边界条件计算 $E_z^n(M,j)$ 和 $H_y^{n+\frac{1}{2}}\left(M-\frac{1}{2},j\right)$,按式(4.6.16)求得的 H_y 就不包含反射误差. 但是在执行式(4.6.16)时不能不做某些近似,因为 $\exp\left[\text{j}\left(\frac{\omega\Delta t}{2}+\frac{k_x\Delta s}{2}\right)\right]$ 和 b_{TM} 这些项在时域中不能严格执行. 事实上

为了保证计算精度,在时域有限差分法中网格的长度 Δs 经常选得满足条件

$$\Delta s \leqslant \frac{\lambda}{10} \qquad 甚至 \qquad \Delta s \leqslant \frac{\lambda}{20}.$$

在这种条件下我们有

$$k_x \Delta s \ll 1, \qquad \omega \Delta t \ll 1.$$

于是有

$$\exp\left[\mathrm{j}\left(\frac{\omega \Delta t}{2} + \frac{k_x \Delta s}{2}\right)\right] \approx 1,$$

且

$$b_{\mathrm{TM}} = \frac{C_2 \sin\left(\frac{k_x \Delta s}{2}\right)}{\sin\left(\frac{\omega \Delta t}{2}\right)} \approx C_2 \frac{k_x \Delta s}{\omega \Delta t} = C_2 \left(\frac{\Delta s}{v \Delta t}\right)\frac{k_x}{k} = C_2 \left(\frac{\Delta s}{v \Delta t}\right)\cos\theta,$$

$$(4.6.17)$$

此处 $v = 1/\sqrt{\varepsilon\mu}, k = \omega/v.$

在以上近似条件下式(4.6.16)可以改写成

$$H_y^{n+\frac{1}{2}}\left(M - \frac{1}{2}, j\right) = \frac{\cos\theta H_y^{n+\frac{1}{2}(1)}\left(M - \frac{1}{2}, j\right) + \sigma H_y^{n+\frac{1}{2}(2)}\left(M - \frac{1}{2}, j\right)}{\rho + \cos\theta}, \quad (4.6.18)$$

其中 $\rho = v\Delta t/\Delta s.$

在大多数应用中外行波对边界的入射角 θ 是不知道的,或者是很难精确预测的,但在特殊情况有

$$H_y^{n+\frac{1}{2}}\left(M - \frac{1}{2}, j\right) = \frac{H_y^{n+\frac{1}{2}(1)}\left(M - \frac{1}{2}, j\right) + \rho H_y^{n+\frac{1}{2}(2)}\left(M - \frac{1}{2}, j\right)}{1 + \rho}. \quad (4.6.19)$$

问题主要在于,这样简化以后,可以在多大入射角度范围内有明显地减小原吸收边界条件反射系数的作用.

4.6.4　超吸收边界条件的反射系数

为了估价式(4.6.19)减小反射系数的效果,需要知道由它所引起的反射系数和原吸收边界条件反射系数的关系.仍然先考虑 TM 波的情况并设 $i = M$ 为考察的网格空间的一个边界.若用 R 表示边界的反射系数,则接近边界的电场 E_z 可表示为

$$E_z^n(i, j) = U^{n+}(i, j) + RU^{n-}(i, j), \quad (4.6.20)$$

其中

$$U^{n+}(i, j) = \exp[\mathrm{j}(k_x I \Delta s + k_y J \Delta s - \omega n \Delta t)], \quad (4.6.21\mathrm{a})$$

$$U^{n-}(i, j) = \exp[\mathrm{j}(-k_x I \Delta s + k_y J \Delta s - \omega n \Delta t)] \quad (4.6.21\mathrm{b})$$

分别表示沿 x 方向和其反向传播的电磁波.

根据色散关系, k_x, k_y 和 ω 应满足

$$\sin\left(\frac{\omega\Delta t}{2}\right) = \rho^2\left[\sin^2\left(\frac{k_x\Delta s}{2}\right) + \sin^2\left(\frac{k_y\Delta s}{2}\right)\right]. \qquad (4.6.22)$$

现在用 $\mathbf{B}$ 来表示边界条件算子, 它的作用是使得

$$\mathbf{B}E_z^n(M,j) = 0. \qquad (4.6.23)$$

由于边界条件算子是线性的, 把式 (4.6.20) 代入 (4.6.23) 可得

$$\mathbf{B}U^{n+}(M,j) + R\mathbf{B}U^{n-}(M,j) = 0. \qquad (4.6.24)$$

于是反射系数可以表示为

$$R = \frac{\mathbf{B}U^{n+}(M,j)}{\mathbf{B}U^{n-}(M,j)}. \qquad (4.6.25)$$

我们用 $\mathbf{B}_0$ 表示原吸收边界条件算子, 用 R_0 表示 $\mathbf{B}_0$ 所引起的反射系数.

为了求出经过应用超吸收边界条件后所达到的反射系数, 把磁场分量通过与电场的关系用入射波电场和反射波电场表示出来, 在这样做时需考虑式 (4.6.6) 中正负号波的传播方向, 这些关系有

$$H_y^{n+\frac{1}{2}}\left(M-\frac{1}{2},j\right) = -b_{\mathrm{TM}}U^{(n+\frac{1}{2})+}\left(M-\frac{1}{2},j\right) + Rb_{\mathrm{TM}}U^{(n+\frac{1}{2})-}\left(M-\frac{1}{2},j\right),$$
$$(4.6.26a)$$

$$H_y^{n-\frac{1}{2}}\left(M-\frac{1}{2},j\right) = -b_{\mathrm{TM}}U^{(n-\frac{1}{2})+}\left(M-\frac{1}{2},j\right) + Rb_{\mathrm{TM}}U^{(n-\frac{1}{2})-}\left(M-\frac{1}{2},j\right),$$
$$(4.6.26b)$$

$$E_z^n(M-1,j) = U^{n+}(M-1,j) + RU^{n-}(M-1,j). \qquad (4.6.26c)$$

由于 $E_z^{n(c)}(M,j)$ 为原吸收边界条件算子 $\mathbf{B}_0$ 作用于 $E_z^n(M,j)$ 的结果, 故它们之间的关系为

$$E_z^{n(c)} = (\mathbf{I} - \mathbf{B})E_z^n(M,j), \qquad (4.6.27)$$

此处 $\mathbf{I}$ 为单位算子. 考虑到式 (4.6.20), 由式 (4.6.27) 可得

$$E_z^{n(c)}(M,j) = E_z^n(M,j) - \mathbf{B}_0 E_z^n(M,j)$$
$$= U^{n+}(M,j) + RU^{n-}(M,j) - \mathbf{B}_0 U^{n+}(M,j) - R\mathbf{B}_0 U^{n-}(M,j). \qquad (4.6.28)$$

由于 $H_y^{n+\frac{1}{2}(2)}\left(M-\frac{1}{2},j\right)$ 是 $\mathbf{B}_0$ 作用于 $H_y^{n+\frac{1}{2}}\left(M-\frac{1}{2},j\right)$ 的结果, 故考虑到式 (4.6.26a) 也可以表示为

$$H_y^{n+\frac{1}{2}(2)}\left(M-\frac{1}{2},j\right) = (\mathbf{I} - \mathbf{B}_0)H_y^{n+\frac{1}{2}}\left(M-\frac{1}{2},j\right)$$
$$= H_y^{n+\frac{1}{2}}\left(M-\frac{1}{2},j\right) - \mathbf{B}_0 H_y^{n+\frac{1}{2}}\left(M-\frac{1}{2},j\right)$$

$$= -b_{\mathrm{TM}}U^{(n+\frac{1}{2})+}\left(M-\frac{1}{2},j\right) + b_{\mathrm{TM}}RU^{(n+\frac{1}{2})-}\left(M-\frac{1}{2},j\right)$$

$$+ b_{\mathrm{TM}}\mathbf{B}_0 U^{(n+\frac{1}{2})+}\left(M-\frac{1}{2},j\right) - b_{\mathrm{TM}}R\mathbf{B}_0 U^{(n-\frac{1}{2})-}\left(M-\frac{1}{2},j\right).$$

$$(4.6.29)$$

考虑到式(4.6.11),式(4.6.19)可改写为

$$H_y^{n+\frac{1}{2}}\left(M-\frac{1}{2},j\right) = \frac{1}{1+\rho}\left\{ H_y^{n-\frac{1}{2}}\left(M-\frac{1}{2},j\right)\right.$$

$$+ C_2\left[E_z^{n(c)}(M,j) - E_z^n(M-1,j)\right] + \rho H_y^{n+\frac{1}{2}(2)}\left(M-\frac{1}{2},j\right)\right\}. \quad (4.6.30)$$

把式(4.6.26),(4.6.28)和(4.6.29)代入(4.6.30)便得到

$$-b_{\mathrm{TM}}U^{(n+\frac{1}{2})+}\left(M-\frac{1}{2},j\right) + Rb_{\mathrm{TM}}U^{(n+\frac{1}{2})-}\left(M-\frac{1}{2},j\right)$$

$$= \frac{1}{1+\rho}\left[-b_{\mathrm{TM}}U^{(n-\frac{1}{2})+}\left(M-\frac{1}{2},j\right) + Rb_{\mathrm{TM}}U^{(n-\frac{1}{2})-}\left(M-\frac{1}{2},j\right)\right.$$

$$+ C_2 U^{n+}(M,j) + C_2 RU^{n-}(M,j) - C_2\mathbf{B}_0 U^{n+}(M,j) - C_2 R\mathbf{B}_0 U^{n-}(M,j)$$

$$- C_2 U^{n+}(M-1,j) - C_2 RU^{n-}(M-1,j) - \rho\, b_{\mathrm{TM}}U^{(n+\frac{1}{2})+}\left(M-\frac{1}{2},j\right)$$

$$+ \rho\, b_{\mathrm{TM}}RU^{(n+\frac{1}{2})-}\left(M-\frac{1}{2},j\right) + \rho\, b_{\mathrm{TM}}\mathbf{B}_0 U^{(n+\frac{1}{2})+}\left(M-\frac{1}{2},j\right)$$

$$\left.- \rho\, b_{\mathrm{TM}}R\mathbf{B}_0 U^{(n+\frac{1}{2})-}\left(M-\frac{1}{2},j\right)\right]. \quad (4.6.31)$$

不难直接由(4.6.2)和(4.6.6)证明

$$b_{\mathrm{TM}}\, U^{(n-\frac{1}{2})+}\left(M-\frac{1}{2},j\right) = b_{\mathrm{TM}}U^{(n+\frac{1}{2})+}\left(M-\frac{1}{2},j\right)$$

$$+ C_2\left[U^{n+}(M,j) - U^{n+}(M-1,j)\right], \quad (4.6.32a)$$

$$b_{\mathrm{TM}}U^{(n-\frac{1}{2})-}\left(M-\frac{1}{2},j\right) = b_{\mathrm{TM}}U^{(n+\frac{1}{2})-}\left(M-\frac{1}{2},j\right)$$

$$- C_2\left[U^{n-}(M,J) - U^{n-}(M-1,j)\right]. \quad (4.6.32b)$$

利用这些关系可由式(4.6.31)解出反射系数 R

$$R = \frac{\rho\, b_{\mathrm{TM}}\mathbf{B}_0 U^{(n+\frac{1}{2})+}\left(M-\frac{1}{2},j\right) - C_2\mathbf{B}_0 U^{n+}(M,j)}{\rho\, b_{\mathrm{TM}}\mathbf{B}_0 U^{(n+\frac{1}{2})-}\left(M-\frac{1}{2},j\right) + C_2\mathbf{B}_0 U^{n-}(M,j)}$$

$$= \frac{\rho\, b_{\mathrm{TM}}\exp\left[\mathrm{j}\left(\dfrac{\omega\Delta t}{2} + \dfrac{k_x\Delta s}{2}\right)\right] - C_2}{\rho\, b_{\mathrm{TM}}\exp\left[\mathrm{j}\left(\dfrac{\omega\Delta t}{2} - \dfrac{k_x\Delta s}{2}\right)\right] + C_2} \cdot \frac{\mathbf{B}_0 U^{n+}(M,j)}{\mathbf{B}_0 U^{n-}(M,j)}$$

$$= R_{s\mathrm{TM}}R_0, \quad (4.6.33)$$

其中

$$R_0 = -\frac{\mathbf{B}_0 U^{n+}(M,j)}{\mathbf{B}_0 U^{n-}(M,j)}$$

为原吸收边界条件的反射系数,而

$$
\begin{aligned}
R_{\mathrm{sTM}} &= -\frac{\rho\, b_{\mathrm{TM}} \exp\left[\mathrm{j}\left(\dfrac{\omega\Delta t}{2}+\dfrac{k_x\Delta s}{2}\right)\right]-C_2}{\rho\, b_{\mathrm{TM}} \exp\left[\mathrm{j}\left(\dfrac{\omega\Delta t}{2}-\dfrac{k_x\Delta s}{2}\right)\right]+C_2}\\[2mm]
&= -\frac{\rho\sin\left(\dfrac{k_x\Delta s}{2}\right)\exp\left[\mathrm{j}\left(\dfrac{\omega\Delta t}{2}+\dfrac{k_x\Delta s}{2}\right)\right]-\sin\left(\dfrac{\omega\Delta t}{2}\right)}{\rho\sin\left(\dfrac{k_x\Delta s}{2}\right)\exp\left[\mathrm{j}\left(\dfrac{\omega\Delta t}{2}-\dfrac{k_x\Delta s}{2}\right)\right]+\sin\left(\dfrac{\omega\Delta t}{2}\right)}.
\end{aligned}
$$

$$(4.6.34)$$

对于 TE 波,可利用对应关系得到用于修正的 E_y 为

$$E_y^{n+\frac{1}{2}}\left(M-\frac{1}{2},j\right)=\frac{E_y^{n+\frac{1}{2}(1)}\left(M-\frac{1}{2},j\right)+\rho E_y^{n+\frac{1}{2}(2)}\left(M-\frac{1}{2},j\right)}{1+\rho}, \quad (4.6.35)$$

其中(1)和(2)的含义与 H_y 的计算相同.

用这一修正后仍存在的反射系数也可用类似的方法求得,即

$$R = R_{\mathrm{sTE}}R_0, \qquad (4.6.36)$$

其中

$$
\begin{aligned}
R_{\mathrm{sTE}} &= -\frac{\rho\, b_{\mathrm{TE}} \exp\left[\mathrm{j}\left(\dfrac{\omega\Delta t}{2}+\dfrac{k_x\Delta s}{2}\right)\right]-C_1}{\rho\, b_{\mathrm{TE}} \exp\left[\mathrm{j}\left(\dfrac{\omega\Delta t}{2}-\dfrac{k_x\Delta s}{2}\right)\right]+C_1}\\[2mm]
&= -\frac{\rho\sin\left(\dfrac{k_x\Delta s}{2}\right)\exp\left[\mathrm{j}\left(\dfrac{\omega\Delta t}{2}+\dfrac{k_x\Delta s}{2}\right)\right]-\sin\left(\dfrac{\omega\Delta t}{2}\right)}{\rho\sin\left(\dfrac{k_x\Delta s}{2}\right)\exp\left[\mathrm{j}\left(\dfrac{\omega\Delta t}{2}-\dfrac{k_x\Delta s}{2}\right)\right]+\sin\left(\dfrac{\omega\Delta t}{2}\right)}\\[2mm]
&= R_{\mathrm{sTM}}.
\end{aligned}
$$

$$(4.6.37)$$

这说明,所使用的修正方法对 TM 波和 TE 波有同样的效果,为叙述方便令

$$R_{\mathrm{sTM}} = R_{\mathrm{sTE}} = R_s, \qquad (4.6.38)$$

在近似条件 $k_x\Delta s\ll 1$ 和 $\omega\Delta t\ll 1$ 的条件下,由式(4.6.17)可知,由式(4.6.34)和(4.6.37)可得近似表示

$$R_s \approx -\frac{\cos\theta-1}{\cos\theta+1}. \qquad (4.6.39)$$

亦即 R_s 仍是入射角的函数. 图 4.12 为在不同的网格空间步长时 R_s 与 θ 的关系,在相当宽的入射角范围内有较好的性能,而在接近 $90°$ 时性能迅速变坏.

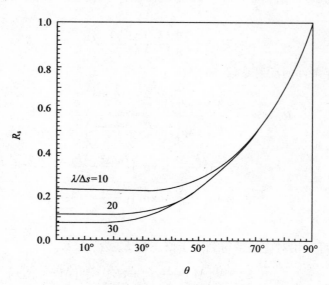

图 4.12 R_s 与 θ 的关系

图 4.13 示出了 R 与 θ 的关系. 在图中实线表示原吸收边界条件(在这里是 Engquist 和 Majda 的一阶近似吸收边界条件)的反射系数,虚线是对这一边界条件按超吸收边界条件技术进行了修正以后的反射系数. 显然,对各种网格空间步长而言,超吸收边界条件的反射系数全面地低于原吸收边界条件的反射系数.

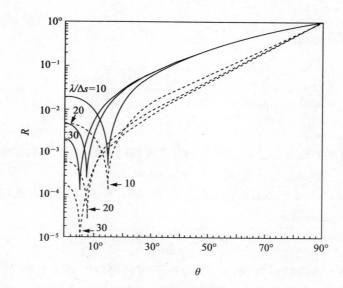

图 4.13 R 与 θ 的关系

4.6.5 超吸收边界条件的运用

由前面的分析已经知道,应用式(4.6.19)计算 $H_y^{n+\frac{1}{2}}\left(M-\frac{1}{2},j\right)$ 可使之所产生的反射系数比原吸收边界条件明显地减小.但是,这种效果还没有在 $E_z^n(M,j)$ 的计算中发挥作用,如果 $E_z^n(M,j)$ 的反射不能改善,其误差将通过与 $E_z^n(M,j)$ 有关系的计算辐射开去.为了提高 $E_z^n(M,j)$ 的计算精度,应利用由式(4.6.19)计算得的 $H_y^{n+\frac{1}{2}}\left(M-\frac{1}{2},j\right)$ 再计算一次 $E_z^n(M,j)$,以便对它进行修正.计算的方式显然是

$$E_z^n(M,j) = E_z^n(M-1,j) + \frac{1}{C_2}\left[H_y^{n+\frac{1}{2}}\left(M-\frac{1}{2},j\right) - H_y^{n-\frac{1}{2}}\left(M-\frac{1}{2},j\right)\right].$$

$$(4.6.40)$$

总结以上分析,可把超吸收边界条件的应用步骤归结为:

对 TM 波(边界为 $i=M$):

(1) 选择一种合适的吸收边界条件并应用于 $E_z^n(M,j)$;

(2) 把这一吸收边界条件同时应用于 $H_y^{n+\frac{1}{2}}\left(M-\frac{1}{2},j\right)$,即得到 $H_y^{n+\frac{1}{2}(2)}\left(M-\frac{1}{2},j\right)$;

(3) 按正常的差分方程(4.6.11)计算出 $H_y^{n+\frac{1}{2}(1)}\left(M-\frac{1}{2},j\right)$;

(4) 按式(4.6.19)通过 $H_y^{n+\frac{1}{2}(1)}\left(M-\frac{1}{2},j\right)$ 和 $H_y^{n+\frac{1}{2}(2)}\left(M-\frac{1}{2},j\right)$ 计算 $H_y^{n+\frac{1}{2}}\left(M-\frac{1}{2},j\right)$;

(5) 按式(4.6.40)再计算 $E_z^n(M,j)$.

对 TE 波(边界为 $i=M$):

(1) 选择一合适的吸收边界条件并应用于 $H_z^n(M,j)$;

(2) 把这一吸收边界条件同时应用于 $E_y^{n+\frac{1}{2}}\left(M-\frac{1}{2},j\right)$,即可得到 $E_y^{n+\frac{1}{2}(2)}\left(M-\frac{1}{2},j\right)$;

(3) 利用正常的 TE 波差分方程得到 $E_y^{n+\frac{1}{2}(1)}\left(M-\frac{1}{2},j\right)$;

(4) 按下式计算 $E_y^{n+\frac{1}{2}}\left(M-\frac{1}{2},j\right)$:

$$E_y^{n+\frac{1}{2}}\left(M-\frac{1}{2},j\right)=\frac{E_y^{n+\frac{1}{2}(1)}\left(M-\frac{1}{2},j\right)+\rho\,E_y^{n+\frac{1}{2}(2)}\left(M-\frac{1}{2},j\right)}{1+\rho}\;;\quad(4.6.41)$$

（5）按下式再计算 $H_z^n(M,j)$：

$$H_z^n(M,j)=H_z^n(M-1,j)-\frac{1}{C_1}\left[E_y^{n+\frac{1}{2}}\left(M-\frac{1}{2},j\right)-E_y^{n-\frac{1}{2}}\left(M-\frac{1}{2},j\right)\right].$$

$$(4.6.42)$$

当把以上超吸收技术应用于三维问题 $i=M$ 边界面时，其做法与二维情况完全类似，只是要把这一技术应用到两对网格点上，一对是 $E_z(M,j,k)$ 和 $H_y\left(M-\frac{1}{2},j,k\right)$，另一对是 $E_y\left(M,j+\frac{1}{2},k+\frac{1}{2}\right)$ 和 $H_z\left(M-\frac{1}{2},j+\frac{1}{2},k+\frac{1}{2}\right)$。

4.6.6　超吸收边界条件的数值试验

为了检验超吸收边界条件的实际效果，需要进行类似于 §4.5 中所使用的数值试验. 图 4.14 为 Mei 和 Fang 进行数值试验的二维网格空间. 它由部分相互重叠的两个网格空间组成，其中心区域为一个 20×20 网格的横截面为正方形的理想导电柱体，小网格空间带有吸收边界条件，由 40×40 个网格构成；大网格空间由 400×400 个网格构成，以便在试验的时间范围内没有从边界的反射波到达与小网格空间相互重叠的部分. 因而对数值试验本身而言，大网格空间可以视做是无限大的.

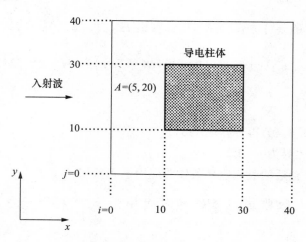

图 4.14　数值试验用的网格空间

若用 $E_S^n(i,j)$ 和 $E_L^n(i,j)$ 分别代表小网格空间和大网格空间中同一散射问题的总电场，则

$$\mathrm{er}^n(i,j)=E_S^n(i,j)-E_L^n(i,j)\qquad(4.6.43)$$

为(i,j)点上第n时间步时小空间中的电场由吸收边界条件引入的误差. 定义

$$NE(n) = \sqrt{\sum_{i=3}^{39} \sum_{j=3}^{39} \left[\text{er}^n(i,j) \right]^2} \qquad (4.6.44)$$

作为吸收边界条件在全域上所引起误差的一种量度参量.

设沿 x 方向入射一平面波

$$E_i(x,t) = \left[1 - \text{e}^{-\left(\frac{t}{t_w}\right)^2} \right] \sin \frac{2\pi}{\lambda} (vt - x), \qquad (4.6.45)$$

选 $\lambda = 25\Delta s$, 指数项部分是为了平滑从 0 到正弦波的改变, $t_w = 20\Delta t$. 在计算中仍采用稳定性条件 $\Delta s = 2v\Delta t$.

图 4.15 和 4.16 分别给出了对 Engquist 和 Majda 的一阶和二阶近似吸收边界条件进行数值试验所获得的结果, 其中虚线为原吸收边界条件的全域误差, 实线为加上超吸收技术以后的全域误差. 在两种情况下都显示出超吸收边界条件大大优于原吸收边界条件.

以上仅仅举出一个例证加以说明. 事实上超吸收技术对大多数被广泛采用的吸收边界条件都有明显的改进作用, 因此已被越来越多的研究者所采用.

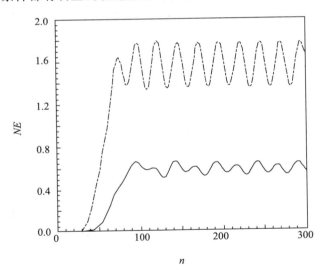

图 4.15　Engquist 和 Majda 一阶近似吸收
边界条件的数值试验结果

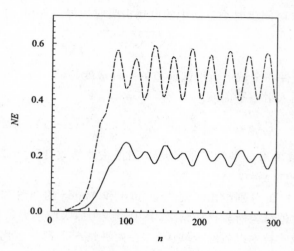

图 4.16　Engquist 和 Majda 二阶近似吸收
边界条件的数值试验结果

§4.7　几种可用于时域计算的吸收边界条件

4.7.1　Lindman 吸收边界条件[6]

由于向右传播的斜入射波在频域满足方程

$$\frac{\mathrm{d}}{\mathrm{d}x}\hat{\phi}(\boldsymbol{r},\omega) + \mathrm{j}k_x(\omega)\hat{\phi}(\boldsymbol{r},\omega) = 0, \tag{4.7.1}$$

因 $k_x = (\omega/v)\cos\theta$，其中 θ 为入射波对 x 轴的夹角，故方程(4.7.1)可改写为

$$\left[\frac{1}{\cos\theta}\frac{\mathrm{d}}{\mathrm{d}x} + \mathrm{j}\frac{\omega}{v}\right]\hat{\phi}(\boldsymbol{r},\omega) = 0. \tag{4.7.2}$$

Lindman(1975)给出了一种近似方法. 方程(4.7.2)只对入射角为 θ 时才严格成立，但可有近似展开

$$\frac{1}{\cos\theta} \approx 1 + \sum_{m=1}^{M}\frac{\alpha_m\sin^2\theta}{1-\beta_m\sin^2\theta}, \tag{4.7.3}$$

其中 α_m 和 β_m 为待定常数. 若 $k_x = 0$，由于 $\sin^2\theta = (vk_y/\omega)^2$，对每一平面波式(4.7.2)可以写做

$$\left[\frac{\mathrm{d}}{\mathrm{d}x} + \frac{\mathrm{j}\omega}{v}\right]\hat{\phi}(\boldsymbol{r},\omega) = -\sum_{m=1}^{M}\hat{h}_m, \tag{4.7.4}$$

其中

$$\hat{h}_m = \frac{\alpha_m v^2 k_y^2}{\omega^2 - \beta_m v^2 k_y^2}\frac{\mathrm{d}}{\mathrm{d}x}\hat{\phi}(\boldsymbol{r},\omega). \tag{4.7.5}$$

把式(4.7.4)转换为时域和空间的表示可有

$$\left[\frac{\partial}{\partial x} - \frac{1}{v}\frac{\partial}{\partial t}\right]\phi\,(\boldsymbol{r},t) = -\sum_{m=1}^{M} h_m(\boldsymbol{r},t), \tag{4.7.6}$$

用 $\omega^2 - \beta_m v^2 k_y^2$ 乘式(4.7.5)再转换到时间和空间域可得

$$\frac{\partial^2}{\partial t^2}h_m(\boldsymbol{r},t) - \beta_m v^2 \frac{\partial^2}{\partial y^2}h_m(\boldsymbol{r},t) = \alpha_m v^2 \frac{\partial^3}{\partial y^2 \partial x}\phi\,(\boldsymbol{r},t). \tag{4.7.7}$$

现在 $h_m(\boldsymbol{r},t)$ 与 θ 无关,而且(4.7.6)和(4.7.7)可表示为差分形式.已经证明当 $M=3$ 时,这一吸收边界条件的反射系数当入射角小于 $89°$ 时小于 1%,此时 α_m 和 β_m 的选择是使得入射角小于 $89°$ 时反射波达到最小,它们的值由表4.3给出.

表 4.3　系数 α_m 和 β_m 的值

	$m=1$	$m=2$	$m=3$
α_m	0.3264	0.1272	0.0309
β_m	0.7375	0.983 84	0.999 647 2

4.7.2　Liao 吸收边界条件

Liao,Wong,Yang 和 Yuan(1984)[30] 导出了一种吸收边界条件,其优点是即使在边界的棱角上也很容易执行.其导出方法是把波动方程在时域的平面波解写成 $u(vt - x\cos\theta)$,其中 θ 表示入射波与 x 轴的夹角,而任一平面波可表示为不同角度平面波的叠加,即

$$\phi(x,t) = \sum_i u_i(vt - x\cos\theta_i). \tag{4.7.8}$$

如果 $\phi(x,t)$ 表示一个简单平面波,那么 $\phi(x,t+\Delta t)=\phi(x-v\Delta t/\cos\theta,t)$ 为一自然吸收边界条件.当入射角已知时,可以由内部点修正 x 的边界点.利用这一事实,可有

$$\begin{aligned}
\phi(x,t+\Delta t) &= \sum_i u_i[v(t+\Delta t) - x\cos\theta_i] \\
&= \sum_i u_i(vt + v\Delta t - x\cos\theta_i + \alpha v\Delta t\cos\theta_i - \alpha v\Delta t\cos\theta_i) \\
&= \sum_i u_i[vt - (x - \alpha v\Delta t)\cos\theta_i + v\Delta t(1 - \alpha\cos\theta_i)] \\
&= \sum_i u_i(\eta_i + \varepsilon_i).
\end{aligned} \tag{4.7.9}$$

其中

$$\eta_i = vt - (x - \alpha v\Delta t)\cos\theta_i, \tag{4.7.10a}$$

$$\varepsilon_i = v\Delta t(1 - \alpha\cos\theta_i). \tag{4.7.10b}$$

若只有一个平面波成分存在,只需选择 $\alpha=1/\cos\theta$,这时 $\varepsilon=0$,但我们需要的是对

整个平面波谱成立的吸收边界条件,为此,定义一种差分算子

$$\Delta u(\eta+\varepsilon) = u(\eta+\varepsilon) - u(\eta) \qquad (4.7.11)$$

因而有

$$\Delta^m u(\eta+\varepsilon) = \Delta^{m-1} u(\eta+\varepsilon) - \Delta^{m-1} u(\eta) \qquad (m>0),$$
$$\Delta^0 = 1.$$

应用这些关系可得

$$u(\eta+\varepsilon) = \sum_{m=1}^{N} \Delta^{m-1} u(\eta) + \Delta^N u(\eta+\varepsilon). \qquad (4.7.12)$$

这正是 N 阶 Taylor 展开的差分格式. 在 $\varepsilon \to 0$ 的极限情况,我们有

$$\Delta^N u(\eta+\varepsilon) \sim \varepsilon^N \frac{\mathrm{d}^N}{\mathrm{d}\eta^N} u(\eta). \qquad (4.7.13)$$

而对于小的 ε,式(4.7.12)中的最后一项为 ε^N 阶,因而可以忽略,结果为

$$u(\eta+\varepsilon) \approx \sum_{m=1}^{N} \Delta^{m-1} u(\eta). \qquad (4.7.14)$$

再定义一个位移算子 $\mathbf{S}$:

$$\mathbf{S} u(\eta) = u(\eta-\varepsilon). \qquad (4.7.15)$$

差分算子就成为

$$\Delta u(\eta) = (\mathbf{I}-\mathbf{S}) u(\eta), \qquad (4.7.16a)$$
$$\Delta^{m-1} u(\eta) = (\mathbf{I}-\mathbf{S})^{m-1} u(\eta). \qquad (4.7.16b)$$

其中 $\mathbf{I}$ 为单位算子. 于是

$$
\begin{aligned}
u(\eta+\varepsilon) &= \sum_{m=1}^{N} \Delta^{m-1} u(\eta) = \sum_{m=1}^{N} (\mathbf{I}-\mathbf{S})^{m-1} u(\eta) \\
&= \mathbf{S}^{-1} [\mathbf{I} - (\mathbf{I}-\mathbf{S})^N] u(\eta) = \sum_{j=1}^{N} (-1)^{j+1} C_j^N \mathbf{S}^{j-1} u(\eta) \\
&= \sum_{j=1}^{N} (-1)^{j-1} C_j^N u[\eta-(j-1)\varepsilon].
\end{aligned}
\qquad (4.7.17)
$$

其中 $C_j^N = N! / [j! (N-j)!]$. 把式(4.7.17)用于式(4.7.9)将有

$$\phi(x, t+\Delta t) = \sum_{j=1}^{N} (-1)^{j-1} C_j^N \sum_i u_i[\eta_i-(j-1)\varepsilon_i]. \qquad (4.7.18)$$

根据 η_i 和 ε_i 的定义式(4.7.10)可知

$$\eta_i - (j-1)\varepsilon_i = v[t-(j-1)\Delta t] - (x - jav\Delta t)\cos\theta_i$$

和

$$\sum_i u_i[\eta_i-(j-1)\varepsilon_i] = \phi[x - jav\Delta t, t-(j-1)\Delta t],$$

于是式(4.7.18)成为

$$\phi(x, t+\Delta t) = \sum_{j=1}^{N} (-1)^{j+1} C_j^N \phi[x - jav\Delta t, t-(j-1)\Delta t]. \qquad (4.7.19)$$

这是一个表示 $\phi(x, t+\Delta t)$ 的吸收边界条件, 其中 x 为边界点. 这里 α 是任意的, 由于需要的是 α 与 v 的乘积, 而这一边界条件对不同的 v 是成立的, 不需要知道精确的 v 值, 故可以选择 $\alpha=1$.

式(4.7.19)所表示的吸收边界条件, 当 $\alpha=1$ 时, 是通过在内部 $x-jv\Delta t$ 点的值计算边界点 x 的值. 但这些点不位于网格点上, 故还需要一种插值程序把需要的值由网格点上的值给出. 由于这一边界条件可减少对计算机存储空间的需要, 已受到不少研究者的注意.

4.7.3　Bayliss-Turkel 吸收边界条件

这一种吸收边界条件可看做是 Sommerfeld 辐射条件的推广, 其基本思想是建立一种模零化微分算子, 以除掉波动方程外行波解远场展开式中的某些项(模), Sommerfeld 辐射条件零化第一模. Bayliss 和 Turkel(1980)[17] 以及 Bayliss, Gunzburger 和 Turkel(1982)[284] 所给出的吸收边界条件则是零化任意数目的模, 他们的吸收边界条件是在球坐标中给出的.

在球坐标中从原点向外传播的波可以表示为

$$\phi(\boldsymbol{r}, t) = \sum_{i=1}^{\infty} \frac{f_i(vt-r, \theta, \varphi)}{r^i}, \tag{4.7.20}$$

亦即由点源发出波的远场可用球面波进行展开. 定义一个算子

$$\boldsymbol{L}_i = \left(\frac{\partial}{\partial r} + \frac{1}{v} \frac{\partial}{\partial t} + \frac{i}{r} \right), \tag{4.7.21}$$

容易证明

$$\boldsymbol{L}_i \frac{f_i(vt-r, \theta, \phi)}{r^i} = 0. \tag{4.7.22}$$

如果把 $\boldsymbol{L}_1$ 作用于式(4.7.20)则将使其中的第一项消失, 而把其他的项转化为更高阶的项, 亦即

$$\boldsymbol{L}_1 \phi(\boldsymbol{r}, t) = \sum_{i=2}^{\infty} \frac{(1-i)f_i(vt-r, \theta, \phi)}{r^{i+1}}. \tag{4.7.23}$$

这说明 $\boldsymbol{L}_1$ 作为边界条件的算子其剩余误差为 $O(r^{-3})$, 类似地可推知算子 $\boldsymbol{L}_3\boldsymbol{L}_1$ 的剩余误差为 $O(r^{-5})$, 以此类推.

若定义算符

$$\boldsymbol{B}_m = \boldsymbol{L}_{2m-1}\boldsymbol{B}_{m-1}, \tag{4.7.24a}$$

$$\boldsymbol{B}_1 = \boldsymbol{L}_1, \tag{4.7.24b}$$

则有

$$\boldsymbol{B}_m = \prod_{l=m}^{1} \left(\frac{\partial}{\partial r} + \frac{1}{v} \frac{\partial}{\partial t} + \frac{2l-1}{r} \right). \tag{4.7.25}$$

不难证明

$$\mathbf{B}_m \phi\,(\boldsymbol{r}, t) \sim O\!\left(\frac{1}{r^{2m+1}}\right). \tag{4.7.26}$$

因此,条件

$$\mathbf{B}_m \phi\,(\boldsymbol{r}, t) = 0 \tag{4.7.27}$$

可用做吸收边界条件,其精度可达 $O\!\left(\dfrac{1}{r^{2m+1}}\right)$. 例如,若设 $m=2$,吸收边界条件就是

$$\left(\frac{\partial}{\partial r} + \frac{1}{v}\frac{\partial}{\partial t} + \frac{3}{r}\right)\!\left(\frac{\partial}{\partial r} + \frac{1}{v}\frac{\partial}{\partial t} + \frac{1}{r}\right)\!\phi\,(\boldsymbol{r}, t)$$

$$= \left(\frac{\partial^2}{\partial r^2} + \frac{2}{v}\frac{\partial^2}{\partial r\partial t} + \frac{1}{v^2}\frac{\partial^2}{\partial t^2} + \frac{4}{r}\frac{\partial}{\partial r} + \frac{4}{rv}\frac{\partial}{\partial t} + \frac{3}{r^2}\right)\!\phi\,(\boldsymbol{r}, t) = 0.$$

$$\tag{4.7.28}$$

显然,m 越大,这种边界条件执行起来就越困难. 由于波 $\phi\,(\boldsymbol{r}, t)$ 是波动方程在球坐标中的解,可以把 $\partial^2/\partial r^2$ 转化为 $\partial^2/\partial\theta^2$ 和 $\partial^2/\partial\varphi^2$,从而只保留对 r 的一阶微商,执行起来要容易些.

4.7.4　Higdon 辐射算子

　　在 20 世纪 70—80 年代所提出的另一种吸收边界条件是 Higdon 辐射算子. 与 Bayliss-Turkel 算子类似,Higdon 辐射算子也是用一系列线性偏微分算子消除各阶外行波. 所不同的是,Higdon 算子在直角坐标系中可以吸收沿特定角度传播的波,而 Bayliss-Turkel 算子则在球坐标系和圆柱坐标系中吸收沿径向传播的波. Higdon 算子与 Engquist-Majda 吸收边界条件有密切关系,后者的 Taylor 近似和 Trefethen-Halpern 高阶近似可由前者导出.

　　假定在时域有限差分法的二维网格空间中,一组以速度 v 向边界面 $x=0$ 传播的数字平面波的线性组合以速度 v 相对于 x 轴负方向成 $\pm\alpha_l\,(l=1,2,\cdots,N)$ 的角度对称入射,总的传播模式可表示为

$$\phi\,(x, y, t) = \sum_{l=1}^{N} \phi_l^{+}(v\,t + \boldsymbol{e}_{kl}^{+}\cdot\boldsymbol{r}) + \sum_{l=1}^{N} \phi_l^{-}(v\,t + \boldsymbol{e}_{kl}^{-}\cdot\boldsymbol{r})$$

$$= \phi_1^{+}(v\,t + x\cos\alpha_1 + y\sin\alpha_1) + \cdots + \phi_N^{+}(v\,t + x\cos\alpha_N + y\sin\alpha_N)$$

$$+ \phi_1^{-}(v\,t + x\cos\alpha_1 - y\sin\alpha_1) + \cdots + \phi_N^{-}(v\,t + x\cos\alpha_N - y\sin\alpha_N),$$

$$\tag{4.7.29}$$

其中 $\boldsymbol{e}_{kl}^{+} = \cos\alpha_l\hat{\boldsymbol{x}} + \sin\alpha_l\hat{\boldsymbol{y}}$,$\boldsymbol{e}_{kl}^{-} = \cos\alpha_l\hat{\boldsymbol{x}} - \sin\alpha_l\hat{\boldsymbol{y}}$,为沿相应角度入射的单位波矢. 对这类平面波的组合,Higdon 提出的湮没(零化)算子为

$$\mathrm{L} = \prod_{l=1}^{N}\left(\cos\alpha_l\,\frac{\partial}{\partial t} - v\,\frac{\partial}{\partial x}\right). \tag{4.7.30}$$

已经证明,Higdon 算子具有以下特性:

（1）对如式(4.7.29)所示的平面波组合,有

$$L(\phi) = \prod_{l=1}^{N} \left(\cos\alpha_l \frac{\partial}{\partial t} - v \frac{\partial}{\partial x} \right)\phi \bigg|_{x=0} = 0. \qquad (4.7.31)$$

式(4.7.29)中的任一平面波及其任意线性组合都严格满足上式.从理论上讲,若用上式作为吸收边界条件,则以角度 $\pm\alpha_l$ 入射的平面波的线性组合将在边界面 $x=0$ 处完全被吸收,因而成为一种有效的吸收边界条件.

（2）若平面波的入射角为 $\theta(\theta\neq\pm\alpha_l, l=1,2,\cdots,N)$,则在边界面 $x=0$ 上会引起反射.理论上,反射系数 R 可按下式计算:

$$R = \prod_{l=1}^{N} \left(\frac{\cos\alpha_l - \cos\theta}{\cos\alpha_l + \cos\theta} \right). \qquad (4.7.32)$$

（3）由方程(4.7.31)可知,对垂直于 x 轴的平面而言,L 中只存在对 x 的空间导数.这说明,Higdon 算子只涉及垂直边界面的一维方向上的数据,使得这种吸收边界条件执行起来比较简单,尤其无需对网格空间中角点的复杂处理.

（4）上面讨论的某些 Engquist-Majda 近似吸收边界条件可看做是 Higdon 算子的特例.例如,当 $N=1$ 时,方程(4.7.31)成为

$$\left(\cos\alpha_1 \frac{\partial}{\partial t} - v \frac{\partial}{\partial x} \right)\phi \bigg|_{x=0} = 0. \qquad (4.7.33)$$

利用上式,以速度 v 相对于 x 轴负方向成 $\pm\alpha_1$ 角度入射的平面波在边界面 $x=0$ 处可以完全被吸收.如果取 $\alpha_1=0$,则方程(4.7.33)退化为 Engquist-Majda 吸收边界条件的零阶 Taylor 近似.这是因为,对于零阶近似,式(4.2.20)成为

$$\sqrt{1-S^2} \approx 1, \qquad (4.7.34)$$

方程(4.2.21)则变为

$$\left(\frac{\partial}{\partial x} - \frac{1}{v} \frac{\partial}{\partial t} \right)\phi \bigg|_{x=0} = 0, \qquad (4.7.35)$$

就是 $\alpha_1=0$ 时的方程(4.7.33).式(4.7.34)近似忽略了 S,适用于均匀平面波垂直入射到边界面 $x=0$ 处的情况.

当 $N=2$ 时,由方程(4.7.30)得到

$$\left(\cos\alpha_2 \frac{\partial}{\partial t} - v \frac{\partial}{\partial x} \right)\left(\cos\alpha_1 \frac{\partial}{\partial t} - v \frac{\partial}{\partial x} \right)\phi \bigg|_{x=0} = 0,$$

整理后成为

$$\left[\cos\alpha_1\cos\alpha_2 \frac{\partial^2}{\partial t^2} - v(\cos\alpha_1 + \cos\alpha_2) \frac{\partial^2}{\partial x\partial t} + v^2 \frac{\partial^2}{\partial x^2} \right]\phi \bigg|_{x=0} = 0. \qquad (4.7.36)$$

利用二维波动方程(4.2.1),可消去上式中对 x 的二阶偏导数,从而得到

$$\left(\frac{\partial^2}{\partial x\partial t} - \frac{1+\cos\alpha_1\cos\alpha_2}{v(\cos\alpha_1 + \cos\alpha_2)} \frac{\partial^2}{\partial t^2} + \frac{v}{\cos\alpha_1 + \cos\alpha_2} \frac{\partial^2}{\partial y^2} \right)\phi \bigg|_{x=0} = 0. \qquad (4.7.37)$$

如果令

$$p_0 = \frac{1 + \cos\alpha_1 \cos\alpha_2}{\cos\alpha_1 + \cos\alpha_2}, \quad p_2 = \frac{1}{\cos\alpha_1 + \cos\alpha_2},$$

则方程(4.7.37)与方程(4.2.25)相同,这正是 Engquist-Majda 吸收边界条件的 Trefethen-Halpern 二阶近似. 对更高阶的近似也有类似的结果.

Higdon 吸收边界条件具有其自身的优越性,除执行简单外,还可以简单明了地设置精确的吸收角度. 然而,在 Higdon 算子中假定以任何角度传播的平面波都具有均匀的传播速度 v,这一点影响了计算精度,也降低了吸收边界条件的吸收效率. 在时域有限差分法的网格空间中,数字平面波的相速度是随空间步长及入射角度的变化而变化的. 因此,对 Higdon 算子的一种改进是对每个精确的吸收角度使用理论上的数字相速度 $v_d(\alpha_l)$. 改进后的 Higdon 算子可表示为

$$L = \prod_{l=1}^{N} \left[\cos\alpha_l \frac{\partial}{\partial t} - v_d(\alpha_l) \frac{\partial}{\partial x} \right], \tag{4.7.38}$$

但在实际执行中有很大困难.

§4.8 Berenger 完全匹配层

1994 年,Berenger 提出了完全匹配层的概念. 与解析吸收边界条件完全不同,这种吸收边界条件利用非物理媒质构成计算区域的边界,并具有如下特性:平面电磁波可以无反射地射入其中,并在内部按指数规律衰减,完全匹配层的吸收效率比解析吸收边界条件高出几个数量级,而且能很方便地用于时域和频域的不同算法.

4.8.1 平面波对半空间媒质分界面入射的无反射条件

首先讨论平面电磁波对半空间媒质分界面的入射问题. 如图 4.17 所示,Oyz平面将三维空间分为两个区域:区域 1$(x<0)$中的媒质是无耗的,用 ε_1 和 μ_1 描述;区域 2$(x>0)$中的媒质既有电损耗也有磁损耗,用 $\varepsilon_2, \mu_2, \sigma$ 和 σ_m 描述. 设一均匀简谐平面波从区域 1 入射到分界面上,入射角相对于 x 轴为 θ,入射波为 TE 波. 入射磁场 $\boldsymbol{H}^i$ 在频域可表示为

$$\hat{\boldsymbol{H}}^i = \hat{\boldsymbol{z}} H_0 e^{-i(\beta_{1x}x + \beta_{1y}y)}, \tag{4.8.1}$$

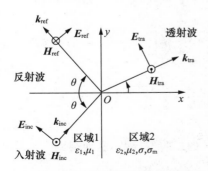

图 4.17 平面波对半空间媒质分界面的入射

其中 H_0 为常数，β_{1x} 和 β_{1y} 为区域 1 中的传播常数 β_1 的分量；若在分界面 $x=0$ 上存在反射，磁场的反射系数为 R，透射系数为 T，则在平面 $x=0$ 两侧的总磁场可分别表示为

$$\hat{\boldsymbol{H}}_1 = \hat{\boldsymbol{z}} H_0 (1 + R e^{i2\beta_{1x}x}) e^{-i(\beta_{1x}x + \beta_{1y}y)}, \tag{4.8.2}$$

$$\hat{\boldsymbol{H}}_2 = \hat{\boldsymbol{z}} H_0 T e^{-i(\beta_{2x}x + \beta_{2y}y)}, \tag{4.8.3}$$

其中 β_{2x} 和 β_{2y} 为区域 2 中的传播常数 β_2 的分量. 利用麦克斯韦旋度方程 $\nabla \times \hat{\boldsymbol{H}} = i\omega\varepsilon\hat{\boldsymbol{E}} + \sigma\hat{\boldsymbol{E}}$, 可求出平面 $x=0$ 两侧的总电场

$$\hat{\boldsymbol{E}}_1 = \left[-\hat{\boldsymbol{x}} \frac{\beta_{1y}}{\omega\varepsilon_1}(1 + R e^{i2\beta_{1x}x}) + \hat{\boldsymbol{y}} \frac{\beta_{1x}}{\omega\varepsilon_1}(1 - R e^{i2\beta_{1x}x}) \right] H_0 e^{i(\beta_{1x}x + \beta_{1y}y)}, \tag{4.8.4}$$

$$\hat{\boldsymbol{E}}_2 = \left[-\hat{\boldsymbol{x}} \frac{\beta_{2y}}{\omega\varepsilon_2\left(1 + \dfrac{\sigma}{i\omega\varepsilon_2}\right)} + \hat{\boldsymbol{y}} \frac{\beta_{2x}}{\omega\varepsilon_2\left(1 + \dfrac{\sigma}{i\omega\varepsilon_2}\right)} \right] H_0 T e^{-i(\beta_{2x}x + \beta_{2y}y)}. \tag{4.8.5}$$

由平面波传播的性质可知

$$\beta_{1x} = k_1\cos\theta, \quad \beta_{1y} = k_1\sin\theta, \tag{4.8.6}$$

$$\beta_{2x} = \sqrt{k_2^2\left(1 + \frac{\sigma}{i\omega\varepsilon_2}\right)\left(1 + \frac{\sigma_m}{i\omega\mu_2}\right) - (\beta_{2y})^2}, \tag{4.8.7}$$

其中 $k_i = \omega\sqrt{\varepsilon_i\mu_i}\,(i=1,2)$. 根据切向场分量在平面 $x=0$ 上的连续性可得

$$\beta_{2y} = \beta_{1y} = k_1\sin\theta, \tag{4.8.8}$$

$$R = \frac{\dfrac{\beta_{1x}}{\omega\varepsilon_1} - \dfrac{\beta_{2x}}{\omega\varepsilon_2(1 + \sigma/i\omega\varepsilon_2)}}{\dfrac{\beta_{1x}}{\omega\varepsilon_1} + \dfrac{\beta_{2x}}{\omega\varepsilon_2(1 + \sigma/i\omega\varepsilon_2)}}, \quad T = 1 + R. \tag{4.8.9}$$

一般情况下，对于任意入射角 θ 有 $R \neq 0$. 但是，对于垂直入射（$\theta=0°$）的特殊情况，反射系数可表示为

$$R = \frac{\eta_1 - \eta_2}{\eta_1 + \eta_2}, \tag{4.8.10}$$

其中 η_1 和 η_2 分别为区域 1 和区域 2 的波阻抗：

$$\eta_1 = \sqrt{\frac{\mu_1}{\varepsilon_1}}, \quad \eta_2 = \sqrt{\frac{\mu_2(1 + \sigma_m/i\omega\mu_2)}{\varepsilon_2(1 + \sigma/i\omega\varepsilon_2)}}. \tag{4.8.11}$$

如果区域 1 和区域 2 中的媒质参数满足

$$\varepsilon_1 = \varepsilon_2, \quad \mu_1 = \mu_2, \tag{4.8.12}$$

$$\frac{\sigma}{\varepsilon_1} = \frac{\sigma_m}{\mu_1}, \tag{4.8.13}$$

则由式(4.8.11)得

$$\eta_1 = \eta_2, \tag{4.8.14}$$

从而有 $R=0$. 式(4.8.13)称为匹配条件. 还可由式(4.8.7)得

$$\beta_{2x} = \left(1 + \frac{\sigma}{\mathrm{i}\omega\,\varepsilon_1}\right)k_1 = k_1 + \mathrm{i}\sigma\eta_1, \tag{4.8.15}$$

于是,区域 2 中的透射波可表示为

$$\hat{\boldsymbol{E}}_2 = \hat{\boldsymbol{y}}\eta_1 H_0 \mathrm{e}^{-\mathrm{i}k_1 x}\mathrm{e}^{-\sigma\eta_1 x}, \quad \hat{\boldsymbol{H}}_2 = \hat{\boldsymbol{z}}H_0 \mathrm{e}^{-\mathrm{i}k_1 x}\mathrm{e}^{-\sigma\eta_1 x}. \tag{4.8.16}$$

由此可以看出,在满足式(4.8.12)和(4.8.13)的分界面上,垂直入射的均匀平面波可以无反射地透过,即两种媒质是完全匹配的. 此外,区域 2 中的透射波按指数衰减,但在有耗媒质中的传播仍是无色散的. 以上现象已被应用于时域有限差分法,但这种吸收边界只对垂直入射的平面波才有足够的吸收效果,为此,需要使吸收边界远离波源,这将大大扩展计算区域.

4.8.2　Berenger 完全匹配层原理

为了克服实际媒质的局限性,Berenger 采用非物理的媒质构成匹配层,以使其匹配特性与频率和入射角无关. 针对如图 4.17 显示的情况,他将 σ 和 σ_{m} 分别分裂为 σ_x, σ_y 和 $\sigma_{\mathrm{m}x}, \sigma_{\mathrm{m}y}$,并令

$$H_z = H_{zx} + H_{zy}. \tag{4.8.17}$$

这样,区域 2 中的 TE 波满足以下一组分量方程:

$$\varepsilon_2 \frac{\partial E_{2x}}{\partial t} + \sigma_y E_{2x} = \frac{\partial(H_{2zx} + H_{2zy})}{\partial y}, \tag{4.8.18}$$

$$\varepsilon_2 \frac{\partial E_{2y}}{\partial t} + \sigma_x E_{2y} = -\frac{\partial(H_{2zx} + H_{2zy})}{\partial x}, \tag{4.8.19}$$

$$\mu_2 \frac{\partial H_{2zx}}{\partial t} + \sigma_{\mathrm{m}x} H_{2zx} = -\frac{\partial E_{2y}}{\partial x}, \tag{4.8.20}$$

$$\mu_2 \frac{\partial H_{2zy}}{\partial t} + \sigma_{\mathrm{m}y} H_{2zy} = \frac{\partial E_{2x}}{\partial y}. \tag{4.8.21}$$

分析表明,这是一种具有更广泛意义的方程组,具有以下特性:

(1) 如果 $\sigma_x = \sigma_y = 0, \sigma_{\mathrm{m}x} = \sigma_{\mathrm{m}y} = 0$,则以上四式退化为无耗媒质中 TE 波的方程组.

(2) 如果 $\sigma_x = \sigma_y = \sigma, \sigma_{\mathrm{m}x} = \sigma_{\mathrm{m}y} = \sigma_{\mathrm{m}}$,则以上四式退化为有耗媒质中 TE 波的方程组.

(3) 如果 $\sigma_x = \sigma_y = \sigma, \sigma_{\mathrm{m}x} = \sigma_{\mathrm{m}y}, \varepsilon_1 = \varepsilon_2, \mu_1 = \mu_2$,并满足式(4.8.13),则平面 $x=0$ 对区域 1 中的入射平面波是完全匹配的.

(4) 如果 $\sigma_y = \sigma_{\mathrm{m}y} = 0$,则该媒质吸收沿 x 轴传播的具有分量 E_y 和 H_{zx} 的平面波,却不吸收沿 y 轴传播的具有分量 E_x 和 H_{zy} 的平面波,与此对应的是 $\sigma_x =$

$\sigma_{mx}=0$ 的情况,效果正好相反,这一点具有特殊意义.

对于简谐平面波,由方程(4.8.18)～(4.8.21)很容易得到相应的频域形式

$$\mathrm{i}\omega\varepsilon_2\left(1+\frac{\sigma_y}{\mathrm{i}\omega\varepsilon_2}\right)\hat{E}_{2x}=\frac{\partial}{\partial y}(\hat{H}_{2zx}+\hat{H}_{2zy}), \tag{4.8.22}$$

$$\mathrm{i}\omega\varepsilon_2\left(1+\frac{\sigma_x}{\mathrm{i}\omega\varepsilon_2}\right)\hat{E}_{2y}=-\frac{\partial}{\partial x}(\hat{H}_{2zx}+\hat{H}_{2zy}), \tag{4.8.23}$$

$$\mathrm{i}\omega\mu_2\left(1+\frac{\sigma_{mx}}{\mathrm{i}\omega\mu_2}\right)\hat{H}_{2zx}=-\frac{\partial\hat{E}_{2y}}{\partial x}, \tag{4.8.24}$$

$$\mathrm{i}\omega\mu_2\left(1+\frac{\sigma_{my}}{\mathrm{i}\omega\mu_2}\right)\hat{H}_{2zy}=\frac{\partial\hat{E}_{2x}}{\partial y}. \tag{4.8.25}$$

应该说明的是,为了方便,对频域和时域中所对应的场量使用相同的符号,但其差异是显而易见的.

引入以下符号:

$$w_s=\left(1+\frac{\sigma_s}{\mathrm{i}\omega\varepsilon_2}\right),\quad w_{ms}=\left(1+\frac{\sigma_{ms}}{\mathrm{i}\omega\mu_2}\right),\quad s=x,y, \tag{4.8.26}$$

方程(4.8.22)和(4.8.23)可分别写为

$$\mathrm{i}\omega\varepsilon_2 w_y\hat{E}_{zx}=\frac{\partial}{\partial y}(\hat{H}_{2zx}+\hat{H}_{2zy}), \tag{4.8.27}$$

$$\mathrm{i}\omega\varepsilon_2 w_x\hat{E}_{zy}=-\frac{\partial}{\partial x}(\hat{H}_{2zx}+\hat{H}_{2zy}), \tag{4.8.28}$$

由此得到

$$\mathrm{i}\omega\varepsilon_2\frac{\partial}{\partial y}\hat{E}_{2x}=\frac{\partial}{\partial y}\frac{1}{w_y}\frac{\partial}{\partial y}\hat{H}_{2z},\quad \mathrm{i}\omega\varepsilon_2\frac{\partial}{\partial x}\hat{E}_{2y}=-\frac{\partial}{\partial x}\frac{1}{w_x}\frac{\partial}{\partial x}\hat{H}_{2z}.$$

将方程(4.8.24)和(4.8.25)代入以上两式,即有

$$-\omega^2\varepsilon_2\mu_2\hat{H}_{2zx}=-\frac{1}{w_{mx}}\frac{\partial}{\partial x}\frac{1}{w_x}\frac{\partial}{\partial x}\hat{H}_{2z}, \tag{4.8.29}$$

$$-\omega^2\varepsilon_2\mu_2\hat{H}_{2zy}=-\frac{1}{w_{my}}\frac{\partial}{\partial y}\frac{1}{w_y}\frac{\partial}{\partial y}\hat{H}_{2z}. \tag{4.8.30}$$

再将以上两式相加便得到 H_{2z} 满足的波动方程

$$\frac{1}{w_{mx}}\frac{\partial}{\partial x}\frac{1}{w_x}\frac{\partial\hat{H}_{2z}}{\partial x}+\frac{1}{w_{my}}\frac{\partial}{\partial y}\frac{1}{w_y}\frac{\partial\hat{H}_{2z}}{\partial y}+w^2\varepsilon_2\mu_2\hat{H}_{2z}=0. \tag{4.8.31}$$

该方程的解为

$$\hat{H}_{2z}=H_0 T\mathrm{e}^{-\mathrm{i}(\sqrt{w_x w_{mx}}\beta_{2x}x+\sqrt{w_y w_{my}}\beta_{2y}y)}, \tag{4.8.32}$$

同时满足如下的色散关系:

$$(\beta_{2x})^2+(\beta_{2y})^2=k_2^2. \tag{4.8.33}$$

将式(4.8.32)代入方程(4.8.27)和(4.8.28)又可得到

$$\hat{E}_{2x} = - H_0 T \frac{\beta_{2y}}{\omega \varepsilon_2} \sqrt{\frac{w_{\mathrm{my}}}{w_y}} \mathrm{e}^{-\mathrm{i}(\sqrt{w_x w_{\mathrm{mx}}}\beta_{2x}x + \sqrt{w_y w_{\mathrm{my}}}\beta_{2y}y)}, \qquad (4.8.34)$$

$$\hat{E}_{2y} = H_0 T \frac{\beta_{2x}}{\omega \varepsilon_2} \sqrt{\frac{w_{\mathrm{mx}}}{w_x}} \mathrm{e}^{-\mathrm{i}(\sqrt{w_x w_{\mathrm{mx}}}\beta_{2x}x + \sqrt{w_y w_{\mathrm{my}}}\beta_{2y}y)}. \qquad (4.8.35)$$

由于由式(4.8.2),(4.8.4)和式(4.8.32),(4.8.34),(4.8.35)分别表示的区域
1和区域2中的切向场分量在平面 $x=0$ 上必须满足连续性条件,因此有

$$w_y = w_{\mathrm{my}} = 1, \quad \beta_{2y} = \beta_{1y} = k_1 \sin\theta, \qquad (4.8.36)$$

$$R = \frac{\dfrac{\beta_{1x}}{\omega \varepsilon_1} - \dfrac{\beta_{2x}}{\omega \varepsilon_2} \sqrt{\dfrac{w_{\mathrm{mx}}}{w_x}}}{\dfrac{\beta_{1x}}{\omega \varepsilon_1} + \dfrac{\beta_{2x}}{\omega \varepsilon_2} \sqrt{\dfrac{w_{\mathrm{mx}}}{w_x}}}, \quad T = 1 + R. \qquad (4.8.37)$$

由式(4.8.26)可知,与 $w_y = w_{\mathrm{my}} = 1$ 等效的条件是 $\sigma_y = \sigma_{\mathrm{my}} = 0$. 从而,如果满足
条件 $\varepsilon_1 = \varepsilon_2$, $\mu_1 = \mu_2$ 和

$$\frac{\sigma_x}{\varepsilon_1} = \frac{\sigma_{\mathrm{mx}}}{\mu_1}, \qquad (4.8.38)$$

则有 $w_x = w_{\mathrm{mx}}$. 由式(4.8.6),(4.8.33)和(4.8.36)可知, $\beta_{2x} = \beta_{1x}$.

　　将这些结果代入式(4.8.37)可以看出,在上述条件下,对任意频率和任意入
射角都有 $R = 0$. 区域2中的场为

$$\hat{H}_{2z} = H_0 \mathrm{e}^{-\mathrm{i}(\omega_x \beta_{1x}x + \beta_{1y}y)} = H_0 \mathrm{e}^{-\mathrm{i}(\beta_{1x}x + \beta_{1y}y)} \mathrm{e}^{-(\sigma_x \eta_1 \cos\theta)x}, \qquad (4.8.39)$$

$$\hat{E}_{2x} = - H_0 \eta_1 \sin\theta \mathrm{e}^{-\mathrm{i}(\beta_{1x}x + \beta_{1y}y)} \mathrm{e}^{-(\sigma_x \eta_1 \cos\theta)x}, \qquad (4.8.40)$$

$$\hat{E}_{2y} = H_0 \eta_1 \sin\theta \mathrm{e}^{-\mathrm{i}(\beta_{1x}x + \beta_{1y}y)} \mathrm{e}^{-(\sigma_x \eta_1 \cos\theta)x}. \qquad (4.8.41)$$

由此可知,波在 Berenger 媒质层内是以与入射波相同的方向和速度传播的,且
在与分界面垂直的方向上呈指数衰减,衰减系数与频率无关,与前一小节中所描
述的传统的媒质中的情况不同,这一性质适用于任意入射角.因此,将满足上述
条件的 Berenger 媒质称为 Berenger 完全匹配层(Perfectly Matched Layer,
PML).

　　如果分界面垂直于 y 轴,则对向平面 $y=0$ 入射的 TE 平面波有完全类似的
结果.

　　总体看来,如果用 $(\sigma_x, \sigma_{\mathrm{mx}}, \sigma_y, \sigma_{\mathrm{my}})$ 表示 Berenger 媒质的损耗参数,则对从
无耗区域中入射的 TE 波而言,在介电常数和磁导率满足上述要求的前提下,
与 x 轴有垂直分界面的完全匹配层的损耗参数为 $(\sigma_x, \sigma_{\mathrm{mx}}, 0, 0)$,而与 y 轴有
垂直分界面的完全匹配媒质的损耗参数为 $(0, 0, \sigma_y, \sigma_{\mathrm{my}})$,其中 $\sigma_x, \sigma_{\mathrm{mx}}, \sigma_y$ 和 σ_{my}
均满足式(4.8.13).

　　根据以上分析,构造一种由完全匹配层构成的 TE 波的吸收边界,如图4.18

所示,角点处重叠区域的媒质参数与相邻媒质的参数相同,也是完全匹配的. 为此,需要证明两个完全匹配层之间的匹配问题.

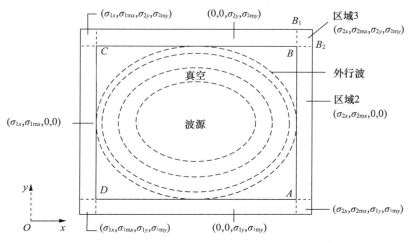

图 4.18　由完全匹配层构成的 TE 波的吸收边界

以图 4.18 中右上角的重叠区域为例,并将其称为区域 3. 这个问题的特点是:将透入与 x 轴有垂直分界面的完全匹配层的波作为与 y 轴有垂直分界面的完全匹配层的入射波. 为方便起见,设区域 3 与区域 2 的分界面为平面 $y=0$. 入射波的磁场由式(4.8.39)表示,若反射系数仍用 R 表示,则总磁场为

$$\hat{\boldsymbol{H}}_2 = \hat{\boldsymbol{z}} H_0 (1 + R e^{-i2\beta_{2y}y}) e^{-i(w_x\beta_{2x}x + \beta_{2y}y)}. \tag{4.8.42}$$

总电场可由方程(4.8.27)和(4.8.28)求出

$$\hat{\boldsymbol{E}}_2 = \left[-\hat{\boldsymbol{x}} \frac{\beta_{2y}}{\omega\varepsilon_2}(1 - R e^{-i2\beta_{2y}y}) + \hat{\boldsymbol{y}} \frac{w_x\beta_{2x}}{\omega w_x\varepsilon_2}(1 + R e^{-i2\beta_{2y}y}) \right] H_0 e^{-i(w_x\beta_{2x}x + \beta_{2y}y)}. \tag{4.8.43}$$

区域 3 中的场也满足类似于方程(4.8.32)～(4.8.35)的一组分量方程

$$\hat{H}_{3z} = H_0 T e^{-i(w_x\beta_{3x}x + \sqrt{w_y w_{my}}\beta_{3y}y)}, \tag{4.8.44}$$

$$\hat{E}_{3x} = - H_0 T \frac{\beta_{3y}}{\omega\varepsilon_3} \sqrt{\frac{w_{my}}{w_y}} e^{-i(w_x\beta_{3x}x + \sqrt{w_y w_{my}}\beta_{3y}y)}, \tag{4.8.45}$$

$$\hat{E}_{3y} = H_0 T \frac{\beta_{3x}}{\omega\varepsilon_3} e^{-i(w_x\beta_{3x}x + \sqrt{w_y w_{my}}\beta_{3y}y)} \tag{4.8.46}$$

以及如下的色散关系

$$\beta_{3x}^2 + \beta_{3y}^2 = k_3^2. \tag{4.8.47}$$

根据平面 $y=0$ 两侧切向场分量的连续性可以导出

$$w_x\beta_{2x} = w_x\beta_{3x}, \tag{4.8.48}$$

$$R = \frac{\dfrac{\beta_{2y}}{\omega\varepsilon_2} - \dfrac{\beta_{3y}}{\omega\varepsilon_3}\sqrt{\dfrac{w_{my}}{w_y}}}{\dfrac{\beta_{2y}}{\omega\varepsilon_2} + \dfrac{\beta_{3y}}{\omega\varepsilon_3}\sqrt{\dfrac{w_{my}}{w_y}}}, \quad T = 1 + R. \tag{4.8.49}$$

如果 $\varepsilon_3 = \varepsilon_2$,则平面 $y=0$ 两侧的 w_x 相等,且 $w_y = w_{my}$,于是有

$$\beta_{3y} = \beta_{2y}, \quad R = 0. \tag{4.8.50}$$

这一结论对在平面 $y=0$ 上的任意入射角 $\varphi = 90° - \theta$(θ 为垂直于 x 轴入射到区域 2 的平面波的入射角)和任意频率都成立. 上式中 $R=0$ 的条件在区域 3 的媒质参数设置中已经得到满足. w_x 的连续性要求平面 $y=0$ 两侧的 σ_x 相等,而 σ_x 和 σ_{mx} 满足的匹配条件要求该平面两侧的 σ_{mx} 也相等. 由于区域 3 中的损耗参数满足匹配条件,从而有 $w_y = w_{my}$.

上述分析方法完全适用于 TM 波的情况,所不同的是这时需要分裂 E_z,即令

$$\boldsymbol{E}_z = \boldsymbol{E}_{zx} + \boldsymbol{E}_{zy}, \tag{4.8.51}$$

这样,区域 2 中的 TM 波所满足的一组分量方程为

$$\mu_2\frac{\partial H_{2x}}{\partial t} + \sigma_{my}H_{2x} = -\frac{\partial}{\partial y}(E_{2zx} + E_{2zy}), \tag{4.8.52}$$

$$\mu_2\frac{\partial H_{2y}}{\partial t} + \sigma_{mx}H_{2y} = \frac{\partial}{\partial x}(E_{2zx} + E_{2zy}), \tag{4.8.53}$$

$$\varepsilon_2\frac{\partial E_{2zx}}{\partial t} + \sigma_x E_{2zx} = \frac{\partial H_{2y}}{\partial x}, \tag{4.8.54}$$

$$\varepsilon_2\frac{\partial E_{2zy}}{\partial t} + \sigma_y E_{2zy} = -\frac{\partial H_{2x}}{\partial y}. \tag{4.8.55}$$

与方程(4.8.18)~(4.8.21)对比发现,二者有完全的对应关系,而且匹配条件也完全相同,于是,对 TE 波设置的吸收边界条件对 TM 波也同样有效.

推广到三维空间,所有场分量都要分裂,麦克斯韦旋度方程的分量式可写为

$$\left(\varepsilon\frac{\partial}{\partial t} + \sigma_y\right)E_{xy} = \frac{\partial}{\partial y}(H_{zx} + H_{zy}), \tag{4.8.56}$$

$$\left(\varepsilon\frac{\partial}{\partial t} + \sigma_z\right)E_{xz} = -\frac{\partial}{\partial z}(H_{yx} + H_{yz}), \tag{4.8.57}$$

$$\left(\varepsilon\frac{\partial}{\partial t} + \sigma_z\right)E_{yz} = \frac{\partial}{\partial z}(H_{xy} + H_{xz}), \tag{4.8.58}$$

$$\left(\varepsilon\frac{\partial}{\partial t} + \sigma_x\right)E_{yx} = -\frac{\partial}{\partial x}(H_{zx} + H_{zy}), \tag{4.8.59}$$

$$\left(\varepsilon\frac{\partial}{\partial t} + \sigma_x\right)E_{zx} = \frac{\partial}{\partial x}(H_{yx} + H_{yz}), \tag{4.8.60}$$

$$\left(\varepsilon\frac{\partial}{\partial t} + \sigma_y\right)E_{zy} = -\frac{\partial}{\partial y}(H_{xy} + H_{xz}), \tag{4.8.61}$$

$$\left(\mu\frac{\partial}{\partial t}+\sigma_{my}\right)H_{xy}=-\frac{\partial}{\partial y}(E_{zx}+E_{zy}),\qquad(4.8.62)$$

$$\left(\mu\frac{\partial}{\partial t}+\sigma_{mz}\right)H_{xz}=\frac{\partial}{\partial z}(E_{yx}+E_{yz}),\qquad(4.8.63)$$

$$\left(\mu\frac{\partial}{\partial t}+\sigma_{mz}\right)H_{yz}=-\frac{\partial}{\partial z}(E_{xy}+E_{xz}),\qquad(4.8.64)$$

$$\left(\mu\frac{\partial}{\partial t}+\sigma_{mx}\right)H_{yx}=\frac{\partial}{\partial x}(E_{zx}+E_{zy}),\qquad(4.8.65)$$

$$\left(\mu\frac{\partial}{\partial t}+\sigma_{mx}\right)H_{zx}=-\frac{\partial}{\partial x}(E_{yx}+E_{yz}),\qquad(4.8.66)$$

$$\left(\mu\frac{\partial}{\partial t}+\sigma_{my}\right)H_{zy}=\frac{\partial}{\partial y}(E_{xy}+E_{xz}).\qquad(4.8.67)$$

三维空间中完全匹配层的匹配条件与二维空间中的类似. 分界面垂直于 $s(s=x,y,z)$ 轴的完全匹配层的损耗参数 (σ_s,σ_{ms}) 满足匹配条件, 其他参数均为零. 透入到完全匹配层内的波沿 s 轴的正、负方向呈指数衰减. 在角点处重叠区域内, 完全匹配层的参数设置也与二维情况类似.

4.8.3 Berenger 完全匹配层在时域有限差分法中的应用

由于 Berenger 完全匹配层比 Engquist-Majda 吸收边界条件具有更好的吸收性能, 因此很快就在时域有限差分法中得到广泛的应用. 在直角坐标系中, 最直接、最简单的应用是如图 4.18 所示的二维问题, 其中除在完全匹配层内存在散射体或辐射体外, 与完全匹配层最外层接触的区域均可设为自由空间, 这些区域中的计算将执行传统的时域有限差分格式, 而在完全匹配层中需采用由方程 $(4.8.18)\sim(4.8.21)$ 或 $(4.8.52)\sim(4.8.55)$ 导出的差分格式. 为此, 仍采用 Yee 氏网格单元, 将分裂的 H_z 或 E_z 仍置于原来的位置. 另外, 由于电磁波在完全匹配层中衰减得很快, 用通常方法推导差分格式可能引起较大误差, 甚至导致数值不稳定, 故常采用指数差分格式, 具体处理方法请参看有关文献.

在三维问题中, 有 6 个场分量被分裂, 但仍可将分裂的场量分别重叠在 Yee 氏网格单元中的原有位置, 然后, 利用这种网格设置可以建立被分裂的 12 个场分量的差分格式.

为了保证良好的吸收效果, 需要设置足够厚的完全匹配层(即所占的网格层数足够多). 由于完全匹配层被设置在网格空间的外层, 其厚度的增加使计算机的存储空间和 CPU 时间明显增加.

由于将 PML 的厚度有限, 到达最外层的入射波必有一定的反射, 返回到场的计算区域, 成为吸收边界条件不完善的指标. 一种简单的方法是, 将 PML 的最外层设置成理想导体. 假设 PML 的厚度为 d, 则根据式 $(4.8.41)$ 可知, 这时

PML 的反射系数为

$$R(\theta) = e^{-2\sigma d \, \cos\theta}. \tag{4.8.68}$$

为了降低 PML 的反射,PML 的外层也可设置成前面所讨论的任一种吸收边界条件,它们肯定会大大降低 PML 的最外层反射,当然其代价是增加计算复杂度.究竟如何设置,要根据对吸收边界性能的要求而定.

在离散网格空间中应用 PML 情况将更为复杂,分层的结果会带来附加的反射.为了提高离散后 PML 的性能,既保持好的吸收效果,又能减少层间的反射,往往采用电导率 σ 要逐渐提高的方法,让 PML 的内边界 $\sigma = 0$,而外边界为 $\sigma = \sigma_{\max}$,且满足

$$\sigma(\xi) = \sigma_{\max} \left(\frac{\xi}{d} \right)^m, \tag{4.8.69}$$

其中 ξ 为离开内边界的距离,一般取 m 等于 2 或 3.

§4.9   各向异性完全匹配层

Berenger 完全匹配层对改善吸收边界条件起到非常重要的作用,但由于需对场分量进行分裂,不能应用于一般形式的麦克斯韦旋度方程,使其应用受到了一定限制.Sacks 和 Gedney 完全匹配层的提出开启了这一方面的深入研究,并取得了一系列成果.研究发现,场分量分裂并不是必需的.只要完全匹配层的媒质是各向异性的,就可具有相同的性质,其中传播的电磁波也满足非场分量分裂的麦克斯韦旋度方程,这种匹配层现在称为单轴完全匹配层(Uniaxial Perfectly Matched Layer, UPML).

4.9.1   Sacks 和 Gedney 完全匹配层

假定垂直于 z 轴的平面 $z = 0$ 将空间分成两个区域,区域 1 中的媒质是各向同性的,用 ε_1 和 μ_1 描述,区域 2 中的媒质是单轴各向异性的,用张量 ε_2 和 μ_2 描述.这种媒质对 z 轴是旋转对称的(即 $\varepsilon_{yy} = \varepsilon_{xx}$,$\mu_{yy} = \mu_{xx}$),可表示为

$$\varepsilon_2 = \varepsilon_2 \begin{bmatrix} a & 0 & 0 \\ 0 & a & 0 \\ 0 & 0 & b \end{bmatrix} \quad \mu_2 = \mu_2 \begin{bmatrix} c & 0 & 0 \\ 0 & c & 0 \\ 0 & 0 & d \end{bmatrix}, \tag{4.9.1}$$

其中 a, b, c, d 为常数.设入射波为简谐平面波,则区域 2 中的场满足麦克斯韦旋度方程

$$\nabla \times \hat{\boldsymbol{E}} = -i\omega \boldsymbol{\mu}_2 \cdot \hat{\boldsymbol{H}}, \quad \nabla \times \hat{\boldsymbol{H}} = i\omega \boldsymbol{\varepsilon}_2 \cdot \hat{\boldsymbol{E}}. \tag{4.9.2}$$

任意极化方向的入射波在区域 1 中可表示为

$$\hat{\boldsymbol{H}}_i = \hat{\boldsymbol{y}} H_0 e^{-i(\beta_{1x} x + \beta_{1z} z)}, \tag{4.9.3}$$

其中 H_0 为常数，β_{1x} 和 β_{1z} 为传播常数 $\boldsymbol{\beta}_1$ 的分量，其在区域 2 中激发的也是平面波. 令其传输常数为 $\boldsymbol{\beta}_2$，则由方程(4.9.2)可得到区域 2 中的场所满足的方程

$$\boldsymbol{\beta}_2 \times \hat{\boldsymbol{E}} = \omega \boldsymbol{\mu}_2 \cdot \hat{\boldsymbol{H}}, \quad \boldsymbol{\beta}_2 \times \hat{\boldsymbol{H}} = -\omega \boldsymbol{\varepsilon}_2 \cdot \hat{\boldsymbol{E}}, \tag{4.9.4}$$

从而导出磁场满足的波动方程

$$\boldsymbol{\beta}_2 \times \boldsymbol{\varepsilon}_2^{-1} \cdot (\boldsymbol{\beta}_2 \times \hat{\boldsymbol{H}}) + \omega^2 \boldsymbol{\mu}_2 \cdot \hat{\boldsymbol{H}} = 0. \tag{4.9.5}$$

将上式展开并写成如下矩阵形式

$$\begin{bmatrix} k_2^2 c - \beta_{2z}^2/a & 0 & \beta_{2x}\beta_{2z}/a \\ 0 & k_2^2 c - \beta_{2z}^2/a - \beta_{2x}^2/b & 0 \\ \beta_{2x}\beta_{2z}/a & 0 & k_2^2 d - \beta_{2x}^2/a \end{bmatrix} \begin{bmatrix} H_x \\ H_y \\ H_z \end{bmatrix} = \begin{bmatrix} 0 \\ 0 \\ 0 \end{bmatrix}, \tag{4.9.6}$$

其中 $k_2^2 = \omega^2 \varepsilon_2 \mu_2$，$\boldsymbol{\beta}_2 = \beta_{2x}\hat{\boldsymbol{x}} + \beta_{2z}\hat{\boldsymbol{z}}$.

由于场 $\hat{\boldsymbol{E}}$ 满足的方程也可以导出类似的矩阵方程，并由它们推知相对于 y 轴的 TE_y 波$(E_y = 0)$ 和 TM_y 波$(H_y = 0)$，并分别满足以下色散关系

$$k_2^2 - \beta_{2z}^2/ca - \beta_{2x}^2/bc = 0 \quad (\hat{E}_y = 0), \tag{4.9.7}$$

$$k_2^2 - \beta_{2z}^2/ca - \beta_{2x}^2/ad = 0 \quad (\hat{H}_y = 0). \tag{4.9.8}$$

假设区域 1 中的 TE_y 波入射到分界面 $z = 0$ 上，则区域 1 中的总场为入射场与反射场的叠加. 用 R 表示平面 $z = 0$ 上的磁场反射系数，则有

$$\hat{\boldsymbol{H}}_1 = \hat{\boldsymbol{y}} H_0 (1 + R\mathrm{e}^{\mathrm{i}2\beta_{1z}z}) \mathrm{e}^{-\mathrm{i}(\beta_{1z}z+\beta_{1x}x)}, \tag{4.9.9}$$

$$\hat{\boldsymbol{E}}_1 = \left[-\hat{\boldsymbol{x}} \frac{\beta_{1z}}{\omega\varepsilon_1}(1 + R\mathrm{e}^{\mathrm{i}2\beta_{1z}z}) + \hat{\boldsymbol{z}} \frac{\beta_{1x}}{\omega\varepsilon_1}(1 - R\mathrm{e}^{\mathrm{i}2\beta_{1z}z}) \right] H_0 \mathrm{e}^{-\mathrm{i}(\beta_{1x}x+\beta_{1z}z)}. \tag{4.9.10}$$

由于透入到区域 2 中的波仍为 TE_y 波，传输特性满足式(4.9.7)，故磁场可表示为

$$\hat{\boldsymbol{H}}_2 = \hat{\boldsymbol{y}} H_0 T \mathrm{e}^{-\mathrm{i}(\beta_{2x}x+\beta_{2z}z)}, \tag{4.9.11}$$

其中 T 为磁场透射系数. 电场可由方程(4.9.4)中的第二式求出，即

$$\hat{\boldsymbol{E}}_2 = -\frac{1}{\omega} \boldsymbol{\varepsilon}^{-1} \cdot (\boldsymbol{\beta}_2 \times \hat{\boldsymbol{H}}_2) = \left(-\hat{\boldsymbol{x}} \frac{\beta_{2z}}{\omega\varepsilon_2 a} + \hat{\boldsymbol{z}} \frac{\beta_{2x}}{\omega\varepsilon_2 b} \right) H_0 T \mathrm{e}^{-\mathrm{i}(\beta_{2x}x+\beta_{2z}z)}. \tag{4.9.12}$$

根据平面 $z = 0$ 两侧切向场分量的连续性条件，可得到

$$R = \frac{\beta_{1z} - \beta_{2z}/a}{\beta_{1z} + \beta_{2z}/a}, \quad T = 1 + R. \tag{4.9.13}$$

$$\beta_{2x} = \beta_{1x}. \tag{4.9.14}$$

将上式代入式(4.9.7)即可解出

$$\beta_{2z} = \sqrt{ack_2^2 - (a/b)\beta_{1x}^2}. \tag{4.9.15}$$

如果满足条件 $\varepsilon_1 = \varepsilon_2$，$\mu_1 = \mu_2$，$c = a$ 和 $a = 1/b$，则有

$$k_1 = k_2, \quad \beta_{2z} = \sqrt{a^2 k_1^2 - a^2 \beta_{1x}^2} = a\sqrt{k_1^2 - \beta_{1x}^2} = a\beta_{1z}. \quad (4.9.16)$$

将式(4.9.16)代入式(4.9.13)可知,在上述条件下,对任意 β_{1z} 都有 $R=0$. 也就是说,对所有的入射角而言,平面 $z=0$ 都是无反射的.

　　类似地,对于 TM$_y$ 波,所得的电场反射系数是式(4.9.13)的对偶,只需在式(4.9.13)～(4.9.16)中将 a 和 c 互换,并将 b 换成 d. 如果 $c=a, d=1/a$,则分界面也是无反射的.

　　综合考虑 TE$_y$ 波和 TM$_y$ 波,满足无反射条件的完全匹配层的媒质参数 $\boldsymbol{\varepsilon}_2$ 和 $\boldsymbol{\mu}_2$ 为如下形式的并矢

$$\boldsymbol{\varepsilon}_2 = \varepsilon_1 \boldsymbol{S}_z, \quad \boldsymbol{\mu}_2 = \mu_1 \boldsymbol{S}_z, \quad \boldsymbol{S}_z = \begin{bmatrix} s_z & 0 & 0 \\ 0 & s_z & 0 \\ 0 & 0 & 1/s_z \end{bmatrix}, \quad (4.9.17)$$

其中 s_z 为常数. 这种媒质的无反射特性与入射波的角度、极化方向和频率无关. 由式(4.9.7)和(4.9.8)还可以发现,TE$_y$ 波和 TM$_y$ 波的特性波阻抗是一样的. 这类媒质称为单轴完全匹配层(UPML),以表征其具有单轴各向异性且完全匹配的特性.

　　与 Berenger 完全匹配层类似,对区域 2 中任意的 w_x,单轴完全匹配层都具有无反射特性. 例如,令

$$s_z = 1 + \frac{\sigma_z}{\mathrm{i}\omega \varepsilon_1} = 1 - \mathrm{i}\frac{\sigma_z}{\omega \varepsilon_1}, \quad (4.9.18)$$

由式(4.9.16)得

$$\beta_{2z} = \left(1 - \mathrm{i}\frac{\sigma_z}{\omega \varepsilon_1}\right)\beta_{1z}, \quad (4.9.19)$$

由上式和式(4.9.14)可以看出,入射波和透射波的相速度对任何入射角都是相同的,区域 1 和区域 2 中的特性波阻抗也是相同的. 这正说明分界面 $z=0$ 两侧的媒质是匹配的.

　　将式(4.9.14)和(4.9.19)代入式(4.9.11)和(4.9.12),可得到单轴完全匹配层中的 TE$_y$ 波:

$$\hat{\boldsymbol{H}}_2 = \hat{\boldsymbol{y}} H_0 \mathrm{e}^{-\mathrm{i}(\beta_{1z}z + \beta_{1x}x)} \mathrm{e}^{-(\sigma_z \eta_1 \cos\theta)z}, \quad (4.9.20)$$

$$\hat{\boldsymbol{E}}_2 = (-\hat{\boldsymbol{z}}w_x\eta_1\sin\theta + \hat{\boldsymbol{x}}\eta_1\cos\theta)H_0 \mathrm{e}^{-\mathrm{i}(\beta_{1z}z+\beta_{1x}x)} \mathrm{e}^{-\sigma_z\eta_1\cos\theta z}, \quad (4.9.21)$$

其中 θ 表示相对于 z 轴的入射角,$\eta_1 = \sqrt{\mu_1/\varepsilon_1}$. 由此可见,透射到单轴完全匹配层中的波以与入射波相同的相速度传播时,沿垂直于分界面的方向按指数规律衰减,且衰减常数与频率无关,但依赖于 θ 和单轴完全匹配层的电导率 σ_z.

4.9.2　UPML 的时域有限差分格式

　　由于不必对场量进行分裂处理,Gedney 完全匹配层的时域有限差分格式变

得更加简单. 本小节只推导前一小节所描述的分界面与 z 轴垂直的单轴各向异性完全匹配层中的计算格式, 故可去掉表示不同区域的下角标. 若媒质参数采用式(4.9.17)和(4.9.18), 则方程(4.9.2)的分量式可分别表示为

$$\begin{bmatrix} \dfrac{\partial \hat{E}_z}{\partial y} - \dfrac{\partial \hat{E}_y}{\partial z} \\[3mm] \dfrac{\partial \hat{E}_x}{\partial z} - \dfrac{\partial \hat{E}_z}{\partial x} \\[3mm] \dfrac{\partial \hat{E}_y}{\partial x} - \dfrac{\partial \hat{E}_x}{\partial y} \end{bmatrix} = -\,\mathrm{i}\omega\mu \begin{bmatrix} 1+\dfrac{\sigma_z}{\mathrm{i}\omega\,\varepsilon} & 0 & 0 \\[3mm] 0 & 1+\dfrac{\sigma_z}{\mathrm{i}\omega\,\varepsilon} & 0 \\[3mm] 0 & 0 & \dfrac{1}{1+\dfrac{\sigma_z}{\mathrm{i}\omega\,\varepsilon}} \end{bmatrix} \begin{bmatrix} \hat{H}_x \\[3mm] \hat{H}_y \\[3mm] \hat{H}_z \end{bmatrix},$$

$$\text{(4.9.22)}$$

$$\begin{bmatrix} \dfrac{\partial \hat{H}_z}{\partial y} - \dfrac{\partial \hat{H}_y}{\partial z} \\[3mm] \dfrac{\partial \hat{H}_x}{\partial z} - \dfrac{\partial \hat{H}_z}{\partial x} \\[3mm] \dfrac{\partial \hat{H}_y}{\partial x} - \dfrac{\partial \hat{H}_x}{\partial y} \end{bmatrix} = \mathrm{i}\omega\mu \begin{bmatrix} 1+\dfrac{\sigma_z}{\mathrm{i}\omega\,\varepsilon} & 0 & 0 \\[3mm] 0 & 1+\dfrac{\sigma_z}{\mathrm{i}\omega\,\varepsilon} & 0 \\[3mm] 0 & 0 & \dfrac{1}{1+\dfrac{\sigma_z}{\mathrm{i}\omega\,\varepsilon}} \end{bmatrix} \begin{bmatrix} \hat{E}_x \\[3mm] \hat{E}_y \\[3mm] \hat{E}_z \end{bmatrix}. \quad \text{(4.9.23)}$$

方程(4.9.22)和(4.9.23)中的前两个分量式很容易转换到时域, 可将其表示成传统的时域有限差分格式. 然而, 第三个分量式不能直接转换, 故不能按一般的方法导出其对应的差分格式, 需增加一个中间步骤.

这里, 仍采用 Yee 氏网格. 为使其中网格参数的设置更符合一般规律, 引入等效磁阻率 σ_{mz}, 令其满足

$$\frac{\sigma_{\mathrm{mz}}}{\mu} = \frac{\sigma_z}{\varepsilon}. \quad \text{(4.9.24)}$$

于是, 方程(4.9.22)可改写为

$$\begin{bmatrix} \dfrac{\partial \hat{E}_z}{\partial y} - \dfrac{\partial \hat{E}_y}{\partial z} \\[3mm] \dfrac{\partial \hat{E}_x}{\partial z} - \dfrac{\partial \hat{E}_z}{\partial x} \\[3mm] \dfrac{\partial \hat{E}_y}{\partial x} - \dfrac{\partial \hat{E}_x}{\partial y} \end{bmatrix} = -\,\mathrm{i}\omega\mu \begin{bmatrix} 1+\dfrac{\sigma_{\mathrm{mz}}}{\mathrm{i}\omega\mu} & 0 & 0 \\[3mm] 0 & 1+\dfrac{\sigma_{\mathrm{mz}}}{\mathrm{i}\omega\mu} & 0 \\[3mm] 0 & 0 & \dfrac{1}{1+\dfrac{\sigma_z}{\mathrm{i}\omega\mu}} \end{bmatrix} \begin{bmatrix} \hat{H}_x \\[3mm] \hat{H}_y \\[3mm] \hat{H}_z \end{bmatrix}.$$

$$\text{(4.9.25)}$$

为了导出方程(4.9.25)中第三个分量式的差分格式, 先计算一个中间量 $\bar{H}_z$. 令

$$\hat{\bar{H}}_z = \frac{1}{1 + \frac{\sigma_{mz}}{i\omega\mu}}\hat{H}_z, \tag{4.9.26}$$

于是在时域有

$$\frac{\partial E_y}{\partial x} - \frac{\partial E_x}{\partial y} = -\mu\frac{\partial \bar{H}_z}{\partial t}. \tag{4.9.27}$$

采用中心差分近似,由上式得到 $\bar{H}_z$ 的差分格式

$$\bar{H}_z^{n+\frac{1}{2}}\left(i+\frac{1}{2},j+\frac{1}{2},k\right) = \bar{H}_z^{n-\frac{1}{2}}\left(i+\frac{1}{2},j+\frac{1}{2},k\right)$$

$$-\frac{\Delta t}{\mu}\left[\frac{E_y^n\left(i+1,j+\frac{1}{2},k\right) - E_y^n\left(i,j+\frac{1}{2},k\right)}{\Delta x}\right.$$

$$\left. -\frac{E_x^n\left(i+\frac{1}{2},j+1,k\right) - E_x^n\left(i+\frac{1}{2},j,k\right)}{\Delta y}\right], \tag{4.9.28}$$

其中 Δx 和 Δy 分别为沿 x 和 y 轴的空间步长,Δt 为时间步长. 由式(4.9.26)得

$$i\omega\hat{\bar{H}}_z + \frac{\sigma_{mz}}{\mu}\bar{H}_z = i\omega\hat{H}_z, \tag{4.9.29}$$

与其对应的时域形式为

$$\frac{\partial \bar{H}_z}{\partial t} + \frac{\sigma_{mz}}{\mu}\bar{H}_z = \frac{\partial H_z}{\partial t}. \tag{4.9.30}$$

由此可通过 $\bar{H}_z$ 得到 H_z 的差分格式

$$H_z^{n+\frac{1}{2}} = H_z^{n-\frac{1}{2}} + \left(1 + \frac{\sigma_{mz}\Delta t}{2\mu}\right)\bar{H}_z^{n+\frac{1}{2}} - \left(1 - \frac{\sigma_{mz}\Delta t}{2\mu}\right)\bar{H}_z^{n-\frac{1}{2}}. \tag{4.9.31}$$

于是,通过如方程(4.9.28)和(4.9.31)所示的两个步骤即可完成 H_z 的计算.

类似地,可以导出方程(4.9.23)中第三个分量式的时域有限差分格式,令

$$\hat{\bar{E}}_z = \frac{1}{1 + \frac{\sigma_z}{i\omega\varepsilon}}\hat{E}_z, \tag{4.9.32}$$

则在时域有

$$\frac{\partial H_y}{\partial x} - \frac{\partial H_x}{\partial y} = \varepsilon\frac{\partial \bar{E}_z}{\partial t}, \tag{4.9.33}$$

从而得到 $\bar{E}_z$ 的差分格式

$$\bar{E}_z^{n+1}\left(i,j,k+\frac{1}{2}\right) = \bar{E}_z^n\left(i,j,k+\frac{1}{2}\right)$$

$$+\frac{\Delta t}{\varepsilon}\left[\frac{H_y^{n+\frac{1}{2}}\left(i+\frac{1}{2},j,k+\frac{1}{2}\right) - H_y^{n+\frac{1}{2}}\left(i-\frac{1}{2},j,k+\frac{1}{2}\right)}{\Delta x}\right.$$

$$- \frac{H_x^{n+\frac{1}{2}}\left(i,j+\frac{1}{2},k+\frac{1}{2}\right) - H_x^{n+\frac{1}{2}}\left(i,j-\frac{1}{2},k+\frac{1}{2}\right)}{\Delta y} \Bigg]. \qquad (4.9.34)$$

由式(4.9.32)得

$$\mathrm{i}\omega\hat{\bar{E}}_z + \frac{\sigma_z}{\varepsilon}\hat{\bar{E}} = \mathrm{i}\omega\hat{\bar{E}}_z, \qquad (4.9.35)$$

与其对应的时域形式为

$$\frac{\partial \bar{E}_z}{\partial t} + \frac{\sigma_z}{\varepsilon}\bar{E}_z = \frac{\partial E_z}{\partial t}. \qquad (4.9.36)$$

由此可通过 $\bar{E}_z$ 得到 E_z 的时域有限差分格式

$$E_z^{n+1} = E_z^n + \left(1 + \frac{\sigma_z \Delta t}{2\varepsilon}\right)\bar{E}_z^{n+1} - \left(1 - \frac{\sigma_z \Delta t}{2\varepsilon}\right)\bar{E}_z^n. \qquad (4.9.37)$$

于是,通过方程(4.9.34)和(4.9.37)所示的两个步骤即可完成 E_z 的计算.

4.9.3　UPML 的交叠

上面讨论了分界面垂直于 z 轴时 UPML 应具有的特性参数由式(4.9.17)给出. 用同样的方法可推出与 x 轴和 y 轴垂直分界面一侧的 UPML 保持同样特性所应具有的特性参数分别为

$$\boldsymbol{\varepsilon}_2 = \varepsilon_1 \boldsymbol{S}_x, \quad \boldsymbol{\mu}_2 = \mu_1 \boldsymbol{S}_x, \quad \boldsymbol{S}_x = \begin{bmatrix} s_x^{-1} & 0 & 0 \\ 0 & s_x & 0 \\ 0 & 0 & s_x \end{bmatrix} \qquad (4.9.38)$$

和

$$\boldsymbol{\varepsilon}_2 = \varepsilon_1 \boldsymbol{S}_y, \quad \boldsymbol{\mu}_2 = \mu_1 \boldsymbol{S}_y, \quad \boldsymbol{S}_y = \begin{bmatrix} s_y & 0 & 0 \\ 0 & s_y^{-1} & 0 \\ 0 & 0 & s_y \end{bmatrix} \qquad (4.9.39)$$

其中

$$s_x = 1 + \frac{\sigma_x}{\mathrm{i}\omega\varepsilon}, \quad s_y = 1 + \frac{\sigma_y}{\mathrm{i}\omega\varepsilon}. \qquad (4.9.40)$$

在直角坐标系中,完全包围一个计算区域的吸收边界由分别垂直于三个坐标的三对具有适当厚度的 UPML 带构成. 因此,在 UPML 吸收边界的棱边和顶角区域就需要对其性能有特殊设置,以便从不同方向进入其中的电磁波也不产生反射. 根据前面的分析可知,由某个区域投射到 UPML 的电磁波无反射的条件是UPML 的特性参数等于原区域媒质的参数与表示 UPML 各向异性的张量 $\boldsymbol{S}$ 相乘. 由此可以想见,对于垂直坐标 x 和 y 的两个 UPML 带的相交棱边区域的媒质 $\boldsymbol{\varepsilon}_{xy}$ 和 $\boldsymbol{\mu}_{xy}$ 应表示为

$$\boldsymbol{\varepsilon}_{xy} = \varepsilon_1 \boldsymbol{S}_x \cdot \boldsymbol{S}_y, \quad \boldsymbol{\mu}_{xy} = \mu_1 \boldsymbol{S}_x \cdot \boldsymbol{S}_y, \qquad (4.9.41)$$

对于其他棱边,可用类似的方法推知.

　　对于顶角区域,都是三种 UPML 相交,用以上方法可推知其各向异性参数应为

$$\boldsymbol{\varepsilon}_{xyz} = \varepsilon_1 \boldsymbol{S}_x \cdot \boldsymbol{S}_y \cdot \boldsymbol{S}_z = \varepsilon_1 \begin{bmatrix} \dfrac{s_y s_z}{s_x} & 0 & 0 \\ 0 & \dfrac{s_x s_z}{s_y} & 0 \\ 0 & 0 & \dfrac{s_x s_y}{s_z} \end{bmatrix}, \tag{4.9.42}$$

$$\boldsymbol{\mu}_{xyz} = \mu_1 \boldsymbol{S}_x \cdot \boldsymbol{S}_y \cdot \boldsymbol{S}_z = \mu_1 \begin{bmatrix} \dfrac{s_y s_z}{s_x} & 0 & 0 \\ 0 & \dfrac{s_x s_z}{s_y} & 0 \\ 0 & 0 & \dfrac{s_x s_y}{s_z} \end{bmatrix}, \tag{4.9.43}$$

式(4.9.18)和(4.9.40)所表示的参数都是假定计算区域中的媒质是无耗的. 对于有耗媒质 s 参数可采用更一般的形式

$$s_\xi = k_\xi + \frac{\sigma_\xi}{\mathrm{i}\omega\,\varepsilon}, \tag{4.9.44}$$

其中 $\xi = x, y, z$.

　　由于 $\omega = 0$ 为 s_ξ 的极点,故对低频区 UPML 的性能会变坏,克服这一缺点的一种方法是采用复频偏移技术(Complex Frequency-Shifted,CFS),即选取

$$s_\xi = k_\xi + \frac{\sigma_\xi}{\alpha_\xi + \mathrm{i}\omega\,\varepsilon} \tag{4.9.45}$$

由于篇幅的限制,对这些问题不再进行详细讨论.

4.9.4　UPML 的性能验证

　　UPML 已有深入的研究和广泛的应用,实际应用中的性能也有丰富的材料.下面仅就文献[107]中所给出的在 FDTD 中作为吸收边界应用的效果加以介绍,以便对其性能获得具体了解.

　　文中给出的计算实例是在二维 40×40 的 TE_z FDTD 网格中进行的,其中心设置一个 y 方向的电流源,与时间的关系为

$$J_y(x_0, y_0, t) = -2[(t - t_0)/t_w]\mathrm{e}^{-[(t - t_0)/t_w]^2}, \tag{4.9.46}$$

其中 $t_w = 26.53\mathrm{ps}, t_0 = 4t_w$.

　　计算区域和 PML 边界由图 4.19 给出,网格为 1 mm 正方形,时间步长取为

Courant 极限的 0.99,电场 E 的检测点分别为图中的 A 和 B.

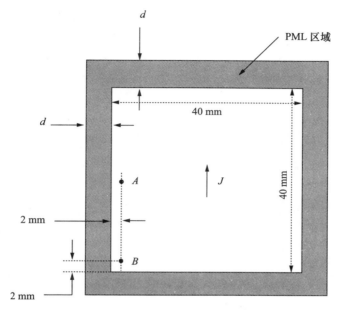

图 4.19　检测 PML 性能的计算空间

A 点与源在同一个 y 平面且距 PML 内表面 2 个网格,B 点在 PML 的一个夹角,相距两个 PML 同为 2 个网格. PML 的厚度 d 分为 6 网格和 10 网格两种情形. PML 的 σ 取值按式(4.8.69)进行,其中 $m=3$,而 $\sigma_{max}=\sigma_{opt}$,$\sigma_{opt}$ 为减少外层反射而取的最佳值

$$\sigma_{opt} = \frac{0.8(m+1)}{\Delta \eta_0 \sqrt{\varepsilon_r \mu_r}}. \qquad (4.9.47)$$

为了对比无边界反射的情况,还计算了同样的源在 $1\,040 \times 1\,040$ 网格空间中的辐射场. 由于空间足够大,在观察的时间范围内边界的反射尚未到达. 这样计算的场用 E_{ref} 表示. 若在图 4.19 的网格空间中计算所得用 $E^n(i,j)$ 表示,则由于 PML 反射所引起的相对误差 ε 可定义为

$$\varepsilon^n(i,j) = \left| E^n(i,j) - E_{ref}^n(i,j) \right| / \left| E_{ref,max}(i,j) \right| \qquad (4.9.48)$$

其中 $E_{ref,max}(i,j)$ 为在感兴趣的时间段内检测到的 $E_{ref}(i,j)$ 的最大值.

所得结果由图 4.20 示出. 由图不难看出,PML 作为吸收边界的总体性能良好. 厚度的增加,可以非常明显地改善性能. 由于离散化的原因,PML 的反射不再与入射波的角度无关,这由 A 点和 B 点所产生误差的明显差别就可以看出. 采用如式(4.9.47)所示的复频偏移技术,可以明显地提高 PML 的性能,不仅减小对脉冲晚期的反射,而且对斜入射波的反射也能减小.

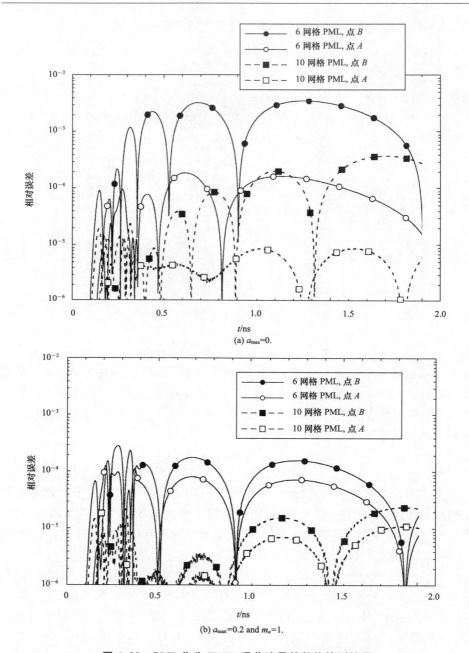

(a) $a_{\max}=0.$

(b) $a_{\max}=0.2$ and $m_a=1.$

图 4.20   PML 作为 FDTD 吸收边界的数值检测结果

第五章　电磁波散射问题

§5.1　电磁波散射问题概述

5.1.1　电磁散射问题的重要性和复杂性

　　电磁波散射是个经典电磁场问题,又是一个极具挑战性的近代电磁场问题,几十年来大批科学家从事这一领域的研究.这个问题之所以有这样大的吸引力且对它的研究兴趣经久不衰,是因为它具有重大的实际意义.雷达技术在军事和民用方面的巨大意义是众所周知的,而雷达技术正是利用目标的散射特性.雷达散射截面的计算一直是散射问题研究的一个重要方面.随着隐身及反隐身技术的发展、电磁兼容问题的需要以及探地雷达的研究等,对目标散射特性研究的要求越来越高.其主要特点是所研究目标的复杂性大大提高,需要考虑的因素越来越多.像飞机、导弹、坦克等这类目标,不仅形状复杂,包括各种曲面,还有带有孔、缝及与之相连的内腔,而且包括不同构成成分以及介质涂层等.在这样复杂的结构中,必然发生更复杂的物理现象,使得问题的难度大大增加.一些惯用的简化方法不再有效,必须用能够更细致地模拟目标的结构,能更全面反映可能发生的物理过程的方法来研究这种复杂目标的电磁波散射问题.

　　此外,核电磁脉冲的威胁、冲激脉冲雷达的应用、高能微波武器的研制和雷电的防护又要求研究各种电磁脉冲对复杂目标的作用.上面提到的各种技术的发展往往要求了解目标在宽频带范围的散射特性.所有这些都对惯常使用的频域方法提出了挑战,需要更有效的时域方法,另一方面高能电磁波的作用,可能使复杂目标中的孔、缝等产生击穿现象,这样就可能在散射问题中出现非线性过程,使得研究包括非线性过程的电磁波散射问题具有了现实意义.而逆散射问题的提出,更丰富了散射问题研究的内容.

　　散射问题的重要性和复杂性最突出地表现在各类目标的隐身和反隐身问题中.为了减小复杂目标的雷达散射截面,不仅要考虑目标形状的影响,更要考虑各种结构的贡献,而这些结构往往是非常复杂的,例如军用飞机的进气道、座舱、外挂物等.隐身目标往往有局部或全部表面的涂层用以吸收电磁波,涂层也可能是各向异性的.如果能精确快速地计算这种复杂的隐身目标的电磁散射特性,则将成为隐身技术研究中的一种强有力的辅助设计工具,其经济和军事意义是非常明显的.

5.1.2　计算散射问题的主要方法

散射问题的计算方法和散射体的维度与感兴趣的入射波波长之间的比例有关,若 k 为自由空间中的波数,a 为散射体的维度半径(把散射体全部包围在内的最小圆球的半径),则当满足 $ka \ll 1$ 时,通常采用低频近似法;当满足关系 $ka \gg 1$ 时,则采用高频近似法. 在高频近似法中发展较充分、运用比较广泛的有几何衍射理论(GTD)和物理衍射理论(PTD),但 GTD 和 PTD 法还有其他一些限制,它们主要适用于相对简单的棱角和表面衍射问题,且限于理想导电体(PEC)和理想磁导体(PMC). 在谐振区主要可用的频域方法有矩量法(MOM)和单矩法. 矩量法不仅适用于理想导体而且也能用于可透入的物体,尤其是可用于结构复杂的目标. 矩量法的基础数学模型是电场积分方程(EFIE)和磁场积分方程(MFIE),通过基函数建立起线性方程组,并由此解得入射波在散射体中激发的电流. 单矩法是把问题分为三个区域,即中心区、数值区和外部区. 在数值区用有限元法(FEM)求得一组线性无关解,而后与其他两个区中球矢量波的解析解相匹配,从而求得各区中的散射场. 这种方法能用于任意形状的目标.

以上两种频域方法所适用散射目标的维度范围主要受计算机存储空间的限制. 为了在一定存储空间中扩大传统方法的应用范围,把共轭梯度法(CGM)与之相结合是一重要途径. 为了扩大矩量法的应用范围,又发展了快速多极子方法(FMM)和多层快速多极子方法,使得矩量法可应用于电大目标电磁散射的计算.

但是,频域方法在需要宽频带信息或了解目标对脉冲的时域响应等问题中遇到困难,由于需要多点计算而出现效率问题. 为解决这一问题发展了多种时域方法,其中本书重点讨论的时域有限差分法是最典型的一种. 其他的时域方法还有时域积分方程法、时域有限元法、传输线矩阵法等. 最近受到广泛重视的是利用小波正交基的时域多分辨分析法,它具有特殊的优越性,是时域有限差分法的一种发展、一种更广义的形式. 以上这些方法都能用于电磁散射的计算. 时域方法在解决电磁散射问题中最突出的特点是,只需要一次计算就能获得目标的宽频带的散射特性,从而可大大提高计算效率.

电大复杂目标散射特性的计算是一个困难的问题,由于它的复杂性,使得 GTD 和 PTD 法不能完全适用,又由于它是电大的,当前的计算机技术不可能完全采用矩量法或时域有限差分法而解决问题. 在当前的技术框架中一种可行的解决途径是混合法,即在适合用高频近似的区域用高频近似法求解,其他区域应用其他数值方法,并用适当的方法使之相互匹配.

5.1.3　电磁波散射问题中的时域有限差分法

只要注意一个事实,即 Yee 氏在创立时域有限差分算法时就是从散射问题出发的,就不难想象时域有限差分法与电磁波散射问题之间的紧密关系.虽然初始的算法是很不完善的,但经过近 20 年的不懈努力,已使这一方法适合于非常广泛的散射问题的计算.首先利用有效的吸收边界条件解决了无限大空间的模拟问题;利用网格空间的分区方法,使置于总场区的散射体的边界条件能自动得到满足,而在散射场区可直接获得散射近场的全部信息.此外,连接条件的应用使得任意入射角度和任意形态的入射平面波的设置变得比较容易.

时域有限差分法用于散射问题除尺度外对散射体几乎没有限制,而且其几何形状和组成结构的模拟不是一个困难问题.由于时域有限差分法对存储空间和 CPU 时间的要求只与组成网格空间的网格数成正比,使得它与矩量法相比能用于更大维度的散射体.

时域有限差分法在散射问题中的应用研究在很长一段时间主要沿着两条线发展:其中一条线以 Holland(1977)[8],Kunz 等(1978)[10,11] 和 Holland 等(1980)[14] 的几项工作为代表,主要研究电磁脉冲(EMP)对各种复杂目标的作用;Taflove 等的一系列工作(1975,1980,1982,1983,1985)[4,13,15,25,26,27,31] 代表了另一条线,主要研究稳态电磁波对各种目标的作用,讨论了雷达散射截面的计算和电磁波对复杂目标的透入问题.后来,雷达散射截面的计算问题有了新的发展,利用目标对脉冲的响应特性,通过一次计算获得宽频带范围内目标的雷达散射截面与频率的关系.在这方面 Britt(1989)[50] 的工作具有代表性.在后期,工作重点放在了发展一些新技术上,以便使时域有限差分法能够模拟各种类型的复杂目标,从而能在考虑到各种复杂因素影响的情况下计算目标的散射特性.

§5.2 网格空间中散射体的 FDTD 模型

5.2.1 散射体的模拟

散射体的模拟是用时域有限差分法计算电磁波散射问题的关键之一,只有在足够精确地对散射体的几何形状、结构组成及其电磁特性进行模拟的基础上,才有可能正确地计算其散射特性.由第二章中导出的时域有限差分法的差分格式可知,各网格点电磁场的计算直接与方程中的系数(如方程(2.1.22)中的 CA 和 CB)相关,而这些系数是空间位置的函数,它们在各网格点上的值由各网格对应物理空间的电磁性质决定.通过这一途径把电磁场的计算与网格的电磁性质联系了起来,散射体的存在,就是由于它决定了它所占据空间的电磁性质,从而决定了目标的散射特性.若散射体及其周围空间均为非磁性媒质,则空间的电磁特性由介电常数和电导率来决定.在这种情况下,所谓散射体的模拟就是在网格空间中给一些网格赋予适当的介电常数和电导率,以便使这些网格组成的整体在几何形状、物理尺度和电磁特性等方面都与被模拟的散射体最大限度地接近,这个网格整体就称做散射体的网格模型.由于散射体模型以一个完整的网格单元为最小单位,在选取网格单元的空间步长时要使构成模型的外层网格尽量与散射体的边界相重合.在使用直角坐标系的网格空间时对散射体的弯曲表面只能用锯齿形来近似,从这个角度看,当然网格越小对弯曲面的模拟就越精确,同时网格越小也越能精确地模拟散射体的电磁非均匀性和细微的内部结构.

由于 Yee 氏网格的特点,各电场分量置于一个网格单元的不同网格点上,如果散射体是不均匀的,三个电场分量所在的网格点的电磁性能可能不同,即有不同的介电常数和电导率.在这种情况下一个网格的 ϵ_x,ϵ_y 和 ϵ_z 可能有不同的数值,一个网格的 σ_x,σ_y 和 σ_z 也可能不一样.显然,这种设置方法可以更细致地模拟散射体的结构和非均匀性,从而使散射特性的计算更加精确.

如上所述,为了精确地模拟散射体的形状和结构,网格单元取得越小越好.但是,网格尺度的减小,必然使构成计算网格空间的网格总数增加,从而也相应地增加对计算机存储空间和 CPU 时间的要求.在这方面主要是受技术条件和经济条件的限制.解决这一矛盾的一般原则是,在基本满足计算精度要求的情况下尽量节省存储空间和计算时间.为了保证一定的计算精度,除了要求对散射体模拟的精确程度之外,还要考虑网格的空间步长对差分格式本身计算误差的影响.例如,从网格空间步长对数值色散影响的角度考虑,一般要求满足 $\Delta s\leqslant\lambda_{min}/10$,其中 λ_{min} 为网格空间(包括散射体)内所考虑电磁波的最短波长,Δs 为均匀网格空间的空间步长,若采用非均匀网格空间,则应为最大的空间步长.这样一来,网格空间步长就受到了两个方面的限制,而实质上是由技术条件限制了可能模拟计算的散射体以所考虑波长为单位的尺度.

5.2.2 FDTD 散射体模型

根据上面所提到的原则建立 FDTD 计算空间中散射体的模型是用时域有限差分法计算电磁散射的最基础性的工作之一.所谓建立散射体的 FDTD 模型,就是在 FDTD 网格空间中指明哪些网格被散射体占据,其电磁参数按散射体的实际情况被设定也就是建立一个散射体的几何构形和电磁参数空间分布的描述文件.对于一个几何形状规则且简单的散射体,如均匀媒质(或导体)构成的直角六面体、球体甚至锥体等,都可以借助简单的数字模型建立起比较精确的FDTD 网格模型.对于形状或结构复杂的散射体而言,建模工作则不是一件简单的事情.对于复杂的散射体,可根据情况分割成一些典型的部件,某些部分可能具有比较简单的构形,可以用简单的方法建模,而对有些部分就要采用特殊的方法,甚至为了提高对散射体的模拟精度,不能采用简单的直角网格模拟,而是要采用第三章中讨论的一些特殊网格.分别建立起部分模型后,再组装成一个整体,这样的模型就会更加复杂.如果可能,应该尽量应用一些现代计算机技术,如 Auto CAD 软件,生成所需要的模型.

图 5.1(a)和(b)是用 CAD 技术由初始数据所生成的一种飞机的实体构型及其相应的 FDTD 网格模型.

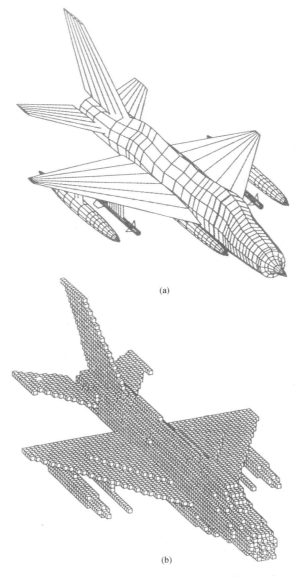

(a)

(b)

图 5.1　由 CAD 技术生成的某飞机构型(a)
及其相应的 FDTD 网格模型(b)

§5.3　总场、散射场和入射平面波

5.3.1　网格空间中的总场、散射场和入射场

1. 总场、散射场和入射场的关系和区域划分

很多电磁场问题是研究平面电磁波与物体的相互作用,如目标的散射、吸收和透入特性的研究等. 在这种问题中场源是具有特定传播和极化方向的平面电磁波,它的源头应设在无穷远处. 所以在计算网格空间中,平面波源的设置不同于其他类型辐射波的设置,必须特殊考虑.

入射平面电磁波与物体作用要产生散射波,散射波与入射波之和满足媒质不连续面上切向分量连续的边界条件,因此在物体所在区域直接计算入射波与散射波之和的总场更为方便. 在有些问题中总场正是需要计算的场量,例如在吸收和透入等这类问题中感兴趣的正是总场,但是在某些问题中需要的却是散射场,这时就有必要把散射场分离出来. 如果用角标 i 表示入射场,s 表示散射场,t 表示总场,则有

$$\boldsymbol{E}_t = \boldsymbol{E}_i + \boldsymbol{E}_s, \tag{5.3.1a}$$

$$\boldsymbol{H}_t = \boldsymbol{H}_i + \boldsymbol{H}_s. \tag{5.3.1b}$$

入射场为已知的,故在计算了总场之后散射场是容易求得的,只要从总场中减去入射场即可. 因此

$$\boldsymbol{E}_s = \boldsymbol{E}_t - \boldsymbol{E}_i, \tag{5.3.2a}$$

$$\boldsymbol{H}_s = \boldsymbol{H}_t - \boldsymbol{H}_i. \tag{5.3.2b}$$

Maxwell 方程组是线性的,因而总场和入射波都分别满足 Maxwell 方程. 其中总场满足的方程为

$$\nabla \times \boldsymbol{E}_t = -\mu \frac{\partial \boldsymbol{H}_t}{\partial t} - \sigma_m \boldsymbol{H}_t, \tag{5.3.3a}$$

$$\nabla \times \boldsymbol{H}_t = \varepsilon \frac{\partial \boldsymbol{E}_t}{\partial t} + \sigma \boldsymbol{E}_t; \tag{5.3.3b}$$

而入射场则满足自由空间中的 Maxwell 方程

$$\nabla \times \boldsymbol{E}_i = -\mu_0 \frac{\partial \boldsymbol{H}_i}{\partial t}, \tag{5.3.4a}$$

$$\nabla \times \boldsymbol{H}_i = \varepsilon_0 \frac{\partial \boldsymbol{E}_i}{\partial t}. \tag{5.3.4b}$$

利用以上三式又可得到散射场所满足的方程

$$\nabla \times \boldsymbol{E}_s = -\mu \frac{\partial \boldsymbol{H}_s}{\partial t} - \sigma_m \boldsymbol{H}_s - (\mu - \mu_0) \frac{\partial \boldsymbol{H}_i}{\partial t} - \sigma_m \boldsymbol{H}_i, \tag{5.3.5a}$$

$$\nabla \times \boldsymbol{H}_s = \varepsilon \frac{\partial \boldsymbol{E}_s}{\partial t} + \sigma \boldsymbol{E}_s + (\varepsilon - \varepsilon_0) \frac{\partial \boldsymbol{E}_i}{\partial t} + \sigma \boldsymbol{E}_i, \tag{5.3.5b}$$

该式表明,入射波只要遇到物质,就会与之作用而产生散射波.

　　计算散射场主要有两种方法,一是利用式(5.3.5)在整个计算空间计算散射场,另一种方法是把计算空间分成两个区域,在包围散射体的一个区域计算总场,在其外部区域计算散射场称为总场/散射场法.第一种方法需要在整个计算空间知道入射场,这可由式(5.3.5)看出,总场/散射场法比较简单,因此得到了广泛应用,下面主要讨论这种方法.

2. 总场区和散射场区

　　上面已指出,在物体所在的区域计算总场较为方便,而总场计算出来之后,从总场中减去入射波即得散射场.但是,若要在整个计算空间先计算出总场,然后再求散射场也存在很多问题.一种简便的方法是把计算网格空间分成两个区域,即场区1和场区2,在二维矩形网格区域时如图5.2所示.

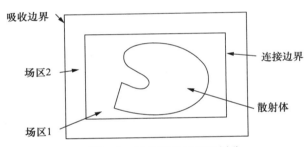

图 5.2　网格空间的场区划分

两个区域的特点是:

　　(1)场区1位于计算网格空间的内部,散射体设置在其中,在场区1内既存在入射波,也存在散射波,Maxwell方程的差分格式被用于计算总场,因此该区域称为总场区.该区域的外面是散射场区,因而它不与截断边界相连.

　　(2)场区2在网格空间中位于总场区的外部,在其中只允许散射场存在,没有入射波.Maxwell方程的差分格式在该区域中只用于散射场,因此该区域称为散射场区.散射场区的外边界就是计算网格空间的截断边界,故吸收边界条件只作用于散射场,亦即只有外行波到达吸收边界.

3. 场区划分的意义

　　把计算网格空间按上述方式划分为总场区和散射场区,为用时域有限差分法解决很多电磁场的计算问题带来方便,大体可归结为以下几点.

　　(1)最直接的好处就是为散射场的计算提供了方便,不仅在散射场区直接提供近区散射场的丰富信息,而且由它们出发可很方便地导出远区散射场的特性.在雷达散射截面的计算中只需在散射场区取一个包围散射体的简单封闭面,考虑其上散射场的切向分量,而无需顾及散射体的复杂的表面形状;而且,当散射体改变时,所取的封闭面并不需要改变.因此,可以建立有一定通用性的计算程序,且编程本身也可简化.

(2) 使散射体的设置变得比较简单.因为散射体设置在总场区内,在该区内Maxwell 方程的差分格式用来计算总场,使得媒质不连续面上的切向场连续条件自动得到满足,因而不需要附加边界条件,这样一来,不管散射体的几何形状和组成如何复杂,在计算网格空间中的模拟都比较容易,只需把散射体所占据的网格参数按散射体相应的媒质的参数赋值即完成了设置工作.在只计算散射场的程序中,要在媒质交界面处另外计算出总场,以便强制实现总场满足切向分量的连续条件,在这种情况下,总场的计算虽然只是在散射场上加上入射场,但由于散射体的表面形状可能比较复杂,使这项工作变得可能并不容易.

(3) 分区计算可以增大动态范围.在分区计算的时域有限差分法中总场区各处的总场是按时间步推移计算的,即使在散射体的阴影区当总场很小时也是如此.这样,计算的动态范围不受算法本身的影响.而在直接计算散射场的程序中总场的计算方法是,在每一时间步计算出入射波在各网格点的值加到计算所得的散射场上,在散射体的阴影区域总场的值较低实际上是由于入射场与散射场部分相消而形成,这种由相消而形成的总场值的精确度受到相消噪声的影响,使得本来在分别计算入射场和散射场时占比例很小的计算误差在总场的值中可能占很大的比例,从而限制了所能计算总场值的范围,一般讲,用分区计算总场和散射场的方法比只计算散射场可增加动态范围近 30db.

(4) 可以设置任意的入射平面波.在分区的网格空间中入射波只存在于总场区,因此入射波是在总场区和散射场区的连接边界加入.连接边界就像是入射波的源,但实际上入射波可以独立计算,因而入射波的形状(随时间的变化规律)、入射方向和极化方向等都可以独立设置,故可以编制任意入射波的一般性通用程序,这为很多问题的计算提供了方便.

5.3.2　总场区与散射场区的连接条件

1. 连接条件的必要性

在划分为总场区和散射场区的计算网格空间中,在总场区中所有网格点都是用 Maxwell 方程的差分格式计算总场,因而计算机中只存储总场区中每一网格点在上一时间步所计算的总场的值.而在散射区中,差分格式只用于计算散射场,因而对该区域的每一网格点,计算机只存储上一时间步计算所得的散射场值.但是按中心差商近似的时域有限差分格式在执行中不仅需要所计算网格点场量上一时间步的值,而且还需相邻网格点的场值.于是当计算总场区和散射场区交界面上网格点的场时就发生了问题.在计算总场区边界点的总场时需要属于散射场区网格点的总场值,类似地,在计算散射场区的边界点的散射场时需要属于总场区网格点的散射场值,而散射场区中边界网格点的总场值和总场区中边界网格点的散射场值在计算机中并不存在.为了解决这一问题,总场区和散射场区交界面处各网格点场的计算需要特别对待.我们把这些边界点场的特殊计算关系称为连接条件.为了叙述方便,先以二维 TM 波为例进行讨论,然后再推广到三维的情况.

2. 电场分量的连接条件

图 5.3 给出了二维 TM 波网格空间中总场区和散射场区的一个交界面,该交界面的 y 轴坐标用 j_0 表示.假如 j_0 上方的场算做总场,由二维 TM 波的差分格式 (2.1.24)可知,要计算 $E_{zt}^{n+1}(i,j_0)$ 必须知道 $H_{xt}^{n+\frac{1}{2}}(i,j_0+1/2)$ 和 $H_{xt}^{n+\frac{1}{2}}(i,j_0-1/2)$.但是点 $(i,j_0-1/2)$ 已属于散射区,因此在计算机中不存在 $H_{xt}^{n+\frac{1}{2}}(i,j_0-1/2)$ 的值,而只有 $H_{xs}^{n+\frac{1}{2}}(i,j_0-1/2)$.角标 t,s 以及 i 仍将分别用于表示总场、散射场和入射场.

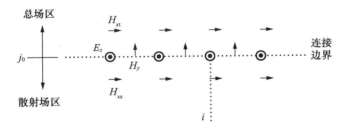

图 5.3　二维网格空间中一条连接边界及邻近的场

由于
$$H_{xt}^{n+\frac{1}{2}}\left(i,j_0-\frac{1}{2}\right) = H_{xs}^{n+\frac{1}{2}}\left(i,j_0-\frac{1}{2}\right) + H_{xi}^{n+\frac{1}{2}}\left(i,j_0-\frac{1}{2}\right),\qquad(5.3.6)$$

而入射场 $H_{xi}^{n+\frac{1}{2}}(i,j_0-1/2)$ 是可根据所设置的入射平面波计算的,故电场 $E_{zt}^{n+1}(i,j_0)$ 的计算只要考虑式(5.3.6)这种关系就是可以执行的.根据式(2.1.24a)和(5.3.6), $E_{zt}^{n+1}(i,j_0)$ 的计算可以按下式进行

$$\tilde{E}_{zt}^{n+1}(i,j_0) = CA(i,j_0) \cdot \tilde{E}_{zt}^{n}(i,j_0)$$
$$+ CD \cdot CB(i,j_0) \cdot \left[H_{yt}^{n+\frac{1}{2}}\left(i+\frac{1}{2},j_0\right) - H_{yt}^{n+\frac{1}{2}}\left(i-\frac{1}{2},j_0\right) \right.$$
$$\left. + H_{xs}^{n+\frac{1}{2}}\left(i,j_0-\frac{1}{2}\right) - H_{xt}^{n+\frac{1}{2}}\left(i,j_0+\frac{1}{2}\right) + \dot{H}_{xi}^{n+\frac{1}{2}}\left(i,j_0-\frac{1}{2}\right) \right].$$
$$(5.3.7a)$$

图 5.4 是一个完整的二维网格空间中总场区与散射场区的连接边界.这一边界的坐标在 x 轴为 i_0 和 i_1,在 y 轴为 j_0 和 j_1.对比式(5.3.7a)和图 5.4 可以看出,

式(5.3.7a)不适用于角点(i_0,j_0)和(i_1,j_0)，因为计算这两个点上的 E_{zt}^{n+1} 还要用到 H_{yt} 在散射区的值. 所以式(5.3.7a)的适用范围为 $j=j_0;i=i_0+1,i_0+2,\cdots,$ i_1-1. 这个边界我们称做前边界. 根据同样的理由，其他连接边界上电场的计算，应按以下方式进行：

（1）后边界$(j=j_1;i=i_0+1,i_0+2,\cdots,i_1-1)$

$$\widetilde{E}_{zt}^{n+1}(i,j_1)=CA(i,j_1)\cdot\widetilde{E}_{zt}^n(i,j_1)+CD\cdot CB(i,j_1)\cdot\left[H_{yt}^{n+\frac{1}{2}}\left(i+\frac{1}{2},j_1\right)\right.$$
$$-H_{yt}^{n+\frac{1}{2}}\left(i-\frac{1}{2},j_1\right)+H_{xt}^{n+\frac{1}{2}}\left(i,j_1-\frac{1}{2}\right)$$
$$\left.-H_{xs}^{n+\frac{1}{2}}\left(i,j_1+\frac{1}{2}\right)-H_{xi}^{n+\frac{1}{2}}\left(i,j_1+\frac{1}{2}\right)\right];\qquad(5.3.7b)$$

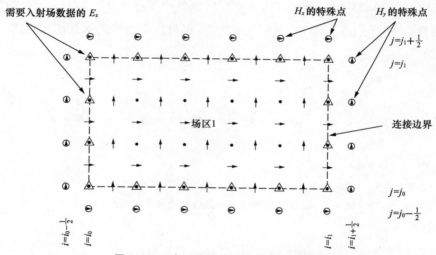

图 5.4　一个二维网格空间完整的连接边界

（2）左边界$(i=i_0;j=j_0+1,j_0+2,\cdots,j_1-1)$

$$\widetilde{E}_{zt}^{n+1}(i_0,j)=CA(i_0,j)\cdot\widetilde{E}_{zt}^n(i_0,j)+CD\cdot CB(i_0,j)\cdot\left[H_{yt}^{n+\frac{1}{2}}\left(i_0+\frac{1}{2},j\right)\right.$$
$$-H_{ys}^{n+\frac{1}{2}}\left(i_0-\frac{1}{2},j\right)+H_{xt}^{n+\frac{1}{2}}\left(i_0,j-\frac{1}{2}\right)$$
$$\left.-H_{xt}^{n+\frac{1}{2}}\left(i_0,j+\frac{1}{2}\right)-H_{yi}^{n+\frac{1}{2}}\left(i_0-\frac{1}{2},j\right)\right];\qquad(5.3.7c)$$

（3）右边界$(i=i_1;j=j_0+1,j_0+2,\cdots,j_1-1)$

$$\widetilde{E}_{zt}^{n+1}(i_1,j)=CA(i_1,j)\cdot\widetilde{E}_{zt}^n(i_1,j)+CD\cdot CB(i_1,j)\cdot\left[H_{ys}^{n+\frac{1}{2}}\left(i_1+\frac{1}{2},j\right)\right.$$
$$-H_{yt}^{n+\frac{1}{2}}\left(i_1-\frac{1}{2},j\right)+H_{xt}^{n+\frac{1}{2}}\left(i_1,j-\frac{1}{2}\right)$$

$$- H_{xt}^{n+\frac{1}{2}}\left(i_1, j+\frac{1}{2}\right) - H_{yi}^{n+\frac{1}{2}}\left(i_1+\frac{1}{2}, j\right)\Big]. \qquad (5.3.7d)$$

关于角点 (i_0, j_0)，(i_0, j_1)，(i_1, j_0) 和 (i_1, j_1) 上电场 E_{zt}^{n+1} 的计算，由于有两个磁场分量取值在散射场区，故对 H_x 和 H_y 都要用入射场参与计算，其结果与式 (5.3.7) 完全类似，仅多一个修正项.

式 (5.3.7) 称为总场区和散射场区的连接条件. 处于连接边界上的磁场分量不存在上述问题，因其计算仅与同场区的电场有关.

3. 磁场分量的连接条件

虽然处于连接边界上的磁场分量是由同场区的电场所决定，但在边界外半空间步网格点上磁场分量的计算却遇到边界上电场所遇到的同样问题.

图 5.5 所示的是与图 5.4 同样的二维网格空间 TM 波的连接边界. 由图可以看出，用圆圈起来的那些网格点上的 H_{xs} 或 H_{ys} 的计算要用到边界上属于总场区域的电场 E_{zt} 的值，故对它们也需要进行一些特殊的处理. 处理的方法与上面对电场 E_{zt} 的做法类似. 例如在前边界外的 $E_{xs}^{n+\frac{1}{2}}(i, j_0-1/2)$ 的计算要用到 $E_{zs}^{n}(i, j_0-1)$ 和 $E_{zt}^{n}(i, j_0)$，但 $E_{zt}^{n}(i, j_0)$ 不在散射区，需要应用关系

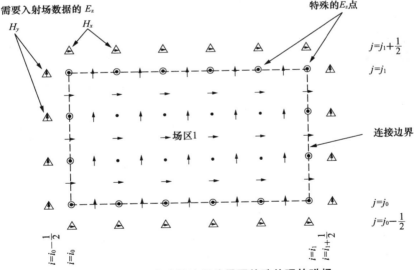

图 5.5 在连接边界外需要特殊处理的磁场

$$E_{zs}^{n}(i, j_0) = E_{zt}^{n}(i, j_0) - E_{zi}^{n}(i, j_0), \qquad (5.3.8)$$

而得到关于 $H_{xs}^{n+\frac{1}{2}}(i, j_0-1/2)$ 的计算格式

$$H_{xs}^{n+\frac{1}{2}}\left(i, j_0-\frac{1}{2}\right) = H_{xs}^{n-\frac{1}{2}}\left(i, j_0-\frac{1}{2}\right) + CD$$

$$\cdot\left[\tilde{E}_{zs}^{n}(i, j_0-1) - \tilde{E}_{zt}^{n}(i, j_0) + \tilde{E}_{zi}^{n}(i, j_0)\right]. \qquad (5.3.9a)$$

由图 5.5 可以看出,式(5.3.9a)的适用范围是 $j=j_0-1/2$;$i=i_0,i_0+1,\cdots,i_1$. 对于其他需要特殊处理的磁场用类似的方法可以得到相应的计算关系:

(1) 后边界外($j=j_1+1/2$;$i=i_0,i_0+1,\cdots,i_1$)

$$H_{xs}^{n+\frac{1}{2}}\left(i,j_1+\frac{1}{2}\right)=H_{xs}^{n-\frac{1}{2}}\left(i,j_1+\frac{1}{2}\right)+CD$$

$$\cdot\left[\widetilde{E}_{zt}^n(i,j_1)-\widetilde{E}_{zs}^n(i,j_1+1)-\widetilde{E}_{zi}^n(i,j_1)\right];\tag{5.3.9b}$$

(2) 左边界外($i=i_0-1/2$;$j=j_0,j_0+1,\cdots,j_1$)

$$H_{ys}^{n+\frac{1}{2}}\left(i_0-\frac{1}{2},j\right)=H_{ys}^{n-\frac{1}{2}}\left(i_0-\frac{1}{2},j\right)+CD$$

$$\cdot\left[\widetilde{E}_{zt}^n(i_0,j)-\widetilde{E}_{zs}^n(i_0-1,j)-\widetilde{E}_{zi}^n(i_0,j)\right];\tag{5.3.9c}$$

(3) 右边界外($i=i_1+1/2$;$j=j_0,j_0+1,\cdots,j_1$)

$$H_{ys}^{n+\frac{1}{2}}\left(i_1+\frac{1}{2},j\right)=H_{ys}^{n-\frac{1}{2}}\left(i_1+\frac{1}{2},j\right)+CD$$

$$\cdot\left[\widetilde{E}_{zs}^n(i_1+1,j)-\widetilde{E}_{zt}^n(i_1,j)+\widetilde{E}_{zi}^n(i_1,j)\right].\tag{5.3.9d}$$

式(5.3.9)称为磁场的连接边界条件.

由式(5.3.7)和(5.3.9)构成的连接边界条件保证了二维计算网格空间中两个场区的划分,使得在总场区只有总场存在,散射场区只有散射场存在,而且入射场仅出现在总场区中. 连接边界对散射场却是透明的,外向散射波可以自由地进入散射场区.

由于只在总场区中才存在入射场,故好像平面波是由连接边界产生的. 当计算网格空间中不存在散射体时,总场区中不存在散射场,因此在总场区中的总场就是平面波,故可以用总场区中平面波的质量来衡量连接条件的精度. 同理,若不存在散射体就没有散射波存在,而平面波不进入散射场区,这时散射场区中的散射场应为零,故在散射场区中的场应处处为零. 用此方法也可以检验平面波源和连接条件的质量.

5.3.3　入射平面波的设置与计算

1. 入射平面波

由上一节的讨论知道,为要把网格空间划分为总场区和散射场区,两区交界面上及其邻域的电磁场必须由连接条件进行计算,这些条件中包括交界面上及其邻域的入射电磁场. 从另一方面看,入射平面电磁场正是通过连接条件引入到总场区. 为了完成连接条件,也是为了把入射平面波设置到计算网格空间中,必须给出入射平面波在网格空间中的表示和计算方法.

一个平面波的主要参量是它的波矢量和极化方向以及其随时间的变化规律. 为了使计算方法有尽量广泛的适用性,应尽量把入射平面波设置为一般的情

况.对于稳定的简谐平面波,可用下列方式表示其随离散化时间的变化规律:

$$E_i(n\Delta t) = E_0 \sin(2\pi f n\Delta t),\tag{5.3.10}$$

其中 E_0 为振幅,n 为迭代时间步数,f 为入射波的频率,Δt 为时间步长.若入射波的时间波形为任意的时间变量函数 $g(t)$,则一般有

$$E_i(n\Delta t) = E_0 g(n\Delta t).\tag{5.3.11}$$

下面以二维空间 TM 波为例来讨论入射平面波的表示和计算.

2. 入射平面波在网格空间中的表示

如果考虑的入射平面波波矢的单位矢量为 k_i,它与 x 轴正向的夹角为 φ,且有 $0° \leqslant \varphi \leqslant 90°$,则该平面波的波前首先到达总场区的 (i_0,j_0) 点,或者说由连接条件所产生的平面波从 (i_0,j_0) 点开始进入总场区,如图 5.6 所示.因此,在这种情况下选点 (i_0,j_0) 为表示入射平面波的坐标原点比较方便,我们用 O_1 来表示 (i_0,j_0) 点.

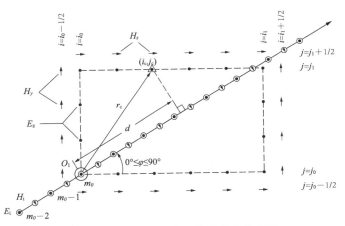

图 5.6　入射平面波在网格空间中的表示

根据平面电磁波的特点知道,如果 O_1 点的入射波已知,要求 (i_c,j_c) 点的入射波,那么只需知道 (i_c,j_c) 点的波滞后于 O_1 点的入射波的时间即可.若用 n_{ret} 表示这一滞后时间所对应的时间步数,则 n_{ret} 可按下列关系计算:

$$n_{ret} = \frac{d\Delta s}{v(\varphi)\Delta t},\tag{5.3.12}$$

其中 $v(\varphi)$ 为入射平面波沿与 x 轴夹角为 φ 方向传播时的相速度,Δs 为空间步长(仍假设为均匀网格空间),Δt 为时间步长,d 为以空间步长为单位表示的通过 (i_c,j_c) 点的入射平面波的等相面到 O_1 的垂直距离.若用 r_c 表示以网格空间步长为单位的 O_1 到点 (i_c,j_c) 的距离,则显然有

$$d = k_i \cdot r_c,\tag{5.3.13}$$

其中 k_i 和 r_c 可表示为

$$k_i = (\cos\varphi,\sin\varphi),\tag{5.3.14a}$$

$$r_c = (i_c - i_0, j_c - j_0). \tag{5.3.14b}$$

由于在连接边界条件中参与运算的一些入射波的场值位于半网格的位置,所以 i_c 和 j_c 可能取整数加或减 $1/2$ 的数值,故 r_c 也将是这样.

如果 φ 超过 $90°$,那么第一个与入射波波前相遇的点将不再是 (i_0, j_0),这样就不能再用上面的 r_c 来计算 d. 为了使计算关系保持不变,在不同的入射角度范围要选不同的点作为坐标原点. 根据与前面讨论时同样的理由,显然如下的选择是合适的:

　　　　$90° < \varphi \leqslant 180°$ 时,原点选在点 (i_1, j_0),记为 O_2,

　　　　$180° < \varphi \leqslant 270°$ 时,原点选在点 (i_1, j_1),记为 O_3,

　　　　$270° < \varphi < 360°$ 时,原点选在点 (i_0, j_1),记为 O_4,

这些选择由图 5.7 示出.

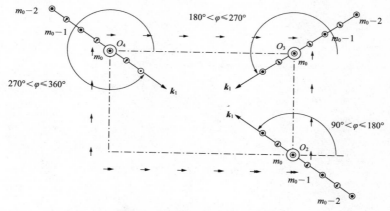

图 5.7　不同入射角时原点的选择

相对于不同的原点 r_c 的值也随之变化,其结果为:

　　当 $90° < \varphi \leqslant 180°$ 时

$$r_c = (i_c - i_1, j_c - j_0), \tag{5.3.15a}$$

　　当 $180° < \varphi \leqslant 270°$ 时

$$r_c = (i_c - i_1, j_c - j_1), \tag{5.3.15b}$$

　　当 $270° < \varphi < 360°$ 时

$$r_c = (i_c - i_0, j_c - j_1), \tag{5.3.15c}$$

这样选择了 r_c 后,其他计算关系可保持不变.

3. 入射平面波的计算格式

　　由于平面波的特点,处于同一等相面上各点的场是相同的,故只要求得了某一网格点的 d 值,就很容易求得该点入射波的场值,因为它就等于原点的平面波沿入射方向传播距离 d 的结果. 这样入射平面电磁波可按一维问题来进行计算,比起直接计算各点的入射波可大大减少计算量.假设考虑平面波是在自由空间中传播,其电场为 E_i,磁场为 H_i,则 E_i 和 H_i 可在一维空间单独进行计算,当然一维空间的空间步长仍应选作 Δs,时间步长仍为 Δt.一维平面电磁波的差分格式不难由二维 TM 波的差分格式中令一个磁场分量为零而得到,即有

$$H_i^{n+\frac{1}{2}}\left(m+\frac{1}{2}\right) = H_i^{n-\frac{1}{2}}\left(m+\frac{1}{2}\right) + CD \cdot \left[\widetilde{E}_i^n(m) - \widetilde{E}_i^n(m+1)\right],$$

$$(5.3.16a)$$

$$\widetilde{E}_i^{n+1}(m) = \widetilde{E}_i^n(m) + CD \cdot \left[H_i^{n+\frac{1}{2}}\left(m-\frac{1}{2}\right) - H_i^{n+\frac{1}{2}}\left(m+\frac{1}{2}\right)\right],$$

$$(5.3.16b)$$

其中 m 为一维网格数.由于是一维波,波源就是一个点,波源与时间的关系由所考虑的平面波的性质而定,若为稳定简谐波,则波源可依式(5.3.10)给出.一般波源设在原点外,若原点在一维坐标中的网格数记为 m_0,而源置于 $m_0 - 2$,则源可设置为

$$\widetilde{E}_i^n(m_0 - 2) = \widetilde{E}_0 \sin(2\pi f n \Delta t),$$

$$(5.3.17a)$$

对于一般波形可表示为

$$\widetilde{E}_i^n(m_0 - 2) = \widetilde{E}_0 g(n\Delta t).$$

$$(5.3.17b)$$

4. 入射波的插值近似

按式(5.3.16)计算的场是相隔一个网格长度 Δs 的网格点上的平面波,但 d 不总是 Δs 的整倍数,故有时所需要的入射波不在式(5.3.16)的计算之中,这样就需要求出距原点为 d 时入射波的近似值.如果采用直接插值近似,并用 $\widetilde{E}_i(d)$ 和 $H_i(d)$ 表示距原点 d 处入射波的电场和磁场,则有

$$\widetilde{E}_i(d) = [d - \text{Int}(d)]\widetilde{E}_i[m_0 + \text{Int}(d) + 1]$$
$$+ \{1 - [d - \text{Int}(d)]\} \cdot \widetilde{E}_i[m_0 + \text{Int}(d)], \quad (5.3.18a)$$

$$H_i(d) = [d' - \text{Int}(d')] \cdot H_i\left[m_0 - \frac{1}{2} + \text{Int}(d') + 1\right]$$
$$+ \{1 - [d' - \text{Int}(d')]\} \cdot H_i\left[m_0 - \frac{1}{2} + \text{Int}(d')\right], \quad (5.3.18b)$$

其中 Int 表示取整,$d' = d + 1/2$.

最后,在连接条件中参与计算的是场的分量.由于考虑的是 TM 波,电场只有一个分量,故入射平面波的极化方向应该与 Oxy 平面垂直,即电场只有 $\widetilde{E}_z$ 分量,而磁场分量可按投影关系求得,故有

$$\begin{cases} \widetilde{E}_{zi}(d) = \widetilde{E}_z(d), \\ H_{xi}(d) = H_i(d)\sin\varphi, \\ H_{yi}(d) = -H_i(d)\cos\varphi. \end{cases} \quad (5.3.19)$$

　　用由以上方法求得的入射波参与连接条件的计算,既保证了总场区与散射场区的划分,又使按照需要的入射和极化方向及波形设置的平面波注入到总场区中,使之在总场区中按给定的规律传播,并与设置在总场区中的物体发生作用.

5.3.4　三维空间中的连接条件

1. 三维空间中入射平面波的表示

　　上一节关于二维空间 TM 波的讨论,所得到的连接条件和入射平面波的计算方法都可以很方便地直接推广应用到三维空间的情况. 为记述简便,我们以直角坐标系中均匀网格空间为例进行讨论. 和二维情况一样,在描述入射平面波时,把坐标原点放在网格空间中总场区与散射场区交界面的某一角上显得最为方便. 图 5.8 给出了入射平面波的表示方法.设波的单位波矢量仍用 k_i 表示,k_i 的方向可用球坐标表示出来.设 k_i 与 z 坐标正向的夹角为 $\theta(0°<\theta<180°)$,k_i 在 Oxy 面上的投影与 x 坐标正方向之间的夹角为 $\varphi(0°<\varphi<360°)$. 为了标示入射平面波的极化方向,在等相面上规定一个参考矢量 $k_i \times \hat{z}$,其中 $\hat{z}$ 为 z 坐标的单位矢量.设入射平面波的电场矢量与参考矢量 $k_i \times \hat{z}$ 之间的夹角为 ψ,当 $\theta=0°$ 和 $\theta=180°$ 这种表示方法失效,这时就可直接用 φ 表示极化方向.

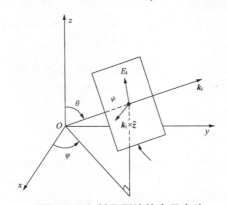

图 5.8　入射平面波的表示方法

2. 电场分量的连接条件

　　对直角坐标中的三维网格空间,总场区与散射场区的连接边界由 6 个坐标平面组成,如图 5.9 所示. 由 6 个平面所构形的立方体的八个角分别用 $O_1, O_2,$ O_3 和 O_4 及 O'_1, O'_2, O'_3 和 O'_4 表示,立方体六个面的坐标分别为 $i=i_0, i_1$;$j=j_0, j_1$ 和 $k=k_0, k_1$.

　　在连接边界 6 个面上各场分量的位置示于图 5.10,很显然,处于 $j=j_0$ 和 $j=j_1$ 两个面上的电场是 E_x 和 E_z 两个分量,它们在两个面上的位置是相同的;

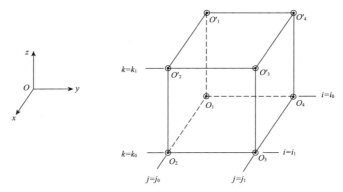

图 5.9　三维网格空间中的连接边界

处于 $k=k_0$ 和 $k=k_1$ 两个面上的电场是 E_x 和 E_y 两个分量,而处于 $i=i_0$ 和 $i=i_1$ 两个平面上的电场是 E_y 和 E_z 两个分量,而且相互平行的网格面上的电场分量的位置都是相同的.

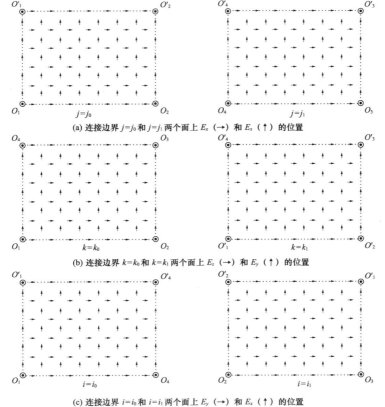

(a) 连接边界 $j=j_0$ 和 $j=j_1$ 两个面上 E_x (→) 和 E_z (↑) 的位置

(b) 连接边界 $k=k_0$ 和 $k=k_1$ 两个面上 E_z (→) 和 E_y (↑) 的位置

(c) 连接边界 $i=i_0$ 和 $i=i_1$ 两个面上 E_y (→) 和 E_x (↑) 的位置

图 5.10　连接边界 6 个面上各场分量的位置

　　和二维时的情况类似,如果把上述边界面归于总场区,则对它们的计算要用到属于散射区的磁场分量的值.因此,为了使场区能够划分,边界面上的场的计算格式必须另外给出.采用与二维时完全类似的处理方法,可以推出适用各边界场的计算格式,这些计算格式也称做连接条件.例如,对于 $j=j_0$ 面上的 E_x,根据式(2.1.22a)我们可有

$$\widetilde{E}_{xt}^{n+1}(i,j_0,k) = CA(i,j_0,k) \cdot \widetilde{E}_{xt}^{n}(i,j_0,k) + CD \cdot CB(i,j_0,k)$$
$$\cdot \left[H_{xt}^{n+\frac{1}{2}}(i,j_0+1/2,k) \right.$$
$$- H_{zs}^{n+\frac{1}{2}}(i,j_0-1/2,k) + H_{yt}^{n+\frac{1}{2}}(i,j_0,k-1/2)$$
$$\left. - H_{yt}^{n+\frac{1}{2}}(i,j_0,k+1/2) - H_{zi}^{n+\frac{1}{2}}(i,j_0-1/2,k) \right]. \quad (5.3.20)$$

由于区域划分后,在散射场区的网格点 $(i,j_0-1/2,k)$ 处仅存储散射场,因此在计算中取值于 $(i,j_0-1/2,k)$ 处的场值自然就是 $H_{zs}(i,j_0-1/2,k)$.所以,在式(5.3.20)中除 H_{zi} 外所有场量的角标都不必特别强调.于是,(5.3.20)中除了 H_{zi} 部分外可用式(2.1.22a)的格式替代,用 $\widetilde{E}_z^{n+1}(i,j_0,k)|_{(2.1.22a)}$ 来表示.按此规定式(5.3.20)可简写为

$$\widetilde{E}_x^{n+1}(i,j_0,k) = \widetilde{E}_x^{n+1}(i,j_0,k)|_{(2.1.22a)}$$
$$- CD \cdot CB(i,j_0,k) \cdot H_{zi}^{n+\frac{1}{2}}(i,j_0-1/2,k). \quad (5.3.21a)$$

由图 5.10(a)可以看出,此式的适用范围为 $(j=j_0; i=i_0+1/2, i_0+3/2, \cdots, i_1-1/2; k=k_0+1, k_0+2, \cdots, k_1-1)$. $j=j_0$ 这一个面称做前边界面,用同样的方法表示,对于前边界面上的 E_z 有如下的计算格式

$$\widetilde{E}_z^{n+1}(i,j_0,k) = \widetilde{E}_z^{n+1}(i,j_0,k)|_{(2.1.22c)}$$
$$- CD \cdot CB(i,j_0,k)$$
$$\cdot H_{zi}^{n+\frac{1}{2}}(i,j_0-1/2,k), \quad (5.3.21b)$$

它的适用范围为 $j=j_0; i=i_0+1, i_0+2, \cdots, i_1-1; k=k_0+1/2, k_0+3/2, \cdots, k_1-1/2$.

　　下面列出其他边界面上电场分量满足的连接条件:

　　后边界面 $(j=j_1; i=i_0+1/2, i_0+3/2, \cdots, i_1-1/2; k=k_0+1, k_0+2, \cdots, k_1-1)$:

$$\widetilde{E}_x^{n+1}(i,j_1,k) = \widetilde{E}_x^{n+1}(i,j_1,k)|_{(2.1.22a)} + CD \cdot CB(i,j_1,k)$$
$$\cdot H_{zi}^{n+\frac{1}{2}}(i,j_1+1/2,k), \quad (5.3.22a)$$

　　后边界面 $(j=j_1; i=i_0+1, i_0+2, \cdots, i_1-1; k=k_0+1/2, k_0+3/2, \cdots, k_1-1/2)$:

$$\widetilde{E}_z^{n+1}(i,j_1,k) = \widetilde{E}_z^{n+1}(i,j_1,k)|_{(2.1.22c)} - CD \cdot CB(i,j_1,k)$$
$$\cdot H_{zi}^{n+\frac{1}{2}}(i,j_1+1/2,k); \quad (5.3.22b)$$

　　底边界面 $(k=k_0; i=i_0+1/2, i_0+3/2, \cdots, i_1-1/2; j=j_0+1, j_0+2, \cdots, j_1-1)$:

$$\widetilde{E}_x^{n+1}(i,j,k_0) = \widetilde{E}_x^{n+1}(i,j,k_0)|_{(2.1.22a)} + CD \cdot CB(i,j,k_0)$$

$$\bullet\ H_{yi}^{n+\frac{1}{2}}(i,j,k_0-1/2), \tag{5.3.23a}$$

底边界面$(k=k_0;i=i_0+1,i_0+2,\cdots,i_1-1;j=j_0+1/2,j_0+3/2,\cdots,j_1-1/2)$：

$$\widetilde{E}_y^{n+1}(i,j,k_0)=\widetilde{E}_y^{n+1}(i,j,k_0)\mid_{(2.1.22b)}-CD\cdot CB(i,j,k_0)$$
$$\bullet\ H_{xi}^{n+\frac{1}{2}}(i,j,k_0-1/2); \tag{5.3.23b}$$

顶边界面$(k=k_1;i=i_0+1/2,i_0+3/2,\cdots,i_1-1/2;j=j_0+1,j_0+2,\cdots,j_1-1)$：

$$\widetilde{E}_x^{n+1}(i,j,k_1)=\widetilde{E}_x^{n+1}(i,j,k_1)\mid_{(2.1.22a)}-CD\cdot CB(i,j,k_1)$$
$$\bullet\ H_{yi}^{n+\frac{1}{2}}(i,j,k_1+1/2), \tag{5.3.24a}$$

顶边界面$(k=k_1;i=i_0+1,i_0+2,\cdots,i_1-1;j=j_0+1/2,j_0+3/2,\cdots,j_1-1/2)$：

$$\widetilde{E}_y^{n+1}(i,j,k_1)=\widetilde{E}_y^{n+1}(i,j,k_1)\mid_{(2.1.22b)}+CD\cdot CB(i,j,k_1)$$
$$\bullet\ H_{xi}^{n+\frac{1}{2}}(i,j,k_1+1/2); \tag{5.3.24b}$$

左边界面$(i=i_0;j=j_0+1/2,j_0+3/2,\cdots,j_1-1/2;k=k_0+1,k_0+2,\cdots,k_1-1)$：

$$\widetilde{E}_y^{n+1}(i_0,j,k)=\widetilde{E}_y^{n+1}(i_0,j,k)\mid_{(2.1.22b)}+CD\cdot CB(i_0,j,k)$$
$$\bullet\ H_{zi}^{n+\frac{1}{2}}(i_0-1/2,j,k), \tag{5.3.25a}$$

左边界面$(i=i_0;j=j_0+1,j_0+2,\cdots,j_1-1;k=k_0+1/2,k_0+3/2,\cdots,k_1-1/2)$：

$$\widetilde{E}_z^{n+1}(i_0,j,k)=\widetilde{E}_z^{n+1}(i_0,j,k)\mid_{(2.1.22c)}-CD\cdot CB(i_0,j,k)$$
$$\bullet\ H_{yi}^{n+\frac{1}{2}}(i_0-1/2,j,k); \tag{5.3.25b}$$

右边界面$(i=i_1;j=j_0+1/2,j_0+3/2,\cdots,j_1-1/2;k=k_0+1,k_0+2,\cdots,k_1-1)$：

$$\widetilde{E}_y^{n+1}(i_1,j,k)=\widetilde{E}_y^{n+1}(i_1,j,k)\mid_{(2.1.22b)}-CD\cdot CB(i_1,j,k)$$
$$\bullet\ H_{zi}^{n+\frac{1}{2}}(i_1+1/2,j,k), \tag{5.3.26a}$$

右边界面$(i=i_1;j=j_0+1,j_0+2,\cdots,j_1-1;k=k_0+1/2,k_0+3/2,\cdots,k_1-1/2)$：

$$\widetilde{E}_z^{n+1}(i_1,j,k)=\widetilde{E}_z^{n+1}(i_1,j,k)\mid_{(2.1.22c)}+CD\cdot CB(i_1,j,k)$$
$$\bullet\ H_{yi}^{n+\frac{1}{2}}(i_1+1/2,j,k). \tag{5.3.26b}$$

在连接边界的 8 个棱边上电场的计算要涉及散射场的两个磁场分量,因此它们的连接条件略有不同.参考上面各式给出这些连接条件并不困难,这里不再一一列出.

3. 磁场分量的连接条件

和二维空间中的情况类似,在计算连接边界面外二分之一空间步长的网格点上散射场的磁场分量时,要用到属于总场区的电场分量,同样也要另外给出它们的计算格式.这些计算格式称为磁场的连接条件.这些连接条件的导出和电场的情形类似.若也采用同样的记述方法,则应用式(2.1.23)可得下列连接条件:

前边界面外$(j=j_0-1/2;i=i_0+1/2,i_0+3/2,\cdots,i_1-1/2;k=k_0,k_0+1,\cdots,k_1)$：

$$H_z^{n+\frac{1}{2}}(i,j_0-1/2,k)=H_z^{n+\frac{1}{2}}(i,j_0-1/2,k)\mid_{(2.1.23c)}$$

$$-CD \cdot \tilde{E}_{xi}^n(i, j_0, k), \qquad (5.3.27a)$$

前边界面外$(j = j_0 - 1/2; i = i_0, i_0 + 1, \cdots, i_1; k = k_0 + 1/2, k_0 + 3/2, \cdots, k_1 - 1/2)$:

$$H_x^{n+\frac{1}{2}}(i, j_0 - 1/2, k) = H_x^{n+\frac{1}{2}}(i, j_0 - 1/2, k) \mid_{(2.1.23a)}$$

$$+ CD \cdot \tilde{E}_{zi}^n(i, j_0, k); \qquad (5.3.27b)$$

后边界面外$(j = j_1 + 1/2; i = i_0 + 1/2, i_0 + 3/2, \cdots, i_1 - 1/2; k = k_0, k_0 + 1, \cdots, k_1)$:

$$H_z^{n+\frac{1}{2}}(i, j_1 + 1/2, k) = H_z^{n+\frac{1}{2}}(i, j_1 + 1/2, k) \mid_{(2.1.23c)}$$

$$+ CD \cdot \tilde{E}_{xi}^n(i, j_1, k), \qquad (5.3.28a)$$

后边界面外$(j = j_1 + 1/2; i = i_0, i_0 + 1, \cdots, i_1; k = k_0 + 1/2, k_0 + 3/2, \cdots, k_1 - 1/2)$:

$$H_x^{n+\frac{1}{2}}(i, j_1 + 1/2, k) = H_x^{n+\frac{1}{2}}(i, j_1 + 1/2, k) \mid_{(2.1.23a)}$$

$$- CD \cdot \tilde{E}_{zi}^n(i, j_1, k); \qquad (5.3.28b)$$

底边界面外$(k = k_0 - 1/2; i = i_0 + 1/2, i_0 + 3/2, \cdots, i_1 - 1/2; j = j_0, j_0 + 1, \cdots, j_1)$:

$$H_y^{n+\frac{1}{2}}(i, j, k_0 - 1/2) = H_y^{n+\frac{1}{2}}(i, j, k_0 - 1/2) \mid_{(2.1.23b)}$$

$$+ CD \cdot \tilde{E}_{xi}^n(i, j, k_0), \qquad (5.3.29a)$$

底边界面外$(k = k_0 - 1/2; i = i_0, i_0 + 1, \cdots, i_1; j = j_0 + 1/2, j_0 + 3/2, \cdots, j_1 - 1/2)$:

$$H_x^{n+\frac{1}{2}}(i, j, k_0 - 1/2) = H_x^{n+\frac{1}{2}}(i, j, k_0 - 1/2) \mid_{(2.1.23a)}$$

$$- CD \cdot \tilde{E}_{yi}^n(i, j, k_0); \qquad (5.3.29b)$$

顶边界面外$(k = k_1 + 1/2; i = i_0 + 1/2, i_0 + 3/2, \cdots, i_1 - 1/2; j = j_0, j_0 + 1, \cdots, j_1)$:

$$H_y^{n+\frac{1}{2}}(i, j, k_1 + 1/2) = H_y^{n+\frac{1}{2}}(i, j, k_1 + 1/2) \mid_{(2.1.23b)}$$

$$- CD \cdot \tilde{E}_{xi}^n(i, j, k_1), \qquad (5.3.30a)$$

顶边界面外$(k = k_1 + 1/2; i = i_0, i_0 + 1, \cdots, i_1; j = j_0 + 1/2, j_0 + 3/2, \cdots, j_1 - 1/2)$:

$$H_x^{n+\frac{1}{2}}(i, j, k_1 + 1/2) = H_x^{n+\frac{1}{2}}(i, j, k_1 + 1/2) \mid_{(2.1.23a)}$$

$$+ CD \cdot \tilde{E}_{yi}^n(i, j, k_1); \qquad (5.3.30b)$$

左边界面外$(i = i_0 - 1/2; j = j_0 + 1/2, j_0 + 3/2, \cdots, j_1 - 1/2; k = k_0, k_0 + 1, \cdots, k_1)$:

$$H_z^{n+\frac{1}{2}}(i_0 - 1/2, j, k) = H_z^{n+\frac{1}{2}}(i_0 - 1/2, j, k) \mid_{(2.1.23c)}$$

$$+ CD \cdot \tilde{E}_{yi}^n(i_0, j, k), \qquad (5.3.31a)$$

左边界面外$(i = i_0 - 1/2; j = j_0, j_0 + 1, \cdots, j_1; k = k_0 + 1/2, k_0 + 3/2, \cdots, k_1 - 1/2)$:

$$H_y^{n+\frac{1}{2}}(i_0 - 1/2, j, k) = H_y^{n+\frac{1}{2}}(i_0 - 1/2, j, k) \mid_{(2.1.23b)}$$

$$- CD \cdot \tilde{E}_{zi}^n(i_0, j, k); \qquad (5.3.31b)$$

右边界面外$(i = i_1 + 1/2; j = j_0 + 1/2, j_0 + 3/2, \cdots, j_1 - 1/2; k = k_0, k_0 + 1, \cdots, k_1)$:

$$H_z^{n+\frac{1}{2}}(i_1 + 1/2, j, k) = H_z^{n+\frac{1}{2}}(i_1 + 1/2, j, k) \mid_{(2.1.23c)}$$

$$- CD \cdot \tilde{E}_{yi}^n(i, j, k), \qquad (5.3.32a)$$

右边界面外$(i=i_1+1/2;j=j_0,j_0+1,\cdots,j_1;k=k_0+1/2,k_0+3/2,\cdots,k_1-1/2)$:

$$H_y^{n+\frac{1}{2}}(i_1+1/2,j,k) = H_y^{n+\frac{1}{2}}(i_1+1/2,j,k)\mid_{(2.1.23b)}$$

$$+CD \cdot \tilde{E}_{zi}^n(i_1,j,k), \qquad (5.3.32b)$$

4. 入射平面波的计算

对于直角坐标中的三维网格空间,当标志入射平面波传播方向的角度 θ 和 φ 取其所有可能值时,入射平面波的波前首先到达的连接边界的点共有 8 个,它们是连接边界所围立方体的 8 个角点. 为了计算入射平面波,需要知道参与计算的各网格点相对于参考原点的滞后距离 d. 像在二维空间中所做的那样,对不同入射方向的入射平面波应取适当的连接边界顶点作为参考原点. 若我们沿用在讨论二维 TM 波时所使用的符号,且仍有

$$d = \boldsymbol{k}_i \cdot \boldsymbol{r}_c, \qquad (5.3.33)$$

在三维空间中 $\boldsymbol{k}_i$ 应表示为

$$\boldsymbol{k}_i = (\sin\theta\cos\varphi, \sin\theta\sin\varphi, \cos\theta), \qquad (5.3.34)$$

$\boldsymbol{r}_c$ 仍表示从选择的原点到点 (i_c,j_c,k_c) 的矢径.

当 $0°<\theta<90°$ 时,图 5.9 上的 O_1,O_2,O_3 和 O_4 有可能首先与入射平面波的波前相遇,究竟哪个顶点最先与入射平面波的波前相遇并选作原点,决定于 φ 的取值范围.

当 $0°<\varphi\leqslant 90°$ 时,选 O_1 作参考原点,此时

$$\boldsymbol{r}_c = (i_c-i_0,j_c-j_0,k_c-k_0), \qquad (5.3.35a)$$

当 $90°<\varphi\leqslant 180°$ 时,选 O_2 作参考原点,此时

$$\boldsymbol{r}_c = (i_c-i_1,j_c-j_0,k_c-k_0), \qquad (5.3.35b)$$

当 $180°<\varphi\leqslant 270°$ 时,选 O_3 作为参考原点,此时

$$\boldsymbol{r}_c = (i_c-i_1,j_c-j_1,k_c-k_0), \qquad (5.3.35c)$$

当 $270°<\varphi\leqslant 360°$ 时,选 O_4 作为参考原点,此时

$$\boldsymbol{r}_c = (i_c-i_0,j_c-j_1,k_c-k_0). \qquad (5.3.35d)$$

类似地,当 $90°<\theta<180°$ 时,选 O'_1,O'_2,O'_3 和 O'_4 中的某一个作为参考原点,要由 φ 的取值来定.

当 $0°<\varphi\leqslant 90°$ 时,选 O'_1 作为参考原点,此时

$$\boldsymbol{r}_c = (i_c-i_0,j_c-j_0,k_c-k_1), \qquad (5.3.36a)$$

当 $90°<\varphi\leqslant 180°$ 时,选 O'_2 作为参考原点,此时

$$\boldsymbol{r}_c = (i_c-i_1,j_c-j_0,k_c-k_1), \qquad (5.3.36b)$$

当 $180°<\varphi\leqslant 270°$ 时,选 O'_3 作为参考原点,此时

$$\boldsymbol{r}_c = (i_c-i_1,j_c-j_1,k_c-k_1), \qquad (5.3.36c)$$

当 $270°<\varphi\leqslant 360°$ 时,选 O'_4 作为参考原点,此时

$$r_c = (i_c - i_0, j_c - j_1, k_c - k_1),\qquad (5.3.36d)$$

因为入射平面波仍可作为一维问题处理,故式(5.3.16)仍然是它的计算格式,在其中 Δs 和 Δt 的选择应与三维网格空间中差分格式中所使用的相同. 由于 d 不能总是 Δs 的整数倍,所以也需要作与二维时类似的插值近似.

以上的计算只求得入射平面波总的电场和总的磁场,而在连接条件中需要的是各分量的场值,因此需要把总场按坐标进行分解,即

$$H_{xi}(d) = H_i(d) \cdot (\sin\psi\,\sin\varphi + \cos\psi\,\cos\theta\,\cos\varphi),\qquad (5.3.37a)$$

$$H_{yi}(d) = H_i(d) \cdot (-\sin\psi\,\cos\varphi + \cos\psi\,\cos\theta\,\cos\varphi),\qquad (5.3.37b)$$

$$H_{zi}(d) = H_i(d) \cdot (-\cos\psi\,\sin\theta),\qquad (5.3.37c)$$

$$\widetilde{E}_{xi}(d) = \widetilde{E}_i(d) \cdot (\cos\psi\,\sin\varphi - \sin\psi\,\cos\theta\,\cos\varphi),\qquad (5.3.38a)$$

$$\widetilde{E}_{yi}(d) = \widetilde{E}_i(d) \cdot (-\cos\psi\,\cos\varphi - \sin\psi\,\cos\theta\,\sin\varphi),\qquad (5.3.38b)$$

$$\widetilde{E}_{zi}(d) = \widetilde{E}_i(d) \cdot (\sin\psi\,\sin\theta).\qquad (5.3.38c)$$

入射波的计算完成后,就可代入到电场和磁场的连接条件中,使得连接条件可以执行.

§5.4　稳态电磁波入射问题

5.4.1　稳态问题——简谐波入射

在电磁波散射问题中有时我们需要了解当入射平面波为某一频率的简谐波时散射体的性质. 这时的入射波是时间的周期函数,所需要了解的散射波是达到稳定以后的结果,因此这是个稳态电磁场问题. 时域有限差分法在用于稳态问题时,也能取得很好的结果.

在第四章中已经指出,当入射波为简谐波时,波源可设置为

$$E_i(n\Delta t) = E_{i0}\sin(2\pi f n\Delta t),\qquad (5.4.1)$$

其中 f 为入射波的频率,n 为差分格式的迭代步数,Δt 为时间步长. 时域有限差分法总是把问题当初值问题来求解. 在 $n=0(t=0)$ 时整个网格空间中的电磁场均设为零,而后平面波源被接通,随着 n 的增加,平面波由连接边界向总场区内传播,如果总场区内没有设置散射体,总场区就相当于一个均匀的媒质空间或者就是一个自由空间. 这时在总场区中传播的平面波就像在均匀媒质空间传播一样,空间中的每一网格点的场都按波源同样的规律随时间变化,稳定的电场振幅也等于 E_{i0}. 这就是说,在不存在散射体的总场区中获得一个稳定的简谐平面波.

如果总场区存在散射体,当入射波到达散射体时,通过差分格式计算及散射体电磁特性的计算,使平面波与散射体发生相互作用而产生散射波. 如果散射体

中存在孔、缝和腔体等复杂结构,电磁波还要通过孔、缝等窗口耦合到腔体之中,并在腔体各壁之间传播、反射. 如果散射体的外形复杂,散射体各部分之间也可能产生波的反射. 经过足够的时间步后,网格空间中各点的电磁场随时间的变化规律将达到稳定,亦即总场和散射场都达到了稳定分布.

在稳态问题中使场分布达到稳定是个至关重要的条件,否则不能得到正确的解答. 在稳定平面波作用下散射场达到稳定的时间步数和很多因素有关,其中散射体结构的复杂程度及其性质起着非常重要的作用. 在网格空间中,被模拟数字波的传播速度由散射体所在区域媒质的物理特性决定,对于大多数散射体来说需要至少两个电磁波在体内来回传播的周期,内部场才能达到稳定. 此外,如果散射体包含低耗腔体或低耗介质材料,则还必须考虑谐振的因素. 这时使场达到稳定的时间换算成入射波源的振荡周期数要接近谐振腔的品质因数. 由于实际中遇到较多的是开放腔和介质也有较大损耗的情况,因而散射体的物理尺度也是个重要的因素. 表 5.1 是 Taflove 和 Umashankar(1989)给出的在不同情况下为使场达到稳定所需时间的经验积累[285],对指导实践有一定的意义.

在用时域有限差分法求解稳态问题时,虽然是在时域中进行计算,所得结果和频域法有同样的性质. 也就是说,在计算稳定问题时,时域有限差分法与频域法起着完全类似的作用.

表 5.1 达到稳定所需的时间

散射体结构类型	稳定所需波源周期数
凸形二维金属散射体,跨度小于 $1\lambda_0$,TM 波 有耗三维结构,特别是由生物体组成的三维结构	$\geqslant 5$
凸形二维金属散射体,跨度为 $(1 \sim 5)\lambda_0$,TE 波 凸形三维散射体,跨度在 $(1 \sim 5)\lambda_0$,TE 波及 TM 波 凸形二维金属散射体,跨度在 $(1 \sim 5)\lambda_0$	$5 \sim 20$
三维金属线或棒,跨度 $1\lambda_0$,接近谐振激励 三维金属散射体,跨度 $10\lambda_0$,有角反射和开放腔	$20 \sim 40$
深度重入式三维金属散射体,跨度 $10\lambda_0$ 或更多	> 40
三维任意尺寸金属散射体,具有中等到高 Q 的带孔 谐振腔并在接近谐振下激励	> 100

5.4.2 雷达散射截面

电磁波入射到任何种类的物体上都将使其中的自由电子或束缚电荷产生强迫运动,而被加速的带电粒子又辐射电磁波,即发生所谓二次辐射. 这种二次辐射过程称做散射,所辐射的电磁波称为散射波.散射波的强弱、分布以及与入射波入射角的关系等由散射体的几何形状、内部结构以及材料构成等各种因素决定.因此,散射波是散射体诸多信息的载体,研究散射波的性质对远距离获取有关散射体的信息具有重要意义.散射体的各种特性与散射波的关系通过一些参量表达出来,其中散射截面(Scattering Cross Section)用于表征散射体对入射波的散射能力.

有实际意义的情况是,散射体与波源相距很远,入射波常常可视为均匀平面波.散射截面的定义是全部散射波的时间平均功率与通过单位面积入射波的时间平均功率之比,通常用 σ 表示散射截面.若用 P_s 表示散射波的时间平均功率,P_i 表示入射波的时间平均功率流密度,则 σ 可表示为

$$\sigma = P_s/P_i. \tag{5.4.2}$$

对简谐平面波而言

$$P_i = \frac{1}{2}\hat{E}_0^2/\eta, \tag{5.4.3}$$

其中 $\hat{E}_0$ 为入射波电场的峰值,而 η 为散射体所在空间的波阻抗.大部分情况为自由空间,这时 $\eta \approx 377\Omega$.

雷达作为探测远距离目标的重要工具有如图 5.11 所示的两种工作方式.(a)为单站方式(Monostatic),发射和接收在同一个地点并一般是共用一部天线,它接收到的是目标沿发射波的反方向的散射波.这种波称做后向散射波.(b)为双站工作方式(Bistatic),其特点是发射天线和接收天线分置两地,而且往往相距较远.因此这种方式下,雷达所接收的来自目标的散射波是与入射波有某一夹角的非背向散射方向.

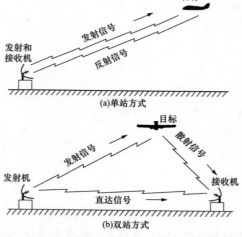

图 5.11　雷达探测远距离目标的两种工作方式

雷达对目标的探测能力与目标的散射截面关系密切,但是式(5.4.1)所定义的是与方向无关的散射截面,反映的是角度平均效果.一般而言,目标的散射波是有方向性的.散射场是一种角分布函数.由雷达工作方式可知,雷达所能接收到的只是沿某一角度的散射波,因此应该定义与角度有关的散射截面,以适应雷达技术的要求.与角度有关的散射截面称做微分散射截面(Differential Cross Section)以及相关的雷达散射截面或雷达截面(Radar Cross Section, RCS).

雷达散射截面的定义为,以 k 方向为中心的单位立体角内的时间平均散射功率 $P_s(k)$ 与 k' 方向入射功率流密度时间平均值 $P_i(k')$ 之比的 4π 倍.若用 $\sigma(k, k')$ 表示入射波方向为 k'、接收方向为 k 的雷达散射截面,则有

$$\sigma(k, k') = 4\pi \frac{P_s(k)}{P_i(k')}. \tag{5.4.4}$$

当 k 与 k' 相互平行但方向相反时,称为单站雷达散射截面(Monostatic Radar Cross Section)或称后向雷达散射截面(Back-Scattered Radar Cross Section),否则称为双站雷达散射截面(Bistatic Radar Cross Section).

5.4.3　稳态近区场到远区场的变换

如前所述,在讨论平面电磁波问题时我们总是把网格空间划分为总场区和散射场区,把散射体设置在总场区中,而从散射场区获得散射场的全部信息.由于受计算机存储空间的限制和出自经济上的考虑,散射场区不可能取得很大.因此,从散射场区取得的散射场属于散射近场.雷达接收站总是离开目标很远的距离,所接收到的是远区散射场.所以,计算雷达散射截面需要知道远区散射场.远区散射场和近区散射场性质上有很大区别,但远区场是近区场发展运动的结果,二者之间有密切的关系,在已知散射近场的情况下,可以求得远区散射场.

Umashankar 和 Taflove(1987)首先讨论了在时域有限差分法的框架内把近区散射场转换为远区散射场的方法[38].下面根据他们的叙述加以讨论.

原则上讲,按照前面已描述的用时域有限差分法计算电磁波散射问题的框架,总能求出导电散射体的表面电流分布.由这些电流分布可以计算近区散射场和远区散射场.但是,散射体的形状可能很复杂,还可能以某种方式包含有介质成分,这使得每一个散射体构成一个单独的问题,而且本身还带有一定的复杂性.一种替代方法是不直接利用散射体的表面电流,而是利用表面外的近场来获得散射场的信息,而这些近场数据则可取自一个完全包围散射体的具有简单形状(一般由平面构成)的虚设表面上.在这样的表面上进行计算不仅使问题简化,而且它的设置可以完全不依赖于实际散射体的形状,从而可以使算法具有通用性.而且,所需要的散射近场数据是在时域有限差分算法中是必然出现的,它的

获得不需要任何辅助工作.

　　为了显示方便,图 5.12 给出了一个由二维图形表示的网格空间中虚设封闭面的方法,虚设封闭面在三维空间最简单的形状为一矩形,由 6 个长方形平面组成,它们都与网格平面相重合,因而其上散射近场的电场和磁场切向分量都可从散射近场的计算中直接获得,继而应用等效定理就可获得虚设封闭面上的等效电流和等效磁流.

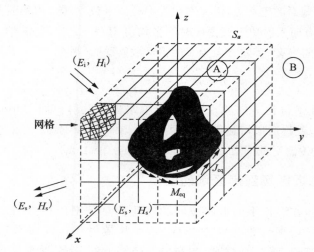

图 5.12　置于散射场区的虚设封闭面

　　设封闭虚设面用 S_a 表示,其上的切向电场和切向磁场分别为 $\hat{\boldsymbol{E}}_s$ 和 $\hat{\boldsymbol{H}}_s$,$\hat{\boldsymbol{J}}_{eq}$ 和 $\hat{\boldsymbol{M}}_{eq}$ 分别为 S_a 上相应的等效切向电流和等效切向磁流,则有

$$\hat{\boldsymbol{J}}_{eq}(\boldsymbol{r}) = \boldsymbol{n} \times \hat{\boldsymbol{H}}_s(\boldsymbol{r}), \tag{5.4.5a}$$

$$\hat{\boldsymbol{M}}_{eq}(\boldsymbol{r}) = -\boldsymbol{n} \times \hat{\boldsymbol{E}}_s(\boldsymbol{r}), \tag{5.4.5b}$$

其中 $\boldsymbol{n}$ 为 S_a 的单位外法向矢量.根据电磁场的等效原理可得图 5.13 的等效关系.式(5.4.5a)为以 S_a 为边界的原始问题,由散射体表面 S 上的表面电流所决定的散射场 $\hat{\boldsymbol{E}}_s$ 和 $\hat{\boldsymbol{H}}_s$ 在 S_a 外的无界区域 B 中的分布与等效问题(5.4.5b)中,由 S_a 上的 $\hat{\boldsymbol{J}}_{eq}$ 和 $\hat{\boldsymbol{M}}_{eq}$ 所决定的 B 区中的电磁场相同.因此,远区散射场可以从 S_a 上的等效电流 $\hat{\boldsymbol{J}}_{eq}$ 和等效磁流 $\hat{\boldsymbol{M}}_{eq}$ 出发进行计算.如果入射波是频率为 ω 的简谐平面波,则以下的问题可在频域内进行处理.

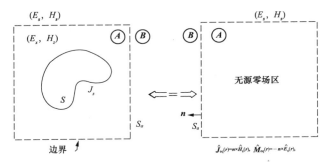

图 5.13 由近场计算远场的等效原理

由电流源 $\boldsymbol{J}_{\mathrm{eq}}$ 和磁源 $\boldsymbol{M}_{\mathrm{eq}}$ 所产生的散射场在散射场区满足方程

$$\nabla \times \hat{\boldsymbol{E}}_{\mathrm{s}} = -\,\mathrm{i}\omega\mu_0 \hat{\boldsymbol{H}}_{\mathrm{s}} - \hat{\boldsymbol{M}}_{\mathrm{eq}}, \tag{5.4.6a}$$

$$\nabla \times \boldsymbol{H}_{\mathrm{s}} = \mathrm{i}\omega\boldsymbol{\varepsilon}_0 \hat{\boldsymbol{E}}_{\mathrm{s}} + \hat{\boldsymbol{J}}_{\mathrm{eq}}, \tag{5.4.6b}$$

与之相应的辅助矢量函数分别为

$$\hat{\boldsymbol{A}}_{\mathrm{e}}(\boldsymbol{r}) = \mu \int_{S_a} G(\boldsymbol{r},\boldsymbol{r}') \hat{\boldsymbol{J}}_{\mathrm{eq}}(\boldsymbol{r}') \mathrm{d}S', \tag{5.4.7a}$$

$$\hat{\boldsymbol{A}}_{\mathrm{m}}(\boldsymbol{r}) = \varepsilon \int_{S_a} G(\boldsymbol{r},\boldsymbol{r}') \hat{\boldsymbol{M}}_{\mathrm{eq}}(\boldsymbol{r}') \mathrm{d}S', \tag{5.4.7b}$$

其中

$$G(\boldsymbol{r},\boldsymbol{r}_{\cdot}) = \frac{\mathrm{e}^{-\mathrm{i}k|\boldsymbol{r}-\boldsymbol{r}'|}}{4\pi|\boldsymbol{r}-\boldsymbol{r}'|}. \tag{5.4.8}$$

在求得 $\hat{\boldsymbol{A}}_{\mathrm{e}}$ 和 $\hat{\boldsymbol{A}}_{\mathrm{m}}$ 后，$\hat{\boldsymbol{E}}_{\mathrm{s}}$ 和 $\hat{\boldsymbol{H}}_{\mathrm{s}}$ 可表示为

$$\hat{\boldsymbol{E}}_{\mathrm{s}} = -\frac{1}{\varepsilon}\nabla \times \hat{\boldsymbol{A}}_{\mathrm{m}} - \mathrm{i}\omega\Big(\hat{\boldsymbol{A}}_{\mathrm{e}} + \frac{1}{k^2}\nabla\nabla\cdot\hat{\boldsymbol{A}}_{\mathrm{e}}\Big), \tag{5.4.9a}$$

$$\hat{\boldsymbol{H}}_{\mathrm{s}} = \frac{1}{\mu}\nabla \times \hat{\boldsymbol{A}}_{\mathrm{e}} - \mathrm{i}\omega\Big(\hat{\boldsymbol{A}}_{\mathrm{m}} + \frac{1}{k^2}\nabla\nabla\cdot\hat{\boldsymbol{A}}_{\mathrm{m}}\Big). \tag{5.4.9b}$$

为求远区场，可认为观察点在无穷远，故 $\boldsymbol{r}$ 与 $\boldsymbol{r}'$ 的关系可近似地如图 5.14 所示，于是近似地有

$$|\boldsymbol{r}-\boldsymbol{r}'| \approx \boldsymbol{r} - \boldsymbol{r}'\cdot\boldsymbol{n} \tag{5.4.10}$$

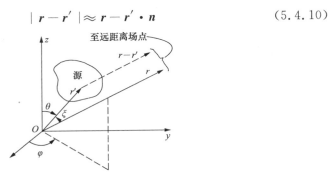

图 5.14 计算远区散射场的坐标系

这时 $\hat{\boldsymbol{A}}_{\mathrm{e}}$ 和 $\hat{\boldsymbol{A}}_{\mathrm{m}}$ 的远区近似式为

$$\hat{\boldsymbol{A}}_{\mathrm{e}}(\boldsymbol{r}) = \frac{\mathrm{e}^{-\mathrm{i}kr}}{4\pi r}\mu\int_{S_a}\hat{\boldsymbol{J}}_{\mathrm{eq}}(\boldsymbol{r}')\mathrm{e}^{\mathrm{i}kr'\cdot\boldsymbol{n}_r}\,\mathrm{d}S',\qquad(5.4.11\mathrm{a})$$

$$\hat{\boldsymbol{A}}_{\mathrm{m}}(\boldsymbol{r}) = \frac{\mathrm{e}^{-\mathrm{i}kr}}{4\pi r}\varepsilon\int_{S_a}\hat{\boldsymbol{M}}_{\mathrm{eq}}(\boldsymbol{r}')\mathrm{e}^{\mathrm{i}kr'\cdot\boldsymbol{n}_r}\,\mathrm{d}S',\qquad(5.4.11\mathrm{b})$$

其中 $\boldsymbol{n}_r$ 为球坐标 $\boldsymbol{r}$ 方向的单位矢量. 在球坐标系中分别用角标 r,θ,φ 表示坐标分量,则把式(5.4.11)代入式(5.4.9)就可以得到

$$\hat{E}_{s\theta} = -\frac{\mathrm{i}k}{\varepsilon}\hat{A}_{\mathrm{m}\varphi} - \mathrm{i}\omega\hat{A}_{\mathrm{e}\theta},\qquad(5.4.12\mathrm{a})$$

$$\hat{E}_{s\varphi} = \frac{\mathrm{i}k}{\varepsilon}\hat{A}_{\mathrm{m}\theta} - \mathrm{i}\omega\hat{A}_{\mathrm{e}\varphi},\qquad(5.4.12\mathrm{b})$$

和

$$\hat{H}_{s\theta} = \frac{\mathrm{i}k}{\mu}\hat{A}_{\mathrm{e}\varphi} - \mathrm{i}\omega\hat{A}_{\mathrm{m}\theta},\qquad(5.4.13\mathrm{a})$$

$$\hat{H}_{s\varphi} = -\frac{\mathrm{i}k}{\mu}\hat{A}_{\mathrm{e}\theta} - \mathrm{i}\omega\hat{A}_{\mathrm{m}\varphi}.\qquad(5.4.13\mathrm{b})$$

对远区散射场而言可近似地认为是平面波,故只关心 θ 和 φ 分量,而且只要求得了电场,就可以根据平面波的性质知道磁场. 所以,下面就只考虑 $\hat{E}_{\theta}$ 和 $\hat{E}_{\varphi}$ 的计算问题。

定义辐射矢量 $\boldsymbol{N}_{\mathrm{e}}$ 和 $\boldsymbol{N}_{\mathrm{m}}$ 分别为

$$\boldsymbol{N}_{\mathrm{e}} = \int_{S_a}\hat{\boldsymbol{J}}_{\mathrm{eq}}(\boldsymbol{r}')\mathrm{e}^{\mathrm{i}kr'\cdot\boldsymbol{n}_r}\,\mathrm{d}S',\qquad(5.4.14\mathrm{a})$$

$$\boldsymbol{N}_{\mathrm{m}} = \int_{S_a}\hat{\boldsymbol{M}}_{\mathrm{eq}}(\boldsymbol{r}')\mathrm{e}^{\mathrm{i}kr'\cdot\boldsymbol{n}_r}\,\mathrm{d}S',\qquad(5.4.14\mathrm{b})$$

则由式(5.4.12)可得

$$\hat{E}_{s\theta} = -\mathrm{i}k\,\frac{\mathrm{e}^{-\mathrm{i}kr}}{4\pi r}(\eta\hat{N}_{\mathrm{e}\theta} + \hat{N}_{\mathrm{m}\varphi}),\qquad(5.4.15\mathrm{a})$$

$$\hat{E}_{s\varphi} = \mathrm{i}k\,\frac{\mathrm{e}^{-\mathrm{i}kr}}{4\pi r}(\hat{N}_{\mathrm{m}\theta} - \eta\hat{N}_{\mathrm{e}\varphi}),\qquad(5.4.15\mathrm{b})$$

其中 $\eta = \sqrt{\dfrac{\mu}{\varepsilon}}$. 考虑到直角坐标分量与球坐标分量之间的关系

$$N_{\theta} = N_x\cos\theta\cos\varphi + N_y\cos\theta\sin\varphi - N_z\sin\theta,$$
$$N_{\varphi} = -N_x\sin\varphi + N_y\cos\varphi,$$

则式(5.4.15)又可表示为

$$\hat{E}_{s\theta} = -\mathrm{i}k\,\frac{\mathrm{e}^{-\mathrm{i}kr}}{4\pi r}[\eta(\hat{N}_{\mathrm{e}x}\cos\theta\cos\varphi + \hat{N}_{\mathrm{e}y}\cos\theta\sin\varphi - \hat{N}_{\mathrm{e}z}\sin\theta)$$

$$- \hat{N}_{\mathrm{m}x}\sin\varphi + \hat{N}_{\mathrm{m}y}\cos\varphi],\qquad(5.4.16\mathrm{a})$$

$$\hat{E}_{s\varphi} = ik\,\frac{e^{-ikr}}{4\pi r}\big[\hat{N}_{mx}cos\theta cos\varphi + \hat{N}_{my}cos\theta cos\varphi - \hat{N}_{mz}sin\theta$$

$$+\,\eta(\hat{N}_{ex}sin\varphi - \hat{N}_{ey}cos\varphi)\big].\qquad\qquad(5.4.16b)$$

又由于

$$k\,\boldsymbol{r}'\cdot\boldsymbol{n}_r = kx'sin\theta cos\varphi + ky'sin\theta sin\varphi + kz'cos\theta,$$

则可据式(5.4.14)把 $\boldsymbol{N}_e$ 和 $\boldsymbol{N}_m$ 的直角坐标分量表示为

$$\hat{\boldsymbol{N}}_{e\xi} = \int_{S_a}\boldsymbol{J}_{eq\xi}(x',y',z')\exp(ikx'sin\theta cos\varphi + iky'sin\theta sin\varphi + ikz'cos\theta)\,dS',$$

$$(5.4.17a)$$

$$\hat{\boldsymbol{N}}_{m\xi} = \int_{S_a}\boldsymbol{M}_{eq\xi}(x',y',z')\exp(ikx'sin\theta cos\varphi + iky'sin\theta sin\varphi + ikz'cos\theta)\,dS',$$

$$(5.4.17b)$$

其中 $\xi = x,y,z$. 到此即可知,只要据式(5.4.17)计算了 $\hat{\boldsymbol{N}}_{e\xi}$ 和 $\hat{\boldsymbol{N}}_{m\xi}$,就可由式(5.4.16)计算 $\hat{E}_{\theta}$ 和 $\hat{E}_{\varphi}$,进而可据式(5.4.4)计算所定义的雷达散射截面

$$\sigma = 4\pi r^2\left[\frac{\hat{E}_{s\theta}^2 + \hat{E}_{s\varphi}^2}{\hat{E}_{i\theta'}^2 + \hat{E}_{i\varphi'}^2}\right],\qquad\qquad(5.4.18)$$

其中 θ' 和 φ' 为入射平面波的入射角. 显然,若固定 θ' 和 φ' 而计算出所有 θ 和 φ 的远区散射场,就可进而计算出所有角度的散射截面.

式(5.4.17)中的 $\hat{J}_{eq\xi}$ 和 $\hat{M}_{eq\xi}$ 要由式(5.4.5)决定,而 $\hat{E}_s$ 和 $\hat{H}_s$ 是频域量,要由其幅度和相位确定. 所以,当用近区散射场计算远区散射场时,需要知道虚设封闭面上每个网格点切向电场和磁场的幅度和相位的全部信息. 对稳定入射简谐平面波而言,稳定振幅的获得需要足够的时间迭代步数,而幅值的检出则只需用逐个时间步计算值相比较的方法,在差分格式的迭代过程中即可获得. 借助于峰值检测及达到峰值的迭代步数,以及入射波的振荡周期与时间步长的关系不难计算出各网格点电磁场相对相位关系. 问题在于相位的计算精度受空间步长的限制,因为相位的分辨率是由入射波一个振荡周期等效的时间步长数目决定的. 例如,当 $\Delta s = \lambda/20$ 时,若稳定性条件取作 $\Delta s = 2\Delta tv$,则 $\Delta t = T/40$,其中 T 为场的振荡周期. 于是这时的相位分辨率只有 $9°$,而计算误差可能达到 $\pm4.5°$. 如果相位的计算误差影响计算精度,则需改进计算方法,但这样必然增加对存储空间和计算时间的要求.

§5.5 瞬态电磁波入射问题

5.5.1 瞬态问题——脉冲波入射

研究散射体对电磁脉冲的响应是电磁波散射问题的一个重要方面. 这一研究至少有两方面的意义：一是对核爆炸产生的电脉冲如何透入各种军事装备,如飞机、火箭等,人们一直怀着浓厚的兴趣,这也正是时域有限差分法初期研究和发展的主要目的；另一方面是可通过散射体对脉冲波的响应了解散射体宽频带的散射特性,因为脉冲信号包含较宽的频谱,通过 Fourier 变换,可从散射体对脉冲的时域响应获得它的宽频带的散射特性. 这种宽频带特性的获得只需计算程序的一次运行,这正是时域有限差分法的一个突出优点.

为了研究散射体对电磁脉冲的响应,只需把激发平面电磁波的简谐振荡源换成其波形符合所需模拟入射平面波脉冲的时变信号. 这时在总场区中将获得一个沿一定方向传播的脉冲平面波,并与设置在总场区中的散射体发生相互作用. 只要记录网格空间中电磁场的瞬时值,即获得了散射体对脉冲响应的全部信息. 由于所研究的是单个脉冲的作用,所以是一个瞬态问题. 这时差分格式迭代的次数主要决定于入射脉冲的波形,尤其是脉冲后沿持续的时间.

为了研究散射体的宽频带特性,希望入射脉冲有较宽的频谱,尤其是频谱变化比较平缓而又有比较陡峭的截止特性. Gauss 脉冲具有这样的特性,是人们最常选用的一种入射脉冲,它随时间的变化规律为

$$f(t) = \exp\left[-\frac{(t-t_0)^2}{T^2}\right], \tag{5.5.1}$$

它的 Fourier 变换具有形式

$$F(\omega) = \sqrt{\pi}T\exp\left[-\frac{T^2\omega^2}{4}\right], \tag{5.5.2}$$

可见 Gauss 脉冲的频谱仍然是 Gauss 型的.

另一种可选择的脉冲形式为

$$f(t) = \begin{cases} 1 - \cos[2\pi(F_b t)], & t \leqslant 1/F_b, \\ 0, & t > 1/F_b. \end{cases} \tag{5.5.3}$$

如果所研究的入射脉冲没有解析形式,可采用分段解析表示的方法,即在不同的时间步范围执行不同的解析表达形式. 对更复杂的波形,则可用数据文件按步读入的方式. 总之,由于入射脉冲是依时间顺序分步起作用的,其表达形式非常灵活,因而对脉冲的模拟可以达到很高的精度.

5.5.2　时域近区场到远区场的转换

在脉冲入射时的电磁散射问题中直接计算获得的是近区时域散射场. 为了计算电磁散射截面等散射体的特性, 需要远区散射场的信息. 如果需要计算散射体一定频段内各频率点的散射特性, 则可先对时域近区散射场进行 Fourier 变换, 然后对感兴趣的频率取样点所对应的频域散射近场进行如上一节所述的近区到远区场的变换. 如果计算的频率点很多, 就要做很多重复性的工作. 为了提高效率, 最好在时域实现近区到远区场的转换, 对远区散射场再进行 Fourier 变换, 进而获得宽频带的散射特性.

在上一节我们已经在频域定义了如式 (5.4.14) 所示的辐射矢量 $\hat{\boldsymbol{N}}_e$ 和 $\hat{\boldsymbol{N}}_m$, 再定义

$$\hat{\boldsymbol{W}}_e = \frac{\mathrm{i}k\mathrm{e}^{-\mathrm{i}kr}}{4\pi r}\hat{\boldsymbol{N}}_e, \quad \hat{\boldsymbol{W}}_m = \frac{\mathrm{i}k\mathrm{e}^{-\mathrm{i}kr}}{4\pi r}\hat{\boldsymbol{N}}_m, \tag{5.5.4}$$

则有

$$E_{s\theta} = -\eta W_{e\theta} - W_{m\varphi}, \tag{5.5.5a}$$

$$E_{s\varphi} = -\eta W_{e\varphi} + W_{m\theta}. \tag{5.5.5b}$$

对式 (5.5.4) 进行 Fourier 逆变换可得到

$$\boldsymbol{W}_e(\boldsymbol{r},t) = \frac{1}{4\pi rc}\frac{\partial}{\partial t}\int_{S_a}\boldsymbol{J}_{eq}\left(t - \frac{r - \boldsymbol{r}' \cdot \boldsymbol{n}_r}{c}\right)\mathrm{d}S', \tag{5.5.6a}$$

$$\boldsymbol{W}_m(\boldsymbol{r},t) = \frac{1}{4\pi rc}\frac{\partial}{\partial t}\int_{S_a}\boldsymbol{M}_{eq}\left(t - \frac{r - \boldsymbol{r}' \cdot \boldsymbol{n}_r}{c}\right)\mathrm{d}S', \tag{5.5.6b}$$

把这一结果应用到式 (5.5.5), 就可得到时域远区散射场

$$E_{s\theta}(\boldsymbol{r},t) = -\eta W_{e\theta}(\boldsymbol{r},t) - W_{m\varphi}(\boldsymbol{r},t), \tag{5.5.7a}$$

$$E_{s\varphi}(\boldsymbol{r},t) = -\eta W_{e\varphi}(\boldsymbol{r},t) - W_{m\theta}(\boldsymbol{r},t), \tag{5.5.7b}$$

式 (5.5.6) 中的 $\boldsymbol{J}_{eq}$ 和 $\boldsymbol{M}_{eq}$ 是 S_a 面上的时域等效电流和等效磁流, 其定义类似于式 (5.4.5), 即

$$\boldsymbol{J}_{eq}(\boldsymbol{r},t) = \boldsymbol{n} \times \boldsymbol{H}_s(\boldsymbol{r},t), \tag{5.5.8a}$$

$$\boldsymbol{M}_{eq}(\boldsymbol{r},t) = -\boldsymbol{n} \times \boldsymbol{E}_s(\boldsymbol{r},t), \tag{5.5.8b}$$

其中 $\boldsymbol{E}_s(\boldsymbol{r},t)$ 和 $\boldsymbol{H}_s(\boldsymbol{r},t)$ 是 S_a 面上的时域散射电场和时域散射磁场, 它们在每一时间步的计算中获得.

如果计算空间为直角坐标系, 则为了方便仍把式的 (5.5.7) 中的 $\boldsymbol{W}_e$ 和 $\boldsymbol{W}_m$ 各分量投影到直角坐标系中, 以使 $\boldsymbol{J}_{eq}$ 和 $\boldsymbol{M}_{eq}$ 的计算更加方便. 在实际计算中关键是滞后时间 $(r - \boldsymbol{r} \cdot \boldsymbol{n}_r)/c$ 的计算, 对此文献 [192] 已有详细描述, 此处不再讨论.

5.5.3　宽频带散射特性计算

散射体的散射特性与入射波的频率有密切关系, 所以, 往往需要了解一个散

射体在很宽频率范围内的散射特性.用时域有限差分法计算目标宽频带范围的雷达散射截面,有两种方法可以考虑.一种是如上面所介绍的,设定入射波为某一频率的简谐平面波,按上述方法计算出该频率下的雷达散射截面,改为另一频率的入射波,再计算一次,直至认为已能反映所需频率范围内目标的特性.我们把这种方法称为连续波法,用这种方法计算和频域方法的做法完全类似,它没有发挥出时域方法的优越性.

另一种方法可称为脉冲法,在这一方法中入射平面波为一宽频谱脉冲,其频谱宽度能覆盖感兴趣的频率范围.脉冲的形式一般可选用式(5.5.1)或(5.5.3)中的任一种.另一项主要工作是对虚设封闭面每一网格点的时域切向电磁场进行 Fourier 变换,从而求得每一离散频率下各网格点切向电磁场的幅度和相位,于是可按与连续波时计算雷达散射截面同样的方法,计算出各离散频率下的雷达散射截面.

若用 $g(n\Delta t)$ 表示某网格点上切向场的时域取样(即在执行时域有限差分格式迭代过程中每一时间步计算所得的数值),则用离散 Fourier 变换(DFT)可得

$$G(k\Delta f) = \Delta t \sum_{n=0}^{N-1} g(n\Delta t) \exp\left[\frac{-\mathrm{i}2\pi kn}{N}\right]$$
$$(k = 0, 1, 2, \cdots, NF),$$

(5.5.9)

其中 N 为迭代总步数,$\Delta f = 1/(N\Delta t)$.由 $G(k\Delta f)$ 可以计算频率为 $k\Delta f$ 时的幅度和相位.

由于 DFT 的执行可以与时域有限差分格式的执行同步进行,故脉冲法所需要的存储空间不像初看起来那样多.实际上在这方面脉冲法和连续法是很接近的,但是在需要的计算时间方面,二者却有明显的差别.这是因为用连续法时对每一个需要计算的频率点上都要执行一次计算过程,而且要迭代到足够时间步数,以使计算场达到稳定.但在用脉冲法计算时所需要的步数则是只要求每一网格中的场恢复到零.实际上用脉冲法进行一次宽频带的计算所需要的 CPU 时间几乎与所感兴趣的最高频下连续波法计算一次所需要的时间相同.

§5.6   二维导体的散射问题

5.6.1   方形导体柱的散射

Umashankar 和 Taflove(1982)通过与矩量法的比较验证时域有限差分法的有效性[26]时,首先考虑了如图 5.15 所示的 TM 波问题.设有一无限长的均匀导体柱受一平面波照射,若平面波的电场与导体柱的轴向平行,则散射场也将与轴向无关,于是可以在任何截面上分析这一问题.由于在二维空间中的电场只存

在一个与平面垂直的分量,因而构成一个 TM 问题,这一问题的时域有限差分解法已在前面讨论过.

同样的问题也可以用矩量法(MOM)进行计算.若采用图 5.15 所示的坐标系,矩量法解决这类问题的出发点是关于导体柱纵向表面电流 J_z 的积分方程

$$E_{iz}(\boldsymbol{r}) = \frac{k_0 \eta_0}{4} \int_C J_z(\boldsymbol{r'}) H_0^{(2)}(k_0 \mid \boldsymbol{r} - \boldsymbol{r'} \mid) \mathrm{d}l', \qquad (5.6.1)$$

其中 E_{iz} 为入射波的电场,C 为导体柱截面的边界,$H_0^{(2)}$ 为零阶第二类 Hankel 函数.这里假定导体柱置于自由空间中,故 $k_0 = \omega \sqrt{\varepsilon_0 \mu_0}$,$\eta_0 = \sqrt{\mu_0 / \varepsilon_0}$.入射波可以表示为

$$E_{iz}(\boldsymbol{r}) = E_{i0} \exp[-\mathrm{j} k_0 r \cos(\varphi - \varphi_i)], \qquad (5.6.2)$$

其中 φ_i 为入射波波矢与 x 轴的夹角.

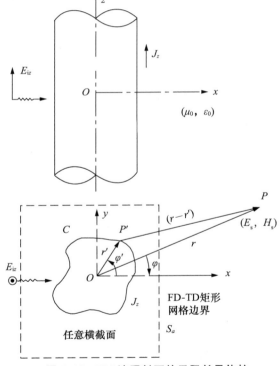

图 5.15　TM 波照射下的无限长导体柱

在求得 J_z 后,远区散射场可表示为

$$E_{sz}(\varphi) \sim \frac{k_0 \eta_0}{\sqrt{8\pi k_0 r}} \exp\left[-\mathrm{j}\left(k_0 r + \frac{3\pi}{4}\right)\right]$$

$$\cdot \int_C J_z(x', y') \exp[\mathrm{j} k_0 (x' \cos\varphi + y' \sin\varphi)] \mathrm{d}l', \qquad (5.6.3)$$

进而可按下式计算雷达散射截面

$$\sigma = 2\pi r \left| \frac{E_{sz}(\varphi)}{E_{i0}} \right|^2 \qquad (r \to \infty). \tag{5.6.4}$$

　　在用时域有限差分法计算时,为了计算雷达散射截面取图 5.15 所示的 S_a 作为虚设围线,则远区散射场可表示为

$$E_{sz}(\varphi) = -j\omega\mu_0 \psi_{zeq} + jk_0[-F_{xeq}\sin\varphi + F_{yeq}\cos\varphi], \tag{5.6.5}$$

其中

$$\psi_{zeq} \sim K \int_{S_a} J_{zeq}(x', y')\exp[jk_0(x'\cos\varphi + y'\sin\varphi)]\mathrm{d}l', \tag{5.6.6a}$$

$$F_{x,yeq} \sim K \int_{S_a} M_{x,yeq}(x', y')\exp[jk_0(x'\cos\varphi + y'\sin\varphi)]\mathrm{d}l', \tag{5.6.6b}$$

$$K = \frac{\mathrm{e}^{-jk_0 r}}{\sqrt{8\pi k_0 r}}\mathrm{e}^{-j(3\pi/4)}. \tag{5.6.6c}$$

而雷达散射截面的计算仍可按式(5.6.4)进行.

　　实际计算是对方形导体柱进行的,导体柱的一边长为 $2A_s$,考虑了 $k_0A_s=1$ 的情形.在用时域有限差分法计算时导体柱每边分为 20 个网格,导体柱表面到总场区与散射场区的连接边界为 5 个网格.为了对比,在用矩量法计算时导体柱一周共用了 80 个取样点,且用点配法进行.

　　图 5.16 给出了当 TM 波垂直导体方柱面入射时用两种方法计算的表面电流,(a)为幅度分布,(b)为相位分布.用时域有限差分法计算表面电流是通过表面切向磁场按下式进行的:

$$J_s = n \times H_{\tan}, \tag{5.6.7}$$

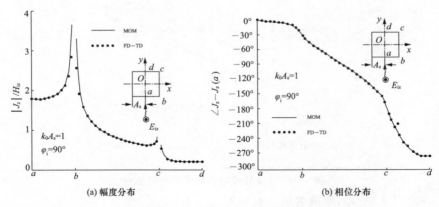

(a) 幅度分布　　　　　　　　　　　　(b) 相位分布

图 5.16　MOM 和 FD-TD 法计算导体柱表面电流结果的比较

其中 n 为导体表面外法向单位矢量.由 Yee 氏网格的特点决定,当导体的边界以切向电场等于零为准则时,磁场的切向分量就要取在离开导体表面半个网格的地方.因此式(5.6.7)中的 $H_{\tan}$ 只能是距导体表面 0.5 个网格处的值,而不是

真正导体表面上的值.但由于所计算的本质上是网格中的平均值,场在接近表面处变化又比较缓慢,因此这种做法并不带来严重问题.比较表面电流的幅度分布可以发现,在离开具有奇异性的角点两个网格的所有计算点上,两种方法所得结果之差不超过±1%(±0.09dB),显示出了高度的一致性.在奇异点附近,虽然二者偏离增大,但也都表现出了奇异性发生的趋势.在相位的计算上,两种方法的计算结果在所有的计算点上,包括阴影区在内,相差不超过±3°.图上的短线表示相位的不确定性,这是由于时域有限差分法在计算相位时存在着由网格空间步长对入射波波长之比所决定的最小分辨率.即使这样,时域有限差分法在相位的计算上还是保证了必要的精度.

在以上计算中,用时域有限差分法进行计算时,获得表面电流分布所用的迭代总时间步数相当于入射平面波振荡周期的 3 倍,计算相位分布时则用了振荡周期的 6 倍.

为了计算雷达散射截面,在距导体柱表面 7 个网格的散射场区中置一虚设围线 S_a,在其上的切向电场用以计算等效磁流,而用以计算等效电流的切向磁场则取自离导体表面 0.5 网格的围线上.这样做的原因当然也是由 Yee 氏网格的特性所决定的,因为电场和磁场的切向分量在网格空间中总是不在一个平面上.结果显示,两种方法计算所得切向场的幅度和相位二者的偏离度在±2.5%(±0.2dB)和±3°范围内.

由导体柱表面上的电流分布和 S_a 上的切向电磁场分布分别用矩量法由式(5.6.3)和由时域有限差分法由式(5.6.5),(5.6.6)计算了远区散射场,进而按式(5.6.4)计算了雷达散射截面,其结果由图 5.17 示出.这一结果显示,用两种方法所计算的雷达散射截面在各种角度上的值都是相当一致的.

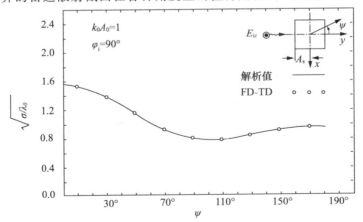

图 5.17　侧面垂直入射时导体方柱的
雷达散射截面与角度之间的关系

　　时域有限差分法与矩量法是本质上完全不同的两种方法,上面的结果显示,无论从初始量,还是中间导出量以及最后的结果上看,在各个环节上两种方法所得的结果都有良好的一致性.这一结果对两种计算方法的相互印证是很有说服力的.

5.6.2　平面波导开口腔的散射

　　在 Blaschak 等(1989)的论文[54]中,给出了一个结构比较复杂的散射特性的计算实例.除了应用时域有限差分法进行计算外,还使用了一种称做在面辐射条件(On-Surface Radiation Condition,OSRC)的近似方法,以便对结果进行相互印证.所计算的问题由图 5.18 示出.散射体为一个带盘平面波导,波导在 y 方向无限延伸而且在 $z=d$ 处被短路,因而形成一个开口的平面波导腔.法兰盘在 x 方向足够长.入射平面电磁波的电场垂直于 x-z 平面,频率为 382 MHz,因此构成一个二维TM 波问题.平面波导两壁之间的距离为 1 m,短路面到波导口的距离 d 也为 1 m,因而有 $kd=8$.在这种条件下波导中主要有前两个 TE 模式传输.该文对 $\alpha=0°$ 和 $\alpha=30°$ 两种入射情况进行了计算.由于是带腔散射体,对达到稳定分布的条件特别给予了注意.

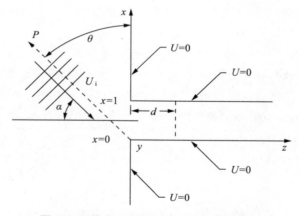

图 5.18　带盘平面波导开口腔的散射问题

　　文中分两种情况进行了讨论.第一种是不设短路面,成为一个半无限长波导的散射问题;第二种情况为上述由波导短路形成的开口腔散射问题.在两种情况下对比了场分布和雷达散射截面的计算结果,均获得了相当一致的结果.

　　图 5.19 则给出了 $\alpha=30°$ 时的结果.用两种方法还计算了雷达散射截面与 α 和 θ 的关系.图 5.20 是 $\alpha=30°$ 情况下的计算结果.

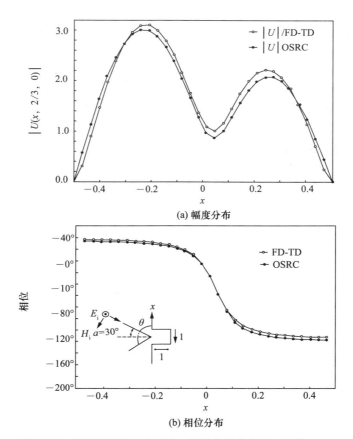

(a) 幅度分布

(b) 相位分布

图 5.19　开口波导腔内(2/3)m 处的电场分布(α＝30°)

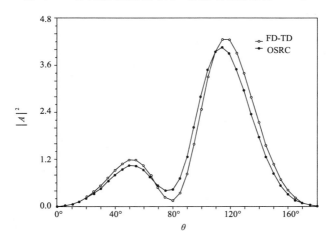

图 5.20　平面波导开口腔的雷达散射截面

　　以上所有结果都显示,即使对较复杂的散射问题时域有限差分法同样给出了比较满意的结果. 在这里进行对照的是一种近似解析方法,两种方法有着本质的差别,因此其结果的良好一致性,是对时域有限差分法可靠性的又一次有力证明.

§5.7　三维导体的散射问题

5.7.1　立方导体的散射

　　对时域有限差分法而言,计算二维还是三维散射问题,不存在本质上的任何差别,只是对存储空间和计算时间提出高得多的要求而已. 这一点限制了它的应用范围. 尽管如此,还是需要一些直接验证,以证明其计算结果的可信度,在这方面已进行了一系列的工作.

　　Taflove 和 Umashankar(1983)以立方导体散射特性的计算为例,总结了三维空间内散射问题的时域有限差分解法,并把计算结果与矩量法进行了对照[27]. 计算是用连续平面波在频域进行的,这种情况下用时域有限差分法计算散射问题的诸方面已在前面详细论述. 用以对比的矩量法是基于三角表面片状模型(Surface-Patch Model),其原理示于图 5.21. 用这种方法可精确地模拟任意形状的表面和边界,而且可以通过改变片的密度来适应不同部位对分辨率的要求,又能直接在基片上定义基函数. 矩量法所用的数学模型仍然是电场积分方程,该方程的建立可按如下方式进行.

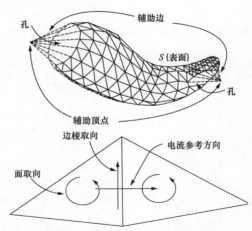

图 5.21　模拟散射体形状的三角表面片状模型

　　令散射导体表面为 S,其法向单位矢量为 n. 入射平面波的电场用 E_i 表示,散射场用 E_s 表示. 根据理想导体的边界条件,在 S 面上有

$$n \times (E_i + E_s) = 0. \tag{5.7.1}$$

其中 $E_i(r)$ 为已知,而 $E_s(r)$ 可表示为

$$E_s(r) = -j\omega A(r) - \nabla\varphi(r),\qquad(5.7.2)$$

这里 $A(r)$ 为磁矢量位,$\varphi(r)$ 为标量位,其定义分别为

$$A(r) = \frac{\mu_0}{4\pi}\iint_s J_s(r')\frac{e^{-jk_0|r-r'|}}{|r-r'|}dS',\qquad(5.7.3)$$

$$\varphi(r) = \frac{1}{4\pi\varepsilon_0}\iint_s \rho_s(r)\frac{e^{-jk_0|r-r'|}}{|r-r'|}dS',\qquad(5.7.4)$$

其中 J_s 和 ρ_s 分别为未知表面电流和电荷,二者由连续性方程联系

$$\nabla_s \cdot J_s = -j\omega\rho_s.\qquad(5.7.5)$$

由式(5.7.1)和(5.7.2)可得

$$-E_{itan}(r) = [-j\omega A(r) - \nabla\varphi(r)]_{tan}\quad(r\in S).\qquad(5.7.6)$$

把式(5.7.3)和(5.7.4)代入(5.7.6)即得到电场积分方程(EFIE).

作为计算实例的正立方体及其与入射平面波的关系示于图 5.22,立方体的边长为 s,与入射波的关系为 $k_0 s=2$.用时域有限差分法计算时,立方体的每边分成 20 个网格,因而每面由 400 个网格组成.整个计算网格空间由 $48\times48\times48$ 个网格构成,散射体置其中央,因此吸收边界距散射体表面有 14 个网格.在用矩量法计算时,为考察收敛性分两种情况进行:一种情况是把散射体的每一面分为 18 个相等的三角形,这种模型导致求解 162×162 的矩阵方程;另一种情况是每一面分为 32 的相等的三角形,这将导致求解 288×288 的矩阵方程.

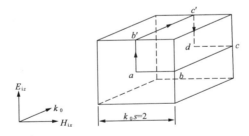

图 5.22　正立方形散射体和入射平面波

图 5.23 给出了沿路径 $ab'c'd$ 的表面电流幅度和相位分布,该路径所在平面与入射平面波电场平行.表面电流的计算仍然是根据导体表面总磁场的切向分量进行.与二维情况一样,由于导体边界与电场切向分量所在网格点重合,所用磁场取自与散射体表面相距 0.5 个网格的平面上.

由图 5.23(a)可以看出,就沿 $ab'c'd$ 路径的表面电流幅度分布而言,时域有限差分法与每面划分 32 个三角形的矩量法的计算结果相差不超过 $\pm2.5\%$(±0.2dB),而且显示出取 32 个三角形比取 18 个三角形的矩量法的结果更接近时域有限差分法.在图 5.23(b)所示的相位分布中时域有限差分法与每面划分为 32 个三角形的矩量法计算结果之间在所有可比较的点上相差不超过 $\pm1°$.

但是在阴影区用 18 个三角形模型的矩量法出现了 $-100°$ 的非正常相位差距,这是矩量法中这种算法的一个缺点.

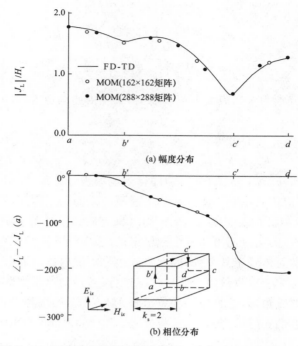

(a) 幅度分布

(b) 相位分布

图 5.23　两种方法计算表面电流沿 $ab'c'd$ 分布的比较

图 5.24 是关于双站雷达散射截面的计算结果. 时域有限差分法的计算是按前面叙述的方法进行的,即先把计算所得的散射近场转换为远区场,而后由远区场计算雷达散射截面;矩量法则是直接由求得的散射体表面电流计算散射场. 两种方法的结果相当一致,偏差不超过 $\pm1\%(\pm0.09\,\mathrm{dB})$.

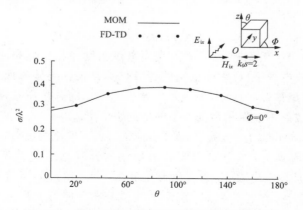

图 5.24　两种方法计算雷达散射截面结果的比较

5.7.2　几种典型复杂形状导体结构的散射

Taflove 等(1985)提供了几个形状复杂导体结构散射特性的计算实例和实验验证,进一步证实了时域有限差分法在解决电磁散射问题中的强大能力[31].

1. 矩形导体薄板

导体薄板的形状及其与入射平面波的关系示于图 5.25,其长、宽和厚分别为 30 cm,10 cm 和 0.65 cm.入射波的频率为 9 GHz,这样散射体的长度为入射波的 9 个波长.计算所采用的均匀网格空间的空间步长 $\Delta s = 0.3125$ cm,比入射波波长的十分之一略小.在这种网格空间中模拟散射体共需 96×32×2 个网格,整个网格空间取做 112×48×18 网格,从而保持吸收边界离开散射体表面 8 个网格.共迭代 661 个时间步,相当于 31 个入射波振荡周期.

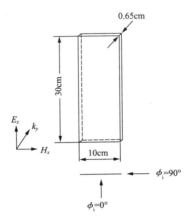

图 5.25　导体薄板的形状和与入射波的关系

计算和测量结果由图 5.26 给出,两种结果有良好的一致性,在 25 dB 的动态范围内二者之差不超过 1 dB.所用的测量方法保证测试的角精度不低于 1°.

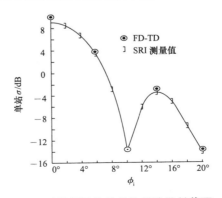

图 5.26　矩形平板导体的单站雷达散射截面

2. T 形结构导体板

由两块矩形导体板构成的 T 形结构及其与入射波之间的关系示于图 5.27. 结构中的主板的长、宽和厚分别为 30 cm, 10 cm 和 0.35 cm, 翼板的尺寸为 10 cm×10 cm×0.33 cm. 采用均匀立方体网格空间, 其空间步长仍为 0.3125 cm, 这样模拟主板需要 96×32×1 个网格, 模拟翼板则需要 32×32×1 个网格, 于是散射体展布的网格空间范围达 96×32×33. 整个网格空间可取作 112×48×48 个网格. 入射波频率仍为 9 GHz, 对主板而言相当于 TE 极化. 在这样的复杂结构中将存在复杂的物理现象, 包括角反射、棱和角衍射及平板造成的效应. 为使散射场达到稳定, 迭代时间步数仍取 661, 即相当于入射波的 31 个周期. 仍然计算了雷达散射截面与水平角之间的关系. 计算和测量结果示于图 5.28, 两者的符合度在 40 dB 的动态范围内仍然保持在 1 dB 以内, 尤其是

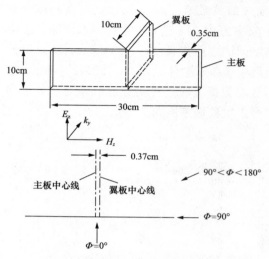

图 5.27　T 形板散射体及其与入射波的关系

在水平角大于 90°时, 尽管物理过程复杂, 仍保持了良好的一致性.

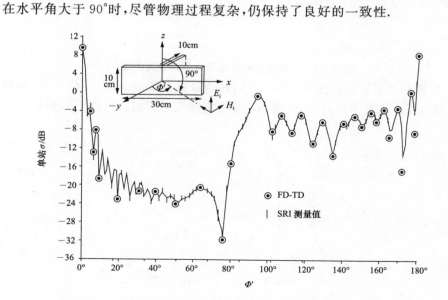

图 5.28　T 形板的单站雷达散射截面与入射角 ϕ' 的关系

3. 空心方形导体柱

图 5.29 示出的为一空心导体方形柱,每一面为 30 cm×10 cm×0.33 cm 的导体板.仍采用 $\Delta s=0.3125$ cm 的均匀网格空间,把散射体置入 112×48×48 的总网格空间中,仍然迭代 661 个时间步.入射波方向垂直于侧壁,对柱体为 TM 波极化.计算和测量了它的雷达散射截面,结果示于图 5.30.入射平面波频率仍然为 9 GHz,稳定所需的迭代步数仍相当于入射波的 31 个周期.尽管这种散射体中包括了像腔体透入、角反射和衍射,棱角衍射及其他复杂的物理现象,计算和测量的结果仍保持了和前面几种情况类似的符合度.

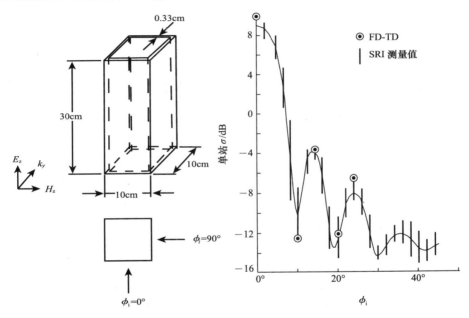

图 5.29 空心导体柱散射体
和入射平面波

图 5.30 空心导体方柱的单站
雷达散射截面

4. 角形反射器

Taflove 和 Umashankar(1989)还计算了角反射器的雷达散射截面[285].反射器由三块 15cm×15cm 的导体构成,如图 5.31 所示.入射平面波频率为 10 GHz,因此角反射器的每边长为 5λ.入射波方向在水平角 45°,电场在 θ 方向,如图所示.计算所用均匀网格空间的空间步长 $\Delta s=0.25$ cm,相当于入射波波长的十二分之一,每个导体板由 60×60 个网格构成,而整个计算网格空间则包括 84×84×84 个网格.共运行 720 个时间步,相当于 30 个入射波周期.还计算了带损耗介质层的情况,介质层厚度为 0.9525 cm.为了对照,还用 SBR(Shooting and Bouncing Ray)法进行了计算,所得结果示于图 5.32.由图可见,不管有无介质层,两种方法所计算的结果

都非常一致,而且损耗介质层的确能明显地在很宽的角度范围降低角反射器的雷
达散射截面.

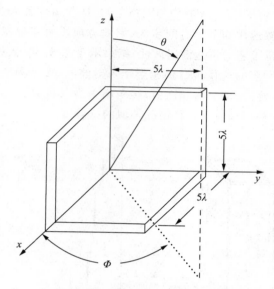

图 5.31　金属板构成的角反射器

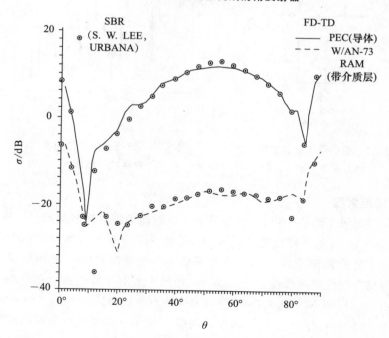

图 5.32　角反射器的单站雷达散射截面

以上所列举的几种计算实例说明,时域有限差分法应用于计算复杂结构目标的散射特性仍然是很成功的.尽管这些复杂目标中可能发生各种复杂的物理现象,对时域有限差分法并不带来任何问题,只需迭代时间步足够,以便在单频入射波时,散射场处处达到稳定.这些复杂的物理过程并不影响时域有限差分法的计算精度,计及这些现象对时域有限差分法而言,是一件非常自然的事情.对几种典型的复杂结构直接用测量方法证实了时域有限差分法计算结果的可靠性,更增加了说服力.

§5.8 散射体对电磁脉冲的响应

5.8.1 瞬态电磁场的研究

瞬态电磁场是相对于稳态电磁场而言的.所谓稳态电磁场,一般指随时间有稳定周期规律的电磁场,如简谐电磁波、非正弦周期脉冲波和周期调制脉冲波等.所谓瞬态电磁场,一般指非周期性的电磁现象,尤其是非调制的单个脉冲波,其典型代表如核电磁脉冲.

瞬态电磁场的研究已有很长的历史,但近 30 年得到了迅速发展,近年来又受到了特别的重视,它已构成电磁学领域的一个前沿分支.20 世纪 60 年代初人们发现核爆炸产生的强大电磁脉冲对电子系统能产生大面积的破坏和干扰作用,作为一个电磁兼容问题,瞬态电磁场的研究被提到了重要地位.后来,冲激脉冲雷达的应用,遥感技术和目标识别的需要都大大推动了瞬态电磁场的研究.瞬态电磁场包含很宽的电磁频谱,因此从目标对单个脉冲的响应中就可获得其宽频带的响应特性.同时,一个具有陡峭前沿的电磁脉冲与目标发生作用时,是依脉冲的时间顺序依次进行的,这样,脉冲与目标的相互作用,可以直接从时间上进行追踪.由于以上特性,使得脉冲电磁场得到了广泛的应用.

瞬态电磁场是一种比稳态电磁场更复杂的电磁现象.它的突出特点是其时域特性.如果仍采用稳态电磁场的频域分析方法则需要先经 Fourier 变换,按瞬态场的频谱用频域法依次进行,而后再经 Fourier 反变换获得时域响应,这显然是一种非常不经济的方法,而且不能获得有关时域过程的信息.

时域有限差分法正是为了适应瞬态电磁场研究的需要而发展起来的,它已成为研究这一问题的主要数值方法.在散射问题的研究中我们只考虑了简谐平面波入射的情况.在这种情况下,时域有限差分法的优越性没有得到充分的发挥.在这一节我们将列举时域有限差分法在脉冲电磁场方面的应用成果,其中包括用脉冲法计算目标的雷达散射截面和复杂目标对电磁脉冲的响应特性.

5.8.2   无限长圆柱体的脉冲响应

Britt(1989)叙述了利用脉冲法计算二维和三维目标雷达散射截面的原理并提供了大量实例[50],其中之一是无限长圆柱体的散射特性.在计算中使用了 160×80 网格单元构成的二维均匀网格空间,并用对称性原理使之代替 160×160 的网格空间.计算时使用 Gauss 脉冲式入射平面波.在 TE 波情况下入射平面波脉冲磁场分量将用等值线表示,线间差值为脉冲峰值的 0.1.随着时间步的推进,Gauss 脉冲向圆柱体方向传播,其前沿首先达到圆柱体边缘,开始发生相互作用.这时的作用仅是局部脉冲对局部散射体的早期局域作用,而后作用进一步扩展并在这一过程中在圆柱体中激发起散射波.在时域有限差分法计算中脉冲波与目标的整个作用过程都可全面模拟,从而获得目标散射特性的非常丰富的信息.图 5.33 给出了脉冲刚刚跨过圆柱的阴影边界点时圆柱附近磁场分量的等值图.由图可以看出入射波和散射波的发展情况.

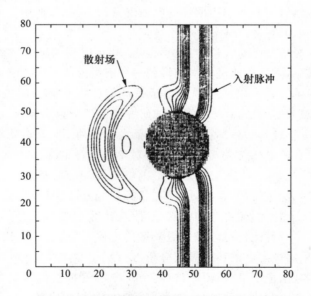

图 5.33   入射波刚到达圆柱阴影边界时的场分布

对于圆柱导体 TE 波照射时根据散射近场所计算的雷达散射宽度示于图 5.34,其中雷达散射宽度为被 πa 归一化的数值,a 为圆柱半径,频率也为归一化的 ka,$k=2\pi/\lambda$.对圆柱体的散射问题还应用解析理论进行了计算,图上给出了两种结果的比较.在导体圆柱的情况,两种方法计算结果的差距在 1dB 以内,而引起时域有限差分法计算误差的主要原因是对圆柱曲线的阶梯近似,这是矩形网格所存在的缺点.

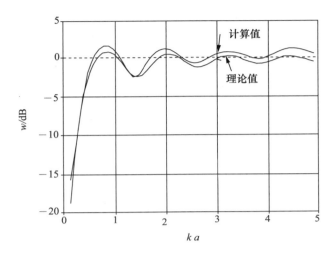

图 5.34　TE 波照射时圆柱导体的散射宽度 w 与频率的关系

5.8.3　无限长导体矩形槽的散射

Britt 文中的另一个例子是在 TM 和 TE 波照射下无限长理想导体槽的散射问题. 图 5.35 显示了在 TM 波照射下当脉冲过后矩形槽对电场的散射和存储的情况, 由此可看出时域有限差分法对复杂物理过程模拟的能力. 图 5.36 给出的是 TM 和 TE 波不同照射波下的散射宽度随波长的变化, 图的横坐标为 a/λ, a 为方形槽的边长. 图上还给出了由物理光学法计算的结果以资比较.

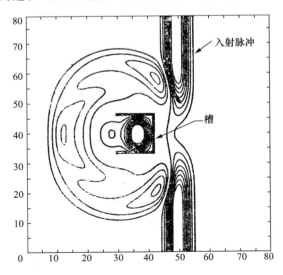

图 5.35　TM 脉冲波入射时无限长导体矩形槽对电场的散射和存储情况

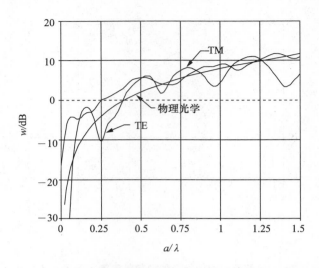

图 5.36　无限长导体方槽的散射宽度 w 与波长的关系

5.8.4　飞机对电磁脉冲的响应

核电磁脉冲对飞机的安全飞行和作战能力是个严重的威胁,为了进行实验研究建造了庞大且昂贵的设备.但是,实验方法存在着局限性,因为很难消除地面的影响.有鉴于此,数值模拟就是一种必要的辅助手段.Kunz 和 Lee 等(1978)报道了早期工作中的一些结果[10].他们使用的时域有限差分法计算程序称做 THREDE.该程序直接计算的是散射场,因此需要在目标表面给出边界条件,在网格空间的截断处使用了辐射条件以模拟无限大空间.为了减小辐射边界的影响,在飞机模型的外围使用了扩展网格,以增加辐射边界到目标的距离.

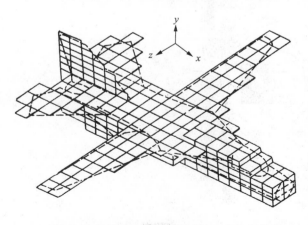

图 5.37　FD-TD 网格空间中 F-111 飞机模型

所建立的飞机模型示于图 5.37.模拟对象为 F-111 战斗机,图上标出了原机轮廓与模型的关系.构造模型用的是矩形网格,在水平方向边长均为 1 m,在垂直方向为 0.5 m,而机翼和尾翼的一些部分则用无限薄的二维网格.整个计算网格空间由 $28\times28\times28$ 网格组成.

为了和实验对比必须模拟地面的影响,为此设置地

面的介电常数为 $\varepsilon_r=77$,电导率设置了三种,即 $\sigma=10^{-2},2\times10^{-2},5\times10^{-2}\mathrm{S/m}$. 结果证明 $\sigma=5\times10^{-2}\mathrm{S/m}$ 更接近实际.

    计算和实测得到的飞机腹部一点由入射脉冲引发的表面电流示于图 5.38. 由图可以看出,$\sigma=5\times10^{-2}\mathrm{S/m}$ 时计算结果与测量值更为接近. 除了时域表示外,还给出了频域特性,这些都说明计算和实验符合得相当好,虽然飞机模型并不很精确. 现在的计算条件和方法都已有了很大改进,完全有可能获得更好的结果.

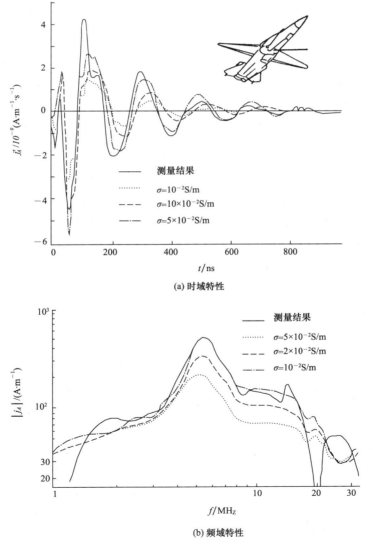

(a) 时域特性

(b) 频域特性

图 5.38 F-111 腹部一点上脉冲引发的电流计算与实验结果比较

§5.9　散射体内腔的电磁波透入问题

5.9.1　透入问题研究的意义和困难

电磁波通过各种途径透入到目标的内部问题是电磁兼容和目标特性等研究领域中的重要课题.任何系统,尤其是内部安装各种复杂电子设备的系统,都不可避免地存在电磁窗口或通道,一些是特意设置的,另一些是难以避免的,其形式包括孔、缝或搭接等.在核电磁脉冲、高能微波束或敌方施放的其他干扰信号作用下,电磁波可能通过以上通道透入到系统内部,从而破坏或干扰电子设备的正常工作.所造成的危害是非常严重的,即使在平时,雷电或其他干扰源也可能通过同样的方式对系统产生有害影响.这些问题的解决需要深入了解各种途径透入的机理、影响透入的因素以及控制的方法.但是,由于电磁通道的复杂性和系统本身结构的复杂性,使之成为一个高度复杂的电磁场问题.

电磁波通过孔的耦合问题的研究已经有很长的历史,解析方法的研究都限制孔为方或圆的形状,而且开在无限大且无限薄的导电壁上.对于任意形状的孔或缝,开在有限尺度的物体表面且与内腔相通,腔内甚至有介质等负载这样的复杂情况,解析方法是无能为力的,传统的数值方法也常常失效.由于时域有限差分法节省存储空间和计算时间的特点及其模拟复杂电磁结构的能力,在解决复杂目标的电磁透入问题方面具有一定的优越性,并已取得了一些成果.本节将介绍一些典型计算实例.

5.9.2　一端开放圆柱腔的透入问题

Taflove(1980)率先用时域有限差分法研究了稳态平面电磁波对腔体的透入问题[15].为了验证所用方法的可靠性,首先计算了一端开放圆柱腔的透入问题,入射波沿圆柱腔的轴对着开口射入.圆柱腔的直径为 19.0 cm,长度为 68.5 cm.入射波频率为 300 MHz,而作为圆波导一段的圆柱腔的截止频率为 900 MHz,故入射波在圆柱腔中只能激发截止波,并将按截止波规律衰减.用以计算的是空间步长 $\Delta s = 0.5$ cm 的均匀网格空间,其组成为 $24 \times 163 \times 24$ 个网格,根据对称原理只在网格空间中模拟腔体的四分之一.所用网格空间及其中的圆柱腔体的模拟方式由图 5.39 给出,图上还标出了入射波的极化方向及对称面的位置和名称.腔壁的模拟是以赋予相应网格的 σ 值来实现的.假定腔体由铝制成,故取 $\sigma = 3.7 \times 10^7$ S/m.腔壁按无限薄设置,且用阶梯逼近柱面.因为现在所关心的是透入到腔体的内部场,对外部散射场并不感兴趣.为了减少吸收边界条件的影响,在腔体外部的空间对 E_x 和 E_y 设置了 $\sigma_{ext} = 0.01$ S/m 的电导率,以吸

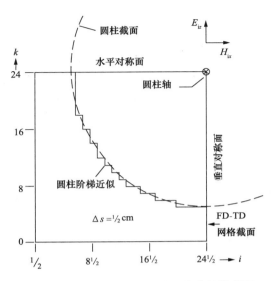

图 5.39　模拟圆柱腔的网格空间横截面

收散射波,但对入射波不起吸收作用.共计算了两种情况:一种是腔体内空气无损耗;另一种则设空气有电导率 $\sigma_{\text{int}} = 0.01\,\text{S/m}$,以模拟空气的轻微损耗.这样可更快地获得截止衰减的结果.

图 5.40 示出了迭代 800 步时沿腔轴电场的分布及其与矩量法和测量所获结果的比较.直到 $-55\,\text{dB}$ 时域有限差分法的计算结果和其他方法都有相同的斜率,所出现的差异主要是 800 步迭代还不能使腔体内的场达到稳定.

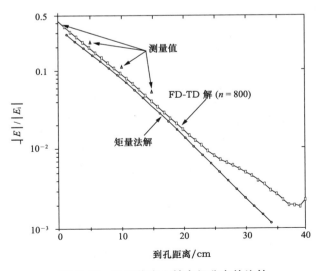

图 5.40　沿腔体中心轴电场分布的比较

5.9.3　电磁波对导弹制导部的透入问题

　　Taflove 在用圆柱腔验证了计算方法[15]之后,首先计算了空心锥形弹头电磁波从端口和环形缝的透入问题,而后(1982)又计算了导弹制导部中的场分布[25].所考虑的制导部模型由图 5.41 示出,该模型包括以下一些组成部分:氟化镁红外罩,玻璃纤维罩及其金属外套,紧接红外罩的环形孔隙,带封闭塑料环的冷却检测器,预放密封器,连接预放与检测器的线缆,连接预放与后板的线缆,纵向金属支撑柱和制导部与推进器相连处的环形孔等.制导部的锥体结构和红外罩的曲面用梯形近似模拟,这样可以在立方体网格空间中进行计算.计算是在入射平面波为 300MHz 时进行的,网格长度 Δs 取作 1/3 cm,因此 $\Delta s = \lambda_0/300$.利用模型在一个方向上的对称性,计算网格空间取作 $100 \times 48 \times 24$ 网格.运行步数相当于入射波的三个周期.当入射波从红外罩端沿制导部轴向入射时,所得结果由图 5.42 给出,其中图(a),(b)和(c)分别用等值线表示出 E_z,H_x 和 E_y 在垂直对称面上的分布,线间差值为 10 dB.该结果与矩量法进行了对比,大部分符合得较好.计算结果显示,连接部的缝隙是个重要的电磁通道.另外的一个重要信息是,在连接检测器,预放和底板之间的线缆周围环绕着高水平的均匀磁场,这将在线缆中引发较强的均匀电流.这些信息对电磁兼容问题有重要的价值.

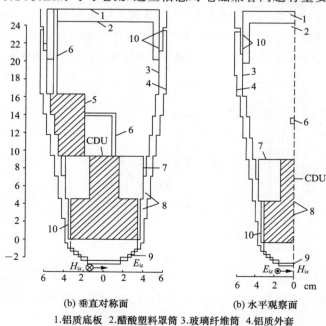

(b) 垂直对称面　　　　　　(b) 水平观察面

1.铝质底板　2.醋酸塑料罩筒　3.玻璃纤维罩筒　4.铝质外套
5.预防密封器　6.线缆　7.塑料环　8.头圈装置　9.红外罩
10.空气隙

图 5.41　导弹制导部模型

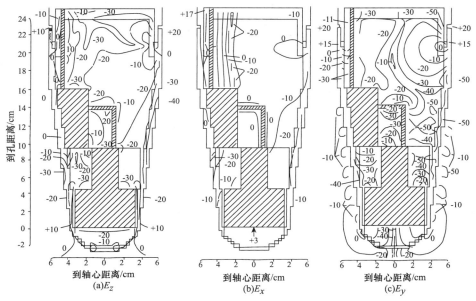

图 5.42　制导部对称面上场分布的等值线表示

§5.10　介质体散射内场的计算

5.10.1　散射内场研究的意义

散射内场的研究主要分两种情况:其一为对散射体内空腔的透入,如上一节所讨论的那样;其二为可穿透散射体的内场,如有损耗的介质体.实质上散射体的内场和外场是一个整体的两个方面.当我们关心外部散射场时,只是对内场不加注意,但对产生内场的各种因素却必须考虑在内,否则外场的计算就是不准确的,也就是没有正确反映散射体的实际状态.当我们把注意力集中在内场问题时,外场也在计算内容之内,只是不再讨论它的具体情况.对时域有限差分法而言这两者可以统一起来进行研究,这对获得散射体散射特性更全面更丰富的信息是十分有利的.

本节我们把注意力集中在可穿透散射体内场的计算上.作为时域有限差分法可靠性验证的一个方面,这个问题本身有重要的理论和实际意义.人们早已发现,一定剂量的电磁辐射会对人体造成永久性或暂时性的伤害,因而需要制订安全防护标准.制定安全标准需要剂量表示,由此产生了电磁剂量学.电磁剂量学是研究在电磁波照射下人体所吸收的电磁能量及其在体内的分布,因此需要知道在电磁波照射下人体内部的电磁场分布.另一方面电磁波加热可以治疗多种疾病,当前电磁热疗正在迅速发展. 为了对热疗进行研究和计算机模拟也需要了解在电磁波照射下(有很多情况是辐射近场)人体内部的电磁场分布. 以上这些内容将在下面进行专门讨论. 本节我们用一些典型结构对时域有限差分法在内场计算方面的可靠性进行验证.

5.10.2   无限长均匀介质圆柱的散射内场

为了研究时域有限差分法用于计算生物体散射内场的可靠性,Borup 等(1987)计算了二维介质圆柱的电磁吸收问题,并与其他方法进行了比较[36]. 首先考虑的是半径为 15 cm 的均匀无限长有耗介质圆柱,其介电常数 $\varepsilon_r = 72$,电导率为 $\sigma = 0.9\,\mathrm{S/m}$. 取均匀网格空间,其空间步长 $\Delta s = 1.43\,\mathrm{cm}$,于是圆柱体在网格空间中的直径为 21 个网格. 柱体的圆周界面用阶梯方法来近似,在一个横截面上柱体模型由 349 个网格组成. 入射平面波频率为 100 MHz,在介质中 $\lambda \approx 35.36\,\mathrm{cm}$,因此所用网格空间有较高的空间分辨率. 入射波的极化方向分 TE 和 TM 两种情况,介质圆柱在网格空间中的模型由图 5.43 给出. 对该问题除了用 Rayleigh-Mie 展开法求得精确解外,还用矩量法求得了数值解. 为了提高空间分辨率以便和时域有限差分法进行比较,采用了快速 Fourier 变换-共轭梯度法(FFT-CGM).

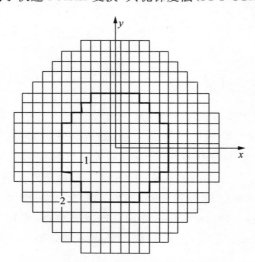

图 5.43   网格空间中圆柱横截面模型

在图 5.44 中给出了 TM 波照射时沿 x 轴和 y 轴电场 E_z 的分布. 由于入射波电场对 y 轴是对称的,故内场在 y 轴上的分布也是对称的,所以图上只给出了电场沿一侧半径上的分布. 该图显示,在所有的网格上三种方法的结果非常一致. 入射波的电场振幅为 1 V/m.

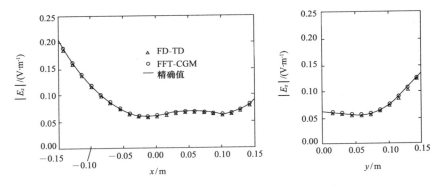

图 5.44　TM 波照射时 E_z 沿坐标轴的分布

5.10.3　分层均匀无限长介质圆柱的散射内场

Borup 等给出的另一例证是,计算分层均匀无限长介质圆柱体的散射内场,所用的网格空间及模拟方法与上例相同,只是把柱体分为两层.内部柱体的直径用 11 个网格模拟,其半径 $r_1 = 7.9\,\mathrm{cm}$,整个柱体的直径仍然为 21 个网格.内部柱体的参数为 $\varepsilon_{r_1} = 72, \sigma_1 = 0.9\,\mathrm{S/m}$,外层柱体的参数则为 $\varepsilon_{r_2} = 7.5, \sigma_2 = 0.048\,\mathrm{S/m}$.仍对频率为 $100\,\mathrm{MHz}$ 的 TE 和 TM 两种入射波用三种不同的方法进行了计算.

图 5.45 是 TM 波入射时的结果,三种方法仍然符合得很好.对 TE 波照射的情况,时域有限差分法的结果与严格解的符合程度仍然很高,而 FFT-CGM 给出带有很大误差的解.纵观以上两种情况,FFT-CGM 所引起的误差主要表现在介质交界面的切向电场分量上.时域有限差分法不存在这样的问题是因为在这种算法中介质不连续面处的边界条件能自动得到满足.这一特性对应用于生物体电磁场的计算非常重要,因为生物体是个外形复杂且具有高度非均匀性的电磁体,内部不同介质交界面的形状也非常复杂,要给出所有边界条件几乎是不可能的.

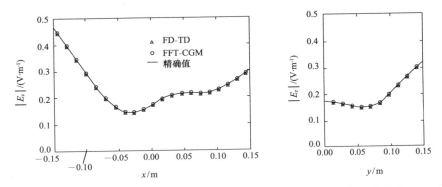

图 5.45　TM 波照射时分层均匀介质柱内部沿不同轴向电场的分布

5.10.4　均匀和分层均匀有耗介质球内场的计算

为了验证时域有限差分法在三维空间中计算散射内场的可靠性,我们(1991)讨论了均匀和分层均匀有耗介质球内场的计算问题[208]. 计算所采用的网格空间由 $36\times36\times36$ 个均匀网格构成,空间步长 $\Delta s=2.0$ cm. 介质球体在总场区的中央进行模拟,通过赋予每个相应网格沿 x,y 和 z 三个坐标方向电场分量所在网格点应有的介电常数和导电率来完成,球面边界是用阶梯近似的方法来实现的. 分别考虑了均匀和分层均匀两种介质球体,它们的半径均为 12 cm. 入射平面电磁波沿 z 方向传播,极化方向为 x. 考虑了 100 和 27 MHz 两种入射波频率. 均匀球体的介质特性在 100 MHz 时为 $\varepsilon_r=74,\sigma=1.0$ S/m;在 27 MHz 时为 $\varepsilon_r=106,\sigma=0.74$ S/m. 这些值相当于人体肌肉组织在相应频率下的电参数. 分层均匀球体的外层介质特性与均匀球体时一样,半径 6 cm 的内部球体的介质特性:当频率为 100 MHz 时 $\varepsilon_r=7.5,\sigma=0.05$ S/m;在 27 MHz 时 $\varepsilon_r=29$, $\sigma=0.07$ S/m,这相当于人体骨骼部分的电参数.

球体内电磁场的分布是通过每网格所吸收的电磁功率 $P(i,j,k)$ 给出的,它的定义为

$$P(i,j,k)=\left[\sigma_x E_x^2(i,j,k)+\sigma_y E_y^2(i,j,k)+\sigma_z E_z^2(i,j,k)\right]/2,$$

$$(5.10.1)$$

其中 E_x,E_y 和 E_z 均为在计算中内场分布达到稳定时的峰值. 整个球体吸收的平均功率则定义为

$$P_{av}=\left[\sum_{i,j,k}P(i,j,k)\right]/N,$$

$$(5.10.2)$$

其中 N 为组成球体的网格总数.

球形介质的内场也可由球 Bessel 函数展开法求得,可以把它作为精确解来对时域有限差分法计算结果的精确度进行检验. 表 5.2 给出了用两种方法对均匀球体计算所得平均吸收功率的比较,误差随着入射波频率的减小而明显增大,其原因可能主要是计算误差的积累.

表 5.2　均匀球体的平均吸收功率

频率 /MHz	$P_{av}/(\mathrm{W\cdot m^{-3}})$		误差 /(%)
	FD-TD 法	解析法	
100	2.014×10^{-3}	2.048×10^{-3}	1.7
27	2.406×10^{-4}	2.528×10^{-4}	4.8

表 5.3 给出了对分层均匀介质球用解析法和时域有限差分法计算的平均吸

收功率的比较,计算精度与均匀球体几乎一样,这再次说明时域有限差分法在处理任意介质不连续性方面的良好性能.

表 5.3 分层均匀球的平均吸收功率

频率 /MHz	$P_{av}/(\text{W} \cdot \text{m}^{-3})$		误差 /(%)
	FD-TD 法	解析法	
100	2.037×10^{-3}	2.055×10^{-3}	0.86
27	2.388×10^{-4}	2.516×10^{-4}	5.1

第六章 天线辐射问题

§6.1 时域有限差分法用于天线辐射问题

6.1.1 时域有限差分法与天线辐射问题

时域有限差分法的发展初期主要着眼于电磁散射问题,但近来的发展却显示,天线辐射问题的计算是时域有限差分法应用的另一个重要方面.时域有限差分法被广泛地用于天线问题是由于它所具有的几个特点.首先,与矩量法不同,由于近期发展的几种技术使得它能方便地模拟各种复杂的天线结构,如分布电阻负载、介质包层和印刷天线等,而且还能把天线系统放在复杂的环境中一起模拟,从而能了解环境对天线辐射特性的影响.第二个因素就是,由于时域有限差分法按时间推进过程模拟电磁场的变化过程,因而可以充分而形象地描绘电磁波在天线中辐射的时域过程,由此加深从物理上对天线辐射性质的理解,为改进天线的性能提供直观的物理依据,可在很大程度上改进天线的设计.第三个重要的原因是,它作为时域分析方法所具有的特点,即只需一次计算可获得很宽频带内天线的频域特性.在这一点上与传统的频域方法相比,其优越性最为明显.

比较早地把时域有限差分法用于辐射系统分析的工作包括本书作者和 Gandhi 所进行的一系列研究,其中有平行板和矩形波导辐射器以及振子天线等[51].Reineix 和 Jecho(1989)最早用时域有限差分法研究了集成片状天线的时域辐射特性[52],Chen Wu 等(1992)进一步发展了集成电路天线方面的研究[86]。Katz 等(1991)和 Tirkas 等(1992)分析了喇叭天线的辐射特性[68,81],Maloney 等(1993)则详细分析了同轴单极天线的瞬态特性[94,95].Luebbers 等的一系列工作(1992)着重讨论了天线参数的计算问题[83].由上面所列举的工作已可看出,时域有限差分法在天线问题中的应用已经涉及相当广泛的问题,而且其发展仍在继续之中.

6.1.2 天线特性计算中需要解决的几个主要问题

用时域有限差分法计算天线的辐射特性仍然是作为一个初边值问题来处理,在应用中主要需要处理好以下几个问题.

1. 建立计算网格空间

这是用时域有限差分法处理所有问题需要首先解决的,其出发点主要依据需要处理的对象的特点和所要达到的目的来决定,主要的问题是采用什么样的网格结构. 当前,时域有限差分法的网格形式已有很多种可供选用,一般来讲,如果直角坐标中的立方体网格能够满足要求,则应尽量采用,因为用它处理很多问题最为简单直观,而且容易和各种相关技术衔接.

在天线问题中所计算的是辐射电磁波,属于开放问题,因而需要这样的吸收边界条件,用有限的网格区域模拟无限大的电磁波辐射空间. 由于对网格空间的所有边界辐射波都具有外行波性质,故外行波吸收边界条件能适合这种问题的需要. 为了使吸收边界条件更好的发挥作用,吸收边界要尽量远离辐射中心,以便使到达吸收边界的电磁波具有外行波性质,尽量消除近区场的影响.

2. 天线及环境结构的模拟

对结构模拟的精确程度,将在很大程度上影响最终的计算精度. 在结构模拟方面的主要难点是曲面、薄板和细棒等的模拟. 当曲面与网格面不能重合时,需要用一些特殊的修正方法提高模拟的精度. 当薄板的厚度和棒的直径小于一个网格的空间步长时,就需要采用亚网格技术进行模拟. 现在的时域有限差分法已能提供多种方法模拟各种复杂结构,这一点正是它比其他方法有突出优越性之所在.

3. 激励源的设置

天线的辐射场要靠源来激发,如何设置符合实际的激发源,是计算天线辐射特性的关键之一. 源的设置方式要与天线的馈电方式相一致,以保障天线的辐射图形等与实际一致. 激发源随时间的变化可以是稳态的,也可以是瞬态的,在计算天线的宽带特性时,一般选用 Gauss 脉冲.

4. 近场到远场的转换

时域有限差分法计算天线辐射问题直接获得的是辐射近场,如果要计算天线的辐射方向特性等就需要由辐射远场来计算. 对单一频率而言,前面在计算雷达散射截面的问题中所使用的近场到远场的转换方法在辐射问题中仍可采用. 对于辐射脉冲场,需要瞬态场的转换方法,Yee 等(1991)[64] 和 Luebbers 等 (1991)[286] 相继发展了适合于时域运算的近区场至远区场的转换方法. 正如 §5.5 所讨论的那样.

§6.2 圆柱和圆锥形单极天线

6.2.1 同轴线馈电细圆柱单极天线的模拟计算问题

Maloney 等首先对同轴线馈电的单极细圆柱和圆锥形天线的辐射特性用时

域有限差分法进行了时域分析,后来又计算了 Wu King 电阻型单极天线的时域特性.下面主要介绍他们的研究成果.

图 6.1 为一种由同轴线内导体延伸构成的单极天线,同轴线的外导体展开

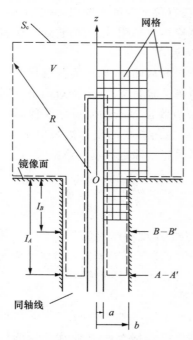

为镜像平面.这种天线结构的特点是具有旋转对称性,因而可以在通过其轴线的任一平面上来讨论它的电磁场问题,把这个三维电磁场问题在二维平面上进行计算.由于在二维空间中所讨论的天线系统的导体边界均为直线的,故可采用方形网格对系统进行模拟.计算网格空间的边界用 S_e 表示,它的一部分与导电面重合,一部分为开放边界.当只关心瞬态特性时,只要开放边界选择得足够远,以致在计算的时间范围内辐射波尚未达到边界,则开放边界可自然截断,不会对计算结果产生影响,否则就应在开放边界上设置吸收边界条件.

对现在所讨论的问题,自然是用圆柱坐标系表示电磁场最合适.在同轴线中的主模 TEM 波只有 E_r 分量和 H_φ 分量,在开放区域由于仍保持着旋转对称性,磁场仍然只有 H_φ 分量,而电场除 E_r 外 E_z 也将被激发.当 S_e 区域内都假设为空气时,该问题中的电

图 6.1　同轴馈电的单极天线的
结构及计算网格空间

磁场满足方程

$$
\begin{cases}
\dfrac{\partial E_r}{\partial z} - \dfrac{\partial E_z}{\partial r} = -\mu_0\,\dfrac{\partial H_\varphi}{\partial t}, \\[2mm]
\dfrac{\partial H_\varphi}{\partial z} = -\varepsilon_0\,\dfrac{\partial E_r}{\partial t}, \\[2mm]
\dfrac{1}{r}\,\dfrac{\partial (rH_\varphi)}{\partial r} = \varepsilon_0\,\dfrac{\partial E_z}{\partial t}.
\end{cases}
\tag{6.2.1}
$$

它们的差分格式为

$$
H_\varphi^{n+\frac{1}{2}}(i,j) = H_\varphi^{n-\frac{1}{2}}(i,j) + \frac{\Delta t}{\mu_0 \Delta r}\Big[E_z^n\Big(i+\frac{1}{2},j\Big) - E_z^n\Big(i-\frac{1}{2},j\Big) \Big]
$$

$$
- \frac{\Delta t}{\mu_0 \Delta z}\Big[E_r^n\Big(i,j+\frac{1}{2}\Big) - E_r^n\Big(i,j-\frac{1}{2}\Big) \Big],
\tag{6.2.2a}
$$

$$
E_r^{n+1}\Big(i,j-\frac{1}{2}\Big) = E_r^n\Big(i,j-\frac{1}{2}\Big) - \frac{\Delta t}{\varepsilon_0 \Delta z}\big[H_\varphi^{n+\frac{1}{2}}(i,j)
$$

$$- H_\varphi^{n+\frac{1}{2}}(i,j-1)], \qquad\qquad (6.2.2b)$$

$$E_z^{n+1}\left(i+\frac{1}{2},j\right) = E_z^n\left(i+\frac{1}{2},j\right) + \frac{\Delta t}{\varepsilon_0 \Delta r}\frac{1}{r_{i+\frac{1}{2}}}$$

$$\cdot \left[r_{i+1} H_\varphi^{n+\frac{1}{2}}(i+1,j) - r_i H_\varphi^{n+\frac{1}{2}}(i,j) \right], \qquad (6.2.2c)$$

其中 i 对应坐标 r，j 对应坐标 z.

　　为了较细致地模拟同轴线天线的几何结构及其辐射电磁场,而又不至于使整个计算网格空间的网格总数过大,可采用分区设置大小不同网格的方法,如图6.1 所示的那样.

　　当计算目的是研究天线的瞬态或宽频带特性时,天线的激励源应采用Gauss 脉冲. 由于天线是由同轴线激励的,故源的设置是要保证在同轴线中激发起 TEM 波. 为此可在图 6.1 的 A-A' 面上设置 E_r 分量,其随时间的变化规律符合设计的 Gauss 脉冲.

　　在同轴线中,如果 Gauss 脉冲的高频分量的主要部分也不引起高次模的激发,则可以认为只存在 TEM 波. 这时同轴线中的场所满足的方程即如(6.2.2)中的 $E_z = 0$. 如果激发源设在 j_0,则选定 $E_r(i,j_0)$ 强制按所需的规律变化,这种源称作硬源,这种源的优点是设置简单,其缺点是会引起波的反射. 在本问题中,由于同轴线与自由空间的匹配不良,在连接处会引起入射波的反射,该反射波到达波源时会引起再反射,从而导致计算误差,这种硬源的另一个问题是,由于所设置的电场并不能完全符合同轴线中 TEM 波的实际场分布,它必然会也激发高次模. 为减少计算误差,源的设置面 A-A' 应距同轴线口足够远,以便使激发波在到达接口之前被激发的高次模得到足够的衰减.

　　除了设置 E 或 H 作为硬激发源外,也可以直接设置电流源 J 或磁流源 M,这时要用有源 Maxwell 方程进行计算,即

$$\nabla \times E(r,t) = -\mu\frac{\partial H(r,t)}{\partial t} - M(r,t), \qquad (6.2.3a)$$

$$\nabla \times H(r,t) = \varepsilon\frac{\partial E(r,t)}{\partial t} + J(r,t), \qquad (6.2.3b)$$

在本问题中等于在(6.2.2a)中加入 M 或在(6.2.2b)中加入 J.

　　由于源所激发的波会沿同轴线的两个方向传播,故需要在 A-A' 面的外侧设置吸收边界条件,例如可用一维 Mur 吸收边界条件或 Higdon 辐射算子构成的条件.

6.2.2　圆柱单极天线的时域特性

　　Maloney 等所研究的天线的参数为:$b/a = 2.30$,即同轴线的特性阻抗为 50 Ω,单极天线的高度为 h,且 $h/a = 65.8$. 两个区域的网格分别取作 $\Delta r_1 = (b-a)/4$,

$\Delta z_1 = h/203$，而 $\Delta r_2 = 3\Delta r_1$，$\Delta z_2 = 3\Delta z_1$. 所用激励脉冲若用内外导体间的电压表示即为

$$V_i(t) = V_0 \exp(-t^2/2\tau_p^2). \tag{6.2.3}$$

若 $\tau_a = h/c$，表示光通过天线全程所需要的时间，作为天线的一个时间特性指标，则 Gauss 脉冲宽度指标 τ_p 选作 $\tau_p/\tau_a = 8.04 \times 10^{-2}$.

　　图 6.2 是在上述脉冲激励下天线上表面电荷密度随时间的变化规律，其中位置和时间分别采用了 z/h 和 t/τ_a 等归一化表示. 按此表示，同轴线内导体的范围为 $-1.0 \leqslant z/h < 0.0$，单极天线的范围为 $0.0 \leqslant z/h < 1.0$. 图中 A 点表示脉冲到达天线起点（$z/h \approx 0.0, t/\tau_a \approx 1.0$），在此点有一部分被反射回同轴线，其余部分进入天线. 脉冲的下一个反射点是天线的终端，如图 6.2 的 B 点（$z/h \approx 1.0, t/\tau_a \approx 2.0$）所示. 随后反射波到达同轴线的开口（$z/h \approx 0.0, t/\tau_a \approx 3.0$），如图 6.2 上的 C 点所示，在此部分地被反射，其余部分进入同轴线. 然后，反射波再重复以上过程. 在 A 和 B 点所出现的尖峰是由于结构尖角处电荷密度的奇异性而形成的，与 A 点的奇异性相对应的是同轴线外导体的尖锐拐角；与 B 点的奇异性相关的是天线终端的棱角.

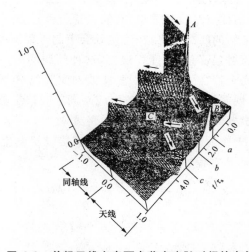

图 6.2　单极天线上表面电荷密度随时间的变化

　　图 6.3 给出的是辐射波电场的幅度随时间变化的灰度表示及其与天线上电荷密度分布的关系，其中图（a）所表示的时刻为脉冲通过了同轴线孔并沿天线传播，形成以孔为中心的球面波形 W_1 及沿同轴线的反射波，下面的曲线表示相应时刻在天线上的电荷密度. 与图（b）对应的时刻为脉冲波已经从天线终端反射，这部分球面波 W_2 以天线终端为中心. 到图（c）所表示的时刻反射波又被同轴线孔反射形成以孔为中心的 W_3，同时 W_2 被镜像面反射形成 W_{2R}. 由图 6.3 可以看出，用时域有限差分法可以充分显示电磁波在天线中的辐射过程，这一形象可

从物理上加深对天线物理特性的理解,并有助于提出改进天线性能的措施.

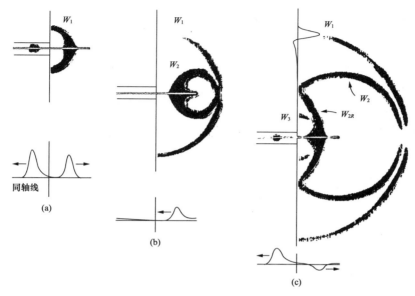

图 6.3　由天线辐射的 Gauss 脉冲波和天线上的电荷密度

　　为了对计算结果进行验证,测量了同轴线中的反射波,并把测量结果与用时域有限差分法计算的结果进行了对比.图 6.4 是两种结果的比较,所用天线系统的参数为 $b/a=2.30$, $h/a=32.8$,Gauss 脉冲的幅度为 1V, $\tau_p/\tau_a=1.61\times10^{-1}$,反射系数是以图 6.1 上的 B-B' 为参考面,它距同轴线孔足够远,以便参考面处只有 TEM 波存在.由图可以看出,计算和测量的结果符合得非常好,而且反射电压的峰值出现的位置与电磁波在系统中传播反射的时间相符.

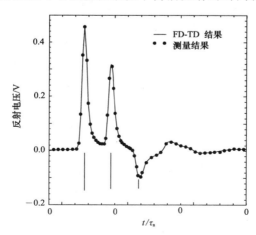

图 6.4　由 FD-TD 法计算结果与测量所得同轴线中反射电压的比较

6.2.3　圆锥形天线的时域特性

　　Maloney 等还用时域有限差分法对圆锥形天线进行了时域分析,所研究天线的结构如图 6.5 所示.该天线的参数为:$b/a=2.30, h/a=1.54\times10^2, h'/h=1.34\times10^{-2}, \alpha=30°$.

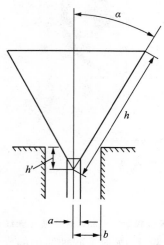

图 6.5　圆锥形天线的结构
和几何参数

　　在网格空间中模拟天线结构的方法与上面的基本相同,差别主要在于锥体的斜面不再能与正方形网格面相重合,因而采用了锯齿形近似.激励 Gauss 脉冲的宽度参数选作 $\tau_p/\tau_a=3.44\times10^{-2}$.图 6.6所示为辐射 Gauss 脉冲波在四个典型时刻的形态,图(a)所对应的时刻是脉冲已通过同轴线孔正在向天线顶部传播,该波以同轴线孔为中心并用 W_1 表示,图(b)所示为脉冲刚刚越过天线锥体棱角不久的情况,并由棱角的作用形成以其为中心的另一球面波 W_2,W_1 与锥体顶部和镜像面的电荷相连,W_2 则与锥体的顶部和侧面的电荷相连.锥体侧面的电荷脉冲包向锥体顶方向运动,达到同轴孔后一部分波进入同轴线,一部分反射形成以同轴线孔为中心的 W_3,如图 6.6(c)所示.与 W_1 相连的电荷向对面运动,当到达顶面角时与棱角作用又形成 W_4,如图 6.6(d)所示.与圆柱形天线相比,突出了锥顶角的作用,使得辐射的瞬态过程更加复杂.对圆锥形天线的计算结果所做的验证由图 6.7 给出,验证所用的天线系统为:$b/a=2.30, h/a=23.1,$ $h'/h=8.63\times10^{-2}, \alpha=30°$.所用 Gauss 脉冲的宽度参数为:$\tau_p/\tau_a=2.29\times10^{-1}$.图上明确显示出在圆锥起点及顶部棱角处的反射峰值,而头一个负峰则是由于锥体对同轴线内导体的变形而引起的反射.两种结果的精确相符,再一次显示了时域有限差分法对天线系统瞬态过程细致而精确的模拟能力.

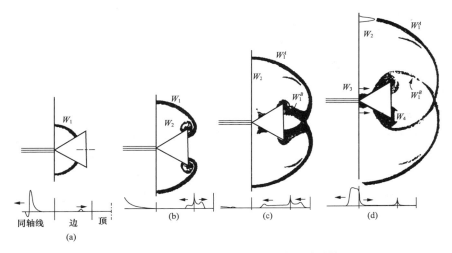

图 6.6　圆锥形天线辐射脉冲波的时域特性

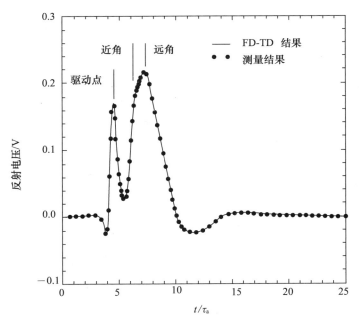

图 6.7　对圆锥形天线计算结果的实验验证

6.2.4　细柱单极天线的辐射方向图

　　Tirkas 和 Balanis 用时域有限差分法计算了安装在底座上的单极天线的辐射特性. 这里的主要问题是用什么方法来激励这种天线, 文中列举了以下三种可行的方法:

（1）选择馈电点周围的磁场作为激发源. 这时要设置馈电点四周磁场的切向分量按需要的方式随时间变化, 而成为一个等效驱动器, 驱动电流可由磁场的线积分算出.

（2）在天线与底座之间留一空隙, 通过设置隙缝中纵向电场而形成一个等效的隙缝驱动器, 驱动场强可通过驱动电压和隙缝宽度算出.

（3）把驱动电流源设置在差分方程中.

采用第一种激励方式计算安装有限面积底座上四分之一波长单极天线的辐射方向图, 所取的网格长度为 $\lambda/12$, 图 6.8 是底座为方形导电板时的计算结果. 在图上同时还给出了用几何衍射理论计算和测量的结果. 可以看出, 不同方法所得结果符合得比较好. 底座为圆形导电板时也有类似的结果.

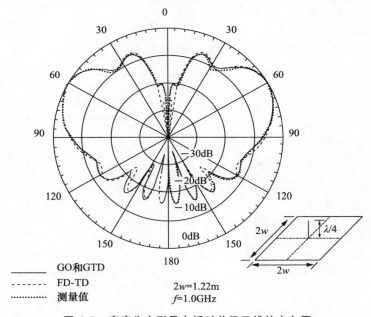

图 6.8　底座为方形导电板时单极天线的方向图

§6.3　喇叭天线

6.3.1　张角导电面的模拟

Katz 等（1991）用时域有限差分法分析了波导、喇叭及抛物面天线的辐射特性[68]. 现在就矩形喇叭天线模拟计算问题进行讨论. 喇叭天线是由矩形波导壁的伸张而形成, 由于喇叭部分的导电平面不是相互平行的, 直角坐标系的网格空间中不能精确地对它的结构进行模拟,若波导壁与网格面相重合,则喇叭面总与网格面呈一定的夹角.若用锯齿方法进行近似,则要求采用尽量小的网格.为了减少存储量和计算时间,可采用适当的网格尺度,但用 CP 法加以修正.以图 6.9 所示的一般情形为例来讨论 CP 方法的应用,图中实曲线为导电边界,C_1,C_2 和 C_3 为三个典型的积分回路,其中 C_1 为正常网格,C_2 和 C_3 是为适应曲线边界而取的两个变形回路.若考虑 H_z 的差分格式,用 E_{yl} 和 E_{yr} 分别表示其左边和右边相邻网格点上电场 E_y 分量的值,而用 E_{xt} 和 E_{xb} 分别表示其上面和下面相邻网格点上 E_x 分量的值,D_a 和 D_b 为与介质性质有关的常数,则三种回路中的 H_z 可分别表示为:

$$H_z^{n+1} = D_a \cdot H_z^n + D_b \cdot \left(E_{xt}^{n+\frac{1}{2}} - E_{xb}^{n+\frac{1}{2}} + E_{yl}^{n+\frac{1}{2}} - E_{yr}^{n+\frac{1}{2}} \right), \qquad (6.3.1)$$

$$H_z^{n+1} = D_a \cdot H_z^n + \frac{D_b}{A(C_2)} \left(l_t E_{xt}^{n+\frac{1}{2}} - l_b E_{xb}^{n+\frac{1}{2}} + l_1 \cdot E_{yl}^{n+\frac{1}{2}} \right), \qquad (6.3.2)$$

$$H_z^{n+1} = D_a \cdot H_z^n + \frac{D_b}{A(C_3)} \left(l_t \cdot E_{x1}^{n+\frac{1}{2}} - l_b \cdot E_{xb}^{n+\frac{1}{2}} - l_r \cdot E_{yr}^{n+\frac{1}{2}} \right), \qquad (6.3.3)$$

其中 $A(C_2)$ 和 $A(C_3)$ 为回路 C_2 和 C_3 的面积;l_t,l_b,l_1 和 l_r 分别为积分回路的上、下、左和右四个边的边长,均为用正常网格边长的归一化值,因而对正常回路而言它们均为 1.0.

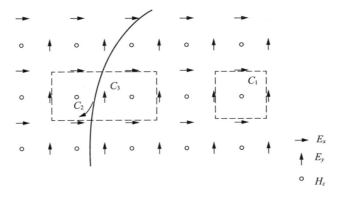

图 6.9　TE 波时的几种典型的积分回路

　　由所列出的三个方程可以看出,适于变形回路的两个方程与用于正常回路的方程之间的差别很小,而且这种变形回路在整个计算网格空间中所占比例很小.所以,用 CP 法对非正规边界的模拟不是一件困难的事情.

6.3.2　模拟方法的验证

　　在 Katz 等的工作中对以上模拟方法的有效性通过一些计算实例进行了验证.第一个实例是 TM 波情况下 $45°$ 张角的二维喇叭,其模拟方法如图 6.10 所示,由于导电边界正好通过 E_z 所在的位置,只需赋予导体与 E_z 重合的网格相应的导电率,即可用标准的差分格式进行计算.图6.11(a)和(b)分别示出了喇叭口面上电场的幅度和相位分布,其中实线表示用矩量法计算的结果.该图显示矩量法与时域有限差分法给出了非常一致的结果.

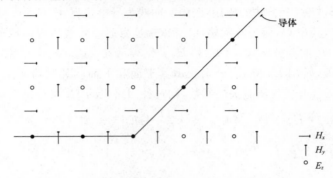

图 6.10　TM 波情形二维 45°张角喇叭的模拟方法

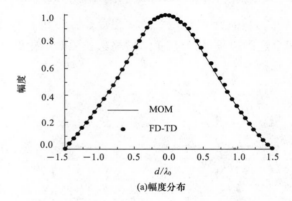

(a)幅度分布

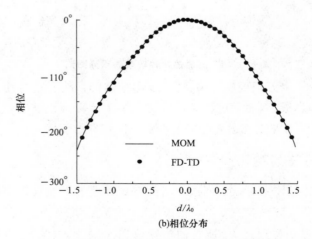

(b)相位分布

图 6.11　45°张角二维喇叭口的电场

　　图 6.12 为张角 26.6°的二维喇叭的模拟方法.在其中存在两种变形的积分回路,为了获得对这些回路适用的差分格式可稍微移动导体通过的 H_z 所在点的位置.对这种喇叭口面电场分布的计算结果由图 6.13 给出.同样地时域有限差分法与矩量法的计算结果也非常一致.在二维喇叭的计算中均把波导终端短路,并在距短路面 $\lambda/2$ 处的截面上设置激励源.

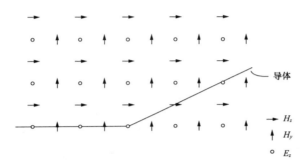

图 6.12　26.6°张角二维喇叭的模拟方法

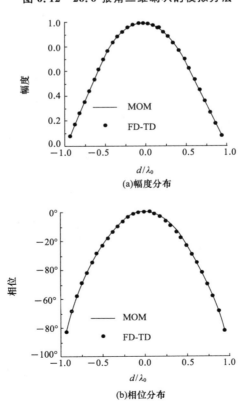

(a)幅度分布

(b)相位分布

图 6.13　26.6°张角二维喇叭口的电场

　　文中还用三维波导和喇叭进行了验证,首先计算了终端开口矩形波导的辐射远区场.波导的终端短路,在距波导短路面 $\lambda/3$ 处的波导中心设置一从顶到底的均匀电场作为激励源.同时给出了由高分辨率三角片状模型矩量法所获得的结果.时域有限差分法的计算结果与之相当符合.在此基础上计算了在上述矩形波导上增加一单向 $45°$ 张角喇叭时的辐射远场,可以明显看出喇叭的存在对辐射场的影响.

6.3.3　喇叭天线的辐射特性

　　Tirkas 等(1992)给出了一些矩形喇叭天线辐射特性的计算实例,他们用锯齿形近似模拟喇叭的结构.所用的激励方法是在波导口设置 TE_{10} 模的电场分布,并在适当的距离上把波导的另一端短路.计算是针对 X 波段进行的,因此波导口的尺寸选作 0.9×0.4 英寸(1 英寸 $= 2.54$ cm),工作频率为 10.1 GHz.计算网格空间由均匀立方体网格构成,曾用两种网格长度进行计算,一种为 $\Delta s = \lambda/22$,另一种为 $\Delta s = \lambda/28$.在 $\Delta s = \lambda/22$ 时,波导横截面为 18×8 网格.两种离散精度所给出的结果很接近,其差别主要表现在旁瓣上,那里场的强度已经很低.

　　图 6.14 是关于辐射场方向性的计算结果,图上还给出了测量的结果,以便对计算精度进行验证.图 6.14(a)为 E 面方向图,图(b)为 H 面方向图.可以看出,在辐射图的主瓣部分计算与测量结果相当一致,最大的差别出现在背面,这可解释为测量时连接和支撑件的影响.加大天线到网格空间边界的距离可进一步提高计算精度,主要是改善了吸收边界条件的效果.

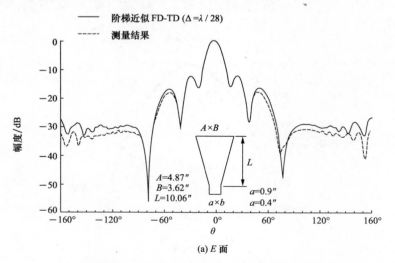

(a) E 面

图 6.14　喇叭天线方向性(图中 $1'' = 2.54$ cm)

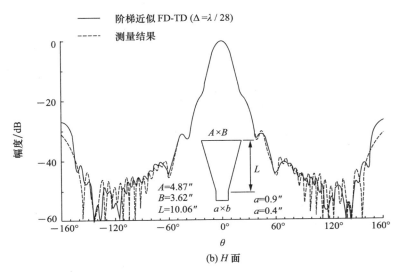

图 6.14　喇叭天线方向性(图中 1″＝2.54 cm)(续)

§6.4　微带天线

6.4.1　微带天线分析中的主要问题

　　微带天线有很多优越性,主要是体积小、重量轻、制作方便且容易与总体结构共形等,因此应用越来越广泛.它制作在介质衬底上,辐射单元为各种形状的金属薄片.过去对这种天线的分析都是在频域进行,虽然也有人发展了时域积分方程法,但对介质交界面不能做严格的处理,而对同轴线馈电的模拟则更感困难.用时域有限差分法分析微带天线,这些困难都可以克服.分析微带天线与分析微带电路是同样性质的问题,所需考虑的基本问题也大致是一样的,所不同的是,在微带天线中有时采用同轴线馈电,这种馈电方式的模拟需要一些特殊考虑.

　　用时域有限差分法分析微带天线,早在 1989 年就已出现在 Reineix 等的工作中[52],Sheen 等(1990)的文章中也包括微带天线参数计算的内容[57],Chen Wu 等(1992)则进一步发展了这方面的技术[86].下面我们主要根据 Chen Wu 等的工作介绍时域有限差分法在微带天线时域分析中的应用.

6.4.2　同轴线馈电方式的模拟

　　微带天线的馈电方式主要有两种——微带线和同轴线,但微带线馈电时往往也需要从同轴线到微带线的转换.所以,对同轴线馈电方式进行模拟是精确分析微带天线的一个重要问题. 图 6.15 是一种同轴线馈电结构的侧视图, 同轴线从接地板的圆孔中接入, 内导体穿过衬底与天线或馈电微带连接.

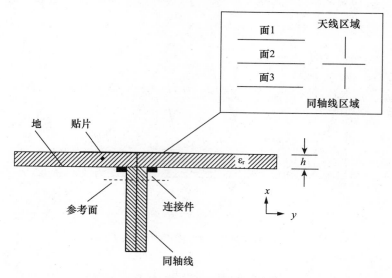

图 6.15　微带天线的同轴线馈电结构

同轴线的内外导体均为柱形曲面, 而天线的其他部分又都是直线边界. 若采用均匀立方体网格的统一网格空间, 则网格总数将非常巨大, 可考虑分成天线和同轴线两个计算区域, 以便对同轴线曲面的阶梯模拟不过分影响对存储空间和计算时间的要求. 但是, 这种分区计算方法要求妥善处理两区域的连接. 两区域合理的分界面是衬底的底层, 在图 6.15 中该层称为面 2, 在 Yee 氏网格空间中这是 E_y, E_z 和 H_x 分量所在的平面. 在图上的面 1 和面 3 分别处于天线区域和同轴线区域, 均距面 2 为半个网格的距离, 其上为 H_y, H_z 和 E_x 分量. 两个区域中的场在每一时间步都分别计算, 在交界面区域的场按特殊方法计算, 以保证匹配连接. 为了区别将用角标(a)表示天线区域内的场, 而用角标(c)表示同轴线区域中的场. Chen Wu 等所用的计算方法为:

磁场分量

$$
\begin{cases}
h_{xx} = \left[H_x^{(c)}(i,j,k) + H_x^{(a)}(i,j,k) \right]/2, \\
H_x^{(c)}(i,j,k) = h_{xx}, \\
H_y^{(c)}(i+1,j,k) = H_y^{(a)}(i+1,j,k), \\
H_z^{(c)}(i+1,j,k) = H_z^{(a)}(i+1,j,k), \\
H_x^{(a)}(i,j,k) = h_{xx}, \\
H_y^{(a)}(i,j,k) = H_y^{(c)}(i,j,k), \\
H_z^{(a)}(i,j,k) = H_z^{(c)}(i,j,k);
\end{cases}
\tag{6.4.1}
$$

电场分量

$$
\begin{cases}
e_{yy} = [E_y^{(c)}(i,j,k) + E_y^{(a)}(i,j,k)]/2, \\
e_{zz} = [E_z^{(c)}(i,j,k) + E_z^{(a)}(i,j,k)]/2, \\
E_x^{(c)}(i+1,j,k) = E_x^{(a)}(i+1,j,k), \\
E_y^{(c)}(i,j,k) = e_{yy}, \\
E_z^{(c)}(i,j,k) = e_{zz}, \\
E_x^{(a)}(i,j,k) = E_x^{(c)}(i,j,k), \\
E_y^{(a)}(i,j,k) = e_{yy}, \\
E_z^{(a)}(i,j,k) = e_{zz}.
\end{cases}
\tag{6.4.2}
$$

为了计算天线的宽带特性,采用 Gauss 脉冲作为激励源. 源的馈入点要距两个区的连接面数个网格,以便到达连接面的为 TEM 波. 同轴线的另一面要设置合适的吸收边界条件,以吸收向该端传播的馈入信号.

6.4.3　同轴线-微带线转换的特性

为了分析同轴线-微带线转换器的特性,考虑图 6.16 所示的系统及其等效电路,该系统包括一微带馈电的天线和由同轴线到微带线的转换. 为了表示转换器的频域特性,定义散射矩阵

$$
S_{i,j}(f) = \left[\frac{V_i^-(f)\sqrt{Z_{0j}}}{V_j^+(f)\sqrt{Z_{0i}}}\right], \quad i,j = 1,2,
\tag{6.4.3}
$$

其中 1 和 2 分别代表同轴线和微带线两个端口;Z_{0i} 为 i 端口的特性阻抗;$V_i^+(f)$ 和 $V_i^-(f)$ 为 i 端口的入射电压波和反射电压波,它们是由时域的电压波经 Fourier 变换而得到的,即

$$
V_i^\pm(f) = F\{V_i^\pm(t)\}.
\tag{6.4.4}
$$

同轴线到微带线的转换段由一互易有耗网络等效,端口 1 为同轴线,其特性阻抗为 Z_{0c},从参考面 1 向天线方向看去的反射系数为 Γ_i,一旦 Γ_i 和 $[S]$ 被确定,则微带中的反射系数 Γ_l 就是

$$
\Gamma_l = \left(S_{22} + \frac{S_{12}S_{21}}{\Gamma_i - S_{11}}\right)^{-1}.
\tag{6.4.5}
$$

当参考面需要移动时,可根据均匀传输线理论进行计算.

6.4.4　某些计算实例

在文献[163]中给出了几种馈电方式微带天线特性的计算和测量结果,都显示它们有相当好的符合. 在计算中网格空间的底部与接地板相重合,上方和侧面均采用一阶近似吸收边界条件. 在对图 6.16(a) 系统进行模拟时参考面 1 设置在距接地板 $19\Delta x$ 处,而参考面 2 则在距转换器 $84\Delta z$ 处,其中 $\Delta x = 1.272\Delta s, \Delta z =$

$\Delta y = \Delta s = 0.315\,\mathrm{mm}$. 微带线在 $6\,\mathrm{GHz}$ 时的特性阻抗为 63Ω. 同轴线的长度为 $100\Delta x$, 激发脉冲设置在距同轴线底端一个网格处. 天线对参考面 1 和 2 的反射系数在图 6.17 给出, 图(a)为幅度, 图(b)为相位. 可以看出天线谐振频率为 $5.53\,\mathrm{GHz}$.

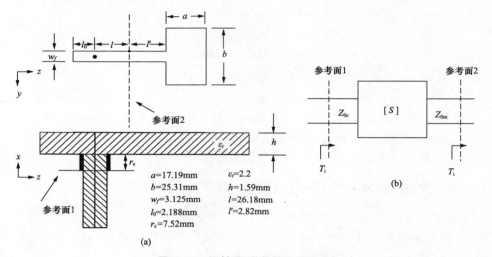

图 6.16   同轴线-微带馈电天线(a),

同轴线-微带线转换器的等效电路(b)

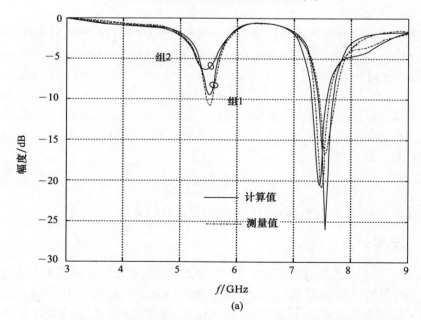

(a)

图 6.17   图 6.16(a)所示天线对参考面 1 和 2 的反射系数

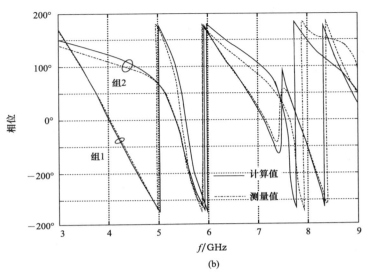

图 6.17　图 6.16(a)所示天线对参考面 1 和 2 的反射系数(续)

§6.5　天线特性参数的计算

6.5.1　导纳的计算

　　Luebbers 等(1992)以耦合线天线为例,讨论了用时域有限差分法计算天线的自导纳和互导纳的问题[83].他们所计算天线的参数及所用的网格空间由图6.18示出. 较长者为有源天线,长度为 57 cm;较短者为无源天线,长度为 43 cm. 两天线相互平行放置,间距为 10.5 cm,中心在同一平面上. 天线的横向用单个网格模拟,网格尺度为 $\Delta x = \Delta y = 0.5\ \text{cm}$,$\Delta z = 1.0\ \text{cm}$. 所取网格空间由 $61 \times 51 \times 80$ 网格构成,其外边界采用二阶近似 Mur 吸收边界条件.

　　天线的中心网格作为激励点. 为研究其宽频带特性,采用 Gauss 脉冲作为激励源,脉冲峰值取为 100 V,幅度降至 1/e 峰值时两点间的宽度为 32 个时间步长. 在满足稳定性条件下所选的时间步长为 11.11 ps. 在频域中存在导纳方程

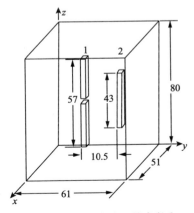

图 6.18　耦合线天线参数和计算网格空间(单位:cm)

$$I_1 = V_1 Y_{11} + V_2 Y_{12}, \quad I_2 = V_1 Y_{21} + V_2 Y_{22}. \qquad (6.5.1)$$

在该问题中 $V_2 = 0$，V_1 和 I_1 分别为激励电压和激励源处天线中的电流，Y_{11} 就是有源天线的自导纳. I_2 为无源天线中心点的电流，则 $Y_{12} = Y_{21}$ 为互导纳. V_1，I_1 和 I_2 可通过相应的时域量由 Fourier 变换而获得. V_1 可通过激励脉冲求出，有源天线和无源天线中心点的时域电流可通过每一时间步对中心网格周围磁场的环路积分求得.

　　由所求得的两天线中心的时域电流及对它们进行 Fourier 变换所得的频域复数电流，进而可计算复自导纳和互导纳. 自导纳的幅值和相位由图 6.19 给出，而互导纳的幅值和相位示于图 6.20. 两图上同时还给出了用矩量法计算的结果. 在计算中时域有限差分法和矩量法在激发源的模拟方法上是有差别的，在用时域有限差分法计算时激发源占据一个网格的间隙，而在矩量法中这一间隙为无限小. 尽管如此，两种方法所获得结果仍然符合得很好.

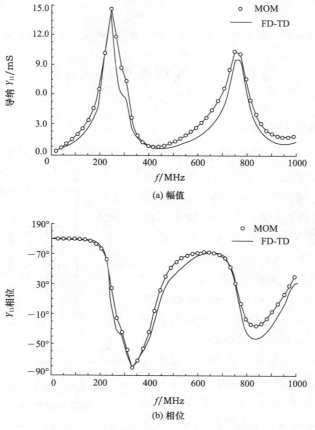

(a) 幅值

(b) 相位

图 6.19　有源天线自导纳 Y_{11} 的计算结果

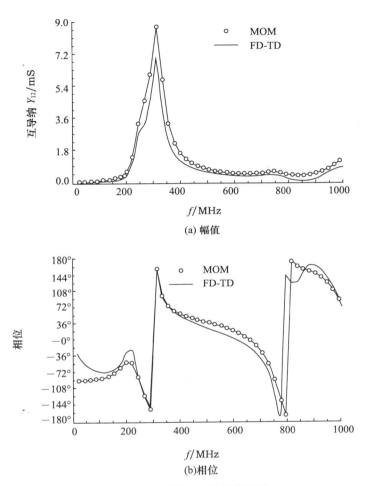

(a) 幅值

(b)相位

图 6.20 互导纳 Y_{12} 的计算结果

6.5.2 增益和效率的计算

Luebbers 等(1992)在另一篇文章中仍以图 6.18 所示的天线为例,讨论了天线增益和效率的计算问题. 首先需要计算天线的输入功率,如果 $V_s(t)$ 为激励电压,设置激励源的间隙宽度为 Δz,源所在的网格为 (i_0, j_0, k_0),则该网格的 z 向电场强度为

$$E_z^n(i_0, j_0, k_0) = V_s(t)/\Delta z. \qquad (6.5.2)$$

而通过该网格的电流应为

$$I_s(t) = [H_x(i_0, j_0-1, k_0) - H_x(i_0, j_0, k_0)]\Delta x$$
$$+ [H_y(i_0, j_0, k_0) - H_y(i_0-1, j_0, k_0)]\Delta y. \qquad (6.5.3)$$

若 $V(\omega)$ 和 $I(\omega)$ 为 $V_s(t)$ 和 $I_s(t)$ 的 Fourier 变换,则等效稳态输入功率为

$$P_{\text{in}}(\omega) = -\text{Re}[V(\omega) \cdot I^*(\omega)]. \tag{6.5.4}$$

为了计算天线增益,需要天线辐射远场的知识,但时域有限差分法不能直接提供远区场,需要把近区场转换为远区场,在时域可按 Luebbers 等(1991)所提供的方法进行.

若用 $E_{\text{F}}(\omega,\theta,\varphi)$ 表示由远区时域电场经 Fourier 变换获得的 θ,φ 方向 ω 频率分量,则在 θ,φ 方向相对无耗无方向性天线的增益可表示为

$$\text{gain}(\theta,\varphi) = \frac{|E_{\text{F}}(\omega,\theta,\varphi)|^2/\eta_0}{P_{\text{in}}(\omega)/4\pi}. \tag{6.5.5}$$

为了计算天线效率,需要计算耗散功率,若某一网格 (i',j',k') 只有电场分量 $E_z(i',j',k')$,其电导率为 σ,则该网格的损耗功率可表示为

$$P_{\text{diss}}(i',j',k') = \sigma|E_z(\omega)|^2\Delta x\Delta y\Delta z$$

$$= \frac{\sigma\Delta x\Delta y}{\Delta z}|E_z(\omega)\Delta z|^2 = G|V_z(\omega)|^2, \tag{6.5.6}$$

其中 $E_z(\omega)$ 为 $E_z(i',j',k')$ 的 Fourier 变换,$V_z(\omega)$ 为该网格上的电压降,G 则为其等效集总电导,如果还有其他网格的耗散源,也应按类似方法处理,把所有耗散功率相加求得总耗散功率.在该项计算中假定只有一个耗散源位于短天线的中心网格,且为一 50 Ω 的集总电阻,因此等效于存在一个集总电导 $G=(1/50)\Omega$.

根据 $\theta=90°,\varphi=0°$ 方向的远场计算所得绝对增益示于图 6.21.由 50Ω 耗散源所计算的效率则示于图 6.22,图上同时给出了用矩量法计算的结果.由图可以看出,除低频段外两种方法获得的结果符合得相当好.当频率很低时,天线与波长之比已经很小,电压和电流的相位差接近 90°,很小的相位计算误差就会造成输入功率 P_{in} 计算的很大误差.所以,时域有限差分法在低频端不适于这些问题在脉冲激励下的计算.

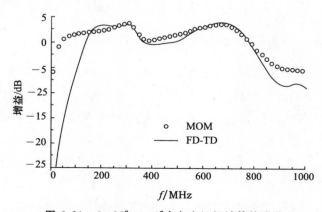

图 6.21　$\theta=90°,\varphi=0°$ 方向上远场计算的增益

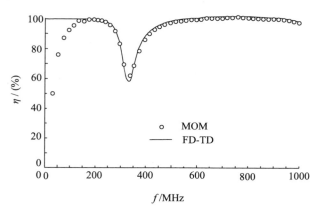

图 6.22　存在 50Ω 耗散源时的天线效率

第七章 微波和光波线路的时域分析

§7.1 时域有限差分法在微波线路分析中的特点

7.1.1 作为时域计算方法所具有的特点

随着高速通信、高速计算机及其他电子技术的发展,对高速及宽带微波和毫米波电路提出了越来越高的要求,而在集成化电路的制作中又需要高度精确的设计,因而对电路设计的 CAD 技术要求也越来越高. 所有这些都要求对电路进行更严格的分析,提供更丰富更精确的信息,从物理上加深认识. 为达到这些目的,传统的频域分析方法在很多方面已不能满足要求,需要直接的时域分析方法. 作为直接时域分析的时域有限差分法在这方面具有突出的优越性. 近些年来已有一系列的文章发表,把时域有限差分法用于微波电路分析的各个方面. 而且,这方面的研究还在迅速地发展.

为了获得不同频率下电路的特性,在用频域法进行计算时,只能依频率逐点计算. 对于宽频带器件,需要很宽频率范围的信息,这种逐点计算的方法所用的计算量往往是非常巨大的. 若用时域方法对这种问题进行分析,可采用宽频谱脉冲进行激励,首先计算出电路对脉冲信号的时域响应,而后利用 Fourier 变换即可获得激励脉冲频谱所覆盖的频带内电路的频域特性. 对于时域有限差分法,可把离散 Fourier 变换与差分格式同步运行,因此,只需一次计算即可获得电路的宽频带特性. 时域有限差分法的这一特点已在散射问题的计算中显示出来,但在电路问题的分析中这一特点显得尤其重要. 也正是由于这一特点,使得时域有限差分法在微波电路的分析中获得了越来越广泛的应用.

在微波电路的时域分析中,一般采用 Gauss 脉冲作为激发源,这是因为它在时间上比较平滑,而其频谱宽度比较容易给定. 在实践中发现,对时域响应进行 Fourier 变换时,变换结果对数值误差非常敏感. 数值误差的主要来源是在开放空间的截断面上所用吸收边界条件的残留反射. 所以,在用时域有限差分法对微波电路进行分析时,所使用的吸收边界条件要特别加以考虑.

由于时域有限差分法能直接在时域中模拟电磁波的传播及其与物体相互作用的详细过程,因而可从这种时域分析中直接获得非常丰富的有关电路时域特性的信息. 此外,由于采用全波分析方法,因而这些信息又是全面的. 当采用窄脉冲对电路进行激励时,可显示出脉冲在电路中的传播过程,由此可了解脉冲在电路中所发生的反射和色散等现象,从而可从物理上加深对信号在电路中详细传播进程的理解.若采用正弦波激励,又可获得在某一频率点上电路中的电磁场及电流的分布.因此可以说,用时域有限差分法对微波电路进行分析可以很方便地获得四维空间中的信息.

7.1.2 计算方法的广泛适用性

时域有限差分法被广泛地用于微波电路分析,是由于它所具有的另一个特点,即对复杂结构很强的模拟功能.微波和毫米波电路中,除了导体,往往还包括介质材料,甚至包括各向异性的磁性材料.很多方法可能不适用于这种情况,而对时域有限差分法并不构成严重问题.

此外,由于时域有限差分法所直接提供的是电磁场分布这种最基础的信息,因而可由此导出所需要的各种参量.例如,对于均匀传输系统而言,最关心的是其特性阻抗及其与频率的关系,特性阻抗由电流和电压决定,电流和电压则直接与磁场和电场相关;因而在电磁场已知的情况下,特性阻抗的计算就是很容易的事情了,而其与频率的关系则是与场对频率的依赖相应的.对于非均匀电路,无论是作为二端网络,还是四端网络,在求得了入射、反射和传输波的场分布后,其网络参数的计算也是很方便的.所以,时域有限差分法适用于微波电路各种参数的计算,这是广泛适用性的又一层意思.

时域有限差分法广泛适用性的另一个含义是,可以建立具有广泛适应性的计算程序.对传统的频域方法而言,对不同的问题首先要建立数学模型,如矩量法需要建立积分方程,有限元法需要建立变分方程等,这些模型中已包含了边界条件和介质特性等重要内容,而这些内容由问题的个性所决定,故由这样的数学模型所编制的计算程序往往不具有通用性.对于时域有限差分法而言,其数学模型是最基本的 Maxwell 方程,因而其差分格式对所有的问题都是共同的,而反映问题特性的边界条件和系统结构等可以子程序的形式编程,对不同的问题只需修改相应的子程序,从而使各种问题的解决变得比较容易.时域有限差分法由于它的简单直观、使用方便且适用广泛,将会很快在微波电路的分析中被越来越多的人采用.

§7.2 均匀传输系统的色散特性

7.2.1 计算中需要处理的几个特殊问题

均匀传输系统的分析是由其构成的各种微波电路分析的基础.在微波集成

电路中主要应用的传输线包括微带线、共面波导和槽线等,本节主要以它们为对象进行分析.作为一个传输系统其主要特征参量是其特性阻抗和它与频率的关系,计算这些参量的基础是系统的电磁场分布.为了计算这类系统中的电磁场分布,需要处理好以下几个问题.

1. 吸收边界条件

用时域有限差分法分析微波传输系统,首先要解决的问题是如何把系统置于有限的网格空间中.由于所分析的系统都是开放或半开放的,而且也不可能直接取无限长的传输系统进行计算,因此必须在截断处设置适当的吸收边界条件,以便用有限网格空间模拟开放的无限空间和无限长的传输系统.微带类传输系统都有金属接地板,故这一面是个自然的导电边界.如果系统是屏蔽的,则网格空间的所有侧壁均为导电边界.若需要分析开放的传输系统,则网格空间的侧壁需要设置吸收边界条件.由于这类传输系统所传输的电磁能量主要限制在导带或槽所在处的介质衬底中,空间的电磁场分布随着离开主通道的距离按指数规律衰减,所以对网格空间侧壁的吸收边界条件没有苛刻的要求,像 Mur 的二阶近似吸收边界条件已能满足要求.需要特别考虑的是在传输方向上的两个截断面,设在这两个面上的吸收边界条件的性能对计算结果的精度影响最为明显.考虑到传输系统的色散特性,以前所讨论过的吸收边界条件都不能完全满足要求,必须加以改进,下面将专门讨论吸收边界条件的改进问题.

在特殊情况下传输系统的截断问题可以采用某种方法加以解决,例如把传输线的一端设作激发源,如果在计算中不让从另一端来的反射波到达此面,以免引起二次反射,则源所在的这一端可不作专门处理.Zhang 等(1988)提出了一种开路-短路边界条件的处理方法,可避免在另一端设置专门的吸收边界条件[47],其做法是在终端设置为电壁(电场切向分量为零,电压反射系数为−1)和磁壁(磁场切向分量为零,电压反射系数为+1)时分别计算系统中的电磁场分布,把两者平均即可完全消除反射波.这种方法的缺点是需要重复计算.

2. 介质交界面的边界条件

在微带类传输系统中,均存在介质与空气的交界面.原则上讲,微分形式的Maxwell 方程不适用于这种介质突变面,但在使用差分近似后,这种边界不再构成严重问题,为了提高计算精度,可加以妥善处理,下面介绍一种方法.

在介质交界面应考虑连续性的主要是切向电场和法向磁场.假设 $+x$ 为交界面的法向,则交界面上的 Maxwell 方程为

$$\frac{\partial \boldsymbol{E}}{\partial t} = \frac{1}{\varepsilon_i} \nabla \times \boldsymbol{H}, \tag{7.2.1}$$

其中 $i=1,2$ 表示界面两侧两种介质材料;E_y 和 E_z 为两个切向分量.以 E_y 为例,由方程(7.2.1)可得

$$\frac{\partial E_y}{\partial t} = \frac{1}{\varepsilon_i}\left(\frac{\partial H_x}{\partial z} - \frac{\partial H_z}{\partial x}\right), \tag{7.2.2}$$

由于 E_y, H_x 和 $\partial H_x/\partial z$ 在界面上连续，而 $\partial H_z/\partial x$ 不连续，因而从方程(7.2.2)可得

$$\frac{1}{\varepsilon_2}\left(\frac{\partial H_z}{\partial x}\right)_2 - \frac{1}{\varepsilon_1}\left(\frac{\partial H_z}{\partial x}\right)_1 = \left(\frac{1}{\varepsilon_2} - \frac{1}{\varepsilon_1}\right)\frac{\partial H_x}{\partial z}. \tag{7.2.3}$$

在非常靠近交界面的两侧可得关系

$$\begin{cases} \varepsilon_1 \dfrac{\partial E_y}{\partial t} = \dfrac{\partial H_x}{\partial z} - \left(\dfrac{\partial H_z}{\partial x}\right)_1, \\[3mm] \varepsilon_2 \dfrac{\partial E_y}{\partial t} = \dfrac{\partial H_x}{\partial z} - \left(\dfrac{\partial H_z}{\partial x}\right)_2. \end{cases} \tag{7.2.4}$$

把 $\left(\dfrac{\partial H_z}{\partial x}\right)_1$ 和 $\left(\dfrac{\partial H_z}{\partial x}\right)_2$ 作差分近似表示可有

$$\begin{cases} \left(\dfrac{\partial H_z}{\partial x}\right)_1 = \dfrac{H_z(m) - H_z(m-1/2)}{\Delta x/2}, \\[3mm] \left(\dfrac{\partial H_z}{\partial x}\right)_2 = \dfrac{H_z(m+1/2) - H_z(m)}{\Delta x/2}, \end{cases} \tag{7.2.5}$$

这里 m 表示交界面在 x 方向的空间步数，因而 $m+1/2$ 表示在 x 方向比交界面多半个空间步长的位置，即在介质 2 所在的一侧，$m-1/2$ 则表示在介质 1 所在一侧距交界面半个空间步长的位置. 把式(7.2.5)代入式(7.2.3)可得

$$H_z(m) \approx \frac{\varepsilon_1}{\varepsilon_1 + \varepsilon_2} H_z\left(m + \frac{1}{2}\right) + \frac{\varepsilon_2}{\varepsilon_1 + \varepsilon_2} H_z\left(m - \frac{1}{2}\right) + \frac{\varepsilon_2 - \varepsilon_1}{\varepsilon_1 + \varepsilon_2}\frac{\partial H_x}{\partial z}\cdot\frac{\Delta x}{2}. \tag{7.2.6}$$

把这里所得的 $H_z(m)$ 代回到式(7.2.5)，再把结果代入(7.2.4)的两个方程，而后把二者相加便可得到

$$\frac{\varepsilon_1 + \varepsilon_2}{2}\frac{\partial E_y}{\partial t} = \frac{\partial H_x}{\partial z} - \frac{H_z(m+1/2) - H_z(m-1/2)}{\Delta x},$$

并可表示成

$$\frac{\varepsilon_1 + \varepsilon_2}{2}\frac{\partial E_y}{\partial t} = \frac{\partial H_x}{\partial z} - \frac{\Delta H_z}{\Delta x}. \tag{7.2.7}$$

用类似的方法可得 E_z 所满足的方程

$$\frac{\varepsilon_1 + \varepsilon_2}{2}\frac{\partial E_z}{\partial t} = \frac{\Delta H_y}{\Delta x} - \frac{\partial H_x}{\partial y}. \tag{7.2.8}$$

方程(7.2.7)和(7.2.8)即为交界面处场所满足的近似方程，作为交界面的边界条件. 这一条件的意思很清楚，即在计算交界面处的切向电场时使用两种介质介电常数的平均值.

3. 激发源的设置

处理微波电路问题,与前面解决散射问题有所不同.在散射问题中主要是研究平面波与物体的作用,平面波可借助连接条件引入到网格空间的总场区中.在对微波电路进行分析时,是要计算其中可能存在的各种电磁模式的场分布.为此,必须有一个能激发起这些模式的波源.在设置了波源以后,仍作为初边值问题,随着时间步的推进,模拟电磁波在其中的传播过程.因此,在分析微波电路时,电磁波由设置的源激发,由源向外传播,故对所有的边界都是外行波,不再需要把网格空间划分为总场区和散射场区.

在分析传输系统时,激发源一般是在一个横截面上给出.为了能在系统中激发起所有可能的模式,所设置源的场在横截面上的分布不应和主模完全一致.当然,设置场源与主模场分布完全一样一般地讲是不可能的,因为事前很难知道一个待分析系统场的确切分布.虽然原则上讲波源的横向分布可以是任意的,但它的设置对达到稳定所需的时间步数还是很有影响的.由物理上可知,初始源的场分布越接近实际情况,就会越快地达到稳定.

如果在频域对电路进行分析,则所设置的源随时间应是简谐变化的.若场源的横向分布用 $\varphi(x,y)$ 表示,频率用 f 表示,则场源可设置为

$$E_t(x,y,z_0,t) = \varphi(x,y)\sin(2\pi ft),\tag{7.2.9}$$

其中 $t=n\Delta t$,n 为时间步数,Δt 为时间步长;z_0 表示源在传输系统的纵向位置.

如果在时域对电路进行分析,则通常选择源随时间的变化为 Gauss 脉冲,这时可把源表示为

$$E_t(x,y,z_0,t) = \varphi(x,y)\exp\left[-\frac{\left(t-\dfrac{z-z_0}{v}-t_0\right)^2}{T^2}\right],\tag{7.2.10}$$

其中 t_0 的选择要保证问题的正确因果关系,并维持 $t=0$ 时脉冲的起始值足够小;v 为所模拟的波在系统中的传播速度;而 T 的选择则决定于所需脉冲的频谱带宽;z_0 为当 $t=t_0$ 时脉冲峰值在系统中的位置.

Gauss 脉冲的 Fourier 变换为

$$G(f) \sim \exp(-\pi^2 T^2 f^2),\tag{7.2.11}$$

亦即 Gauss 脉冲的频谱仍为 Gauss 脉冲的形状.一般把强度低到一定程度的频率定义为 Gauss 脉冲的最高频率 $f_{\max}$,例如可选

$$f_{\max} = 1/2T.\tag{7.2.12}$$

若选择等于峰值 5% 的两对称点之间的距离定义为脉冲的空间宽度 w,则由(7.2.10)可知

$$\exp\left[-\frac{\left(\dfrac{w}{2}\right)^2}{(vT)^2}\right] = \exp(-3) \approx 5\%,$$

由此可得

$$T = \frac{1}{\sqrt{3}} \frac{w}{2v}. \tag{7.2.13}$$

从而可把脉冲的最高频率表示为

$$f_{\max} = \frac{\sqrt{3}v}{w}. \tag{7.2.14}$$

w 所占的空间网格数与网格步长 Δs 的选择有关. 选择 Δs 除了要考虑有利于对系统的结构模拟和满足稳定性条件等因素外, 还要使脉冲的空间宽度 w 等于 Δs 的足够倍数, 以便能更好地显示脉冲场的空间分布特性.

7.2.2 传输常数、有效介电常数和特性阻抗的计算

一旦传输系统被合理地设置在网格空间中, 并有合适的源能在系统中激发出应存在的电磁模式, 且在截断面有良好的吸收边界, 就可以通过执行时域有限差分格式计算出系统内各网格单元中的电磁场分布及其随时间的变化规律. 在此基础上或与场的计算同步, 可以计算传输系统的各种参数, 主要包括传输常数、有效介电常数和特性阻抗等. 实际上, 计算这些参量并不需要时域有限差分法所能提供的全部信息. 为了计算传输常数, 只需记录传输系统中相距 l 的两个横截面 $z = z_1$ 和 $z = z_2$ 上相应点的电场(或磁场)随时间变化的规律 $E(t, z_1)$ 和 $E(t, z_2)$, 通过离散 Fourier 变换(或 FFT)可以得到

$$E(\omega, z_1) = \int_{-\infty}^{\infty} E(t, z_1) \mathrm{e}^{-\mathrm{j}\omega t} \mathrm{d}t, \tag{7.2.15a}$$

$$E(\omega, z_2) = \int_{-\infty}^{\infty} E(t, z_2) \mathrm{e}^{-\mathrm{j}\omega t} \mathrm{d}t. \tag{7.2.15b}$$

根据传输线理论可知, 对均匀传输系统有如下的关系

$$E(\omega, z_2) = E(\omega, z_1) \mathrm{e}^{-r(\omega)(z_2 - z_1)} = E(\omega, z_1) \mathrm{e}^{-r(\omega)l}, \tag{7.2.16}$$

其中 $r(\omega)$ 为传输系统在频率为 ω 时的传输常数. 由上式可得

$$r(\omega) = \frac{1}{l} \ln \left[\frac{E(\omega, z_2)}{E(\omega, z_1)} \right]. \tag{7.2.17}$$

由此可知, 通过一次计算可获得激励脉冲频谱宽度内所有频率上系统的传输常数.

若

$$r(\omega) = \alpha(\omega) + \mathrm{j}\beta(\omega),$$

则立即可由 $\beta(\omega)$ 计算出系统的有效介电常数

$$\varepsilon_{\mathrm{eff}}(\omega) = \frac{\beta^2(\omega)}{\omega^2 \varepsilon_0 \mu_0}, \tag{7.2.18}$$

这样由 $\beta(\omega)$ 和 $\varepsilon_{\mathrm{eff}}(\omega)$ 两个参数表征传输系统的色散特性.

传输系统的另一个重要参量是特性阻抗,该参量与系统中场的分布紧密相关. 众所周知,对于非 TEM 模传输系统而言,特性阻抗不是唯一的,它和电压及电流的定义有关. 只要知道系统某个横截面上的电场和磁场的分布,就可根据定义计算出与电场分布有关的电压 $V(t,z)$ 和与磁场分布有关的电流 $I(t,z)$. 一般采用定义

$$V(t,z) = \int_L \boldsymbol{E}(x,y,z,t) \cdot \mathrm{d}\boldsymbol{l}, \qquad (7.2.19a)$$

$$I(t,z) = \oint_C \boldsymbol{H}(x,y,z,t) \cdot \mathrm{d}\boldsymbol{l}, \qquad (7.2.19b)$$

其中 L 和 C 需根据具体系统按定义选定. 若

$$V(\omega,z) = F[V(t,z)], \qquad (7.2.20a)$$

$$I(\omega,z) = F[I(t,z)], \qquad (7.2.20b)$$

则特性阻抗可表示为

$$Z(\omega,z) = \frac{V(\omega,z)}{I(\omega,z)}. \qquad (7.2.21)$$

原则上讲特性阻抗应该与 z 无关,但由于吸收边界条件的不完善,系统内总存在某种反射波,会使不同 z 处所计算的特性阻抗存在一定的差异.

另一方面,若直接计算出 z 处在终端开路和短路状态的电流和电压,则也可以由此计算传输常数和特性阻抗

$$r(\omega,z) = \frac{1}{2Z} \ln \left[\frac{\left(\frac{V(\omega,z)}{I(\omega,z)}\right)_\mathrm{o}^{\frac{1}{2}} + \left(\frac{V(\omega,z)}{I(\omega,z)}\right)_\mathrm{s}^{\frac{1}{2}}}{\left(\frac{V(\omega,z)}{I(\omega,z)}\right)_\mathrm{o}^{\frac{1}{2}} - \left(\frac{V(\omega,z)}{I(\omega,z)}\right)_\mathrm{s}^{\frac{1}{2}}} \right], \qquad (7.2.22)$$

$$Z(\omega,z) = \left[\left(\frac{V(\omega,z)}{I(\omega,z)}\right)_\mathrm{o} \cdot \left(\frac{V(\omega,z)}{I(\omega,z)}\right)_\mathrm{s} \right]^{\frac{1}{2}}, \qquad (7.2.23)$$

其中角标 o 和 s 分别表示开路和短路.

7.2.3 微带线的色散特性

Zhang 等(1988)给出了一个微带线色散特性的计算实例[39]. 微带线的参数为:衬底厚度 $h=0.1$ mm,衬底介电常数 $\varepsilon_\mathrm{r}=13.0$;导带厚度为零,导带宽度为 $w=0.075$ mm 和 0.15 mm 两种. 所采用的网格空间由图 7.1 示出,对称面设置一磁壁,可减少一半的计算量. 使用均匀立方体网格,$\Delta x = \Delta y = \Delta z = \Delta s$,当 $w=0.075$ mm 时,取 $\Delta s = 6.25 \times 10^{-3}$ mm;而当 $w = 0.15$ mm 时,则取 $\Delta s = 1.25 \times 10^{-2}$ mm. 整个网格空间的范围为 $n_1 = 30, n_2 = 55, n_3 = 160$.

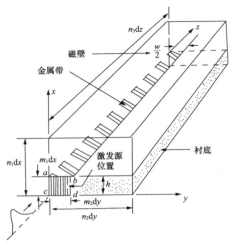

图 7.1　计算微带线色散特性的网格空间

及 Gauss 脉冲激发源的设置方法

用 Gauss 脉冲作激励源,其参数为:$t_0 = 140\Delta t$,$T = 140\Delta t$,空间宽度为 $20\Delta s$,它的频谱覆盖从 0 到 700 GHz.激发源设置在始端面上,其场的横截面分布为:在导带下面 E_x 为均匀的,而其他地方均为 $E_x = E_y = 0$.

计算时采用开路—短路终端条件,以消除截断终端的反射.这样需要两次计算,一次设终端切向电场为零(相当于终端为电壁),另一次设终端的切向磁场为零(相当于终端为磁壁),然后把结果进行平均即可得到无反射的结果.图 7.2 显示了

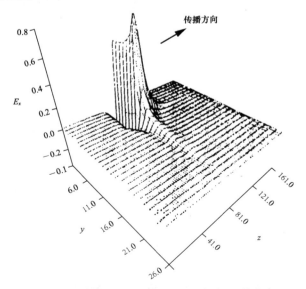

图 7.2　微带线中传播的 Gauss 脉冲 E_x 的分布

Gauss 脉冲在沿微带传播的过程中紧挨导带下方表面中 E_x 的分布,而图 7.3 则表示出沿传播方向不同位置上 E_x 随时间变化的规律.不同位置上脉冲波形的差异说明脉冲在传播过程中不断发生形变,这表明了微带线的色散特性.

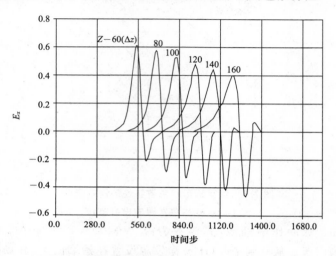

图 7.3　沿传播方向不同位置上 E_x 随时间的变化

　　根据不同位置上 E_x 随时间的变化,可以计算出微带线的传输常数 $\gamma(\omega)$,进一步可计算出有效介电常数,其结果示于图 7.4,图上还给出了其他作者用经验公式计算的结果.这些结果显示,当 $w/h<1$ 时计算结果非常接近于 Pramannick 等所给的数值,在直流时所有结果都很接近.从文中与其他数值方法的比较可以看出,时域有限差分法能给出更可靠的结果.

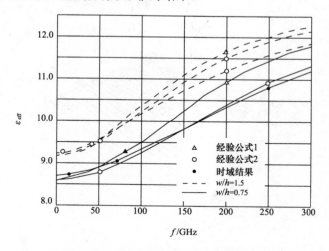

图 7.4　有效介电常数 ε_{eff} 随频率的变化

　　为了计算微带线的特性阻抗,对磁场的 Fourier 变换沿环绕导带的闭合回路进行积分,计算出 $I(\omega)$,计算 $V(\omega)$ 时用了两种定义,其一是取导带中心下 $E_x(\omega, z)$ 的积分,另一种是取一个横截面上所有导带下 E_x 积分的平均. 按两种定义计算的特性阻抗 Z 与频率 f 的关系示于图 7.5,所有结果与经验公式计算所得都非常接近.

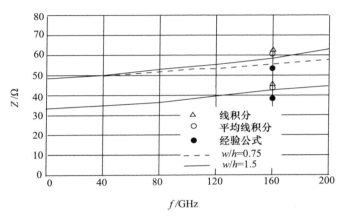

图 7.5　微带线特性阻抗与频率的关系

　　以上所列举的实例清楚地说明了时域有限差分法用于微带色散特性分析时的有效性,而且充分显示了时域方法的优越性,通过一次计算就获得了宽频带范围内传输系统的所有重要参数.

7.2.4　共面波导和槽线的色散特性

　　Liang 等(1989)用与上面类似的方法计算了共面波导和槽线的色散特性[53],所使用的网格空间如图 7.6 所示. 当分析共面波导时,在对称面设置磁壁;当分析槽线时,在对称面上设置电壁,其他面除接地面外均设吸收边界条件. 与微带线不同的是,在侧面边界上遇到分层介质和导电薄层,由于波在各介质中的传播速度不同,使得以前讨论过的边界条件不能直接运用,必须加以修改. 在该文中所采用的方法是,在计算边界场时使用适当选择的权系数. 在时间步 n 时靠近边界的场表示为

$$\boldsymbol{E}_i^{(n)} = C_1 \boldsymbol{E}_{1i}^{(n)} + C_2 \boldsymbol{E}_{2i}^{(n)}, \qquad (7.2.24)$$

其中 $\boldsymbol{E}_{1i}^{(n)}$ 为使用 Mur 吸收边界条件计算所得,而 $\boldsymbol{E}_{2i}^{(n)}$ 则是由环绕该点但早半个时间步的场计算而得,C_1 和 C_2 为适当选择的两个权系数. 对磁场也用类似的处理方法. Gauss 脉冲激励源设在始端截面上,其形式为

$$\begin{cases} E_x(x,y,t) = \psi_x(x,y)\exp\left[-\frac{(t-t_0)^2}{T^2}\right], \\ E_y(x,y,t) = \psi_y(x,y)\exp\left[-\frac{(t-t_0)^2}{T^2}\right], \end{cases} \tag{7.2.25}$$

其中 $\psi_x(x,y)$ 和 $\psi_y(x,y)$ 为近似的准静态场分布,但对共面波导和槽线有所不同.

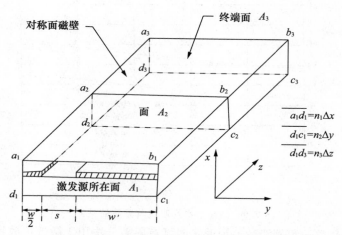

图 7.6 计算共面波导和槽线特性的网格空间

计算了两种共面波导,其参数如表 7.1 所示.计算槽线的参数为:槽宽 $w=0.06\,\mathrm{mm}$,衬底厚度 $h=0.1\,\mathrm{mm}$,空间步长 $\Delta s=0.01\,\mathrm{mm}$.用均匀网格空间 $\Delta x=\Delta y=\Delta z=\Delta s$,空间范围为 $n_1=55, n_2=60, n_3=100$.

表 7.1 两种共面波导的参数

参 数	空间步长	ε_r	中心带宽 w/mm	槽宽 s/mm	边带宽度 w'/mm	衬底高度 h/mm
情况 1	0.0135	12.9	0.135	0.065	0.59	0.50
情况 2	0.050	20.0	0.400	0.500	无限	1.00

当共面波导的参数为情况 1 时,沿传播方向不同点的 E_y 随时间的变化由图 7.7 给出,振幅是归一化的,取样点在空气介质交界面下,每隔 10 个空间步长设一个取样点.在图 7.8 上给出了槽线介质-空气交界面下每隔 10 个空间步长各点上电场 E_x 随时间的变化规律.两图都显示出脉冲波形在传播的过程中产生形变的现象,表明了两种传输系统的色散性质.

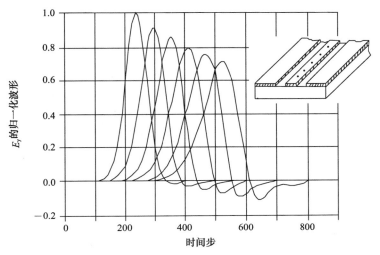

图 7.7　共面波导中不同点上 E_y 随时间的变化

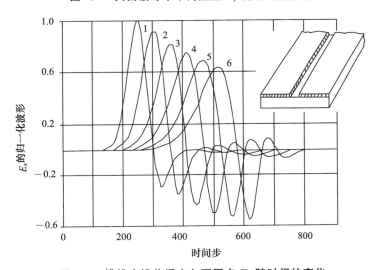

图 7.8　槽线中沿传播方向不同点 E_x 随时间的变化

和微带线一样,对上述结果进行 Fourier 变换可计算这些系统的有效介电常数和特性阻抗及其与频率的关系.图 7.9 示出的是有效介电常数的计算结果,其中图(a)为参数取情况 1 时的共面波导的有效介电常数,曲线 1 是本方法的计算结果,2 为 G. Hasnain 等用其他方法所得结果,图上还在低频时给出了其他作者的实验结果;图(b)中曲线 1 是对情况 2 时共面波导的计算结果,2 和 3 为 Hasnain 等提供的数据;图(c)中曲线 1 是用本方法对槽线计算的结果,2 是 R. Garg 所得.以上所有结果都显示,用时域有限差分法所得结果与其他方法的结果符合得相当好.

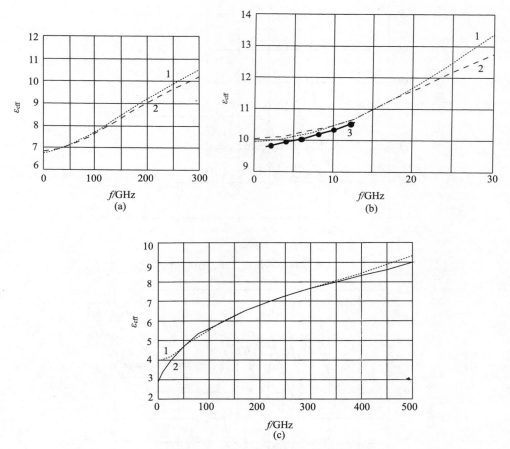

图 7.9　有效介电常数的计算结果

　　关于特性阻抗的计算结果在图 7.10 中表示出来,其中 Z_r 为复特性阻抗的实部,Z_i 为其虚部. 图(b)中 Z_0 为 T. Kitazawa 所提供的结果. 在图(c)中曲线 1 和 3 为本法所计算的槽线特性阻抗的实部和虚部,2 为 R. Garg 的结果. 这些结果再一次说明,时域有限差分法能给出相当精确的结果. 值得指出的是,能够方便地计算表征传输损耗的特性阻抗的虚部,也是时域有限差分法的一大特点.

　　与其他方法不同的是,用时域有限差分法进行计算,不需要关于电流分布的假设,而是在计算过程中可根据场的分布很方便地获得. 此外,由于计算了场的分布,从而可以了解准静态假设的局限性. 总之,时域有限差分法可以提供传输特性的非常丰富的信息,是频域方法所无法与之相比的.

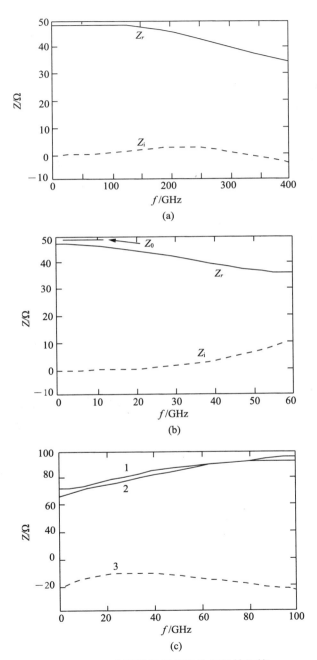

图 7.10　共面波导和槽线的复特性阻抗

§7.3　微波电路分析中的色散吸收边界条件

7.3.1　色散吸收边界条件

当用 Gauss 脉冲激励微带器件时,由于微带线的色散特性,Gauss 脉冲中不同的频率成分的传播速度是不同的.虽然在传输线的终端面上传输波是垂直入射的,但当使用一阶近似 Mur 吸收边界条件时,也只能对以某一速度传播的入射波有良好的吸收特性.因此,对于色散传输系统,需要一种能适应一定速度范围的吸收边界条件.为此,Bi 等(1992)提出了色散吸收边界条件(Dispersive Absorbing Boundary Condition)的概念.[82]

从另一个角度看,微带线是一种非均匀介质结构,电磁波在不同区域传播速度不同,在选择吸收边界条件时如何考虑这些因素,Railton 等(1993)[102]给出了一种优化方法,我们也在这里一起讨论.

7.3.2　二阶色散吸收边界条件

我们知道,一阶近似边界条件

$$\left(\frac{\partial}{\partial z}+\frac{1}{v}\frac{\partial}{\partial t}\right)E=0, \tag{7.3.1}$$

仅当 E 为沿 z 方向以速度 v 传播的波时才有最佳效果,而对其他速度的波则可能产生较大的反射.但如下的边界条件

$$\left(\frac{\partial}{\partial z}+\frac{1}{v_1}\frac{\partial}{\partial t}\right)\left(\frac{\partial}{\partial z}+\frac{1}{v_2}\frac{\partial}{\partial t}\right)E=0, \tag{7.3.2}$$

则能有效地吸收速度为 v_1 和 v_2 的沿 z 方向传播的平面波.假设 $E=E(z-vt)$ 为一个以速度 v 沿 z 方向传播的平面波,则代入式(7.3.2)后可得

$$\begin{aligned}
&\left(\frac{\partial}{\partial z}+\frac{1}{v_1}\frac{\partial}{\partial t}\right)\left(\frac{\partial}{\partial z}+\frac{1}{v_2}\frac{\partial}{\partial t}\right)E(z-vt)\\
&=\left(\frac{\partial}{\partial z}+\frac{1}{v_1}\frac{\partial}{\partial t}\right)\left(E'-\frac{v}{v_2}E'\right)\\
&=E''-\frac{v}{v_1}E''-\frac{v}{v_2}E''+\frac{v^2}{v_1 v_2}E''\\
&=\frac{1}{v_1 v_2}(v_2-v)(v_1-v)E''.
\end{aligned} \tag{7.3.3}$$

由此可知,当 v 等于 v_1 和 v_2 之一时条件(7.3.2)都能精确地得到满足.类似地,可以构造对更多速度有效的吸收边界条件.

对于任意色散波,可以分解为不同的频率成分,每一频率分量相当于一个以

某个速度 v 传播的平面波,由此决定一个色散关系

$$v = v(f),\tag{7.3.4}$$

$v(f)$ 的形式决定于所分析的系统. 如果 v_1 和 v_2 由色散关系决定,则吸收边界条件(7.3.2)就是对多频率有效的,称为色散吸收边界条件.

若用 M 表示边界点,$M-1$ 表示距边界一个网格的点,则二阶色散吸收边界条件(7.3.2)可表示为差分形式

$$\begin{aligned}
E^n(M) &= 2E^{n-1}(M-1) - E^{n-2}(M-2) + (r_1+r_2)[E^{n-1}(M) - E^n(M-1) \\
&\quad - E^{n-2}(M-1) + E^{n-1}(M-2)] - r_1 r_2[E^{n-2}(M) - 2E^{n-1}(M-1) \\
&\quad + E^n(M-2)],
\end{aligned}\tag{7.3.5}$$

其中

$$r_i = \frac{1-\rho_i}{1+\rho_i}, \quad \rho_i = \frac{v(f_i)\Delta t}{\Delta z},\tag{7.3.6}$$

而 E 为边界场的任一切向电场分量.

图 7.11 给出了对色散吸收边界条件有效性进行验证的微带结构及其有效介电常数. 实线表示的结果是用如文献[78]中的消除法获得的,圆点线则表示用色散吸收边界条件计算的结果,若用 Mur 一阶边界条件(7.3.1),则所得结果如虚线所示. 由图可见,用色散吸收边界条件所得结果与精确结果非常接近,但计算空间可大大节省.

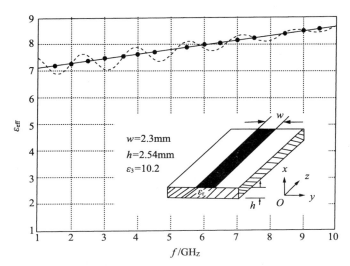

图 7.11 消除法、色散吸收边界条件法($\varepsilon_{\text{eff}_1}=7.12$,$\varepsilon_{\text{eff}_2}=850$)和
Mur 一阶吸收边界条件($\varepsilon_{\text{eff}}=7.12$)的性能比较

7.3.3　优化二阶近似吸收边界条件

入射到微带终端边界面的不是平面波,因此吸收边界条件对平面波呈现的一些特性在此并不完全适用,对所有色散传输系统都是这样.沿传输方向垂直入射到色散传输线终端边界截面的速度及其场分布是与频率有关的.对于一般的波导系统,其场的横向分布往往不是已知的.为了获得适用于这种边界的吸收边界条件,我们按 Railton 等提出的方法,对二阶近似外行波吸收边界条件采取优化措施.

二阶近似吸收边界条件可表示为一般形式

$$\left[\frac{\partial^2}{\partial t^2} - v\frac{\partial^2}{\partial z\partial t} - kv^2\left(\frac{\partial^2}{\partial x^2} + \frac{\partial^2}{\partial y^2}\right)\right]E = 0, \tag{7.3.7}$$

当 $k=1/2$ 时即为 Mur 二阶近似吸收边界条件;当 $k=0$ 时它又可与一阶近似吸收边界条件等效.因此,k 是一个可适当选择的因子.对波导系统而言,由于波的横向分布是未知的,故吸收边界条件(7.3.7)不能直接利用,需要把它化作只含纵向微商的形式.由于任何波都必须满足波动方程,故可借助它来完成这项转化.若用 c 代表某种介质中的光速,则在这种介质内的电磁波必满足方程

$$\left(\frac{\partial^2}{\partial x^2} + \frac{\partial^2}{\partial y^2}\right)E = \left(\frac{1}{c^2}\frac{\partial^2}{\partial t^2} - \frac{\partial^2}{\partial z^2}\right)E, \tag{7.3.8}$$

把它代入式(7.3.7)可得到

$$\left(\frac{\partial^2}{\partial t^2} - \frac{v}{1-v^2k/c^2}\frac{\partial^2}{\partial z\partial t} + \frac{v^2k}{1-v^2k/c^2}\frac{\partial^2}{\partial z^2}\right)E = 0. \tag{7.3.9}$$

若用 R 表示系统中的反射系数,则可有

$$E = f(x,y,z+ut) + Rf(x,y,z-ut), \tag{7.3.10}$$

其中 u 为波在系统中沿 z 的传播速度.考虑到波动过程的特点可知

$$\begin{cases} \dfrac{\partial^2 E}{\partial t^2} = (1+R)u^2E, \\[2mm] \dfrac{\partial^2 E}{\partial z\partial t} = (1-R)uE, \\[2mm] \dfrac{\partial^2 E}{\partial z^2} = (1+R)E. \end{cases} \tag{7.3.11}$$

把它们代入式(7.3.9)可得到

$$(1+R)u^2 - (1-R)\frac{v}{1-v^2k/c^2} + (1+R)\frac{v^2k}{1-v^2k/c^2} = 0, \tag{7.3.12}$$

因此 R 可表示为

$$R = \frac{(1-v^2k/c^2)u^2 - uv + kv^2}{(1-v^2k/c^2)u^2 + uv + kv^2}. \tag{7.3.13}$$

由上式可知,如果选取 v 和 c 等于传播速度 u,则不管 k 为何值都有 $R=0$.但是

微带类型的波导介质是非均匀的,故局部反射系数在边界面上是变化的,尤其是当系统被脉冲激励时,不同频率成分的波具有不同的传播速度.

　　对现在的问题而言,希望在脉冲频谱范围内对所有可能的传播速度都能使反射的能量最小,为此可通过对每一介质区域分别选取 v 和 k 的方法实现.为了方便,定义如下归一化参量

$$u = \frac{c_0}{\sqrt{\varepsilon_{\mathrm{eff}}}}, \quad c = \frac{c_0}{\sqrt{\varepsilon_{\mathrm{r}}}}, \quad v = \frac{c_0}{\sqrt{\varepsilon_{\mathrm{b}}}}, \tag{7.3.14}$$

其中 $\varepsilon_{\mathrm{eff}}$ 为微带的有效介电常数,ε_{r} 为所讨论介质层的介电常数,ε_{b} 为由 v 的选择而决定的参数.

　　对于给定的 v 和 k,可通过考察对感兴趣的有效介电常数的积分而获得平均反射功率.若 $w(\varepsilon_{\mathrm{eff}})$ 表示入射脉冲的近似谱,其值为

$$\frac{\int w(\varepsilon_{\mathrm{eff}}) R(v, k, \varepsilon_{\mathrm{eff}}) \mathrm{d}\varepsilon_{\mathrm{eff}}}{\int w(\varepsilon_{\mathrm{eff}}) \mathrm{d}\varepsilon_{\mathrm{eff}}}, \tag{7.3.15}$$

通过使其达到最小值而选取合适的 v 和 k 的值.例如对于图 7.12 所示的微带电路,感兴趣的频率范围为 $1\sim10\,\mathrm{GHz}$,有效介电常数的范围为 $5.9\sim7$,介电常数为 8.875,$w(\varepsilon_{\mathrm{eff}})$ 为 1,则为使式(7.3.15)取最小值对介质区域应取 $k=0.65$,$\varepsilon_{\mathrm{b}}=9.3$;对于空气区域则应取 $k=0.3$,$\varepsilon_{\mathrm{b}}=1.7$.图 7.13(a)和(b)是用不同的吸收边界条件对图 7.12 所示微带线进行计算结果的比较,在时域表示出反射波的相对关系.由这些结果可以看出,按上述方法进行优化的吸收边界条件比一阶近似吸收边界条件的性能有很大的改进.

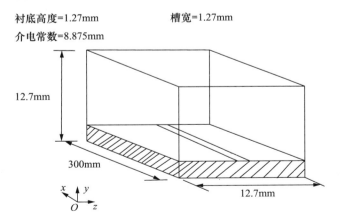

图 7.12　进行对比计算的微带结构

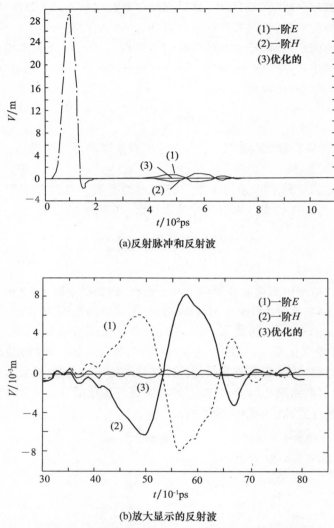

(a)反射脉冲和反射波

(b)放大显示的反射波

图 7.13　宽带脉冲从微带各种吸收边界的反射

§7.4　微带线非均匀性的时域分析

7.4.1　网格空间和吸收边界条件

　　微带线非均匀性的分析对微波集成电路的设计具有更直接的意义,这里所指的非均匀性既包括开路终端、缝隙、宽度跳变和弯曲等简单情况,也包括定向耦合器、滤波器等这种功能部件,或一般地称它们为微带网络.用时域有限差分法分析微带网络与分析均匀微带线有很多共同点,但也有一些需要特殊考虑的问题.

像用时域有限差分法分析所有问题一样,首先要取一个合适的网格空间.如果网络有某种对称性可以利用,则可通过设置电壁或磁壁把网格空间减小一半;其次要使得网格空间的截断面距非均匀处足够远,以便能获得消除了非均匀性附近消失模影响的传播电磁波的信息.一般讲,在各网格空间的截断面都要设置合适的边界条件,接地面和对称面已经有了自然边界,故不在考虑之列.因微带上部的场衰减迅速,只要边界足够远,则对其上边界条件的设置没有严格的要求.应着重对待的主要是那些有微带线到达的截断面,在这些面上所设置的边界条件的特点在上一节已经进行了分析,可酌情考虑.

7.4.2　网络参数的计算

由微波原理知道,一个网络的特性可以通过散射参量表达出来,因此对网络进行分析计算,主要任务是计算它的散射参量及其与频率的关系.若用$[S]$表示散射矩阵,$[V]^i$表示各端口入射电压的列矩阵,$[V]^r$表示各端口散射(或反射)电压的列矩阵,则它们之间满足以下关系

$$[V]^r = [S][V]^i. \tag{7.4.1}$$

一般可用导带中心下方的垂直电场代表电压,因为它与按线积分定义的电压成正比.因此,计算散射参量的问题就变为在匹配条件下计算各端口参考面上的入射电场和反射电场问题.在不包含入射波的支路计算反射电场主要是要求终端匹配,实际上是靠设置一种良好的吸收边界条件来实现.在包含入射波的支路则只能直接计算总场,但可按以前曾讨论过的方法计算出入射电场,于是从总电场中减去入射电场便可得到反射电场.这里还存在一个问题,若入射电场的激发源设在始端平面上,如计算均匀微带线特性所做的那样,则为使该端不对反射波产生二次反射,需在激发脉冲终了时,把端面切换成一种合适的吸收边界条件,这一点在按时间步推进的时域有限差分法中不难办到.为了避免非均匀性产生的高次模的影响,反射电场的取值点要离开非均匀处足够远的距离.

对单端口网络而言,若取值点为z_i,所记录的入射电场和反射电场分别为$E_i(t,z_i)$和$E_r(t,z_i)$,其Fourier变换分别为

$$\begin{cases} E_i(\omega,z_i) = F[E_i(t,z_i)], \\ E_r(\omega,z_i) = F[E_r(t,z_i)], \end{cases} \tag{7.4.2}$$

则散射参量$S_{11}(\omega)$为

$$S_{11}(\omega) = \frac{V_r(\omega,z_i)}{V_i(\omega,z_i)} = \frac{E_r(\omega,z_i)}{E_i(\omega,z_i)}. \tag{7.4.3}$$

如果z_i到参考面的距离为l,微带线的传输常数为$r(\omega)$,则对参考面的散射参量为

$$S_{11}(\omega) = \frac{E_{\mathrm{r}}(\omega, z_i)\,\mathrm{e}^{r(\omega)l}}{E_{\mathrm{i}}(\omega, z_i)\,\mathrm{e}^{-r(\omega)l}} = \frac{E_{\mathrm{r}}(\omega, z_i)}{E_{\mathrm{i}}(\omega, z_i)}\,\mathrm{e}^{2r(\omega)l}. \qquad (7.4.4)$$

对多端口网络参数的计算,可依上述原理按类似方法进行.

7.4.3　终端开路微带线

作为单口网络参数计算的例子,下面举出 Zhang 等(1988)对终端开路微带线的计算结果[47]. 计算所用的网格空间由图 7.14 给出,采用均匀网格空间,空间步长为 $\Delta x = \Delta y = \Delta z = \Delta s = 0.06\,\mathrm{mm}$, 空间范围为: $N_1 = 40$, $N_2 = 120$, $N_3 = 190$, $l_1 = 120$, $M_1 = 10$, $M_2 = 5$. 微带线的参数为:衬底厚度 $h = 0.6\,\mathrm{mm}$,相对介电常数 $\varepsilon_{\mathrm{r}} = 9$,导带宽度 $w = 0.6\,\mathrm{mm}$,导带厚度为 0. Gauss 脉冲激发源的参数为: $t_0 = 350\Delta t$, $T = 40\Delta t$,其频率覆盖范围为 0~100 MHz.

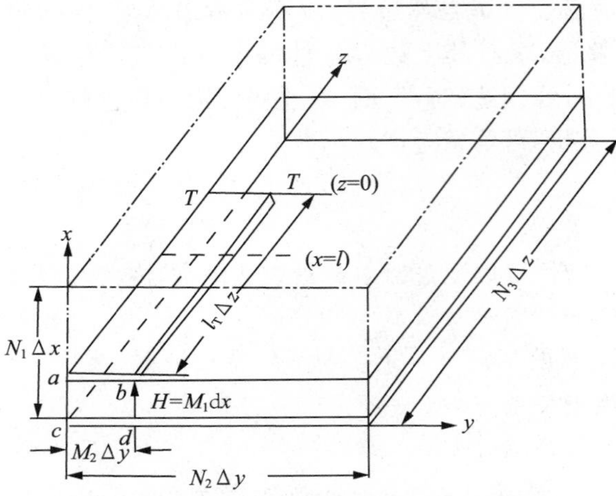

图 7.14　计算终端开路微带线的网格空间

图 7.15 示出了计算所得散射参量的幅度和相位与频率的关系,参考面选在开路端面.

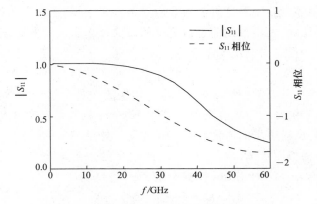

图 7.15　终端开路微带线散射参量与频率的关系

7.4.4　导带宽度跳变和窄缝

作为二端口网络的例子,讨论导带宽度跳变的微带线和导带具有断裂窄缝的情形,对于导带宽度跳变的微带线,其网络参数的定义为

$$S_{11} = \frac{V_{1r}(\omega, T)}{V_{1i}(\omega, T)}, \quad S_{21} = \frac{V_{2r}(\omega, T)/\sqrt{Z_{02}(\omega)}}{V_{1i}(\omega, T)/\sqrt{Z_{02}(\omega)}}, S_{22} = \frac{V_{2r}(\omega, T)}{V_{2i}(\omega, T)},$$

其中 $Z_{01}(\omega)$ 为窄微带线的特性阻抗，$Z_{02}(\omega)$ 为宽微带线的特性阻抗，特性阻抗的计算如前面所讨论.

Zhang 等所计算的宽度跳变微带线示于图 7.16(a)，其窄带部分和前面计算的微带线相同，宽带部分的导带宽度比前者增加一倍. 计算所得的散射参量由图 7.17 给出. 为了比较，图上还给出了 Koster 和 Jansen 在 $\varepsilon_r = 10$ 时的计算结果(虚线). 两种方法计算的结果在很宽的频率范围内都有很好的一致性.

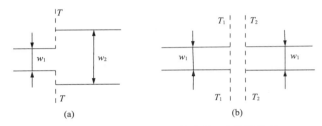

图 7.16 宽度跳变(a)和带窄缝(b)的微带线

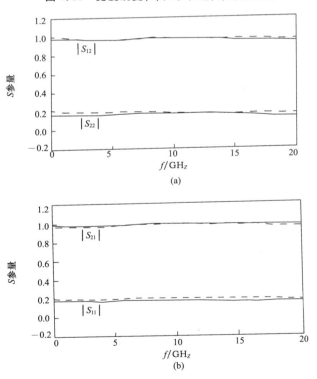

图 7.17 宽度跳变微带线的散射参量与频率的关系

所计算的带窄缝的微带线的实例如图 7.16(b)所示,其参数和前面计算过的微带线相同,缝宽为导带宽度的一半.图 7.18 是它的散射参量与频率的关系,由于该网络的对称性,存在关系 $S_{11}=S_{22}$,$S_{12}=S_{21}$.

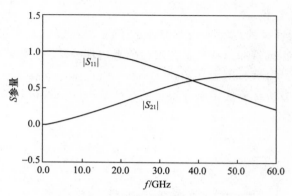

图 7.18　带窄缝微带线的散射参量

7.4.5　微带低通滤波器

Sheen 等(1990)用时域有限差分法对图 7.19 所示的微带低通滤波器进行了时域分析[57]. 为了精确地模拟各段微带线的结构,三个坐标方向用了不同的网格空间步长,其中 $\Delta x=0.4064\,\text{mm}$,$\Delta y=0.4233\,\text{mm}$,$\Delta z=0.265\,\text{mm}$. 整个网格空间为 $80\times100\times16$ 网格. 中心长矩形贴片为 $50\Delta x\times6\Delta y$,从源所在平面到中心贴片为 $50\Delta y$,而 1 和 2 端口的参考面均选在距中心贴片边缘 $10\Delta y$ 处,1 和 2 端口微带线的导带宽均为 $6\Delta x$. 所使用激励 Gauss 脉冲的参数为:$T=15\,\text{ps}$,$t_0=3T$,$\Delta t=0.441\,\text{ps}$. 共运行 4000 个时间步,以使两个端口的响应达到稳定.

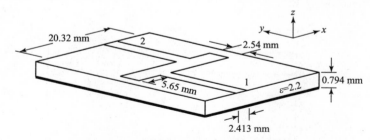

图 7.19　微带低通滤波器的结构及参数

图 7.20(a)和(b)为 S_{11} 和 S_{12} 的计算结果和实验结果的比较. 可以看出,二者符合得相当好,只是在通带的高频端计算值与实验结果的偏离较明显,这可能主要是 Δx 和 Δy 的选择不完全符合实际电路的尺寸,即是由于几何结构模拟误差所致,而不是算法本身的缺点.

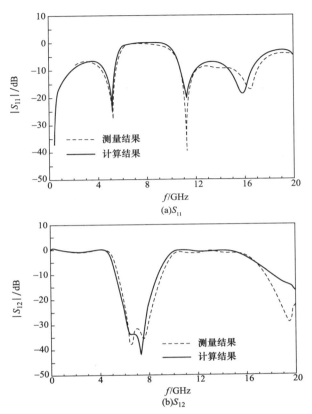

(a)S_{11}

(b)S_{12}

图 7.20　低通滤波器的散射参量(a)S_{11}和(b)S_{12}

7.4.6　微带分支定向耦合器

　　Sheen 等还计算了如图 7.21 所示的微带分支定向耦合器的特性. 这种定向耦合器的作用是把 1 或 2 端输入的功率等分到 3 和 4 端,为此要求在工作频率上两支路导带中心之间的距离为四分之一波长,且 3 和 4 端的相位差为 90°.

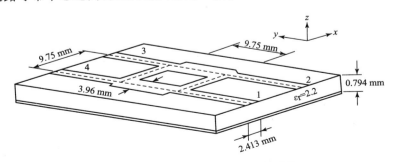

图 7.21　微带分支定向耦合器的结构

计算使用的网格空间由 $60 \times 100 \times 16$ 个网格构成,其空间步长为 $\Delta x = \Delta y = 0.406$ mm,$\Delta z = 0.265$ mm,分支线的中心距离为 $24\Delta x$ 和 $24\Delta y$. 从源到支线的边缘为 $50\Delta y$,端口 1 至 4 的参考面到支线边缘为 $10\Delta y$,端口 1 至 4 的微带线宽度用 $6\Delta x$ 来模拟,而分支线中的宽微带用 $10\Delta x$ 模拟. 时间步长仍选作 $\Delta t = 0.441$ ps,所用的激励脉冲和前面相同. 计算所得网络参数由图 7.22(a) 和 (b) 给出,同时也给出了实验结果. 由图可以看出,计算与实验结果大部分都符合得很好,所出现的偏离主要是由于所选空间步长不能与结构尺度完全匹配所致.

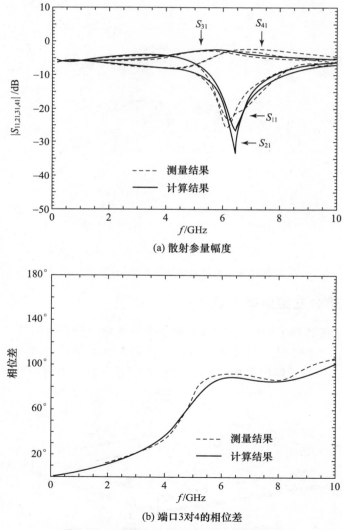

(a) 散射参量幅度

(b) 端口3对4的相位差

图 7.22 微带分支定向耦合器的散射参量

§7.5 本征值问题的时域分析

7.5.1 本征值问题时域分析的基本方法

时域有限差分法不仅能有效地用于分析微波电路的传输和散射特性,而且已有不少实例证明它也能成功地用于谐振电路的时域分析,并表现出突出的优越性. 和分析所有问题一样,用时域有限差分法分析谐振电路时首要的问题仍是如何正确地模拟谐振电路的结构,模拟精度对计算结果将产生明显的影响. 为了能精确地模拟谐振电路的几何形状,选择合适的坐标系有重要意义,例如当分析圆柱形谐振器时,选用圆柱坐标系的差分格式会有更好的效果. 第二个要考虑的问题是边界条件,如果分析的是封闭式的结构,则导电体就是自然边界,可用令切向电场等于 0 来模拟这种边界. 如果谐振系统是开放的,仍需用合适的吸收边界条件来截断计算网格空间.

谐振系统激励源的选择原则是,在空间上要能激励起感兴趣的模式,在频域上要能覆盖感兴趣的谐振频率范围,例如在谐振系统的某些网格点上赋予一定值,相当于空间和时间的 Dirac 函数激励. 在差分格式的执行过程中记录某点 (i,j,k) 的场值 $E^n(i,j,k)$,若迭代时间步为 N,则可通过离散 Fourier 变换求得

$$E_k(k\Delta f) = \Delta t \sum_{n=0}^{N-1} E^n(i,j,k)\exp(-\mathrm{j}2\pi kn/N). \qquad (7.5.1)$$

在谐振频率附近的 $E_k(k\Delta f)$ 值可以被明显地分离出来. 为了精确地计算谐振频率,我们考察稳定谐振时域信号的频谱特性. 在谐振频率 ω_0 任意场分量在时域表示为

$$f(t) = \begin{cases} A\cos(\omega_0 t), & t \geqslant 0, \\ 0, & t < 0. \end{cases} \qquad (7.5.2)$$

它的 Fourier 变换为

$$F(\mathrm{j}\omega) = A\,\frac{\pi}{2}\left[\delta(\omega-\omega_0) + \delta(\omega+\omega_0) + \frac{\mathrm{j}\omega}{\omega_0^2 - \omega^2}\right]. \qquad (7.5.3)$$

根据 Dirac 函数的性质,在 $\omega \approx \omega_0$,但 $\omega \neq \pm\omega_0$ 时,式(7.5.3)可近似地表为

$$F(\mathrm{j}\omega)_{\omega \approx \omega_0} \simeq \frac{\pi A}{2} \cdot \frac{\mathrm{j}\omega}{\omega_0^2 - \omega^2}, \qquad (7.5.4)$$

假定 ω' 和 ω'' 为 ω_0 附近的两个频率点,则对它们都有式(7.5.4)成立,于是可以得到

$$F(\mathrm{j}\omega')\,\frac{(\omega_0^2 - \omega'^2)}{\omega'} = F(\mathrm{j}\omega'')\,\frac{(\omega_0^2 - \omega''^2)}{\omega''}, \qquad (7.5.5)$$

或

$$F(\mathrm{j}f')\,\frac{(f_0^2 - f'^2)}{f'} = F(\mathrm{j}f'')\,\frac{(f_0^2 - f''^2)}{f''}. \qquad (7.5.6)$$

现在把式(7.5.6)应用于式(7.5.1)的频谱,若 E_k 和 $E_{k'}$ 为谐振频率 f_0 附近 $f_k = k\Delta f$ 和 $f_{k'} = k'\Delta f$ 两个频率的 Fourier 变换,则 f_0 可表示为

$$f_0 = \left[\frac{E_k f_k^2 f_{k'} - E_{k'} f_{k'}^2 f_k}{E_k f_{k'} - E_{k'} f_k} \right]^{\frac{1}{2}}. \tag{7.5.7}$$

7.5.2 某些计算实例

Choi 等(1986)最早把时域有限差分法用于本征值问题[33],首先用一矩形谐振腔对计算方法进行了验证. 由于分析的对象是封闭腔体,故导体就是计算网格空间的边界. 腔体用 $8 \times 12 \times 6$ 个均匀立方体网格进行模拟. 为了使场分布尽快达到稳定,场的初值选择与主模相符. 差分格式共执行了 500 个时间步,对某一点的电场 $E_y(n\Delta t)$ 进行离散 Fourier 变换的结果如图 7.23 所示,其最大值位于 $\Delta l/\lambda = 0.0750$. 同时还用传输线矩阵(TLM)法对同一谐振腔进行了分析,得到了几乎一样的结果,而对该谐振腔按解析理论所求的精确值为 $\Delta l/\lambda = 0.07511$,这说明时域有限差分法在谐振频率的计算上有很高的精确度. 考虑到仅用了少数网格进行计算,更突出了这一方法的优越性.

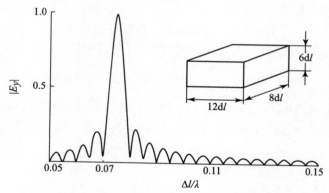

图 7.23 矩形谐振腔中电场时域结果的离散 Fourier 变换

Choi 等给出了对鳍线谐振器和微带谐振器的计算结果. 鳍线谐振器的结构示于图 7.24,计算所得结果及与其他方法的比较由表 7.2 给出.

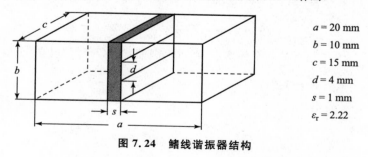

图 7.24 鳍线谐振器结构

表 7.2　不同方法计算结果的比较

计算方法	频域法	变网格 TLM	FD-TD	TLM
谐振频率/GHz	10.77	10.14	10.74	10.74

图 7.25 是微带线谐振器的结构,其衬底为各向异性的,对不同的 c 计算所得的谐振频率及与 TLM 方法的比较由表 7.3 给出.所有这些结果都显示,时域有限差分法在计算复杂结构谐振系统的谐振频率时,同样能给出相当精确的结果.

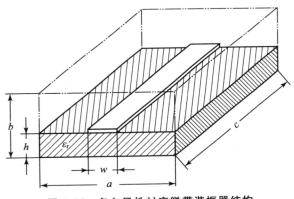

图 7.25　各向异性衬底微带谐振器结构

表 7.3　微带谐振器的谐振频率(GHz)

$c/\Delta l$	6	8	10	15	20
FD-TD	14.64	11.52	9.54	6.78	5.28
TLM	14.97	11.70	9.66	6.75	5.22

Navarro 等(1991)把时域有限差分法用于介质加载圆柱谐振腔的研究[62].由于仅研究轴对称问题,故其计算可在二维网格空间中进行.所计算的谐振腔如图 7.26 所示,加载介质柱与圆柱腔同轴放置,其半径 RD 可以改变.计算网格空间由 47×31 个网格构成,介质区域取得密些.计算了 $TE_{01\delta}$ 模的谐振频率,并与实验结果进行了比较.计算时取 $\Delta t=7.97\times10^{-13}$ s,$\Delta f=0.0095$ GHz.表 7.4 列出了介质柱的 RD 取不同值时的谐振频率.计算与测量结果之差小于 1%.

表 7.4　图 7.26 所示谐振腔 $TE_{01\delta}$ 模的谐振频率(GHz)

RD/R	1	0.9	0.8	0.7	0.6	0.5	0
计算结果	9.3949	9.3969	9.4075	9.4285	9.4569	9.4859	9.5309
测量结果	9.4004	9.4025	9.4132	9.4350	9.4634	9.4920	9.5355

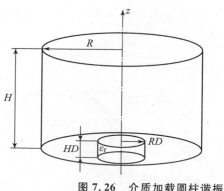

$R = 2.235\,34$ cm
$H = 3.057\,64$ cm
$HD = 0.202\,5$ cm
$\varepsilon_r = 15$

图 7.26　介质加载圆柱谐振腔

§7.6　集总参数元器件的模拟

　　微波电路中常常出现一些可用集总参数描述的元器件,在 FDTD 网格中对它们进行模拟需要特殊的方法。在这方面 Sui 等(1992)的工作[85]被广泛采纳,本节对此加以简单介绍.

7.6.1　扩展方程

　　Sui 等所提出的方法的基本点是 Maxwell 旋度方程中增加一个电流项,用以替代集总参量元器件的作用。在无耗媒质空间中一个旋度方程为

$$\nabla \times \boldsymbol{H} = \frac{\partial \boldsymbol{D}}{\partial t}.$$

在包含集总参数元器件的空间,在上述方程中增加一个与位移电流有等同作用的电流密度 $\boldsymbol{J}_L$,用于描述集总参数元件的影响,使方程成为

$$\nabla \times \boldsymbol{H} = \frac{\partial \boldsymbol{D}}{\partial t} + \boldsymbol{J}_L, \qquad (7.6.1)$$

并称之为扩展方程.

　　一般情况下,可设集总元件只占一个网格。假定流过集总元件的总电流为 I_L,且沿坐标 z,则电流密度为

$$J_{\mathrm{L}} = \frac{I_{\mathrm{L}}}{\Delta x \Delta y}, \tag{7.6.2}$$

其中 Δx 和 Δy 为沿坐标 x 和 y 方向的网格步长. 若集总元件两端的位置分别为 (i,j,k) 和 $(i,j,k+1)$，则集总元件的位置为 $\left(i,j,k+\frac{1}{2}\right)$. 由方程 (7.6.1) 可得到相关的差分格式为

$$\begin{aligned}
E_z^{n+1}\left(i,j,k+\frac{1}{2}\right) &= E_z^n\left(i,j,k+\frac{1}{2}\right) + \frac{\Delta t}{\varepsilon}\left[\nabla \times \boldsymbol{H}_z^{n+\frac{1}{2}}\left(i,j,k+\frac{1}{2}\right)\right] \\
&\quad - \frac{\Delta t}{\varepsilon \Delta x \Delta y} I_{\mathrm{L}}^{n+\frac{1}{2}}\left(i,j,k+\frac{1}{2}\right),
\end{aligned} \tag{7.6.3}$$

它可作为模拟各种集总参数元器件的基本方程.

7.6.2　集总电阻、电容和电感的模拟

如果在微波电路中接有阻值为 R 的一个电阻元件，假设在网格空间中使之处于 E_z 的节点上，则电阻两端的电压 U 应为 $U_{\mathrm{R}} = E_z \Delta z$，$\Delta z$ 为 z 方向的网格步长，且通过电阻的电流 I_{R} 应为 $I_{\mathrm{R}} = E_z \Delta z / R$，把 I 换算成电流密度后就可作为电阻作用的 $\boldsymbol{J}_{\mathrm{L}}$ 代入方程 (7.6.1) 中，成为模拟电阻元件的扩展方程。设电阻所在的网格位置为 $\left(i,j,k+\frac{1}{2}\right)$，则方程 (7.6.3) 中的 $I_{\mathrm{L}}^{n+\frac{1}{2}}$ 可表示为

$$I_{\mathrm{R}}^{n+\frac{1}{2}}\left(i,j,k+\frac{1}{2}\right) = \frac{\Delta z}{R} E_z^{n+\frac{1}{2}}\left(i,j,k+\frac{1}{2}\right). \tag{7.6.4}$$

为了减少计算中的存储变量，把上式近似地表示为

$$I_{\mathrm{R}}^{n+\frac{1}{2}}\left(i,j,k+\frac{1}{2}\right) = \frac{\Delta z}{2R}\left[E_z^{n+1}\left(i,j,k+\frac{1}{2}\right) + E_z^n\left(i,j,k+\frac{1}{2}\right)\right]. \tag{7.6.5}$$

把这一结果代入扩展方程，就可得到适合模拟电阻元件的扩展方程的差分格式

$$\begin{aligned}
E_z^{n+1}\left(i,j,k+\frac{1}{2}\right) &= \frac{1 - \dfrac{\Delta t \Delta z}{2\varepsilon R \Delta x \Delta y}}{1 + \dfrac{\Delta t \Delta z}{2\varepsilon R \Delta x \Delta y}} E_z^n\left(i,j,k+\frac{1}{2}\right) \\
&\quad + \frac{\Delta t}{\varepsilon\left(1 + \dfrac{\Delta t \Delta z}{2\varepsilon R \Delta x \Delta y}\right)}\left[\nabla \times \boldsymbol{H}_z^{n+\frac{1}{2}}\left(i,j,k+\frac{1}{2}\right)\right],
\end{aligned} \tag{7.6.6}$$

其中 $\nabla \times \boldsymbol{H}_z^{n+\frac{1}{2}}$ 可按一般方法展开为相应的差分格式。

若电阻所在的位置是一个容值为 C 的电容器，则通过它的电流 I_c 为

$$I_c = \frac{\mathrm{d}Q}{\mathrm{d}t} = C\frac{\mathrm{d}U}{\mathrm{d}t},$$

其中 Q 为电容器中存储的电荷，U 为加在电容器上的电压，通过 U 和 E_z 的关系就可得

$$I_{\mathrm{c}}^{n+\frac{1}{2}}\left(i,j,k+\frac{1}{2}\right) = C\Delta z\frac{\mathrm{d}}{\mathrm{d}t}E_z^{n+\frac{1}{2}}\left(i,j,k+\frac{1}{2}\right)$$

$$= \frac{C\Delta z}{\Delta t}\left[E_z^{n+1}\left(i,j,k+\frac{1}{2}\right) - E_z^n\left(i,j,k+\frac{1}{2}\right)\right], \quad (7.6.7)$$

把 $I_{\mathrm{c}}^{n+\frac{1}{2}}$ 代替式(7.6.3)中的 $I_{\mathrm{L}}^{n+\frac{1}{2}}$,就可得到适合模拟电容器的扩展方程及其差分格式.

再者,代替电阻的若是电感为 L 的电感器,则根据关系 $U_{\mathrm{c}}=L\mathrm{d}I_{\mathrm{L}}/\mathrm{d}t$ 可得

$$I_{\mathrm{L}} = \frac{1}{L}\int_0^t U_{\mathrm{L}}\mathrm{d}t, \qquad (9.6.8)$$

其中 I_{L} 为通过电感器的电流,U_{L} 为其两端的电压.进一步根据 U_{L} 与 E_z 的关系就可得到

$$I_{\mathrm{L}} = \frac{\Delta z}{L}\int_0^t E_z\mathrm{d}t, \qquad (9.6.9)$$

其离散形式表示为

$$I_{\mathrm{L}}^{n+\frac{1}{2}}\left(i,j,k+\frac{1}{2}\right) = \frac{\Delta t\Delta z}{L}\sum_{m=1}^n E_z^m\left(i,j,k+\frac{1}{2}\right), \qquad (7.6.10)$$

用它代替式(7.6.3)中的 $I_{\mathrm{L}}^{n+\frac{1}{2}}$ 就可得到模拟集总电感的扩展方程.

在微波电路中除了存在一些无源集总元器件外,还可能存在有源器件.有源器件也包含一定等效的无源总参数以及对场的直接贡献,同样可以用扩展方程的方法对这类器件的作用加以模拟.

最简单的有源器件就是外加的电流或电压源.例如具有内阻 R_{s} 的电压源,它加在电路上的电压为 U_{s},则其中的电流 $I_{\mathrm{s}}=U_{\mathrm{s}}/R_{\mathrm{s}}$.此外 R_{s} 的作用还会使加在其上的电场产生流过它的电流.如果用电压源代替上节讨论的电阻,则模拟电压源作用扩展方程中的电流 I_{L} 应为

$$I_{\mathrm{L}}^{n+\frac{1}{2}}\left(i,j,k+\frac{1}{2}\right) = \frac{\Delta z}{ZR_{\mathrm{s}}}\left[E_z^{n+1}\left(i,j,k+\frac{1}{2}\right) + E_z^n\left(i,j,k+\frac{1}{2}\right)\right] + \frac{U_{\mathrm{s}}^{n+\frac{1}{2}}}{R_{\mathrm{s}}},$$

$$(7.6.11)$$

把它代入式(7.6.3)即可得到所需的差分格式.

§7.7   在光路分析中的应用

时域有限差分法成功应用的另一个方面是光路的分析.由于光也是电磁波,其运动规律也遵守 Maxwell 方程,这种应用也是一种很自然的事情.在对光波导及由其构成的各种光路的分析中得到了非常有意义的成果,这也从另一个方面显示了时域有限差分法应用的广泛性和有效性.在这方面已有大量的成果发

表,在这里只作简要介绍.

7.7.1　时域有限差分法用于光波导分析

由于光波仍然是电磁波,其基本规律也是 Maxwell 方程,所以计算电磁场的时域有限差分法自然也适用于分析光路结构.在光集成电路中所用光波导是一种低损耗的介质矩形柱体,用 Yee 氏网格描述这种结构是非常方便的.光波导是开放系统,当用有限网格空间进行计算时,同样需要设置吸收边界条件.作为波导系统,电磁波沿系统轴向传输,其侧面的电磁场迅速减弱,光波导传播方向上的吸收边界条件需要具有的性能与微带线的要求类似.

Chu 等(1989)[287]用时域有限差分法研究了平行介质带定向耦合器,其结构和参数如图 7.27 所示.在这种定向耦合器中存在两个混合模,其传播常数 β_1 和 β_2 略有不同.若它们有偶和奇对称性,在耦合长度 $L=\pi/|\beta_1-\beta_2|$ 上相对相位将反转.带 1 在 $x<0$ 时为最低模 TE_0,需要求 $x>0$ 时两带中的场分布.为了与精确解对照,在带 2 的 $x=0$ 端设置了一个小导体帽.在 $x=L$ 时 E_z 的幅度分布示于图 7.28,在图上还给出了精确解.只在带 1 的边界两种结果才出现较明显的差异,这可能是由于吸收边界条件的不完善而引起的.

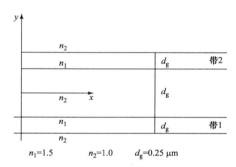

图 7.27　平行介质带定向耦合器

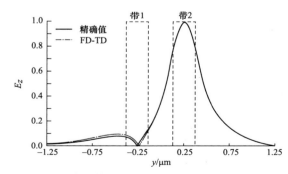

图 7.28　介质带定向耦合器中 $x=L$ 处 E_z 的分布

7.7.2　标量时域有限差分法的应用

　　由于大多数实际的光波导都是弱导引的,对许多应用而言标量分析通常就能满足要求. 由此出发 Huang 等(1991)提出了分析光波导的标量时域有限差分法[65],它比通常的矢量时域有限差分法可大大节省存储空间. 在标量近似下,电场成为线性极化的,它满足标量波动方程

$$\nabla^2 E - \frac{n^2}{c^2} \frac{\partial^2 E}{\partial t^2} = 0, \tag{7.7.1}$$

其中 $n = n(x, y, z)$ 是波导的折射率,c 则为自由空间中的光速. 若仍按以前的简化表示方法,且网格空间步长分别为 $\Delta x, \Delta y$ 和 Δz,电场在节点上取值,则依中心差分近似,式(7.7.1)可以表示为如下形式的时域有限差分格式

$$\begin{aligned}
E^{n+1}(i, j, k) = {} & 2\left[1 - \frac{\delta_x^2 + \delta_y^2 + \delta_z^2}{n^2(i, j, k)}\right] E^n(i, j, k) - E^{n-1}(i, j, k) \\
& + \frac{\delta_x^2}{n^2(i, j, k)} [E^n(i+1, j, k) + E^n(i-1, j, k)] \\
& + \frac{\delta_y^2}{n^2(i, j, k)} \cdot [E^n(i, j+1, k) + E^n(i, j-1, k)] \\
& + \frac{\delta_z^2}{n^2(i, j, k)} [E^n(i, j, k+1) + E^n(i, j, k-1)], \tag{7.7.2}
\end{aligned}$$

其中

$$\delta_x = c\Delta t / \Delta x, \quad \delta_y = c\Delta t / \Delta y, \quad \delta_z = c\Delta t / \Delta z. \tag{7.7.3}$$

与传统的时域有限差分格式不同,在计算每一时间步的电场时需要前两个时间步的场值,但由于现在只计算一个分量,故还是能大大节省存储空间. 式(7.7.3)中的 Δt 为时间步长,它也必须满足稳定性条件

$$\Delta t < \frac{1}{v_{\max} \sqrt{\dfrac{1}{\Delta x^2} + \dfrac{1}{\Delta y^2} + \dfrac{1}{\Delta z^2}}}, \tag{7.7.4}$$

其中 $v_{\max}$ 为计算空间中光的最大速度. 网格空间的设置和吸收边界条件的考虑与传统的时域有限差分法类似.

　　作为计算实例,考虑了图 7.29 所示的平行介质带定向耦合器(a)和分布反馈反射器(b). 定向耦合器由两个相同的介质带构成,$n_1 = 2.2, n_2 = 2, D = 0.35~\mu m$,$S = 0.45~\mu m$,输入波波长 $\lambda = 1.5~\mu m$. 图 7.30 为计算所得场分布的图形,它清楚地显示出两波导之间能量的交换,在介质带中场幅最大值和最小值之间的距离 $L_c = 13.346~\mu m$,这与奇偶模相位反转所需的精确值 $L_c = 13.632$ 只相差约 2%. 产生误差的主要原因可能是数值色散,因此减小网格步长可提高计算精度.

　　分布反馈反射器的参数为 $n'_+ = 1.55, n_+ = 1.45$,镀层指数 $n_0 = 1.0$,波长

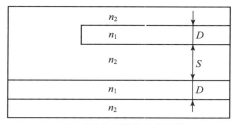

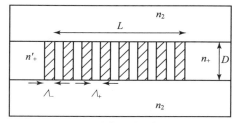

(a) 平行介质带定向耦合器　　　　　　　　(b) 分布反馈反射器

图 7.29　标量时域有限差分法计算实例

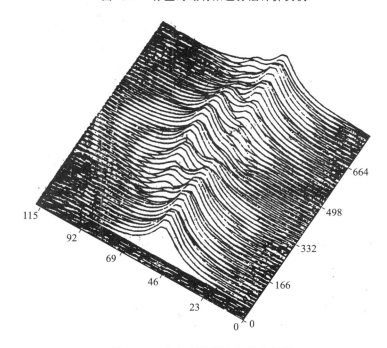

图 7.30　定向耦合器中场分布图样

$\lambda = 1.5\,\mu\mathrm{m}, D = 0.3\,\mu\mathrm{m}.$ 相位匹配条件给出 $\Lambda_+ = 0.3276\,\mu\mathrm{m}, \Lambda_- = 0.3103\,\mu\mathrm{m}.$ 图 7.31 示出了场强等值线,计算所得的反射系数为 $\Gamma = 0.451$,而传输线分析法所得结果为 $\Gamma = 0.453$,二者之差小于 0.4%.

7.7.3　横向耦合环和盘形谐振器

在光路中横向耦合的环形及盘形谐振器是一类重要的器件,对这类器件谐振耦合特性的精确分析对光路的设计具有重要意义,文献[192]给出了这方面所取得的成果.

所分析的对象由图 7.32 给出,其中 WG1 和 WG2 为矩形介质光波导,两波

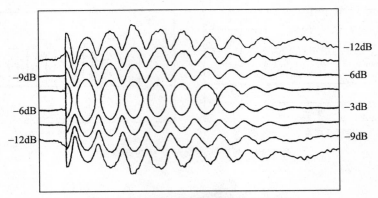

图 7.31　分布反馈反射器场分布等值线

导之间是由与波导同样的结构弯成的直径为 d 的环. 光波导由厚度为 $0.3\,\mu\mathrm{m}$ 的无耗介质材料构成,其折射率为 $n=3.2$,周围设为空气. 对这种系统中的 TE 或 TM 模可采用二维 FDTD 法进行模拟,波导的终端采用 PML 吸收边界条件,在很宽的群速度范围内反射系数可低于 $-75\,\mathrm{dB}$.

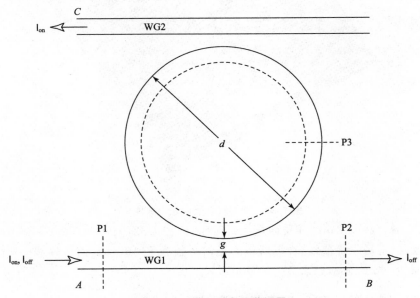

图 7.32　横向耦合形谐振器

　　当环的直径 $d=5.0\,\mu\mathrm{m}$,与两侧波导之间的间隙为 $232\,\mathrm{nm}$ 时计算了该系统的谐振和耦合特性,当激发电场垂直于波导宽边(TE 模)时,对不同频率的输入光波表现出完全不同的特性. 谐振器有一系列谐振模式,对应分立的谐振频率. 当从 A 端输入的波的频率不在环的谐振频率时,波从 B 端输出;当输入波频率等于环的谐振频率时,将通过环耦合到波导 WG2 中,从 C 端输出,图 7.33 给出了在特定频率下电场分布的灰度表示.当输入波频率为 193.4 THz 时,几乎 100% 的输入信号保持在 WG1 中,如图 7.33(a) 所示.当输入波频率为 191.9 THz 时,几乎 100% 的信号被耦合到 WG2 中,如图 7.33(b) 所示.这说明,前者为环的非谐振状态,而后者为环的谐振状态.

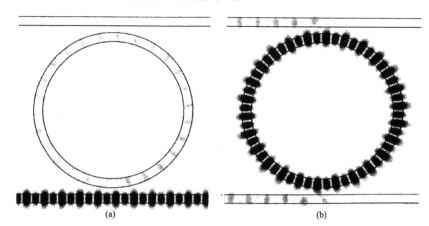

(a)　　　　　　　　　　　　　(b)

图 7.33　在输入波为非谐振频率和谐振频率时系统内的电场分布

当环换作盘时,其特性与谐振环类似,只是其谐振模式更加复杂,除了圆周的谐振模式外,还有径向的谐振模式,但在耦合特性方面的表现两者是类似的.

第八章　电磁波对人体作用的计算问题

§8.1　概　　述

8.1.1　研究电磁波对人体作用的意义

随着电子技术的发展,尤其是高功率射频和微波设备日益广泛地应用于工业、农业、医学以及日常生活中,越来越多的人工作或生活在较强的电磁环境中.研究已证实,一定剂量的电磁波照射会对人体健康造成永久性或临时性的伤害.因此,电磁波已作为一种环境污染受到广泛重视并在进行着深入研究.为了保护人类健康,很多国家都制定了电磁安全防护卫生标准.制定安全标准需要有关电磁波照射下人体吸收电磁能量的知识.研究这一问题的学科称做电磁剂量学(Electromagnetic Dosimetry).电磁剂量学主要是研究一定频率、一定强度和一定类型的电磁波在以某种方式照射人体时,在人体内部所引起的电磁场分布,有多少能量被人体吸收以及所吸收的电磁能量在人体内分布的情况.这是因为,仅仅知道电磁波的照射强度是不够的,只有进入到身体内的电磁场才是引发各种生物效应的直接因素.

为了弄清电磁波照射下人体可能产生的生物效应以及这些效应与电磁环境的关系,需要进行大量的生物效应研究.当前的很多研究结果结论很不一致或很难重复,究其原因就是没能保证内部电磁场的一致性.所以,为了把生物效应研究置于更科学的基础上,必须把剂量学的研究扩展到与生物效应研究有关的生物体.因为生物体内的电磁场分布与辐照功率密度或强度之间并不是一种简单的关系,电磁波在生物体内的穿透、传播、吸收和转换等特性不仅依赖于辐照波的频率、强度和极化方式,也与生物体本身的电磁特性、内部结构、形状和尺寸有关.

电磁波在医学上的应用越来越广泛,电磁理疗已有很长的历史,肿瘤的电磁过热疗法也已被广泛采用.最近热疗的范围有不断扩大的趋势,而且所使用频谱范围非常广泛.在这一领域中所运用的各种系统在人体内部引起怎样的电磁场分布是保障安全、评价医疗效果和制订医疗方案的基础,因此在这方面所提出的是辐射系统的辐射近场与人体的相互作用问题.

综上所述,电磁波对人体的作用已成为一个影响广泛的电磁场问题.辐照波的形式可能是远场(平面波),也可能是辐射近场;可能是稳态场,也可能是瞬态(脉冲)场.所以,这个问题的内容是非常丰富的.

8.1.2　研究概况

电磁波与人体的作用是个非常复杂的电磁场问题.在早期(1956—1976)的研究中由于限于用解析方法解 Maxwell 方程,只能应用最简单的人体模型,如均匀或分层均匀的圆柱体、球体和长椭球体等.由于这种模型与实际的人体相差太大,其结果除平均吸收功率外很少有实用价值.鉴于人体形状和结构的复杂性及电磁特性的高度非均匀性,解析方法已经完全无能为力,只能用数值方法求解这样的电磁场问题才有希望获得更有意义的结果.1977 年 K. M. Chen 和 B. S. Guru 开始用矩量法研究平面稳态电磁波对人体的作用,他们构造了由 120 个单元组成的块状人体模型.虽然该模型仍然是由均匀有耗介质构成的,但其形状已与人体接近一步.由于采用了分块模型,除了能计算反映人体整体吸收特性的平均 SAR(Averaged Specific Absorption Rate)外,还计算了局部 SAR(Local Specific Absorption Rate),以反映吸收能量在体内分布的情况.1979 年 M. J. Hagmann 等把模型扩展到 180 和 340 个非均匀单元.由于矩量法所需存储空间和计算时间随单元数 N 按 $(3N)^2$ 以上的速度增加,限制了使用更精细的人体模型.到 1983 年,J. F. Deford 等由于使用了矩阵求逆的近似带法(Band-Approximation Method),把矩量法运用到 1132 个单元的非均匀人体模型.到 1984 年 D. T. Borup 等发展为使用 FFT-CG 法,使得可以使用更细致的模型.

从 1986 年起,由于 D. M. Sullivan 等人的工作,把时域有限差分法用于电磁波对人体作用的研究,使这一领域出现了新面貌,进入了新的发展阶段,不仅使构成人体模型的单元数扩展为数千,甚至上万,空间分辨率达到了 2.62 cm 和 1.31 cm(相对 1.75 m 高的人体),而且很快扩展到了辐射近场和脉冲场的作用,近期更考虑到更细微的因素分辨率已达到 mm 量级.本书作者在这些方面做了很多工作,其主要成果将包括在本章中.

8.1.3　主要计算方法

电磁波对人体作用的数值计算中较成功的方法有以下三种.

1. 矩量法(MOM)

矩量法是求解以人体块状模型中的场 $E(r)$ 为未知量的电场积分方程(EFIE)

$$E_i(r) = E(r) - (k_0^2 + \nabla\nabla \cdot \int_{v'})[\varepsilon_r^*(r) - 1]E(r')G(r - r')\mathrm{d}v',$$

$$(8.1.1)$$

其中 $E_i(r)$ 为不存人体时其所在位置的入射场，k_0 为自由空间波数，ε_r^* 为复介电常数，而

$$G(r - r') = \frac{e^{-jk_0|r-r'|}}{4\pi \mid r - r' \mid} \tag{8.1.2}$$

为三维自由空间中的 Green 函数，v' 为人体所占据的空间.

用块状单元组成人体模型，模型每一单元的电磁特性相当于它所模拟人体部分电学性质的平均，即每一单元有一 ε_r^* 值. 若每一单元的 E 用其平均值代表，则相当于矩量法中用脉冲基函数把方程（8.1.1）展开为线性代数方程. 若用 E 表示由 $3N$ 个未知场分量构成的矢量，E_i 表示 $3N$ 个已知入射场分量构成的矢量，则所得代数方程的矩阵形式为

$$AE = E_i, \tag{8.1.3}$$

其中 A 为一个 $3N \times 3N$ 矩阵. 可见，用矩量法计算电磁波对人体的作用问题的主要计算量是一个 $3N \times 3N$ 矩阵的求逆. 若用传统的 Gauss 消去法或共轭梯度法（Conjugate Gradient Method）解矩阵方程（8.1.3），则所需的存储空间与 $(3N)^2$ 成正比，所需的 CPU 时间要与 $(3N)^2 \sim (3N)^3$ 成正比. 正是这一原因限制了矩量法用于比 1132 个单元更精细的人体模型.

2. FFT-CG 法

由于电场积分方程（8.1.1）的卷积特性，发展了一种基于 FFT 的迭代算法，可以把积分方程用于更细致的达到 5607 个单元的人体模型. 像在所有矩量法中一样，把 $J = (\varepsilon_r^* - 1)E$ 用有限函数基展开，J 的展开形式为

$$J(x, y, z) = \frac{\delta^3}{\pi^3} \sum_n \sum_m \sum_l J(n\delta, m\delta, l\delta)$$
$$\cdot \frac{\sin\frac{\pi}{\delta}(x - n\delta)\sin\frac{\pi}{\delta}(y - m\delta)\sin\frac{\pi}{\delta}(z - l\delta)}{(x - n\delta)(y - m\delta)(z - l\delta)}, \tag{8.1.4}$$

其中 δ 为模型网格的增量. 把式（8.1.4）代入方程（8.1.1）并令其在每个单元相等，就得到线性方程

$$E_i(i, j, k) = E(i, j, k) + \sum_m \sum_n \sum_l \bar{\bar{G}}(i - n, j - m, k - l)$$
$$\cdot (\varepsilon_{nml}^* - 1)E(n, m, l), \tag{8.1.5}$$

其中

$$\bar{\bar{G}}(n, m, l) = (k_0^2 + \nabla\nabla\cdot)\left\{\frac{e^{-jk_0r}}{4\pi r} * \frac{\delta^3}{\pi^3}\frac{\sin\left(\frac{\pi x}{\delta}\right)}{x}\frac{\sin\left(\frac{\pi y}{\delta}\right)}{y}\frac{\sin\left(\frac{\pi z}{\delta}\right)}{z}\right\}\Bigg|_{\substack{x=n\delta\\y=m\delta\\z=l\delta}} \tag{8.1.6}$$

其中 * 代表三维卷积. 现在只有 $\bar{\bar{G}}$ 的各元素的 FFT 需要存储，使得对存储空间的要求仅与 $N\log_2 N$ 成正比. 用共轭梯度法（CGM）解方程（8.1.6）可使所需

CPU 时间仅与 N 成正比. 这样一来, 在同样的计算条件下就可以用更精细的人体模型来计算电磁波对人体的作用问题.

3. 时域有限差分法

虽然经过各种方法的改进, 基于电场积分方程的计算方法可以不断降低对存储空间和 CPU 时间的要求, 从而可使用越来越精细的人体模型来计算电磁波对人体的作用问题, 但总体上看还是时域有限差分法更加优越.

时域有限差分法在计算电磁波对人体作用问题上的优越性主要表现在, 它所需要的存储空间和 CPU 时间仅与网格空间的单元数 N 成正比, 因此可使用更精确的人体非均匀块状模型, 大大提高计算精度和提供更丰富的信息. 其次是由于时域有限差分法能自动满足非连续性边界条件, 避免了其他方法在这种边界上可能产生的计算误差, 这也使得建立人体模型变得比较容易, 而且还能保持良好的收敛特性. 另外一个优点是, 运用时域有限差分法可以很容易模拟辐射结构及其辐射特性, 从而可在同一个网格空间中模拟辐射近场与人体模型的相互作用. 最后, 当需要了解脉冲场对人体作用时, 时域有限差分法的优越性更加突出, 它只需一次运行即可获得全部信息, 这是时域方法所具有的特性. 作为频域法的矩量法, 则只能对脉冲取 Fourier 变换, 而后对每一频谱实行计算. 如果需要了解时域特性, 还要把所有频谱的计算结果进行 Fourier 逆变换. 当然, 由于人体是一种色散介质, 当计算脉冲对人体的作用时, 必须使用改进后的时域有限差分法.

§8.2 人体非均匀块状电磁模型

8.2.1 生物组织的电磁特性

在研究电磁波对人体作用的问题中, 人体是作为一种宏观电磁媒质来对待的. 作为一个生物体可分为许多层次, 如生物分子、细胞、生物组织和器官等. 原则上讲, 人体的电磁性质是与其构成物的电磁特性及各个层次上的生命活动相关的. 在我们用宏观电磁场理论研究问题时, 可以不探究微观过程, 生物体的电磁性质仍用宏观参量磁导率 μ、介电常数 ε 和电导率 σ 来表示. 研究证实, 除少数鸟类的组织外, 所有生物组织都是非磁性的, 即一般生物组织的磁导率均为 $\mu = \mu_0$, 或 $\mu_r = 1$. 在已知生物组织的电导率及组织内的电场强度 E 时, 可按宏观电磁场理论求出组织中的传导电流密度 J

$$J = \sigma E, \qquad (8.2.1)$$

生物组织由传导现象所吸收的电磁功率

$$P = J \cdot E = \sigma \mid E \mid^2. \qquad (8.2.2)$$

生物组织的复介电常数仍可表示为

$$\varepsilon_r^* = \varepsilon_r' - j\varepsilon_r'' = \varepsilon_\infty + \frac{\varepsilon_s - \varepsilon_\infty}{1 + j\omega\tau}, \tag{8.2.3}$$

其中

$$\varepsilon_r' = \varepsilon_\infty + \frac{\varepsilon_s - \varepsilon_\infty}{1 + \omega^2\tau^2}, \tag{8.2.4}$$

$$\varepsilon_r'' = \frac{(\varepsilon_s - \varepsilon_\infty)\omega\tau}{1 + \omega^2\tau^2}. \tag{8.2.5}$$

ε_r'' 是在介质弛豫过程中吸收能量的量度,它对电导率作出贡献,因此有总电导率

$$\sigma_t = \sigma + \omega\varepsilon_0\varepsilon_r''. \tag{8.2.6}$$

由式(8.2.3)可知,生物组织的介电常数是与频率有关的,即它是一种色散介质.测量表明,生物组织的色散特性在射频范围内可由图 8.1 表示.存在三个强色散区,分别称为 α, β 和 γ. 每一色散区可用一平均弛豫时间描述.前面式中的 ε_s 和 ε_∞ 应理解为所考虑色散区的介电常数高频和低频极限值.

由于人体各部分不同的组织和器官构成的差别使得它的电学性质是高度非均匀的,因此无论是电导率还是介电常数都将是位置的函数.除此之外,对某些组织而言还表现出各向异性,如脑蛋白质的电导率在电流平行于轴索纤维时约是电流横跨纤维方向时的 10 倍.

表 8.1 给出了人体各种组织在一些典型频率下的电学参数及其质量密度,由此可了解一些生物组织在电学上所表现的复杂性.

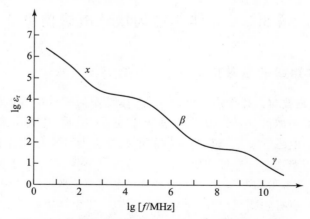

图 8.1 典型生物组织的相对介电常数与频率的关系

表 8.1　某些频率下生物组织的电学性质

组织种类	质量密度 ×1000/(kg·m⁻³)	27.12 MHz		100 MHz		350 MHz	
		$\sigma/(S \cdot m^{-1})$	ε_r	$\sigma/(S \cdot m^{-1})$	ε_r	$\sigma/(S \cdot m^{-1})$	ε_r
空气	0.0012	0.00	1	0.0	1	0.0	1
肌肉	1.05	0.74	106	1.0	74	1.33	53.0
脂肪/骨	1.20	0.04	29	0.07	7.5	0.072	5.7
血	1.00	0.28	102	1.1	74	1.2	65.0
肠	1.00	0.29	60	0.55	36	0.66	26.5
软骨	1.00	0.04	29	0.07	7.5	0.072	5.7
肝	1.03	0.51	132	0.62	77	0.82	50.0
肾	1.02	0.79	209	1.0	90	1.16	53.0
胰	1.03	0.69	206	1.0	90	1.16	53.0
脾	1.03	0.69	206	0.82	100	0.9	90.0
肺(充气)	0.33	0.17	34	0.34	74	1.1	35.0
心	1.03	0.64	210	0.75	76	1.0	56.0
神经	1.05	0.45	155	0.53	52	0.65	60.0
皮	1.00	0.74	106	0.55	25	0.44	17.6
眼	1.00	0.45	155	1.9	85	1.9	80.0

8.2.2　立式人体电磁模型

应用时域有限差分法计算电磁波对人体的作用问题的一个首要条件是,有一个符合要求的人体电磁模型.与一般散射体不同的是,人体的结构特别复杂,其电学性质具有高度非均匀性和色散特性.为了能使模型有广泛的适应性,需要建立两级模型.一级是人体的结构模型,主要任务是表示人体的形态、组织成分及其所在人体中的位置.第二级才是电磁模型,它是由赋予结构模型中每一单元以相应组织的电学参数 ε_r 和 σ 而形成的.一个电磁模型一般只适用于一个频率段.要建立适用于宽频带的模型,就要考虑人体组织的色散特性.

Sullivan 等(1987)在国际上最先建立了适用于时域有限差分法的精细的立式人体块状非均匀电磁模型[35].模型建立的依据是人体医学分层解剖图.把解剖图的每一层用等距正交网格划分成小单元,当假定人体身高为 1.75 m 时,网格的间距为 0.655 cm(约四分之一英寸),把每一单元视为单一的机体组织,体表和组织之间的弯曲边界用阶梯来近似. 整个人体共分成 14 种组织, 每种组织赋予一个数字代号. 在 Sullivan 等的模型中所使用的 14 种组织已在表 8.1 中给出, 其数字代号就按表中出现的顺序给予. 空气则用 0 表示. 这样用网格划分的解剖图中的每一个单元都可赋予一个数字代号, 以表明该网格所在位置是哪一种机体组织. 图 8.2 给出了头部通过眼睛的一层解剖图及其网格的数字表示. 这样一种由数字代号表示组织成分及形态的网格系统可称为人体的结构模型. 这种模型的缺点是在人体纵向的分辨率以所用解剖图的分层厚度为限, 而其厚度往往远大于横向网格宽度. 在实际应用中就只能把每个网格的纵向视为同一种组织.

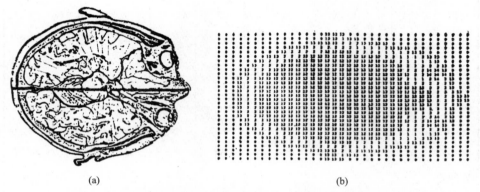

(a)   (b)

图 8.2　通过眼睛一层的解剖图及其相应的结构模型

在建立了结构模型以后, 人体电磁模型的建立就比较容易了. 主要工作是把每一种组织的电学参数赋予代表该组的网格, 而这种工作由计算机来完成是很容易的. 但由于结构模型的纵向分辨率大于一个网格宽度而一般地又不是网格宽度的整数倍, 而且每层的厚度有很大差别, 如果要建立正立方体网格模型, 就需要把结构模型的纵向也按和横向相同的宽度划分. 由于每一层的纵向机体成分认为是相同的, 等于网格宽度整倍数的部分可按纵向一致的原则赋予参数, 而多余的部分要和下一层的一部分组成网格. 如果上下两层的组织是相同的, 就不会出现任何问题; 如果上下两层的组织不是同一种类, 则可按各类组织所占的比例赋予它们按比例计算的参数. 经过这一过程人体已由相同的网格组成, 而且每一网格都被赋予了它所代表的组织的电学参数. 这样的网格系统既能表示人体的几何形态, 又能表示结构成分及其电学参数. 这正是我们所需要的适合于时域有限差分法在网格空间中进行计算的人体电磁模型.

按照上面所建立的人体结构模型经直接赋值所建立的人体电磁模型的空间分辨率对 1.75 m 高的人体达到了 0.655 cm. 这样的人体模型共计 30 多万个单元, 人体模型所占的最小网格空间也要 48×90×268 个网格. 作为平面波入射的散射问题进行计算时,还需要加上辅助网格,使得实际的计算网格空间的网格数变得非常巨大,以致现有的超级计算机都难以承受.所以,在实际应用中往往要采用由更粗网格构成的人体模型.这种粗网格的模型可由更细网格的基础模型经网格合并而得到.模型的合并过程可从基础结构模型开始,新模型的每个单元由基础模型中相邻的八个网格构成.这八个网格可能代表不同的组织种类.这样的新网格的电学参数要经过按组成比例计算而得.经合并构成的新模型在模拟人体结构的细微程度上会明显变差,而且会使得体表或组织间的边界变得模糊且更不光滑.为了减少误差,可以考虑在网格空间中电场的三个分量不是在同一空间点上,故在高度非均匀的人体网格中计算三个不同电场分量的电学参数可以是不同的.这一点可以在合并网格时考虑到三个电场分量的位置差别.相应的参数可通过不同的基础网格合并计算得到.由基础模型经一次合并构成的新模型对 1.75 m 高的人体具有 1.31 cm 的空间分辨率.如果仍无条件进行计算,还可以进一步合并.自然,再合并的模型性能将变得更差.

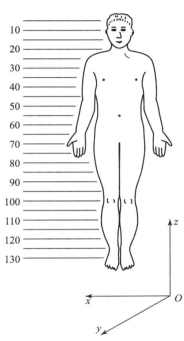

图 8.3　分辨率为 1.31 cm 模型的全身分层表示

　　由基础模型经一次合并所得人体电磁模型全身共分 134 层,分层方式由图 8.3 示出.这一模型中人体取立正姿式,两腿紧拢,两臂下垂并保持两手掌正对前方.除电学参数外人体模型的另一个参数是质量密度.由表 8.1 可以看出,人体各种组织的质量密度大都与水非常接近,唯一不同的是充气的肺.如果不考虑充气情况,则可近似地认为人体全身的质量密度与水相同.在所取的 1.75 m 高的模型中人体的总重量非常接近 70 kg.

8.2.3　坐姿人体电磁模型

　　研究电磁波对人体的作用,希望尽可能符合实际情况.人们在工作和生活中并不总是站着,还常常处于坐姿状态.从物理上不难推知,人处于坐和立两种姿态时的身体无论几何形态还是结构形态都有很大的不同.电磁波对处于不同姿态下的人体的作用可能有很大不同.从电磁防护的角度看,不仅需要研究站立着的人体受电磁波作用的效应,还有必要了解当人体采取坐姿时受电磁波的作用有哪些不同,有没有制定安全卫生标准时需要考虑的因素.

　　由于不存在坐姿状态下的人体分层解剖图,故不能采用上面的同样方法直接由解剖图建立坐姿人体电磁模型.比较可行的方法是把立式模型分解后重新组装,并把机体结构做适当的调整.例如,躯干部分和头部无论采取什么姿态都不发生变化,可保持不动,而把大腿改为前伸,因而可把大腿和小腿部分先分离后重新组装.在组装时考虑弯曲部分在两种姿态中的差异,对其组织成分做适当的调整.在组装时让小腿在膝部弯曲垂直向下.把肘以下部分的手臂做类似的处理,使之变为向前平伸.改变以后的姿态就与坐在扶手椅中的人体类似,成为一个近似的坐姿模型.

§8.3　稳态平面电磁波对人体的作用

8.3.1　计算网格空间的设置

　　在人体电磁剂量学的研究中很重要的一个问题是稳态平面电磁波对人体的作用,感兴趣的是在这种作用下人体内部的电磁场及被吸收的电磁能量的分布.这一问题的性质仍然是一个电磁散射问题,只是现在关心的不是外部散射场,而是散射体内部的总场,但计算方法没有本质区别.虽然现在我们不再关心外部散射场,但为了平面波的设置和使吸收边界条件有效地发挥作用,仍然把计算网格空间分为总场区和散射场区.由于人体电磁模型用立方体网格建立比较方便,所以计算电磁波对人体的作用问题,都是采用直角坐标系中的立方体均匀网格空间,人体模型设置在总场区中.图 8.4 示出了平面电磁波正面照射人体时网格空间的设置.网格空间的大小根据所采用的人体电磁模型的种类而定.若采用分辨率为 2.62 cm 的模型,则人体模型本身所占的最小网格空间为 $12 \times 23 \times 67 = 18\,492$ 个网格,一般需要散射体表面到吸收边界保持不小于两个网格的距离,于是网格空间的总场区由 $16 \times 27 \times 71$ 个网格组成.为了使吸收边界条件保持良好的吸收性能,吸收边界与连接边界还要保持数个网格的距离.因此,即使采用不很精细的人体电磁模型,所需的计算网格空间已经相当巨大.在这

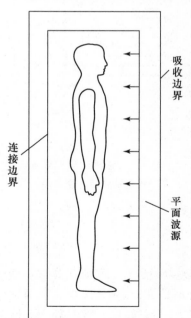

吸收边界

连接边界

平面波源

**图 8.4　平面电磁波正面照射
人体时网格空间的设置**

类问题的计算中比较多的是采用二阶近似 Mur 吸收边界条件.

如果采用分辨率为 1.31 cm 的人体电磁模型,则模型本身所占的网格空间达 $24 \times 45 \times 134$ 网格. 从获得更精确的结果方面考虑,当然希望使用具有尽量精细分辨率的人体电磁模型,但往往限于具体的计算条件,只得暂时使用尽可能精细的模型. 从计算方法来看,采用不同的模型并没有什么差异,除非发展出新方法,能在提高模型分辨率的同时,对存储空间和计算时间的要求增加不是很大.

8.3.2　表征电磁波对人体作用的常用参数

如上所述,计算电磁波对人体的作用,是把人体作为一个散射体,像计算散射问题一样,计算出人体内部的总场. 当入射波为稳定平面波时,希望求得的也是稳定的内场. 因此需要迭代足够的时间步,以便人体模型内部每一网格中的场都达到稳定. 所以,用时域有限差分法计算电磁波对人体的作用问题所获得的原始信息是人体模型内每一网格三个电场分量和三个磁场分量的稳定值. 用这些结果已经能够评价电磁波对人体每一部分作用的强度.

为了不同目的,人们往往用不同的参量来表征电磁波对人体的作用程度. 从制定安全防护卫生标准的角度看,由于制定标准的依据主要是生物体的热效应,所以关心的是人体所吸收的电磁能量,所用的参量称做比吸收率(Specific Absorption Rate,SAR),其定义为每公斤人体组织所吸收的电磁功率. 每一网格的比吸收率称做局部 SAR,用 $\mathrm{SAR}_{局部}(i,j,k)$ 表示,其计算方法为

$$\mathrm{SAR}_{局部}(i,j,k) = \frac{1}{2\rho(i,j,k)}\left[\sigma_x(i,j,k)E_x^2(i,j,k)\right.$$
$$\left. + \sigma_y(i,j,k)E_y^2(i,j,k) + \sigma_z(i,j,k)E_z^2(i,j,k)\right], \quad (8.3.1)$$

其中 E_x,E_y 和 E_z 为该网格稳定电场的振幅;σ_x,σ_y 和 σ_z 是与 E_x,E_y 和 E_z 相对应的电导率.

由于人体电学性质的高度非均匀性,电磁场在体内的分布也是很不均匀的. 每种组织所吸收的电磁能量不仅与其中的电场有关,也决定于自身的电导率. 在人体内大部分是高含水量的组织,有比较高的电导率,但也有一部分是含水量较低的,故有较低的电导率. 这样可能导致不同网格的局部 SAR 有很大的差别,尤其是某些部分网格的 SAR 可能大大高于其他网格. 在评价电磁波对人体的作用时这些突出的 SAR 值可能具有非常重要的意义.

为了表明整个人体吸收电磁能量的水平,有时也采用平均 SAR 这一参量,其计算方法是

$$\mathrm{SAR}_{\mathrm{av}} = \frac{1}{2\sum_i\sum_j\sum_k\rho(i,j,k)\delta^3(i,j,k)}$$

$$\cdot \Big\{ \sum_i \sum_j \sum_k \big[\sigma_x E_x^2(i,j,k) + \sigma_y E_y^2(i,j,k) + \sigma_z E_z^2(i,j,k)\big] \cdot \delta^3(i,j,k) \Big\},$$

$$(8.3.2)$$

其中 $\delta^3(i,j,k)$ 为 (i,j,k) 网格的体积, 在均匀网格空间中它的作用将消失. 除了全身平均 SAR 外, 有时也采用分层平均 SAR 这一概念, 用它可以表征不同层的人体吸收电磁能量的差异. 若 k 表示层数, 则由式 (8.3.2) 可计算对应每一 k 值的平均 SAR.

直接测量人体内的电磁场或局部 SAR 分布是极为困难的, 但测量流过人体的感应电流往往要方便些, 因此可以通过测量感应电流对计算结果进行验证. 感应电流的计算可根据关系

$$\boldsymbol{J} = (\sigma + \mathrm{j}\omega\boldsymbol{\varepsilon})\boldsymbol{E} \qquad (8.3.3)$$

来进行, 即通过每层总的感应电流为

$$I(k) = \sum_i \sum_j \delta^2(i,j,k)\big[\sigma_z(i,j,k) + \mathrm{j}\omega\varepsilon(i,j,k)\big]E_z(i,j,k). \quad (8.3.4)$$

从以上各参量的计算公式可以看出, 在计算得到了稳定的人体电磁场分布后, 这些导出参量的计算都是非常容易的.

8.3.3 计算方法的检验

一般讲, 数值方法计算的结果必须经过验证才能确定其可靠性和精确度. 但是, 像电磁波对人体作用这种复杂的问题要想通过测量方法进行直接验证往往是极端困难的. 虽然近年来有学者通过模型的测量取得了一些结果, 但由于实验本身存在着不少问题, 其测量精度很难达到令人满意的精度. 另外一个检验途径是和理论分析进行比较, 但这样的复杂问题解析方法已不适用. 解析方法只能针对一些简单的模型进行求解, 与这些结果的对比已在第五章做过了. 那样的验证还不是直接的, 只对方法本身的可靠性的证明有说服力, 现在需要的是针对由所建立的高精度非均匀块状人体电磁模型计算结果的验证. 幸好, 已有学者对矩量法进行改进, 使之可以计算使用分辨率达到 2.62 cm 的人体模型的电磁波照射问题. 这样可以用两种数值方法对同一个模型进行计算, 其结果的符合度可作为两种方法相互验证的依据.

Borup 等 (1987) 用 Sinc 基函数快速 Fourier 变换 (Sinc-FFT) 法计算了在稳态平面波照射下人体非均匀块状模型中的分层平均 SAR 分布[36], 人体模型由 5628 个单元组成, 分辨率达到 2.62 cm. 计算条件为: 平面电磁波正面入射, 极化方向与人体轴向一致, 频率为 100 MHz, 入射波的功率流密度为 1 mW/cm². Sullivan 等用同样的模型在同样的条件下用时域有限差分法对该问题进行了计算[46], 所获结果在后面图 8.6 和图 8.7 中示出并与 Sinc-FFT 法的结果进行了比较. 图 8.5 的结果是人处于自由空间的情况, 没有考虑地面的影响. 在这种情

况下,两种方法所获得的结果大部分符合得较好.主要在膝部和踝部有较大的偏离,这可能是因为在这些部位起关键作用的网格单元较少,使得差别较为突出.两种方法所获得的全身平均 SAR 相当一致,Sinc-FFT 法的结果为 $101\,\mathrm{mW/kg}$,时域有限差分法的结果为 $116\,\mathrm{mW/kg}$.

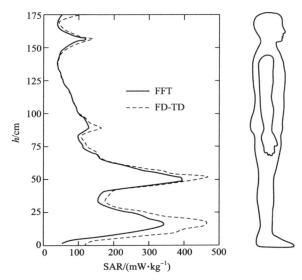

图 8.5　两种方法计算所得分层平均 SAR 分布的比较

通过各种验证比较,可以基本确定时域有限差分法在计算电磁波与人体作用这样复杂的问题中能够给出可靠的结果.至于哪一种方法所给出的结果更精确,目前还不能下结论,有待以后进一步的研究.

8.3.4　正面照射下人体对电磁能量的吸收

Sullivan 等在建立了人体非均匀块状电磁模型并证实了用该模型和时域有限差分法相结合可给出可靠的结果之后,提供了第一批进一步应用的计算结果.条件为:入射波均为正面入射,极化方向与人体长轴平行,入射波频率包括 100 MHz 和 350 MHz,都包括有、无地面两种情况.

当入射波频率为 100 MHz 时,采用分辨率为 2.62 cm 的人体模型,模型本身所占的矩形网格空间为 $12\times23\times67$ 网格;当入射波为 350 MHz 时,采用分辨率为 1.31 cm 的人体模型,模型本身所占的矩形网格空间为 $24\times45\times134$ 网格.两种模型所设定的人体高度均为 1.75 m.所有计算都设定入射平面波的功率流密度为 $1\,\mathrm{mW/cm^2}$.

图 8.6 所示为 100 MHz 时的计算结果,所谓均匀模型是指人体模型的各单元的电导率和介电常数都相同,其值为真实模型中参数的平均.图中给出了三种

情况下的分层平均 SAR 分布. 文献[46]中还给出了入射波为 350 MHz 时的计算结果. 结果显示, 人体吸收的电磁能量与频率有很大关系, 且地面的影响也强烈地与频率相关. 在 100 MHz 时地面使得踝部的平均 SAR 明显地增加, 350 MHz 时地面的存在却使踝部的平均 SAR 减少.

比较起来更能反映电磁波对人体作用详细情况的是局部 SAR, 时域有限差分法能给出组成人体模型的每一网格的 SAR 值, 但这样丰富的信息很难显示出来, 作为代表, 图 8.7 给出了人体模型中头部通过眼睛的一层内局部 SAR 分布的等值线表示, 线间差值为 20 mW/kg, 频率为 350MHz. 由图可以看出, 眼球中的局部 SAR 为该层中的最大值, 这说明眼睛是个易受伤害的部位.

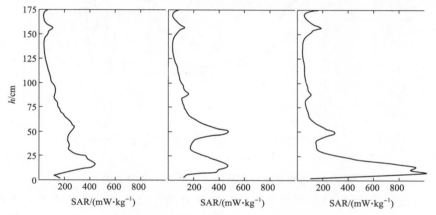

图 8.6　100 MHz 时的分层平均 SAR 分布

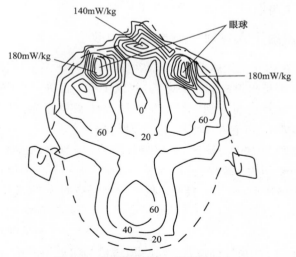

图 8.7　分层局部 SAR 的等值线分布

评价电磁波对人体作用的另一种有意义的信息是各个器官所吸收的电磁能量,可用整个器官的平均 SAR 表示,也可用器官中最高的局部 SAR 值表示. 表 8.2 和表 8.3 分别给出了 100 MHz 和 350 MHz 时一些器官吸收电磁能量的情况,但在计算时不同器官的计算方法有些差异,表中表明了参与平均计算的网格数.

表 8.2   100 MHz 时各器官的平均 SAR(mW/kg)

器官	网格数	均匀模型	非均匀模型	有地面
脑	12	39.9	43.3	62.9
眼	2	62.0	56.0	86.5
肺	12	30.4	51.5	71.2
心	4	29.9	40.8	53.6
肝	12	25.6	33.8	44.4
肾	2	21.4	31.6	18.4
腕	21	324.0	350.0	226.0
膝	51	238.0	470.0	298.0
踝	38	99.0	152.0	469.0
全身	5889	107.7	116.0	105.8

表 8.3   350 MHz 时各器官的平均 SAR(mW/kg)

器官	网格数	均匀模型	非均匀模型	有地面
脑	96	38.5	77.4	77.6
眼	2	104.0	189.0	182.0
肺	60	9.6	14.7	14.9
心	60	13.9	26.5	29.3
肝	120	16.4	24.0	26.9
肾	12	0.	0.	0.
腕	59	238.0	227.0	246.0
膝	161	61.6	99.8	98.4
踝	115	100.0	98.4	125.0
全身	40067	56.39	56.59	58.47

由上面的结果可以看出,在不同频率下总有某个器官平均 SAR 值远高于全身平均 SAR,这说明在同样照射条件下不同器官受到的作用强度有很大不同,其中有些器官可能比较容易受到伤害.用这种器官平均 SAR 的最大值来表征电磁波对人体的作用比全身平均 SAR 可能更有意义.不过哪个器官受作用最强与频率和地面影响有关.如不考虑地面影响时,在 100 MHz 膝部的平均 SAR 最高,但考虑地面以后变为踝部,而在 350 MHz 时总是腕部的平均 SAR 最大.

陈金元等给出了在 20 MHz 至 100 MHz 范围内全身平均 SAR 随频率的变化关系[61],这些结果由图 8.8 给出,图中还给出了 Hill 和 Guy 的实验结果.这些结果表明,在不考虑地面影响时在 60 MHz 附近全身平均 SAR 出现一峰值,表现出一种谐振效应.这一谐振效应的存在是因为人体相当于一个等效接收天线,60 MHz 的谐振频率是由身高为 1.75 m 的人体形成的.当考虑地面影响时谐振频率降至约 50 MHz.在这些频率上人体受到平面电磁波的影响最为强烈.

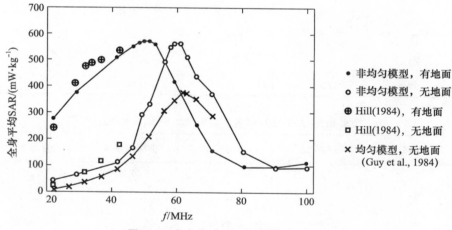

图 8.8　全身平均 SAR 与频率的关系

在上述工作中还给出了总感应电流的全身分布,图 8.9 是 60 MHz 时的结果.其主要特点是人体中间一段的总感应电流最强,这和此部分人体横截面最大有关.地面的影响是使人体下部的感应电流增加.从感应电流强度的角度看,虽然身体的中段总感应电流最大,但因其截面积大而使感应电流强度并不是全身最高的.感应电流强度最大的地方往往是最细的部分,如脚踝等.

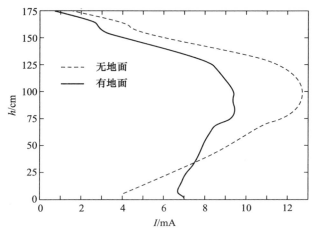

图 8.9　60 MHz 时总感应电流的全身分布

§8.4　人体吸收电磁能量与平面波入射、极化方向及人体姿态的关系

8.4.1　平面波入射方向对人体吸收电磁能量的影响

在上一节我们介绍了 Sullivan 等用时域有限差分法计算电磁波对人体作用问题所取得的主要成果,这些成果只局限于平面电磁波对人体正面入射和极化方向与主轴平行的一种情况.从电磁防护的角度考虑,需要了解可能发生的最严重的情况.人在复杂的电磁环境中,不可能只遇到上面研究过的这一种情况,而是任何入射方向和任何极化方向的照射条件都有可能发生.为了叙述方便,我们用 L 表示人体的主轴,用 k 表示平面波的波矢,而用 E 表示平面波的极化方向.这样,前面只研究了正面入射 $E /\!/ L$ 的一种情况.

本书作者在最近的工作(1992,1993)中研究了人体吸收电磁能量与平面波入射、极化方向及人体姿态的关系[228,231].计算方法与上一节基本相同,但所使用模型均为身高 1.75 m、网格边长 2.62 cm 的一种情况.现在首先介绍平面波的入射方向对人体吸收电磁能量的影响.

首先,计算入射平面波为 100 和 350 MHz 时,$E /\!/ L$ 和 $k \perp L$ 的情况下,正面、侧面和背面入射时分层平均 SAR 在全身的分布.从这些结果还看不出,在平行极化条件下人体吸收电磁能量当入射方向不同时有非常明显的变化.由于只给出了两个频率点上的结果,还不足以下明确的结论,但是,正如我们曾强调过的那样,局部 SAR 可能成为评价电磁波对人体作用强度的最敏感的参量,现在的结果进一步支持了这一观点. 表 8.4 给出了在 $E\ /\!/\ L$ 和 $k\perp L$ 的条件下几种不同入射方向局部 SAR 极大值(有时称为热点)的位置及其数值. 由表可以看出,在 100 MHz 时侧面入射时几乎所有热点的局部 SAR 都大于正面入射时的结果,而且有的还高出许多. 这一结果与通常人们认为正面入射对人体影响最严重的看法并不一致,350 MHz 时的结果也支持这一结论. 尤其是,随着频率的变化,还出现最大热点转移的现象. 以上这些都提示,考虑不同入射方向的影响是有意义的.

表 8.4   热点的位置及其数值(mW/kg)

入射波频率 /MHz	100			350	
入射方式($E\ /\!/\ L$)	正面	背面	侧面	正面	侧面
颈部热点	498	453	611	508	485
臂部热点	978	870	1578	676	853
踝部热点	1198	822	1182	747	720
膝部热点	1627	1303	1651	252	570
分层平均 SAR 最大值	462	422	530	218	194
全身平均 SAR	103	94	117	56	45

8.4.2   人体吸收电磁能量与入射波极化方向的关系

在电磁剂量学的早期研究中,用长椭球模型曾计算了极化方向对人体吸收电磁能量的影响,但后来的很长一段时间里,即使在用时域有限差分法的研究工作中,只局限于计算正面入射和平行极化的一种情形. 长椭球模型的计算表明,极化方向对人体吸收电磁能量的影响很大. 用人体非均匀块状模型和时域有限差分法研究这一问题不存在不可克服的困难. 下面介绍文献[225]中所给出的一些结果.

图 8.10 显示了在 100 MHz 时,$k\perp L$ 和 $E\perp L$(垂直极化)情况下不同入射方向的计算结果. 总体上看垂直极化($E\perp L$)时人体吸收的电磁能量要比平行极化($E\ /\!/\ L$)时少得多,而其中尤以侧面入射和顶部入射时吸收的能量为更少. 但是,这些只是从一个频率点和站姿条件下得到的,而且只是从平均吸收的角度观察. 当频率变高、姿态发生变化时,情况可能会变得不同,这个问题需要进一步研究. 不管怎样,人体吸收电磁能量与入射波的极化方向有很大关系这一点却是明确的.

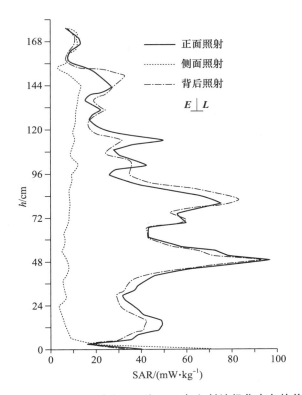

图 8.10　100 MHz 时分层平均 SAR 与入射波极化方向的关系

　　另一个有兴趣的问题是,早期使用长椭球模型计算所提供的信息有多大价值.为说明这一点,在表 8.5 中给出了用长椭球模型和非均匀块状模型计算所得的全身平均 SAR 的比较.该表说明,在大部分情况下两种方法的计算结果比较接近.这说明,虽然人体长椭球模型过分简单,但在计算全身平均吸收电磁功率方面还是能给出有一定参考意义的结果.

表 8.5　长椭球模型和非均匀块状模型计算结果的比较*

频率 /MHz	100			350	
入射方式	$E /\!/ L$	$E \perp L$	$k /\!/ E$	$E /\!/ L$	$E \perp L$
长椭球模型全身平均 SAR/(mW · kg^{-1})	110	18	20	41	24
非均匀块状模型全身平均SAR/(mW · kg^{-1})	103	35	15	56	17

　　* 入射功率均为 1 mW/cm^2.

8.4.3　坐姿模型吸收电磁能量的计算

到现在为止,所计算的还都是站立的人体在电磁波不同照射方式下所吸收的电磁能量.但是在很多场合人体采取坐姿,故研究坐姿人体吸收电磁能量的规律是十分有意义的.由于人体结构的复杂性,当姿态发生变化时,人体的几何形态和各组织的相对关系都会有很大的不同,从而可能引起电磁波对人体作用规律的变化.下面介绍文献[228]中对这一问题研究的一些成果.

网格长为 2.62 cm 的人体坐姿模型本身所占的最小矩形网格空间为 $47 \times 23 \times 24$ 网格,因此需要 $62 \times 38 \times 38$ 的计算网格空间.计算方法与用立式模型没有差别.图 8.11 给出的是 $k \perp L, E /\!/ L$ 条件下,在正面和侧面入射时坐姿模型对 100 MHz 入射波的计算结果,显示的是分层平均 SAR.两者出现了明显的差别,在正面入射时仍以踝部附近的分层平均 SAR 最大,而在侧面入射时以颈部的分层平均 SAR 最大,这已经显示出姿态对人体吸收电磁能量的规律的确会产生影响.在 350 MHz 时也有类似的结果.

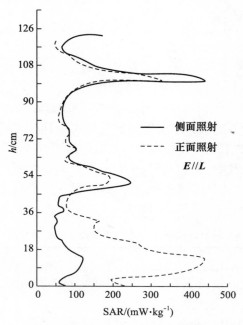

图 8.11　正面和侧面入射时坐姿模型
中分层平均 SAR 分布(100 MHz)

在正面入射时改变极化方式获得的结果与立式模型的情况类似,垂直极化时人体吸收电磁能量的平均值一般都比平行极化时要小,这一点在 100 MHz 和 350 MHz 两个频率下都表现了出来.但是,正如以前所强调的,从评价电磁波对人体作用的实际效果方面看,局部 SAR 比平均 SAR 可能有更大的意义,所以还需考察各种因素对局部 SAR 分布的影响. 表 8.6 列出了坐姿模型中不同入射条件下的全身平均 SAR、分层平均 SAR 最大值和全身局部 SAR 最大值. 该表说明,虽然垂直极化时平均 SAR 一般比平行极化时低,但局部 SAR 最大值在垂直极化时反而可能增大,这一事实清楚地说明计算局部 SAR 的重要性.

表 8.6　坐姿模型中不同入射条件时的 SAR(mW/kg)

频率 /MHz	100			350		
SAR 种类 入射条件	全身平均	分层平均 最大值	局部 SAR 全身最大值	全身平均	分层平均 最大值	局部 SAR 全身最大值
正面入射 $E /\!/ L, k \perp L$	101.40	433.38	969	46.74	181.76	1003
侧面入射 $E /\!/ L, k \perp L$	110.47	439.63	1781	58.97	271.99	1392
侧面入射 $E \perp L, k \perp L$	48.58	165.65	2243	52.50	230.61	1661

* 入射功率流密度为 $1\,\mathrm{mW/cm^2}$.

　　由这一节的计算结果我们认识到,影响人体吸收电磁能量的因素很多,这里只讨论了入射方向、极化方向和人体姿态这三个因素,而且只在两个频率点进行了计算. 为了更深刻地认识电磁波对人体作用的规律,这个问题还应该更深入地进行研究.

§8.5　工频电磁场对人体作用的计算问题

8.5.1　计算低频问题的高频替代法

　　自从有研究报告称工频电磁场可能是一种致癌因素以来,形成了一个研究工频电磁场生物效应及其剂量学的高潮. 但剂量学研究遇到了比较多的困难,不像射频问题那样可以用传统的时域有限差分法进行计算. 把时域有限差分法用于工频问题的主要困难是,所需 CPU 时间过分巨大,因为为了获得尽量精确而丰富的信息,仍要采用非均匀人体块状模型. 即使用 2.62 cm 分辨率的人体模型,若稳定条件取作 $\delta = 2c\Delta t$,则 $\Delta t = 4.37$ ns,达到稳定(一般要三个入射波周期)所需要的迭代步数高达 10^9 量级. 即使用当代的超级计算机,这种计算实际上也是不可能执行的.

为了克服这一困难,Gandhi 等(1992)利用低频问题的高频近似法,使迭代步数降低了 5 个数量级,从而用时域有限差分法实现了对工频问题的计算[288]. 所用方法的原理是,当入射波的波长比人体长 10 倍以上而且满足 $|\sigma+\mathrm{j}\omega\varepsilon| \gg \omega\varepsilon_0$,其中 σ 和 ε 为机体的电导率和介电常数,$\omega=2\pi f$(f 为入射波频率),ε_0 为人体外自由空间(一般为空气)的介电常数,则空气中的电场与人体外表面垂直,而且空气中的电场 $\boldsymbol{E}_{\mathrm{air}}$ 与机体内的电场 $\boldsymbol{E}_{\mathrm{in}}$ 之间的关系满足边界条件

$$j\omega\varepsilon_0 \boldsymbol{n} \cdot \boldsymbol{E}_{\mathrm{air}} = (\sigma+\mathrm{j}\omega\varepsilon)\boldsymbol{n} \cdot \boldsymbol{E}_{\mathrm{in}}. \qquad (8.5.1)$$

假设有频率为 f' 的入射波也满足上述条件,若在该频率下人体的电导率为 σ',介电常数为 ε',则由式(8.5.1)可得

$$\boldsymbol{E}_{\mathrm{in}}(f) = \frac{\omega(\sigma'+\mathrm{j}\omega\varepsilon')}{\omega'(\sigma+\mathrm{j}\omega\varepsilon)}\boldsymbol{E}_{\mathrm{in}}(f'). \qquad (8.5.2)$$

对人体而言使得对 f 和 f' 都有 $(\sigma+\mathrm{j}\omega\varepsilon)\approx\sigma$,则上式近似为

$$\boldsymbol{E}_{\mathrm{in}}(f) \approx \frac{f\sigma'}{f'\sigma}\boldsymbol{E}_{\mathrm{in}}(f'). \qquad (8.5.3)$$

在工频问题的计算中,$f=60\,\mathrm{Hz}$,f' 可选为 $5\sim10\,\mathrm{MHz}$,这样就可以降低迭代步数达 5 个数量级. 在应用中取 $\sigma'=\sigma$,于是

$$\boldsymbol{E}_{\mathrm{in}}(f) = 60\boldsymbol{E}_{\mathrm{in}}(f')/f'(\mathrm{Hz}).$$

8.5.2　方法验证

为了对方法的可靠性进行验证,首先计算了均匀和分层均匀的球体问题,并与解析结果进行对照. 均匀球体的半径为 $16.5\,\mathrm{cm}$,$\sigma=0.35\,\mathrm{S/m}$,$\varepsilon_r=1$,$f=60\,\mathrm{Hz}$,$f'=20\,\mathrm{MHz}$,入射场为 $E_{\mathrm{in}}=1\,\mathrm{V/m}$,$H_{\mathrm{in}}=(1/377)\,\mathrm{A/m}$,同时还用 Mie 的级数展开法进行了计算. 两种方法所得结果的高度一致性,对所述方法的可靠性是一个有力的证明.

作为检验的第二个计算实例是针对三层均匀同心球进行的. 中心球的半径为 $8\,\mathrm{cm}$,其电导率 $\sigma_1=0.52\,\mathrm{S/m}$;中层球半径 r 的范围为 $8\,\mathrm{cm}<r<12\,\mathrm{cm}$,电导率为 $\sigma_2=0.2\,\mathrm{S/m}$;外层球的外半径仍为 $16.5\,\mathrm{cm}$,其电导率 $\sigma_3=0.04\,\mathrm{S/m}$. 对所有层均选 $\varepsilon_r=1$,和以前一样,这是因为 ε_r 的作用最终可以忽略. 仍然选了 $f=60\,\mathrm{Hz}$,$f'=20\,\mathrm{MHz}$,计算结果示于图 8.12. 结果表明,在分层均匀的情况下仍然得到了与 Mie 级数解非常一致的结果. 这样就可以有信心地把这种方法用于人体的实际计算.

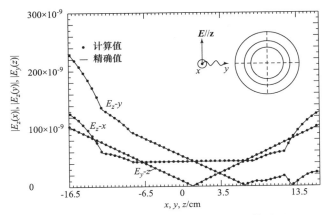

图 8.12　三层同心球体内电场分布的计算结果

8.5.3　应用于人体模型的结果

为了和其他学者的结果进行对照,首先计算了由盐水构成的均匀人体模型所构成的问题.该模型是把非均匀人体模型各网格的电导率和介电常数设成一致而得到,模型由 45 024 个单元构成,分辨率达 1.31 cm.模型的电导率为 0.065 S/m.计算时取 $f = 60\,\text{Hz}$,$f' = 10\,\text{MHz}$.入射波的电场 $E_{\text{in}} = 10\,\text{kV/m}$,沿人体模型主轴方向,磁场 $H_{\text{in}} = (10\,000/377)\,\text{A/m} = 26.5\,\text{A/m}$.这种 E/H 比例符合高压电线下接近地面时的情形.

图 8.13 示出了计算所得纵向总电流 I_z 和全电流 J_T 的全身分布.I_z 和 J_T 的定义分别为

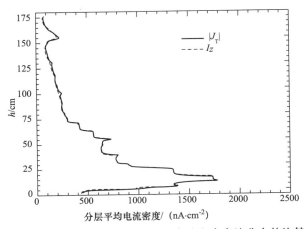

图 8.13　均匀人体模型中纵向总电流和全电流分布的比较

$$I_z(k) = \delta^2 \sum_{i,j} \sigma(i,j,k) E_z(i,j,k), \tag{8.5.4}$$

$$|J_T(k)| = \sum_{i,j} \sigma(i,j,k) \Big[\sum_{m=x,y,z} |E_m(i,j,k)|^2 \Big]^{\frac{1}{2}}. \tag{8.5.5}$$

由图可以看出,两种电流非常接近,这说明入射场在人体内所引起的主要是纵向电流.

图 8.14 给出了均匀人体模型中地面对纵向总电流的影响,图中同时给出了 Diplacido 等(1978)用旋转对称均匀模型计算的结果,由于使用的是 1.83 m 模型,按比例进行了缩减,以便按同样高度进行比较.两种结果差别比较大的部分主要是因模型不同所造成的,那里正是双臂所在的地方,在旋转对称模型中它们是不存在的.这一计算结果显示出地面的影响使得腿部的电流大大增加,这和射频时的情形类似.

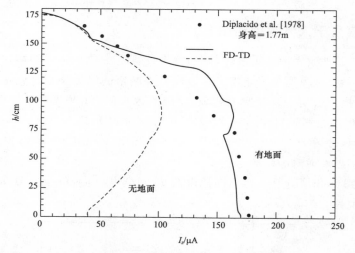

图 8.14　地面对均匀人体模型中分层平均纵向总电流全身分布的影响

以上所提供的所有结果显示,采用高频替代技术把时域有限差分法用于准静态问题的计算是成功的.由于时域有限差分法的特点,它能比其他方法给出更丰富的信息,如给出所有组成人体模型网格单元的电场和磁场分布,以及由其导出的每个网格平均电流的全身分布.

§8.6　脉冲电磁波对人体的作用

8.6.1　时域计算脉冲作用的特点

脉冲波包含丰富的频谱,如果仍按计算稳态电磁问题的方法进行计算,就要对每一频谱成分进行一次计算,从而获得人体对脉冲的频域响应;如果需要求出时域响应,则需要进行 Fourier 逆变换.这样的做法没能发挥时域有限差分法作为时域计算方法的优越性.实际上人体对脉冲作用的时域响应可以直接求出,它正是时域有限差分法的直接结果.反之,如果需要了解人体的频域响应,则需要对时域响应进行 Fourier 变换.正如以前已经指出的,由于离散 Fourier 变换可以与时域有限差分法的迭代过程同步进行,求频域响应的工作并不增加太多负担.

时域有限差分法对脉冲作用进行时域分析与一般频域方法相比最大优越性是较容易获得脉冲的早期或局部作用的信息.下面以脉冲对无限长介质圆柱的作用为例,来说明时域有限差分法的这一特点.

当脉冲的传播方向与柱体垂直、极化方向与柱体平行时,R. Pirjola[289]利用边界条件直接求解 Maxwell 方程导出了频率为 $f=\omega/2\pi$ 的正弦波作用下无限长介质柱中的总电流与入射波的关系为

$$I(t) = \frac{E_0}{Z}\mathrm{e}^{\mathrm{j}\omega t},\tag{8.6.1}$$

其中 E_0 为入射波的振幅,Z 为阻抗.当介质柱在空气中时

$$Z = \frac{\mu_0\gamma^2\mathrm{I}_1(\gamma a)\,\mathrm{H}_0^{(2)}(\beta a) + \mu\beta\gamma\,\mathrm{H}_1^{(2)}(\beta a)\mathrm{I}_0(\gamma a)}{\mathrm{j}4\mu\sigma\mathrm{I}_1(\gamma a)},\tag{8.6.2}$$

其中 $\beta=\omega\sqrt{\varepsilon_0\mu_0}$,$\gamma=\mathrm{j}\mu_0\omega(\sigma+\mathrm{j}\omega\varepsilon)$,$\varepsilon,\mu,\sigma$ 为介质柱的介电常数、磁导率和电导率,a 为柱体的半径,I_0 和 I_1 为零阶和 1 阶变型(虚宗量)Bessel 函数,而 $\mathrm{H}_0^{(2)}$ 和 $\mathrm{H}_1^{(2)}$ 则为零阶和 1 阶第二类 Hankel 函数.

本书作者根据式(8.6.1),(8.6.2)和 Fourier 变换,求出了柱体在电磁脉冲作用下的时域响应(用柱体中的总传导电流表示)[236].脉冲波形和柱体对脉冲作用的时域响应示于图 8.15,图中还给出了用时域有限差分法求得的结果.所考虑的无限长圆柱体的半径 $a=11\,\mathrm{cm}$,$\varepsilon_r=35$,$\sigma=0.5\,\mathrm{S/m}$.时域有限差分法计算时用了 29×28 网格构成的网格空间,其空间步长为 $\Delta s=2\,\mathrm{cm}$,时间步长为 $\Delta t=0.03334\,\mathrm{ns}$.在 $t=0$ 时刻入射脉冲波在距圆柱表面 $6\Delta s$ 处接入网格空间.随着时间步的推进,入射波波前先到达圆柱体表面,而后与圆柱体发生相互作用.由图 8.15 可以看出,从有局部作用开始圆柱体便产生了电流,在模拟早期局域作用方面时域有限差分法比频域法有突出的优越性.该图还显示对后期响应两种方法给出的结果是非常一致的,这可认为是两种方法的相互验证.

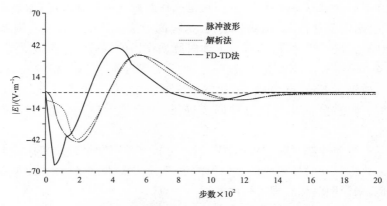

图 8.15　无限长圆柱体中脉冲所激发的电流

8.6.2　人体对脉冲作用的时域响应特性

我们研究了距高空核爆炸 46.5 km 处所产生的电磁脉冲对立式人体模型的作用[245]. 脉冲是用以下方式模拟的：

$$
\begin{aligned}
&-65 \times n/69, & n < 69, \\
&-25 \times \sin[(n-69)\pi/229 + \pi/2] - 40, & 69 \leqslant n < 183, \\
&-40 \times \sin[(n-183)\pi/412 + \pi/2], & 183 \leqslant n < 389, \\
&40 \times \sin[(n-389)\pi/527], & 389 \leqslant n < 802, \\
&25.24 - 25.24 \times (n-802)/334, & 802 \leqslant n < 1145, \\
&-8 \times \sin[(n-1145)\pi/802], & 1145 \leqslant n < 1947, \\
&0, & n \geqslant 1947,
\end{aligned}
$$

其中 n 为时间步数. 这样所模拟的脉冲已示于图 8.15. 这种脉冲的特点是前沿很陡, 但后沿却拖得很长. 该脉冲频谱的主要成分在 60 MHz 以内.

研究该类脉冲对人体作用所采用的立式人体模型的网格边长 $\delta = 2.62$ cm, 所取网格空间为 $84 \times 40 \times 28$ 个网格, 时间步长 $\Delta t = 0.0437$ ns. 人体模型取对应 50 MHz 时机体组织的电学参数.

图 8.16 显示了人体模型中通过颈部、膝部和踝部一层的电流和平均 SAR 随时间的变化规律, 其中电流是指传导电流和位移电流之和. 对每个网格按式

$$
J_z = \sigma E_z + \varepsilon \frac{\partial E_z}{\partial t} \tag{8.6.3}
$$

计算了电流密度之后, 再按下式求出总电流

$$
I(n) = \delta^2 \sum_{i,j} \{\sigma(i,j)E_z^n(i,j) + \varepsilon_0\varepsilon_r(i,j)[E_z^n(i,j) - E_z^{n-1}(i,j)]/\Delta t\}. \tag{8.6.4}
$$

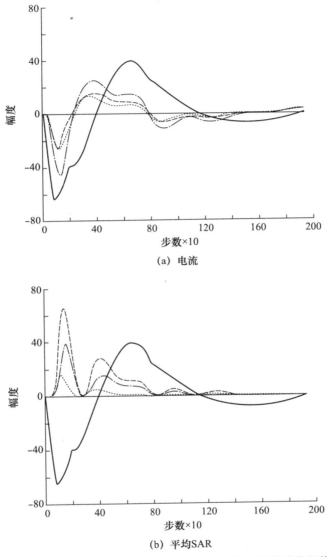

(a) 电流

(b) 平均SAR

图 8.16　通过颈、膝和踝等层的电流和 SAR 随时间的变化规律

——入射脉冲波形，……颈部，— — —膝部，—·—·—踝部

由图可以看出,电流和 SAR 随时间的变化规律和入射波并不完全一样,这是因为人体的不均匀性和边界的影响所造成的.膝部的电流峰值在三层中间最高,但 SAR 却是颈部最大.为了用同一个坐标表示,电流的单位为 1A/200,而 SAR 的单位则为 4 mW/kg.

在文献[61]中给出了同样的人体模型在半周期正弦波形脉冲作用下的时域

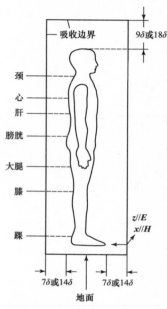

吸收边界

9δ或18δ

颈
心
肝
膀胱
大腿
膝

踝

z//E
x//H

7δ或14δ　　7δ或14δ

地面

图 8.17　计算电磁波对人体
作用的网格空间

（δ=2.62 cm 或 δ=1.31 cm）

响应,计算时让人体模型站立在理想导电地面上,图 8.17 是计算时使用的网格空间,图 8.18 为入射脉冲波形和通过膝部一层的总电流.这一结果显示地面的作用使电流脉冲多次反射,呈衰减振荡的形态,这样就延长了电磁波对人体作用的时间.

8.6.3　脉冲对人体作用强度的评估

脉冲电磁波对人体的作用是一个瞬态过程,而每一网格所受作用达到最强的时刻有所不同,这为全面显示脉冲电磁波对人体作用的强度造成了困难.在文献[225]中根据图 8.16 所显示的电流随时间的变化规律,选择膝部电流达到最大值的 146 步为观察脉冲作用强度在全身分布的时刻.从分布形态看,与稳态电磁波作用的效果没有明显的差别.

为了显示第 146 步这一时刻作用强度的分布与每一层可能达到的最大值的差别,特别求出了每一层平均 SAR 的历经最大值(即在脉冲作用过程中每一网格曾经达到的 SAR 最大值的分层平均).图 8.19 显示了这两种结果的差异.

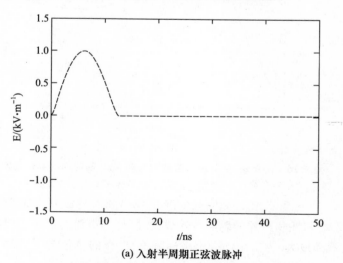

(a) 入射半周期正弦波脉冲

图 8.18　有地面时人体对脉冲作用响应的特点

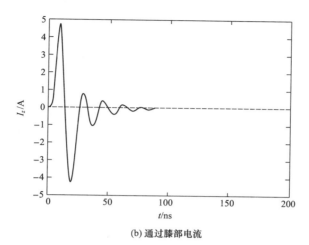

(b) 通过膝部电流

图 8.18　有地面时人体对脉冲作用响应的特点(续)

为了把脉冲电磁波和稳态电磁波对人体的作用进行比较,特别计算了在 50 MHz的入射波振幅为 61.4 V/m 时分层平均 SAR 分布. 图 8.20 是这一分布和脉冲作用下历经最大值分布的比较. 可以看出,两种作用的分布形态完全类似但强度差别很大. 但是由于一般情况下感兴趣的脉冲强度较高,且局部电场分布或 SAR 不像平均值所显示的差别那样大,故对脉冲作用的影响仍然是需要关心的问题.

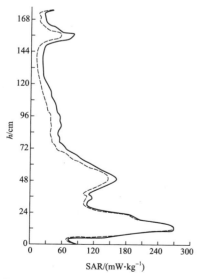

图 8.19　第 146 步时(－－－－)和历经最大值(——)平均 SAR 分布的比较

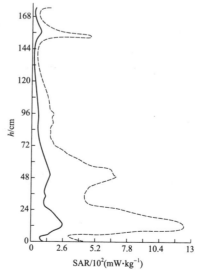

图 8.20　脉冲波(——)与稳态波(－－－－)作用下分层平均 SAR 的比较

8.6.4 脉冲作用下体内电流密度的分层分布

为了显示在脉冲作用下电流密度在体内的分布,以便获得更细致的信息,在文献[61]中用 $\delta=1.31$ cm 的人体模型进行了计算.计算所用的入射脉冲如图8.21所示,该脉冲是由测量曲线经数据文件模拟而成,因此很容易读入计算机作为入射脉冲波使用.图 8.22 示出了通过心脏一层内电流密度(通过每一网格的电流)的等值线分布,每层的取值时间与该层总电流达到最大值的时刻相对应.由

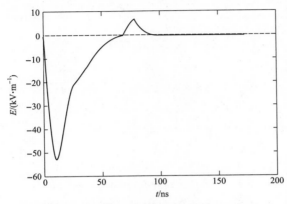

图 8.21 由数据文件模拟的实测电磁脉冲波形

这些结果不难发现,在体内的电流分布是高度不均匀的,身体深层的某些区域也可能达到比较强的电流.

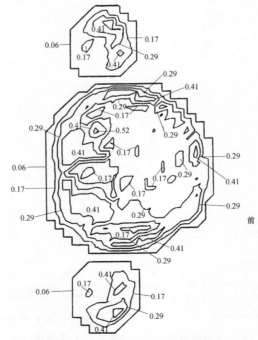

图 8.22 电流密度分层等值线分布

取值时间相应于该层电流达最大值时刻,线间差为 $0.058\text{A}/\text{cm}^2$

8.6.5　人体组织色散特性对脉冲作用的影响

　　以上结果显示了时域有限差分法用于解决脉冲电磁波对人体作用的优越性,但是在上面的计算中完全忽略了人体组织的色散特性.由于人体组织大部分是高含水量的,其色散性质很突出,一般讲是不能忽略的.

　　正如第三章中所叙述的那样,时域有限差分法的发展已经允许考虑介质的色散特性,但是需要建立介质色散性质的合适的数学模型.人体不同组织的色散性质有比较大的差别,如何把改进的时域有限差分法用于脉冲电磁波对人体作用的计算,是当前正在研究的重要课题.在这方面 Sullivan(1992,1992)已进行了初步工作[92,93].

§8.7　辐射近场对人体的作用

8.7.1　意义和特点

　　近代移动通信的发展使越来越多的人手持发话机进行通信联系.话机的发射功率在数百或数十毫瓦的量级,但由于发话时是天线放在距头部很近的地方,天线辐射近场对人的影响不容忽视.此外,步话机、对讲机等的使用也属于类似情况.另外一种情况是,射频和微波热疗技术的应用中,人体也处于辐射器近场的作用下.所以,研究辐射近场对人体的作用有广泛的实际意义.

　　辐射近场对人体的作用问题与前面研究过的平面波(远场)对人体的作用有很大区别.在平面波问题中假设辐射源在无穷远,人体与源之间没有耦合作用,在所有问题中都用同样的平面波源;在近场问题中近场的性质与辐射器紧密相关.解决近场问题的关键之一是能正确地模拟辐射器的辐射特性,其次还要考虑人体与辐射器之间的耦合效应,这就大大增加了问题的难度.

　　用时域有限差分法计算辐射近场对人体的作用问题的优越性在于,把辐射体和人体置于同一个网格空间中进行模拟,可以一并解决上述两个问题而并不存在不可克服的困难.一般来讲,为了证明所用方法能正确模拟辐射系统的辐射特性,可先在网格空间中不置入人体模型,直接计算辐射近场.在确认辐射系统已能被正确模拟后,再根据要求加进人体模型.

　　辐射近场对人体作用问题虽已提出很久,并用不同方法进行了研究,但真正有效地解决问题还是从引进时域有限差分法才开始的,在这方面本书作者之一和 Gandhi(1989)的一项工作起了重要作用[51].近年来我们开展的一些新的研究工作,扩展了这方面的成果.在这一节里先介绍与移动通信有关的工作,下一节再介绍在热疗系统模拟方面的成果.

8.7.2 理论计算与实验结果的对比[215]

1985 年 Stuchly 等发表的一篇文章中叙述了天线辐射近场对人体模型作用的测量结果[290],所用模型由厚度为 2.5 cm 的绝缘聚苯乙烯板作外壳,内充低黏度水基混合物构成,其相对介电常数为 38,电导率为 0.95 S/m,相当于 350 MHz 时含 2/3 肌肉组织的电学参数的平均值.该均匀人体模型高 1.75 m,体重 70 kg. 所进行的测量之一为测量 50Ω 半波长对称振子天线对人体的辐射,天线长 37 cm,直径 0.63 cm,所用测量探头的直径为 0.9 cm.为测量体内的电场强度,在人体模型中沿身体纵向开了直径略大于 0.9 cm 的两排孔.所用设备如图 8.23 所示,人体模型水平放置,探头可沿水平方向运动,天线放在模型下方.整个测量在电波暗室中进行.

图 8.23　Stuchly 等所用测试天线近场对人体作用的设备
a 电波暗室;b 天线;c 人体模型;d 探头;e 移动机构

为了检验时域有限差分法计算天线辐射近场对人体作用的可靠性,我们首先按 Stuchly 等的实验条件进行了模拟,以便与测量结果进行对照.模拟的第一步是天线的辐射特性.由于计算条件的限制,只能用长度为 2.62 cm 网格构成的人体模型,天线的结构在这种网格空间中只能近似地模拟,其长度等于 14 个网格,中间留一个网格空隙用于设置馈电源,横向为一个网格.为与实验相符,天线输入功率为 1 W,对于 50 Ω 天线,激励电压峰值等于 10 V,因而 2.62 cm 的激励间隙中的电场强度为 382 V/m.在 350 MHz 激励下计算了该天线在网格空间中的稳定场分布.在与天线垂直的通过中心横截面上电场的平方随距离的变化由图 8.24 给出,图上同时用 · 标出了测量值.计算与测量值符合得比较好,尤其是将要放置人体模型的一段,符合得更好.

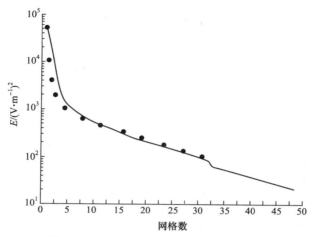

图 8.24　振子天线辐射场随距离的变化

　　在天线的模拟被证明符合要求以后,在网格空间中设置了与测试模型电学参数相同的人体均匀块状模型.天线与人体的表面保持距离 $3\delta = 7.86\ cm$(测量时的距离为 8 cm),天线与人体主轴平行放置,其高度分两种情况,一种为天线中心距脚底 103 cm(在网格空间中为 39.5δ),另一种为天线中心距脚底 137 cm(在网格空间中为 52.5δ),在横向位于背后的中心.为了使计算与测试条件相

当,在人体模型中与测试孔相应的两条线上设置了两排一个网格粗的贯穿方孔,每两孔之间相隔四个网格.为了和测量结果对比,计算了模拟测试孔中及同一排内每个单网格柱的平均SAR,这与测试所得孔内的平均 SAR相当.图 8.25 是天线中心距脚底 103cm 时的计算和测量结果,在图中测试结果由圆点和三角表示.在计算曲线中突起的部位正是设置模拟测试孔的地方,这显示出测试孔内的平均 SAR比不设置孔时同样位置上的平均 SAR明显地要高.如果以开孔处的结果为准进行对比,在天线的波束的主要部

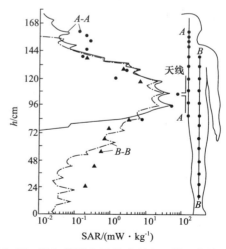

图 8.25　均匀模型中测试孔所在一排网格的分层平均 SAR(天线中心距脚底 103 cm)

分,计算数值和测量结果是相当接近的,只有在波束两侧差别才逐渐加大.原因可能有两个方面:从测量方面看,低场强测量容易出现比较大的误差;从计算方面看,可能对天线方向性的模拟不够精确.此外,两种模型在形态上的不一致性

也会导致这种差别. 不管怎样, 比较符合的部分占了天线辐射能量和人体吸收能量的绝大部分. 这种计算能够给出有价值的信息.

如果用无孔的均匀模型进行计算, 所得的结果为有孔时相应曲线的底部包络, 这说明用开孔进行测量会引进明显的误差. 这点将在下面仔细讨论.

8.7.3　对非均匀模型的计算结果

在前面对计算模拟方法进行了检验后, 仍用原来天线系统在 350 MHz 计算了其辐射近场对非均匀人体模型的作用. 为了与实际情况相符, 非均匀模型中不再设置模拟测试孔, 但仍计算了相应于均匀模拟设测试孔的两排网格的平均 SAR. 计算时仍保持前面天线与人体模型的关系, 只是增加天线距身体表面 4 个网格的一种情况, 以便了解天线距身体距离的变化对人体吸收电磁能量的影响.

图 8.26 是对非均匀模型的计算结果. 这些结果清楚的显示, 就所表示的平均 SAR 而言, 非均匀模型与均匀模型间没有太大的差别, 但天线对人体的作用强度随着天线距人体表面距离的增加而急剧地减小. 这说明, 为防止天线辐射近场对人体的有害作用, 最有效的办法是增加天线到人体表面的距离.

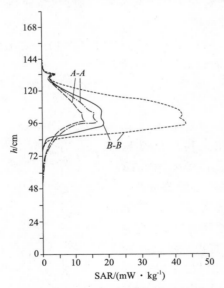

图 8.26　天线作用于非均匀模型不同
距离时的结果(天线中心距脚底 103 cm)

从平均 SAR 看, 用非均匀模型和均匀模型的计算结果没有明显差别, 但从局部 SAR 的分布来看差别就很突出了. 图 8.27 示出了当天线中心距脚底 137 cm 时天线中心所在一层均匀和非均匀人体模型中局部 SAR 的分布, 在均匀模型(a)中局部 SAR 的最大值是在体表, 而在非均匀模型(b)中局部 SAR 的最大值已经深入到人体的中心区域. 这个信息有非常重要的意义,因为透入到人体深部的电磁能量可能会对人体造成更大的危害.

```
                8.8   5.5                          0.4   6.8
                9.2   6.9   4.8                    2.8   5.1   3.4
          10.5  7.3   5.9   9.0              5.5    6.2   8.9   2.0
   46.2   14.5  11.4  9.3   13.7       9.3   16.3   2.1   0.7   15.2
   54.7   55.7  7.5   5.9   3.4        10.9  16.7   8.1   8.2   8.2
  184.0   27.3  7.1   3.1   2.4  2.1   11.3  22.8   81.8  61.7  32.5  13.5
  207.0   35.4  7.0   3.1   0.8  1.1   14.9  51.8  234.5  80.2  31.6  38.1
  446.6   41.3  9.0   2.9   0.9  0.6   12.1  73.4  207.4  83.4  22.6  31.5
  303.6   48.1  10.3  4.3   1.4  1.4   19.1  47.9  242.8  35.6  57.9  38.5
  189.3   53.0  12.9  6.9   5.8  5.9   18.4  24.0   42.7  54.8  60.9  11.8
   91.6   44.4  22.9  19.9  31.9       13.5  25.9    5.7   8.9   1.8
   72.5   31.6  11.3  9.4   17.3       8.8   15.5    9.9   2.7   2.3
          26.2  12.1  6.6   10.5             8.8   10.2   1.4   5.3
                11.4  5.0   4.3                    8.9   7.4   2.5
                10.4  7.5                          4.2   9.1
             (a)                                     (b)
```

图 8.27 天线中心距脚底 137 cm 时与天线中心相对应一层的局部 SAR(mW/kg)分布

在用均匀模型计算天线辐射近场对人体作用的计算中发现,测试孔处的 SAR 比不开孔时同一处的 SAR 要高,这说明用开孔测量的结果来代替不开孔时的情况存在明显的误差. 表 8.7 给出了几种情况下全身平均 SAR 和全身吸收总功率的比较. 由表可以看出,有孔模型计算的结果总是高于无孔模型的计算结果,由测试孔的数据推算出的全身平均 SAR 和全身吸收的总功率差别更大. 在 Stuchly 等给出的数据中有的情况全身平均 SAR 高达 14.3mW/kg,相当于全身吸收功率 1.32W,而天线发射功率只有 1W,显然测量结果高于实际情况,这和计算结果所提示的相同.

表 8.7 不同条件下全身平均 SAR 和吸收总功率比较

参数类别 天线位置 获得参数的条件	103 cm		137 cm	
	全身平均 SAR/(mW·kg⁻¹)	全身吸收总功率 /W	全身平均 SAR/(mW·kg⁻¹)	全身吸收总功率 /W
带测试孔均匀模型	5.11	0.49	3.64	0.35
无测试孔均匀模型	4.38	0.42	3.15	0.30
无孔非均匀模型	4.37	0.40	2.98	0.28
均匀模型带孔测量值	8.10	0.76	6.30	0.58

8.7.4　天线对头部作用的高分辨率计算

为了和测量结果进行对比,上面的计算均是把天线置于腰、颈附近.从研究移动通信可能对人体造成的伤害的角度考虑,更关心的还是天线辐射近场对头部的作用,尤其是大脑和眼睛可能受到的伤害,因为移动电话的使用者总是需要把发话器举到距脸很近的地方.在移动电话使用者发话的时候,天线辐射近场从人的面前照射,最有可能受到严重伤害的是眼睛.为了研究这一问题用分辨率为 2.62 cm 的人体模型进行计算显然是不够的,因为,在这种模型中眼组织往往只有一个网格单元,其周围组织的非均匀性也被大大平滑了,其计算结果不能反映实际情况.但是用更精细的模型进行计算,现有的计算条件很难满足要求.为了克服这一困难,可采取一种近似方法.根据前面的计算可知,由于天线放置距身体表面比较近,天线的辐射场只与身体的一部分发生主要作用.这样,当关心头部受天线辐射的影响时,可考虑只用头部模型进行计算.不过这样做一定会带来误差,要设法对所引进的误差进行校正.一种校正方法是,用同样分辨率的全身模型和头部模型在相同的天线辐射条件下各计算一次,然后分析眼睛所在区域的局部 SAR 在两种计算中的差别,以求出校正系数.在用分辨率为 2.62 cm 的模型进行计算时,当天线置于面部中央,天线中心距前额 7.86 cm 时,求得校正系数为 1.5~1.7,即只用头部模型所得局部 SAR 对大多数网格而言比全身模型高 1.5~1.7 倍.

在同样的计算条件下,仅用头部模型计算可把空间分辨率提高到 0.655 cm.在这种模型中眼睛部分已包括 15 个网格,而且其周围组织的非均匀性也得到了较好的模拟.因此用这种模型计算的结果应该更加符合实际.图 8.28 所示

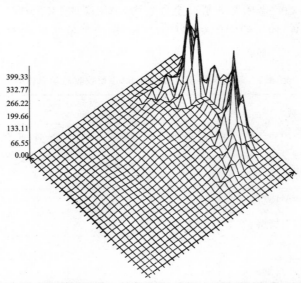

图 8.28　用高精度模型计算的通过眼睛一层的局部 SAR 分布

为在保持天线辐照条件下用这种模型计算的局部 SAR 一层的分布,突起的部分主要属于眼组织.这些结果说明,当天线置于面前时眼睛为主要受害器官.

§8.8　热疗系统的计算机模拟和辅助设计

8.8.1　电磁热疗系统的特点

肿瘤的电磁过热疗法已被证明是一种安全有效的方法,在国内外已有广泛应用.所谓电磁热疗,是一种通过射频或微波电磁场向机体组织内辐射使肿瘤组织迅速升温,当温度超过 42℃时使肿瘤组织坏死的一种方法.实际上电磁场加热疗法在医学上已有很久的历史,高频理疗就是广泛使用的一种.当前电磁热疗已经不仅仅是肿瘤的治疗,在医学上的应用范围已经越来越广泛,如前列腺热疗、心脏病的热疗以及高温止血等.所有这些系统的一个共同特点是,通过辐射器的辐射近场对人体的作用进行加热.

各种热疗系统所使用的辐射器可分为三类:

(1) 线状天线,包括同轴单极天线、偶极天线、螺旋天线以及微带天线等;

(2) 口面天线,包括矩形开口波导、圆形开口波导等;

(3) 天线阵列,主要有平板辐射器环形阵列、偶极振子环形阵列等.

所以,电磁热疗构成的电磁场问题就是各种辐射系统的辐射近场及其与部分人体的相互作用.由以前的分析已经证明,时域有限差分法是当前解决这类电磁场问题的最好方法.自开始用时域有限差分法解决电磁剂量学的问题以来,已有不少工作致力于热疗系统的计算机模拟和辅助设计,以下介绍一些典型的成果.

8.8.2　APA 系统的计算机模拟

APA 是环形相控阵列(Annular Phased Array)的简称.它主要有两种类型:一种是由八个平行板辐射器排列成圆环;另一种是在一个圆筒结构上等距离地安装八个偶极天线.由平行板构成的 APA 由图 8.29 示出.APA 的每个辐射单元由相同频率的源分别激励,其振幅和相位可分别调整.该系统的研制目的是希望能对人体内部进行局部加热,并由调节相位来控制加热部位.由于人体为高损耗介质,单辐射器的能量将随进入人体的深度迅速衰减,通过多辐射器透入功率的叠加,可在一定程度上抵消趋肤效应的影响.像这样的问题通过实验研究都很困难,主要是很难制作模拟人体的非均匀模型,而利用计算机模拟则是一种经济和实际可行的方法.

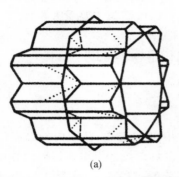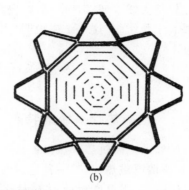

(a)   (b)

图 8.29　平行板环形相控阵列

本书作者之一和 Gandhi(1989)最先用时域有限差分法完成了对该系统的计算机模拟[51]，所使用的网格空间由图 8.30 所示. 它由均匀正立方体网格构成，网格长度为 1.31 cm. 图中的正八边形为八个平行板辐射器口面的位置. 八边形每边上的小长方形表示当 APA 由振子天线构成时八个振子的位置. 平板辐射器的激励是通过在其一个横截面上设置振幅与相位都相同的电场实现的，振子天线的激励与上节研究近场作用时的做法相同. 为了对计算结果进行检验，首先模拟了进行过测量的实验条件，即平行板 APA 的辐射空间充满 $\varepsilon_r = 78.0$，$\sigma = 0.0022\,\mathrm{S/m}$ 的介质，激励电场 $E = 10\,\mathrm{V/m}$，频率为 80 MHz. 图 8.31 是计算值与测量结果的比较，所显示的是通过环形中心轴纵剖面上 E^2 的相对值. 两种方法所得结果的良好符合说明对 APA 系统的模拟是正确的.

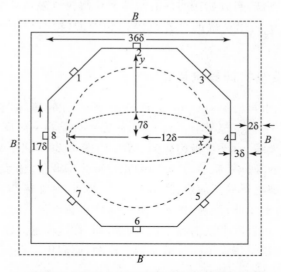

图 8.30　模拟 APA 所用的 FD-TD 网格空间

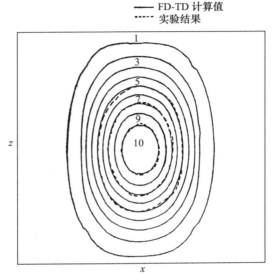

图 8.31　计算值与实验结果的比较

为了理解 APA 系统对能量集中的能力,当作用空间充以去离子水时($\varepsilon_r =$ 78,$\sigma = 0.0022\,\text{S/m}$)在 100 MHz 稳定源激励下计算了作用空间中的 E^2. 图 8.32 是计算的结果,图(a)为水平面上的分布,图(b)为通过中心轴垂直面上的分布. 由图(a)可以看出,这种系统有很强的集聚能量的能力. 在各单元同相位激发的情况下,以环形中心的能量最高. 由图(b)显示,APA 在纵向集聚电磁能量的能力,显然 APA 在垂直方向的汇聚能力比水平方向要差.

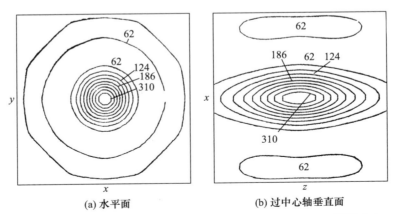

(a) 水平面　　　　　　　　(b) 过中心轴垂直面

图 8.32　100MHz 作用空间充以去离子水时 E^2[单位:$(\text{V/cm})^2$]的分布

为了了解 APA 系统对损耗介质的透入能力,把圆柱体和椭圆柱体放到作用空间中心进行了计算. 圆柱体的半径为 15.72 cm(12 个网格),其相对介电常

数 $\varepsilon_r=47.8$,电导率为 $0.593\,\mathrm{S/m}$(2/3 肌肉在 100 MHz 时的介电常数和电导率),质量密度为 $1000\,\mathrm{kg/m^3}$,平行板辐射器激励在 100 MHz,$E=1\,\mathrm{V/m}$.该结果显示,在圆柱体的中心出现一高峰.这说明,即使在模拟人体的有耗介质柱中 APA 系统也具有局部加热的能力,但人的躯干不是圆柱,而更接近椭圆柱体.图 8.33是在同样条件下对椭圆柱体计算的结果,椭圆的长轴为 31.44 cm(24 个网格),短轴为 18.34 cm(14 个网格).所得结果说明,在椭圆柱情况下能量更容易进入内部,SAR 的中心峰值比圆柱体时高了 4 倍.不管是圆柱体还是椭圆柱体,虽然在中心能形成 SAR 的峰值,但其值总比柱体表面的 SAR 要低.这说明用 APA 系统对人体进行深部加热时,必须对体表采取保护措施,一般是放置冷却水层.

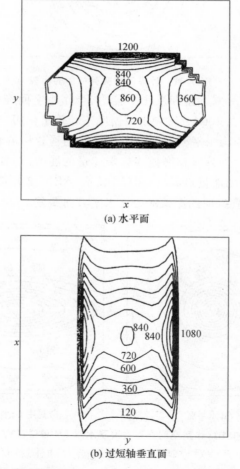

(a) 水平面

(b) 过短轴垂直面

图 8.33　有耗介质椭圆柱中的 SAR(μW/kg)分布(线间差 120μW/kg)

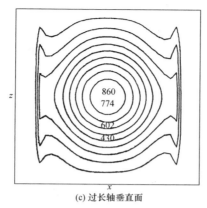

(c) 过长轴垂直面

图 8.33　有耗介质椭圆柱中的 SAR(μW/kg)分布(线间差 120μW/kg)(续)

8.8.3　APA 对人体作用的模拟

把人体模型置于 APA 的作用空间,即可研究 APA 对人体的作用.由于人体长度相对于 APA 的纵向作用范围而言要大很多,故只取了躯干部分作为照射目标.躯干模型的分层情况及与 APA 辐射单元的相对位置由图 8.34 给出,组成该模型的网格长度为 1.31 cm.用平行板 APA 计算了三种情况:

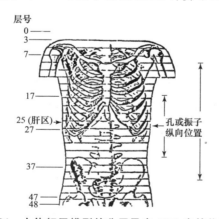

图 34　人体躯干模型的分层及在 APA 中的位置

(1) 八个辐射器,平板间距 43.23 cm(33 个网格);

(2) 八个辐射器,平板间距 19.65 cm(15 个网格);

(3) 五个辐射器(1~5),平板间距 19.65 cm(15 个网格).

所有计算都是在频率 100 MHz,入射功率 100 W 的情况下进行,并在人体与辐射器之间充以去离子水.为显示 APA 对人体的透入能力在图 8.35 中示出了通过肝区的一层中在上述三种情况下局部 SAR 分布的等值图.由于人体的高度非均匀性,使得局部 SAR 的分布相当复杂,一般讲在腹部出现几个比较强的热点,而透入到深部的能量没有出现比较明显的热点.第三种情况显示,如果只需加热侧面的某一部分,即只用部分辐射器效果可能要好些.

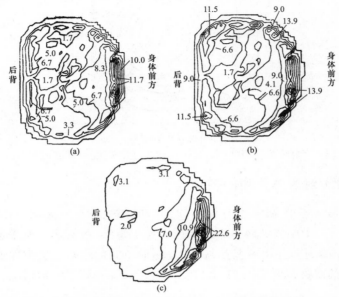

图 8.35　25 层中三种情况下局部 SAR(W·kg⁻¹)的等值线图,(a),
(b)和(c)分别对应 APA 的(1),(2)和(3)辐射类型

　　为了对三种情况的效果进行比较,在表 8.8 中列出了身体吸收的功率、分层平均 SAR 及肝脏的分层平均 SAR.由此可知,为了提高加热效果,需适当选择辐射器的板间距离和单元的配置.

表 8.8　三种情况的不同效果(入射功率 100W)

APA 类型	人体吸收总功率 /W	分层平均 SAR/(W·kg⁻¹)	肝脏分层平均 SAR/(W·kg⁻¹)
8 单元,板距 33 网格	87.5	2.25	3.04
8 单元,板距 15 网格	90.7	2.48	7.01
5 单元,板距 15 网格	80.5	2.31	6.79

　　八个偶极振子构成的 APA 具有与平板 APA 类似的性质,所用的模拟方法与上述类似.当平板 APA 的板距与偶极振子长度相等时,就分层平均 SAR 而言,两种 APA 的性能没有明显的差别,但偶极振子 APA 结构简单、使用方便.

8.8.4　热疗系统的计算机辅助设计(CAD)

上面对 APA 系统及其对人体作用的计算机模拟(包括热疗系统)进行了分析,主要方面既有线辐射器,也有口面辐射器,更有由它们构成的阵列,充分说明了时域有限差分法在热疗系统分析中的强有力的功能,也说明这种方法可用于热疗系统的 CAD. 热疗系统的 CAD 技术有非常重要的意义,主要是由于它是用于人体的,因实验测量很难说明问题,而且很不经济. CAD 主要解决以下两方面的问题.

(1) 辐射器的设计. 由于辐射器要在复杂的条件下用于复杂的物体,一些设计方案的制定需要模拟预测,否则很难确定其使用效果.

(2) 治疗方案的制定. 对已有的系统针对具体的对象,应采用怎样的方案才能取得最佳治疗效果,需要进行模拟选择. 当前的发展方向是以 CT 图为出发点形成电磁模型,用时域有限差分法计算出局部 SAR 分布,而后由热模型计算出温度分布,在温度计算中各网格吸收的功率作为分布热源. 可以以温度分布为选择方案的最后标准.

当前热疗中的 CAD 技术正在迅速发展. 在其中时域有限差分法起着关键作用.

§8.9　手机与人体的相互作用

随着移动通信技术的迅速发展,手机的应用已非常普遍,这给人们的生活和工作带来很多方便。但是,长期以来人们对手机应用的安全性存有疑虑,并对此开展了大量的研究。由于手机应用中常常紧靠头部,它的辐射对大脑、眼睛等要害部位比较突出。同时,人体对手机天线的辐射特性影响也比较严重。下面就文献[260,267]对该问题的研究成果作简单介绍.

8.9.1　手机与人体作用的计算

人们在使用手机时总是把手机放在贴近耳朵的部位,所以人体处于手机天线辐射近场的区域,因此计算机与人体的相互作用可用 §8.7 所介绍的方法,即把手机与人体模型放在同一个网格空间中进行计算.

由于手机是放在头部附近使用,故手机的辐射对身体其他部位的作用不大,反过来远离手机的身体的部位对手机天线辐射特性的影响也很小。因此,为了尽量减少计算量,可适当地选取人体模型. 在研究中通过比较发展,选择胸部以上部位进行计算即能很好地满足要求,这种模型只需从 8.2.2 小节中所建立的模型中选取即可.

手机这种数字通信系统的带宽与载波相比是很窄的,天线的辐射特性及其与人体的作用均可以载波频率的特性来代表,即仍视做一个稳态问题,而不考虑脉冲调制的影响. 手机的载波频率有越来越高的趋势,下面仅以 900 MHz 为例进行讨论. 对于不同的载波频率,其计算方法是相同的,不同的是人体模型中不同组织的电参数. 表 8.9 给出了所用人体模型中所包括机体组织在 900 MHz 时所取的电参数.

表 8.9　900 MHz 人体组织的电导率 σ_e (S/m) 和相对介电常数 ε_r

参数名称	空气	肌肉	脂肪 / 骨	血液	脑 / 神经	皮肤	眼睛
σ_e	0.00	1.21	0.11	1.24	1.10	0.60	1.97
ε_r	1.00	58.0	8.0	64.0	49.0	35.0	73.0

由于只需人体的局部模型,与整体模型相比计算范围大大减少,因此可采用更精细的人体模型. 在计算中模型的分辨率为 0.655 cm,共分 56 层,整个计算空间为立方体网格,步长为 0.655 cm. 在这种计算空间中手机的模拟不可能很精细,用一个长、宽、厚分别为 15.1 cm,5.24 cm,1.31 cm 的金属作为代表,其厚度也只有两个网格. 一般讲手机天线的直径仅为 1 mm 左右,为了对其进行精确的模拟,采用了 3.3.3 小节所介绍的亚网格技术. 天线长度为四分之一波长,即为 8.33 cm,安装在机身顶部的中心,天线与机身留一个网格,作为激发源的接入点.

8.9.2　手机辐射对人体的作用

手机与人体由于距离很近,两者之间产生强烈的耦合,手机天线辐射的电磁波与人体产生复杂的作用过程. 这种作用与手机天线和人体的相对位置有密切的关系. 表 8.10 给出了部分计算结果.

表 8.10　手机在不同作用方式时人体吸收功率数据(900MHz,SAR 单位:mW/kg)

(SAR_{ave}:平均 SAR;$SAR_{max, 0.28g}$:网格最大 SAR;$SAR_{max, 1g}$:任意一组织的最大 SAR)

手机位置	人体模型(序号)	距离/cm	人体吸收功率/(%)	SAR_{ave}			$SAR_{max, 0.28g}$			$SAR_{max, 1g}$
				模型	眼内	脑内	模型	眼内	脑内	
眼前竖置	1 头胸	3.28	35.3	30.8	407.6	20.4	2855.0**	1101.2	468.5	2684.0
耳侧竖置	2 头胸	0.655	50.6	40.2	22.2	54.9	3695.0**	58.0	765.8	1810.2
	3 头胸手	0.655	58.0	36.6*	18.8	57.2	2186.5**	45.0	793.8	1172.2
	4 头胸	1.97	44.5	38.9	16.8	35.5	1543.4**	42.0	544.2	1058.0
	5 头胸手	1.97	52.1	31.5*	14.5	39.3	1304.0**	34.3	523.5	1024.0
耳侧平置	6 头胸	0.655	37.4	32.7	272.4	61.6	2909.1**	2298.0	1189.3	2418.0

* 不包括手部 SAR 而得到的 SAR_{ave}

** $SAR_{max, 0.28g}$ 所在处组织为皮肤

表 8.10 中头胸模型是指人体模型包括头部和胸部,而头胸手模型则是在手机上加一个手的模型,该模型由肌肉和骨组成,以模拟手握手机所产生的作用.距离是指手机外壳到人体最近部位的距离,但维持在一个固定高度上.SAR 的定义和以前相同,而 $SAR_{0.28\,g}$ 则表示一个网格单元内的平均 SAR,而一个网格内组织的平均质量约为 0.28 g. 同理,$SAR_{1\,g}$ 则指 1 g 组织所占体积内的平均 SAR.

在计算中辐射功率设定为 1W. 由表 8.10 可知,大约有一半的功率被人体所吸收,且被吸收的功率在人体内的分布极不均匀,SAR_{max} 主要出现在皮肤上,但在耳侧平置(天线朝前)时眼睛内的 SAR_{max} 也相当大.

计算可以得到每个网格的 SAR,表 8.10 只给出了一些典型的数据. 为了反映 SAR 在人体内的分部状况,图 8.36 给出了通过两耳的一个纵剖面上 SAR 的等值线分布,手机竖直置于耳侧,相距 0.655 cm,SAR 的单位仍是 mW/kg.

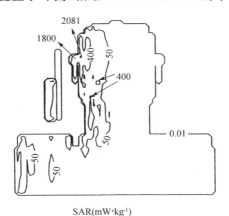

SAR(mW·kg⁻¹)

图 8.36　通过两耳纵剖面上的 SAR 等值线图

8.9.3　人体对手机天线辐射特性的影响

一般讲,天线的辐射特性对周围的环境是很敏感的,尤其是近处的环境. 手机在应用时,总是紧贴人的头部,人体又是个形状不规则、导电性和介电常数分布极不均匀的电磁媒质,对手机天线的辐射特性会产生明显的影响.

在计算人体模型内 SAR 分布的同时,也同时可获得天线与人体模型相互作用后在周围空间产生的电磁场,其为辐射场与散射场的总和. 计算出这些场在远区的效应,就可获得在人体的影响下手机天线的远区辐射特性,计算方法和以前使用的一样,只需在计算空间内取一封闭面,把手机和人体模型包围在其中,利用封闭面上的等效电流和等效磁流,就可近似地计算出远区辐射场,从而得到在人体影响下手机天线的辐射方向图. 在 900 MHz 时手机竖直地置于耳侧时的方向图示于图 8.37,手机距耳朵的距离为 0.655 cm. 为了比较,图中还给出了天线在自由空间的辐射图,这时除手机机身之外不考虑其他任何影响. 当然,在上面所有的计算中都没有考虑地面的影响.

人体对天线辐射的另一个影响就是远区辐射效率,由于人体吸收了大约一半的功率,使得辐射到远区的能量大大减少.

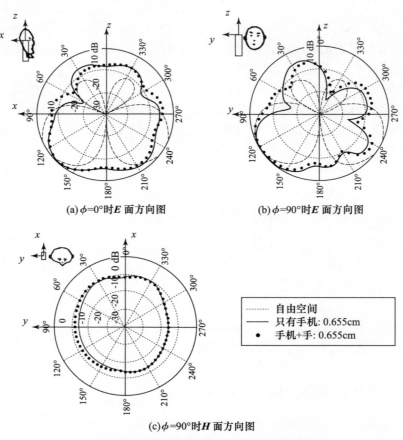

(a)$\phi=0°$时E面方向图　　　(b)$\phi=90°$时E面方向图

(c)$\phi=90°$时H面方向图

图 8.37　手机竖直置于耳侧时的方向图

第九章　时域多分辨分析法

电磁场计算的时域多分辨分析法（Multiresolution Time Domain, MRTD）是一种更一般意义上的时域有限差分法，或者说后者是前者的一种特殊情况. 时域多分辨分析法的最突出特点是，它具有自适应性的网格细化功能，可在粗网格的框架内获得细网格中的计算精度，从而可大大节省计算机资源，提高计算效率. 时域多分辨分析法利用了小波分析中的多分辨分析原理，把待求场量用正交小波基展开，并用伽辽金法对麦克斯韦方程进行离散. 本章开始先介绍小波分析的多分辨分析，然后讨论由各种正交小波基构成的计算电磁场的时域多分辨分析法.

§9.1　多分辨分析和小波正交基

9.1.1　函数空间的标准正交基和函数的最佳逼近

大多数数值计算方法都可理解为把属于某一无穷维函数空间的待求函数到一有限维子空间的投影，这一投影则通过该子空间的函数基表示成级数形式. 为了对有关内容的叙述方便，需要介绍一些基本的概念.

（1）设 X 为内积空间，$x, y \in X$，M 和 N 为 X 的两个子空间，则有

若 $\langle x, y \rangle = 0$，就称 x 与 y 正交，记做 $x \perp y$.

若对 $\forall y \in M$ 都有 $\langle x, y \rangle = 0$，则称 x 与 M 正交，记做 $x \perp M$.

若对 $\forall x \in M$ 和 $\forall y \in N$ 都有 $\langle x, y \rangle = 0$，就称 M 与 N 正交，记做 $M \perp N$.

（2）设 X 为线性空间，M 和 N 是 X 的两个子空间，若对每个 $x \in X$ 均可唯一地表示为

$$x = y + z, \quad y \in M, \quad z \in N, \tag{9.1.1}$$

则称 X 为 M 和 N 的正交和，记为

$$X = M \oplus N. \tag{9.1.2}$$

若 X 为内积空间，$M \subset X$，则称 X 中所有与 M 正交的元素组成的集合为 M 的正交补，并记做 $M^{\perp}$，即

$$M^{\perp} = \{x \mid x \in X, \quad x \perp M\}. \tag{9.1.3}$$

（3）设 M 为内积空间 X 的线性子空间，$x \in X$，若有 $x_0 \in M$，$y \perp M$，使得

$$x = x_0 + y,$$

则称 x_0 为 x 在 M 上的正交投影或正交分解. 可以证明,正交投影若存在就一定是唯一的.

(4) 设 X 为内积空间,$E \subset X$,若 E 中的所有元素间都是两两正交的,就称 E 为一正交集. 若 E 中的每个元素的范数都是 1,就称为标准(规范)正交集. 因此,对所有 $x, y \in E$ 有

$$\langle x, y \rangle = \begin{cases} 0, & x \neq y, \\ 1, & x = y. \end{cases} \tag{9.1.4}$$

如果标准正交集是可数的,就可表示成序列

$$\{e_n\} = \{e_1, e_2, \cdots\}.$$

不难证明,任何标准正交序列都是线性无关的. 设标准正交序列 $\{e_n\} = \{e_1, e_2, \cdots, e_m\}$ 的所有可能的线性组合之集合为 M,则 M 称为序列 $\{e_n\}$ 的张成,并记做

$$M = \operatorname{span}\{e_1, e_2, \cdots, e_m\}. \tag{9.1.5}$$

这时空间 M 中的任一元素 x 都可表示为

$$x = \sum_{i=1}^{m} \langle x, e_i \rangle e_i, \tag{9.1.6}$$

且称序列 $\{e_1, e_2, \cdots, e_m\}$ 为 M 的标准正交基.

(5) 设序列 $\{e_n\}$ 为内积空间 X 中的一个标准正交序列,如果 X 中不存在与所有 $\{e_n\}$ 都正交的非零元素,就称 $\{e_n\}$ 为 X 的一个完全标准正交基,并简称为标准正交基.

可以证明,若 $\{e_n\}$ 为希尔伯特空间 H 中的(完全)标准正交基,$x \in H$,则有

$$\| x \|^2 = \sum_{i=1}^{\infty} | \langle x, e_i \rangle |^2, \tag{9.1.7}$$

该式称为帕塞瓦尔(Parseval)等式,并且有

$$x = \sum_{i=1}^{\infty} \langle x, e_i \rangle e_i, \tag{9.1.8}$$

它是一种广义的傅里叶级数. 若 M 为标准正交基 $\{e_n\}$ 中的 m 个矢量构成的新序列的张成,即 $M = \operatorname{span}\{e_{1'}, e_{2'}, \cdots, e_{m'}\}$,则对任意 $x \in H$,级数

$$x_0 = \sum_{i=1'}^{m'} \langle x, e_i \rangle e_i \tag{9.1.9}$$

是 x 在 M 上的正交投影,而且可以证明 x_0 就是 x 在 M 中的最佳逼近.

由以上理论可以看出,标准正交基在函数表示和逼近中的重要意义. 然而,以往所知的函数空间的标准正交基都存在一定的缺点,而下面讨论的小波正交基具有不一般的独特性质.

9.1.2　小波函数和离散小波变换

傅里叶变换虽然获得了广泛的应用,但对某些应用还是有严重的不足,主要是不能用它对信号进行时间和频率的局域性分析.从傅里叶变换的定义可以看出,若要应用傅里叶变换研究信号的频谱特性,必须知道在整个时域($-\infty<t<\infty$)中信号的全部信息,由于$|e^{\pm i\omega t}|=1$,即傅里叶变换的积分核在任何情况下其绝对值均为1,故信号 $f(t)$ 的频谱 $\hat{f}(\omega)$ 的任一频点值是由 $f(t)$ 在整个时间域上的贡献决定的;反之,信号 $f(t)$ 在某一时刻的状态也是由频谱 $\hat{f}(\omega)$ 在整个频域($-\infty<\omega<\infty$)上的贡献决定的,也就是说,在时域和频域傅里叶变换没有任何分辨能力.

为了克服傅里叶变换的上述缺点,发展了一种窗口傅里叶变换,它在普通傅里叶变换中增加了一个窗口函数 $g(t-\tau)$,它不仅在时间上具有局域性并且能够平移.这种变换比原来的傅里叶变换在局域分析方面有了改进,但由于时-频窗口是固定的,仍然不能满足要求.

为了克服以上缺点,摩尔莱特(Morlet)等人于1984年提出了具有伸缩和平移功能的小波变换.在这种变换中选择一个平方可积函数 $\psi(t)\in L^2(R)$,称之为基本小波或小波母函数,再令

$$\psi_{a,b}(t)=|a|^{-\frac{1}{2}}\psi\left(\frac{t-b}{a}\right),\quad a,b\in R,\quad a\neq 0,\qquad (9.1.10)$$

称 $\psi_{a,b}(t)$ 为由小波母函数 $\psi(t)$ 生成的依赖于参数 a 和 b 的连续小波.以连续小波 $\psi_{a,b}(t)$ 为积分核构成的变换称为连续小波变换.

显然,在小波变换中 $\psi_{a,b}(t)$ 的作用与 $g(t-\tau)e^{i\omega t}$ 在窗口傅里叶变换中的作用类似,其中 b 与 τ 都是起着时间平移的作用,本质差别是 a 与 ω 所起作用的不同.在窗口傅里叶变换中,ω 的变化只改变窗口包络内谐波的频率成分,而与窗口的大小和形状无关.在连续小波变换中 a 是一个尺度参数,它的作用是既改变窗口的大小和形状,也改变小波的频谱结构.由 $\hat{\psi}_{a,b}(\omega)$ 可知,随着 a 的减小,$\psi_{a,b}(t)$ 的支撑集变窄,但频谱 $\hat{\psi}_{a,b}(\omega)$ 却向高频端展宽;反之,当 a 增大时,$\psi_{a,b}(t)$ 的支撑集将变宽,而 $\hat{\psi}_{a,b}(\omega)$ 却向低频部分集中.这种特性正是复杂信号分析中时-频窗口的自适应性.

一般讲,小波母函数的选择不是唯一的,但也不是任意的.为了满足对小波变换所提出的要求,$\psi(t)$ 需要满足一定的要求.首先,$\psi(t)$ 应具有紧支撑集或至少具有速降特性,这一点可用它所具有的消失矩的阶数来衡量.消失矩的定义为

$$\int_{-\infty}^{\infty}t^k\psi(t)dt=0,\quad k=0,1,2,\cdots,n-1,\qquad (9.1.11)$$

其中 n 为消失矩的阶数.n 数越大表示函数 $\psi(t)$ 的速降性越好.

另外,还要求 $\psi(t)$ 的平均值为零,即

$$\int_{-\infty}^{\infty} \psi(t)\mathrm{d}t = 0, \tag{9.1.12}$$

它也称作小波的容许条件,这一条件也表示为

$$C_\psi = \int_{-\infty}^{\infty} \frac{|\hat{\psi}(\omega)|^2}{|\omega|}\mathrm{d}\omega < \infty, \tag{9.1.13}$$

这意味着 $\hat{\psi}(\omega)$ 连续可积,且 $\hat{\psi}(0)=0$. 这又意味着

$$\hat{\psi}(0) = \int_{-\infty}^{\infty} \psi(t)\mathrm{d}t = 0,$$

这正是条件(9.1.12).以上要求说明小波母函数 $\psi(t)$ 的取值必须有正有负,即具有振荡性,而且是很快衰减的振荡,这也正是称它为小波的原因.

为了适应实际计算的需要,应对 a 和 b 进行离散化处理.如令 $a = a_0^{-m}, b = nb_0a_0^{-m}$,其中 $a_0 > 1, b_0 > a, m, n \in Z$,则有离散后的小波

$$\psi_{m,n}(t) = a_0^{\frac{m}{2}}\psi(a_0^m t - nb_0). \tag{9.1.14}$$

若选 $a_0 = 2, b_0 = 1$,就得到二进制的离散小波

$$\psi_{m,n}(t) = 2^{\frac{m}{2}}\psi(2^m t - n), \quad m, n \in Z. \tag{9.1.15}$$

从对希尔伯特空间中标准正交基对函数展开所起的作用可以想到,如果能使上述小波成为 $L^2(R)$ 的标准正交基,将会成为一种非常重要的数学工具,会比一般的标准正交基有更大的应用价值.要使式(9.1.15)表示的离散小波成为 $L^2(R)$ 的标准正交基,必须有

$$\langle \psi_{m,n}, \psi_{m',n'} \rangle = \delta_{m,m'} \cdot \delta_{n,n'}, \quad m, n, m', n' \in Z, \tag{9.1.16}$$

一旦这一条件得到满足,则对每个函数 $f(t) \in L^2(R)$ 都可表示为级数

$$f(t) = \sum_{m,n=-\infty}^{\infty} C_{m,n}\psi_{m,n}(t), \tag{9.1.17}$$

其中

$$C_{m,n} = \int_{-\infty}^{\infty} f(t)\psi_{m,n}^*(t)\mathrm{d}t, \quad m, n \in Z, \tag{9.1.18}$$

而级数将按下列形式收敛

$$\lim_{M_1, N_1, M_2, N_2 \to \infty} \| f(t) - \sum_{m=-M_1}^{N_1} \sum_{n=-M_2}^{N_2} C_{m,n}\psi_{m,n}(t) \| = 0$$

式(9.1.18)称为离散小波变换.

剩下的关键问题是,如何建立满足以上要求的标准正交小波基.

9.1.3　正交多分辨分析和小波正交基

小波正交基的发现和构建经历了一个错综曲折的发展过程,后来用多分辨

分析(Multi Resolution Analysis,MRA)统一了起来.下面将不讨论如何利用多分辨分析构造小波正交基,而是着重讨论如何利用多分辨分析对函数进行逐级逼近和分析.

正交多分辨分析由 $L^2(R)$ 的一组闭子空间序列 $\{V_j\}_{j \in Z}$ 和正交尺度函数 φ 构成,它们必须满足以下条件:

(1) 单调性: $V_j \subset V_{j+1}$;

(2) 平移不变性:若 $u(x) \in V_j \Leftrightarrow u(x-k) \in V_j, k \in Z$;

(3) 伸缩相关性:若 $u(x) \in V_j \Leftrightarrow u(2x) \in V_{j+1}$;

(4) 逼近性: $\bigcap_{j \in Z} V_j = \{0\}, \overline{\bigcup V_j} = L^2(R)$;

(5) 存在尺度函数 $\varphi(x) \in V_0$,且 $\{\varphi(x-k)\}_{k \in Z}$ 为 V_0 的标准正交基.

由条件(1)和(4)可知,在多分辨分析中, $L^2(R)$ 是一个包着一个的一系列闭子空间的极限,而最小的闭子空间为 $\{0\}$,即

$$\{0\} \subset \underset{j \to -\infty}{\cdots} \subset V_{j-1} \subset V_j \subset V_{j+1} \subset \underset{j \to \infty}{\cdots} \subset L^2(R).$$

由条件(3)可知,任何两相邻子空间之间相差一个二进分辨率.这样一来,只要知道了任一个子空间中的标准正交基,就可以通过分辨率的二进伸缩,立即得到相邻子空间中的标准正交基,因而也就得到所有子空间中的标准正交基.进一步由条件(5)可推知,由于已知 $\{\varphi(x-k)_{k \in Z}\}$ 为 V_0 的标准正交基,则显然 $\{2^{\frac{1}{2}}\varphi(2x-k)\}_{k \in Z}$ 为 V_1 的标准正交基,更一般地讲, $\{2^{\frac{j}{2}}\varphi(2^j x-k)\}_{j,k \in Z}$ 为空间 V_j 的标准正交基,也就是说

$$V_j = \text{span}\{2^{\frac{j}{2}}\varphi(2^j x - k)\}_{j,k \in Z}, \qquad (9.1.19)$$

即多分辨分析中的子空间是尺度函数通过平移和伸缩产生的标准正交基的张成,所以 V_j 也称为尺度空间, j 称为尺度因子.

虽然每一个尺度空间 V_j 都已经有了各自的标准正交基,但因为 $\{V_j\}_{j \in Z}$ 不是 $L^2(R)$ 的正交分解,不能指望把各子空间的正交基简单地加在一起就成为 $L^2(R)$ 的正交基.但是,我们可以从所给条件出发来构造 $L^2(R)$ 的正交分解子空间序列.

因为 V_j 是 $L^2(R)$ 的闭子空间,而 $L^2(R)$ 是一个希尔伯特空间,从而可以定义投影算子 $P_j : L^2(R) \to V_j$,亦即

$$V_j = P_j L^2(R), \quad j \in Z. \qquad (9.1.20)$$

由于有 $V_j \subset V_{j+1}$,则 $P_{j+1} - P_j$ 也是 $L^2(R)$ 上的投影算子.若用 W_j 标记该算子的值域,则有

$$W_j = (P_{j+1} - P_j)L^2(R), \quad j \in Z, \qquad (9.1.21)$$

且 W_j 是 V_j 在 V_{j+1} 中的正交补,可记做

$$V_{j+1} = W_j \oplus V_j, \quad j \in Z. \qquad (9.1.22)$$

W_j 是 $L^2(R)$ 的闭子空间,它具有以下重要性质:

(1) $\{W_j\}_{j\in Z}$ 两两正交;

(2) W_j 是 $L^2(R)$ 的正交分解,即

$$L^2(R) = \bigoplus_{j=-\infty}^{\infty} W_j; \qquad (9.1.23)$$

(3) 若 $u(x) \in W_j \Leftrightarrow u(2x) \in W_{j+1}$.

所以,当有了任一子空间 W_j 的正交基后,就可得到所有子空间的正交基,从而也就获得了 $L^2(R)$ 的正交基.

由于 $\varphi(t) \in V_0 \subset V_1$,而 $\{2^{\frac{1}{2}}\varphi(2x-k)\}_{k\in Z}$ 是 V_1 的标准正交基,则下式

$$\varphi(x) = \sum_{k\in Z} c_k \varphi(2x-k) \qquad (9.1.24)$$

称为双尺度方程. 由多分辨分析理论可知,根据 $\varphi(x)$ 的性质和双尺度方程可以求得小波母函数 $\psi(x)$,由它生成的序列

$$\psi_{j,k}(x) = 2^{\frac{j}{2}}\psi(2^j x - k), \quad j,k \in Z, \qquad (9.1.25)$$

是子空间 W_j 的标准正交基,即

$$W_j = \mathrm{span}\{\psi_{j,k}\}_{k\in Z}. \qquad (9.1.26)$$

由于 $\{W_j\}_{j\in Z}$ 是 $L^2(R)$ 的正交分解,故序列(9.1.25)是 $L^2(R)$ 的标准正交基. 一般称(9.1.25)为 $L^2(R)$ 的小波正交基,W_j 为小波空间.

从需要的角度看,小波母函数 $\psi(x)$ 最好具有较好的局域性和光滑性. 由于 $\psi(x)$ 是通过尺度函数 $\varphi(x)$ 构造出来的,故在很大程度上取决于 $\varphi(x)$ 的局域性和光滑性,通常 $\varphi(x)$ 为一个低通平滑函数.

由以上分析可知,一旦符合要求的尺度函数和小波母函数被构造出来,通过尺度函数 $\varphi(x)$ 的平移和伸缩获得序列 $\{\varphi_{j,k}(x)\} = \{2^{\frac{j}{2}}\varphi(2^j x - k)\}_{j,k\in Z}$ 成为尺度空间 V_j 的标准正交基;同样地,通过小波母函数的平移和伸缩而获得的序列 $\{\varphi_{j,k}(x)\} = \{2^{\frac{j}{2}}\psi(2^j x - k)\}_{j,k\in Z}$ 成为小波空间 W_j 的标准正交基,且其全体就构成希尔伯特空间 $L^2(R)$ 的标准正交基.

9.1.4　多分辨分析中函数的分解与逼近

由前面对多分辨分析的介绍可知,$L^2(R)$ 被分解为一系列尺度空间和小波空间,而且在相邻子空间之间有二进分辨率的差别. 这就意味着,一个函数在不同子空间中的投影,可以表示为不同分辨率的基函数展开.

设 $f(x) \in L^2(R)$,根据投影定义 $P_j L^2(R) = V_j$,可知 $P_j f(x)$ 为 V_j 中的函数. 若记做 $f_j(x)$,则有

$$P_j f(x) = f_j(x) \in V_j. \qquad (9.1.27)$$

若定义 D_j 为 $L^2(R)$ 到 W_j 的投影,即 $W_j = D_j L^2(R)$,则 $D_j f(x)$ 为 W_j 中的

函数,若记做 $g_j(x)$,则有

$$D_j f(x) = g_j(x) \in W_j. \tag{9.1.28}$$

根据尺度空间与小波空间之间的关系

$$V_{j+1} = V_j \oplus W_j,$$

可知

$$f_{j+1}(x) = f_j(x) + g_j(x), \tag{9.1.29}$$

且 $f_j(x)$ 和 $g_j(x)$ 相互正交.

对式(9.1.29),可以解释为 $g_j(x)$ 是 $f_{j+1}(x)$ 与 $f_j(x)$ 之差,而 $f_{j+1}(x)$ 和 $f_j(x)$ 为 $f(x)$ 在两个不同分辨空间中的投影,$g_j(x)$ 是这两个投影之差. 由于尺度函数的低通特性,在 V_j 上的投影主要是函数的轮廓概貌,或称平滑逼近,而小波空间中的投影为其细节信息. 如果把 $f_{j+1}(x)$ 看做是原始函数,$f_j(x)$ 看做它的一个投影,则 $g_j(x)$ 就是投影与原函数之间差异的精细部分. 这种情况有如图9.1所给出的示意.

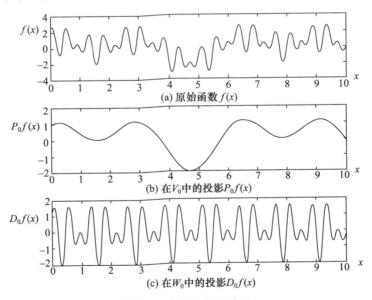

图 9.1 函数的分解波形

如果把过程(9.1.29)继续下去就可得

$$f_{j+1}(x) = g_j(x) + g_{j-1}(x) + g_{j-2}(x) + \cdots + g_k(x) + f_k(x), \tag{9.1.30}$$

这是函数的一种多级正交分解. $f_k(x)$ 是 $f_{j+1}(x)$ 的概貌,$g_k(x)(k=j,j-1,\cdots)$ 是各级精微差异,随着 k 的降低,被舍去的误差越来越精微,即对函数的逼近越来越精确. 从另外一个角度看,也就是对函数分析得越来越精细,即是一种多分辨率分析.

根据尺度空间和小波空间中标准正交基的特点,显然可以有如下表示

$$P_j f(x) = f_j(x) = \sum_{k \in Z} \langle f(x), \varphi_{j,k}(x) \rangle \varphi_{j,k}(x), \qquad (9.1.31)$$

$$D_j f(x) = g_j(x) = \sum_{k \in Z} \langle f(x), \psi_{j,k}(x) \rangle \psi_{j,k}(x), \qquad (9.1.32)$$

而 $\langle f(x), \varphi_{j,k}(x) \rangle$ 和 $\langle f(x), \psi_{j,k}(x) \rangle$ 分别就是离散尺度函数变换和离散小波函数变换. 这样就把函数的多分辨分析与小波变换联系了起来.

§9.2 常用的小波正交基

通过各种途径已经构造出了相当数量的小波正交基, 基于它们所具有的不同特性, 在各种不同领域已有了成功的应用. 下面将给出在电磁场的时域多分辨分析中成功应用的几种小波正交基并作简要的描述, 作为讨论基于不同正交小波基的时域多分辨分析方法的基础.

9.2.1 正交小波基的性能描述

在描述个别正交小波基的特性之前, 先就反映其性能的指标或参量加以说明.

1. 正交性

正交性是正交小波基最基本的特性. 在一个多分辨分析结构中若已构造了小波正交基, 则除了小波的正交性外, 还包括尺度函数以及尺度函数与小波函数之间的正交关系.

在讨论正交多分辨分析时已经说明, 若尺度函数为 $\varphi(x)$, 由它构造出的小波母函数为 $\psi(x)$, 则由它们经平移和伸缩生成的离散尺度函数和小波

$$\begin{aligned}
\varphi_{j,k}(x) &= 2^{j/2} \varphi(2^j x - k), \quad j, k \in Z, \\
\psi_{j,k}(x) &= 2^{j/2} \psi(2^j x - k), \quad j, k \in Z,
\end{aligned} \qquad (9.2.1)$$

具有以下的正交性

$$\langle \varphi_{j,k}(x), \varphi_{j,k'}(x) \rangle = \delta_{kk'} \quad j, k, k' \in Z, \qquad (9.2.2)$$

$$\langle \psi_{j,k}(x), \psi_{j',k'}(x) \rangle = \delta_{jj'} \delta_{kk'} \quad j, j', k, k' \in Z, \qquad (9.2.3)$$

其中

$$\delta_{mn} = \begin{cases} 1, & m = n, \\ 0, & m \neq n. \end{cases}$$

此外, 由于有下列空间分解关系

$$V_{j+1} = W_j \oplus W_{j-1} \oplus W_{j-2} \oplus \cdots \oplus W_{j-k} \oplus V_{j-k},$$

则有

$$\langle \psi_{j,k}(x), \varphi_{i,k'}(x) \rangle = 0, \quad j \geqslant i, \quad j, i, k, k' \in Z. \qquad (9.2.4)$$

除了上面定义的正交小波,还可以定义其他形式的小波,其正交性质会有所不同.

2. 支撑集的紧性

若函数 $f(x)$ 的定义域为 Ω,则在 Ω 中使 $f(x)\neq0$ 的那些点的全体所构成的集合的闭包称为 $f(x)$ 的支撑集或支集,若该集合是紧集,称 $f(x)$ 具有紧支撑集.

我们希望尺度函数和小波母函数具有良好的局域性,其支撑集的紧性和长度直接反映了它们所具有的局域性.有的小波具有理想的紧支撑集,有的支撑集却会扩展到整个实轴,表现出明显的差异.对不具备紧支集的小波在应用中需要截断,因而会引入误差.所以,要根据需要选择合适的小波.不存在时域和频域同时具有紧支撑集的小波基,一般更希望在时域具有紧支撑集,故通常讨论在时域支撑集的紧性.

3. 消失矩和衰减性

函数 $\psi(x)$ 若满足

$$\int_{-\infty}^{\infty} x^k \psi(x)\mathrm{d}x = 0, \quad k = 0,1,2,\cdots,m-1, \tag{9.2.5}$$

就说它具有 m 阶消失矩.小波函数消失矩的阶数是其特性的一个重要指标,它与小波的支撑集的长度和衰减的速度直接相关.理论证明,若

$$|\psi| \leqslant C(1+|x|)^{-m-1-\varepsilon}, \quad \psi(x) \in C^m(R),$$

且当 $l\leqslant m$ 时,$\psi^{(l)}(x)$ 有界,则 $\psi(x)$ 有直至 m 阶的消失矩,其中 C 为常数.

在实际应用中,小波矩也不一定完全消失,只要相对而言非常小就可以了.此外,多少阶消失矩为最佳,和实际问题的要求有关.

4. 连续性和可微性

一个理想的小波函数应具有良好的连续性和尽量高阶的可微性.但是,实际的小波函数往往存在某种缺陷,尤其是难以保证各种性能均优良,需要根据实际需要加以选择.

5. 对称性

若函数 $\varphi(x)\in L^2(R)$,当 $\varphi(a+x)=\varphi(a-x)$ 时,称 $\varphi(x)$ 相对于 a 是对称的;当 $\varphi(a+x)=-\varphi(a-x)$ 时,就称 $\varphi(x)$ 相对于 a 是反对称.对称性是尺度函数和小波函数的重要性质之一,它会给应用带来很多方便.

9.2.2　Haar 小波基

Haar 小波是最早提出并得到应用的小波,它在多分辨分析理论建立之前就已经出现,但也可以通过多分辨分析构造出来.构造 Haar 小波的尺度函数为

$$\varphi(x) = h(x) = \begin{cases} 1, & x \in [0,1), \\ 0, & 其他. \end{cases} \tag{9.2.6}$$

它是特征函数 $\chi_{[0,1)}(x)$,小波母函数 $\psi(x)$ 为

$$\psi(x) = \varphi(2x) - \varphi(2x-1) = \begin{cases} 1, & 0 \leqslant x < \dfrac{1}{2}, \\ -1, & \dfrac{1}{2} \leqslant x < 1, \\ 0, & \text{其他.} \end{cases} \tag{9.2.7}$$

其波形如图 9.2 所示.

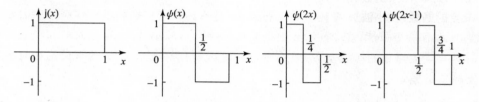

图 9.2　$\varphi(x)$ 和 $\psi(x)$ 的波形

由 $\psi(x)$ 生成的离散小波为

$$\psi_{j,k}(x) = 2^{j/2} \psi(2^j x - k)$$

$$= \begin{cases} 2^{j/2}, & \dfrac{k}{2^j} \leqslant x < \dfrac{2k+1}{2^{j+1}}, \\ -2^{j/2}, & \dfrac{2k+1}{2^{j+1}} \leqslant x < \dfrac{k+1}{2^j}, \quad j,k \in Z, \\ 0, & \text{其他.} \end{cases} \tag{9.2.8}$$

它构成 $L^2(R)$ 的一个标准正交基,其波形如图 9.3 所示.

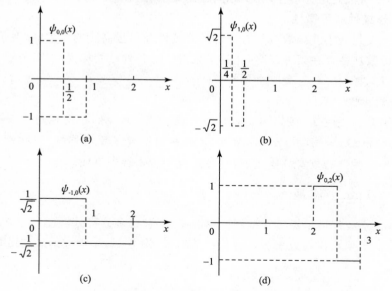

图 9.3　$\psi(x)$ 和 $\psi(x)$ 的波形

不难看出,Haar 小波在时域上是不连续的,但具有对称性,$\psi(x)$ 的支撑集为 $[0,1]$,显然是紧的. 它的最大优点是计算简单.

9.2.3　Battle-Lemarie 小波基

Battle-Lemarie 小波基是从 B-样条函数出发,利用多分辨分析构造出来的正交小波基. 样条函数(Spline Function)是一类分段光滑又在各段交接处具有一定光滑性的函数. 在小波分析中用得最多的是基数 B-样条(Cardinal B-Spline)函数,因为它具有最小可能的支撑集长度.

m 阶 B-样条是 Haar 尺度函数与其自身 m 次卷积运算所得的函数,记做 $N_m(x)$,其前三阶的形式为

$$N_1(x) = \chi_{[0,1)}(x) = \begin{cases} 1, & 0 \leqslant x < 1, \\ 0, & \text{其他}; \end{cases} \tag{9.2.9}$$

$$N_2(x) = N_1(x) * N_1(x) = \int_0^1 N_1(\tau) N_1(x-\tau) \mathrm{d}\tau$$

$$= \begin{cases} x, & 0 \leqslant x < 1, \\ 2-x, & 1 \leqslant x < 2, \\ 0, & \text{其他}; \end{cases} \tag{9.2.10}$$

$$N_3(x) = N_2(x) * N_1(x) = x N_1(x) - (2-x) N_2(x)$$

$$= \begin{cases} \dfrac{1}{2} x^2, & 0 \leqslant x < 1, \\ \dfrac{3}{4} - \left(x - \dfrac{3}{2}\right)^2, & 1 \leqslant x < 2, \\ \dfrac{1}{2}(x-3)^2, & 2 \leqslant x < 3, \\ 0, & \text{其他}. \end{cases} \tag{9.2.11}$$

$N_1(x)$,$N_2(x)$ 和 $N_3(x)$ 分别称为一次、二次和三次 B-样条函数. 显然,由 $N_1(x)$ 构造的小波正交基就是 Haar 小波基. 由 $N_2(x)$ 不能直接构成正交多分辨分析,需要通过正交化方法来构造所需的尺度函数,该函数可表示为

$$\varphi(x) = \sqrt{3} \sum_k c_n \varphi(x-k), \tag{9.2.12}$$

其中 c_n 为 $\left(1 + 2\cos^2 \dfrac{\xi}{2}\right)^{-1/2}$ 的 Fourier 系数. 而小波母函数则可表示为

$$\psi(x) = \frac{\sqrt{3}}{2} \sum_k (d_{k+1} - 2d_k + d_{k-1}) N_2(2x-k), \tag{9.2.13}$$

其中 d_k 为 $\left[\left(1 - \sin^2 \dfrac{\xi}{4}\right) \Big/ \left(1 + \cos^2 \dfrac{\xi}{2}\right)\left(1 + \cos^2 \dfrac{\xi}{4}\right)\right]^{1/2}$ 的 Fourier 系数.

由于正交化过程破坏了紧支撑性,$\varphi(x)$ 不是紧支撑的.

　　类似地,对于三阶样条函数也需要正交化方法构造相应的尺度函数 $\varphi(x)$ 和小波母函数 $\psi(x)$,由它们所产生的正交小波基称为三次 B-样条 Battle-Lemarie 正交小波基. $\varphi(x)$ 和 $\psi(x)$ 及其频谱由图 9.4 和图 9.5 给出.

　　尺度函数和小波函数有时用其傅里叶变换给出更为方便,Battle-Lemarie 三次样条的 $\varphi(x)$ 和 $\psi(x)$ 对应的傅里叶变换分别为

$$\hat{\varphi}(\omega) = \left[\frac{\sin(\omega/2)}{\omega/2}\right]^4 \left[1 - \frac{4}{3}\sin^2\left(\frac{\omega}{2}\right) + \frac{2}{5}\sin^4\left(\frac{\omega}{2}\right) - \frac{4}{315}\sin^6\left(\frac{\omega}{2}\right)\right]^{-\frac{1}{2}},$$

(9.2.14)

$$\hat{\psi}(\omega) = \mathrm{e}^{\mathrm{i}\omega/2}\frac{\hat{\varphi}(\omega + 2\pi)}{\hat{\varphi}(\omega/2 + 2\pi)}\hat{\varphi}\left(\frac{\omega}{2}\right).$$

(9.2.15)

由图 9.4 和图 9.5 可以看出, $\varphi(x)$ 具有低通的性质,而 $\psi(x)$ 则是一种带通函数.

　　虽然 B-样条函数具有紧支撑集,但为了正交归一化所采取的措施,使得具有正交性的 Battle-Lemarie 小波正交基丧失了紧支撑性,使其支撑集扩展到整个实轴. 所幸的是,小波函数是指数衰减的.

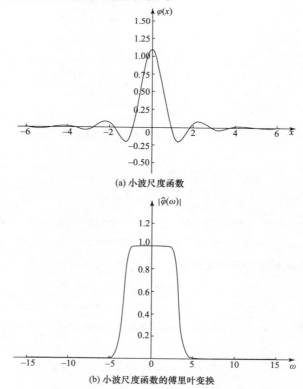

(a) 小波尺度函数

(b) 小波尺度函数的傅里叶变换

图 9.4　三次 B-样条 Battle-Lemarie 小波尺度函数

及其傅里叶变换

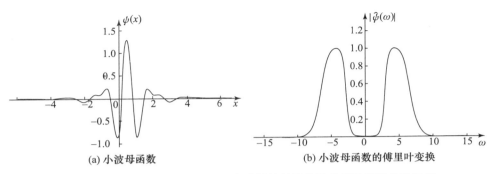

(a) 小波母函数　　　　　　　　　(b) 小波母函数的傅里叶变换

图 9.5　三次样条 Battle-Lemarie 小波基的母函数及其傅里叶变换的幅度

9.2.4　Daubechies 小波正交基

　　上面提到的小波正交基中,Haar 小波基具有紧支撑集,而 Battle-Lemarie 小波基则不具备,还有很多小波基也不具有紧支撑集.由于小波的紧支撑集特性对其应用具有重要意义,使得形成一套构造紧支撑的正交小波基的方法十分必要.正是在这种情况下,Daubechies 等把多分辨分析法作了进一步的发展,形成了一套构造紧支撑正交小波基的方法.遗憾的是,所获得的标准正交小波基不能写成闭的解析形式,但是它们的图形可以通过一种"级连算法"的程序计算到任意高的精度.

　　构造紧支撑的小波的关键是构造出紧支撑的正交尺度函数 $\varphi(x)$.按照 Daubechies 的方法,$\varphi(x)$ 通过一个有限项的三角多项式 $m_0(\xi)$ 来表达出来它的傅里叶变换

$$\hat{\varphi}(\xi) = (2\pi)^{-\frac{1}{2}} \prod_{j=1}^{\infty} m_0(2^{-j}\xi), \tag{9.2.16}$$

其中

$$m_0(\xi) = \frac{1}{\sqrt{2}} \sum_{n=0}^{2N-1} g_n e^{-in\xi}. \tag{9.2.17}$$

对应不同的 N,可得不同的 $\varphi_N(x)$ 和 $\psi_N(x)$.由此可以看出,φ_N 和 ψ_N 由系数序列 $\{g_n\}_{n=0}^{2N-1}$ 完全确定.可以证明,当 $N=1$ 时,φ_N 和 ψ_N 退化为 Haar 尺度函数和小波母函数.Daubechies 小波基不仅具有 Haar 小波的正交性和紧支撑性,更具有连续性.但是,除 Haar 小波外,φ_N 和 ψ_N($N>1$)没有解析表达式,而由系数 $\{g_n\}$ 确定它们的一切.

　　当 $N=2\sim10$ 时,$\{g_n\}$ 的值由表 9.1 给出,而相应的一些图形则由图 9.6 给出.由图可以看出,Daubechies 小波不具对称性.理论已证明,实的正交、紧支撑的小波,只有 Haar 系是对称的.此外,ψ_N 的消失矩为 N,而 φ_N 和 ψ_N 的支撑集长度为 $2N-1$.

表 9.1　低通滤波系数 g_n 数值计算表

	n	g_n		n	g_n
$N=2$	0	.482 962 913 144 534 1	$N=8$	0	.054 415 842 243 107 2
	1	.836 516 303 737 807 7		1	.312 871 590 914 316 6
	2	.224 143 868 042 013 4		2	.675 630 736 297 319 5
	3	−.129 409 522 551 260 3		3	.585 354 683 654 215 9
$N=3$	0	.332 670 552 950 082 5		4	−.015 829 105 256 382 3
	1	.806 891 509 311 092 4		5	−.284 015 542 961 582 4
	2	.459 877 502 118 491 4		6	.000 472 484 573 912 4
	3	−.135 011 020 010 254 6		7	.128 747 426 620 489 3
	4	−.085 441 273 882 026 7		8	−.017 369 301 001 809 0
	5	.035 226 291 885 709 5		9	−.044 088 253 930 797 1
$N=4$	0	.230 377 813 308 896 4		10	.013 981 027 917 400 1
	1	.714 846 570 552 915 4		11	.008 746 094 047 406 5
	2	.630 880 767 939 858 7		12	−.004 870 352 993 452 0
	3	−.027 983 769 416 859 9		13	−.000 391 740 373 377 0
	4	−.187 034 811 719 093 1		14	.000 675 449 406 450 6
	5	.030 841 381 835 560 7		15	−.000 117 476 784 124 8
	6	.032 883 011 666 885 2	$N=9$	0	.038 077 947 363 877 8
	7	−.010 597 401 785 069 0		1	.243 834 674 612 585 8
$N=5$	0	.160 102 397 974 192 9		2	.604 823 123 690 095 5
	1	.603 829 269 797 189 5		3	.657 288 078 051 273 6
	2	.724 308 528 437 772 6		4	.133 197 385 824 988 3
	3	.138 428 145 901 320 3		5	−.293 273 783 279 166 3
	4	−.242 294 887 066 382 3		6	−.096 840 783 222 949 2
	5	−.032 244 869 584 638 1		7	.148 540 749 338 125 6
	6	.077 571 493 840 045 9		8	.030 725 681 479 338 5
	7	−.006 241 490 212 798 3		9	−.067 632 829 061 327 9
	8	−.012 580 751 999 082 0		10	.000 250 947 114 834 0
	9	.003 335 725 285 473 8		11	.022 361 662 123 679 8
$N=6$	0	.111 540 743 350 109 5		12	−.004 723 204 757 751 8
	1	.494 623 890 398 453 3		13	−.004 281 503 682 463 5
	2	.751 133 908 021 095 9		14	.001 847 646 883 056 3
	3	.315 250 351 709 198 2		15	.000 230 385 763 523 2
	4	−.226 264 693 965 440 0		16	−.000 251 963 188 942 7
	5	−.129 766 867 567 262 5		17	.000 039 347 320 316 3
	6	.097 501 605 587 322 5	$N=10$	0	.026 670 057 900 547 3
	7	.027 522 865 530 305 3		1	.188 176 800 077 634 7
	8	−.031 582 039 317 486 2		2	.527 201 188 931 575 7
	9	.000 553 842 201 161 4		3	.688 459 039 453 436 3
	10	.004 777 257 510 945 5		4	.281 172 343 660 571 5
	11	−.001 077 301 085 308 5		5	−.249 846 424 327 159 8
$N=7$	0	.007 852 054 085 003 7		6	−.195 946 274 377 286 2
	1	.396 539 319 481 891 2		7	.127 369 340 335 754 1
	2	.729 132 090 846 195 7		8	.093 057 364 603 554 7
	3	.469 782 287 405 188 9		9	−.071 394 147 166 350 1
	4	−.143 906 003 928 521 2		10	−.029 457 536 821 839 9
	5	−.224 036 184 993 841 2		11	.033 212 674 059 361 2
	6	.071 309 219 266 827 2		12	.003 606 553 566 987 0
	7	.080 612 609 151 077 4		13	−.010 733 175 483 300 7
	8	−.038 029 936 935 010 4		14	.001 395 251 747 068 8
	9	−.016 574 541 630 665 5		15	.001 992 405 295 192 5
	10	.012 550 998 556 098 6		16	−.000 685 856 694 956 4
	11	.000 429 577 972 921 4		17	−.000 116 466 855 128 5
	12	−.001 801 640 704 047 3		18	.000 093 588 670 320 2
	13	.000 353 713 799 974 5		19	−.000 013 264 202 894 5

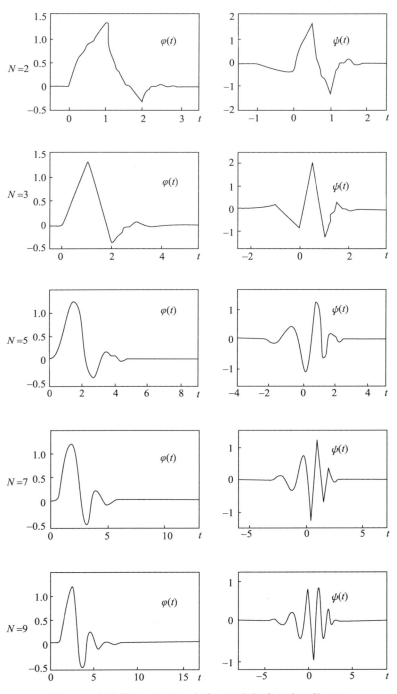

图 9.6　各阶的 Daubechies 小波 $\psi(t)$ 和相应尺度函数 $\varphi(t)$

§9.3　基于 Haar 小波基的时域多分辨分析法[56,60]

虽然时域有限差分法具有非常突出的优越性,但由于存在数值色散,用于电大目标(目标尺度远大于入射波波长)时会导致明显的误差.此外,由于整个计算空间的离散化使得所需的网格数目巨大,尽管时域有限差分方法的计算复杂度相对最低,但所需的存储空间和 CPU 时间仍然非常可观,以致很多复杂的电磁场问题在当代计算机技术水平上仍无法解决.

为了提高时域有限差分法的计算效率并满足各种需要,人们对其进行了各种改进,其中之一就是局部网格细化技术.采用这种技术的目的在于,在提高计算精度的同时又不过多地增加对计算机的要求,基本做法是对场量变化较快或几何结构需精确模拟的区域进行网格细分.这种方法完全是在时域有限差分法的原有框架内进行的,在算法上没有新意.

20 世纪 90 年代,一种用于电磁场计算的所谓时域多分辨分析(MRTD)法被提出来[113],该方法将电磁场用多分辨分析的尺度函数和小波函数作为基函数展开,并用伽辽金法对麦克斯韦旋度方程进行离散,构成一种既与时域有限差分法有关又具有更深刻意义的全新的时域方法.时域多分辨分析法给出了一个新的统一的理论构形,将时域有限差分法与其他电磁场的分析方法联系起来,从而使复杂的电磁场问题对计算机存储空间和 CPU 时间的要求降低了一个数量级.这是因为与传统的时域有限差分法相比,在相同的精度水平上,时域多分辨分析法所用的网格可以更粗些,只在所需的区域选用更高的分辨率.事实上,传统的时域有限差分法只不过是在时域多分辨分析法中将小波基函数换成矩形脉冲的特殊情况.

应用局部网格细化技术的时域有限差分法在计算细化区域的边界场时,会用到非细化区域中不存在的场值,作插值计算时会引入误差,而时域多分辨分析法无需对初始网格进行细化.在小波基函数中,场量的展开系数由检验函数在每个网格点进行计算,通过在每个初始网格点利用更高阶的展开基函数而达到高分辨率.在每个网格点的展开系数与其邻近网格点的系数有关,但该系数在不需要对场进行高分辨描述的区域中足够小,完全可以忽略,而这对高分辨区域边界及其内部的系数没有影响.因此,时域多分辨分析法提供了一种终止高分辨区域的严格的方法,作为决定是否需要高分辨的检验函数,当小波系数较大时,对高分辨的小波系数进行计算,较小时则被忽略,小波系数的计算不再继续.在这种方法的计算中,高分辨区域自适应地改变,小波系数提供低一阶分辨率水平上场的空间变化率和时间变化率的信息.

时域多分辨分析的展开基函数可只用尺度函数,称为 S-MRTD,也可与小波函数混合使用,这时称为 W-MRTD.

9.3.1　Haar 尺度函数多分辨分析和 FDTD

为了说明时域多分辨分析与时域有限差分法之间的关系,考虑由 Haar 尺度函数作为基函数时所形成的 MRTD 方程. 为简单起见,把展开的对象限制为在无耗无源均匀媒质中沿 x 方向传播的电磁波所满足的麦克斯韦方程

$$\frac{\partial E_z}{\partial t} = \frac{1}{\varepsilon}\frac{\partial H_y}{\partial x}, \quad \frac{\partial H_y}{\partial t} = \frac{1}{\mu}\frac{\partial E_z}{\partial x}. \tag{9.3.1}$$

时间离散函数用 $h(t)$ 表示,Haar 尺度函数仍用 $\varphi(x)$ 表示,但与 $h(t)$ 有类似的形式,分别为具有宽度 Δt 和 Δx 的单位矩形脉冲. 基函数由 $h(t)$ 和 $\varphi(x)$ 平移构成,其形式为

$$h_k(t) = h\left(\frac{t}{\Delta t} - k\right), \tag{9.3.2}$$

$$k, m \in Z,$$

$$\varphi_m^0(x) = \varphi^0\left(\frac{x}{\Delta x} - m\right). \tag{9.3.3}$$

其中

$$h(t) = \begin{cases} 1, & |t| < \frac{1}{2}, \\ \frac{1}{2}, & |t| = \frac{1}{2}, \\ 0, & |t| > \frac{1}{2}, \end{cases} \tag{9.3.4}$$

而 φ^0 的上角标表示只用零级[相当于式(9.2.1)中 $j=0$].

按照 MRTD 的习惯表示方法. 可把场量依上述基函数展开为

$$E_z(x,t) = \sum_{k,m} E_{k+\frac{1}{2},m}^{\varphi^0} h_{k+\frac{1}{2}}(t)\varphi_m^0(x),$$

$$H_y(x,t) = \sum_{k,m} H_{k,m+\frac{1}{2}}^{\varphi^0} h_k(t)\varphi_{m+\frac{1}{2}}^0(x), \tag{9.3.5}$$

其中角标 φ^0 表示是对零级尺度函数的展开系数.

把展开式(9.3.5)代入方程(9.3.1)的第一式,并利用伽辽金法进行离散,即可得到

$$\iint_{-\infty}^{\infty} \left[\sum_{k,m} E_{k+\frac{1}{2},m}^{\varphi^0}\varphi_m^0(x)\frac{\partial}{\partial t}h_{k+\frac{1}{2}}(t)\right] h_{k'}(t)\varphi_{m'}^0(x)\mathrm{d}x\mathrm{d}t$$

$$= \frac{1}{\varepsilon}\iint_{-\infty}^{\infty} \left[\sum_{k,m} H_{k+\frac{1}{2},m}^{\varphi^0} h_k(t)\frac{\partial}{\partial x}\varphi_{m+\frac{1}{2}}^0(x)\right] h_{k'}(t)\varphi_m^0(x)\mathrm{d}x\mathrm{d}t. \tag{9.3.6}$$

根据表达式(9.3.4)容易证明函数 $h_k(t)$ 具有以下性质:

$$\int_{-\infty}^{\infty} h_k(t)h_l(t)\mathrm{d}t = \int_{-\infty}^{\infty} h(\tau - k)h(\tau - l)\Delta t\mathrm{d}\tau = (\Delta t)\delta_{k,l}. \tag{9.3.7}$$

$$\int_{-\infty}^{\infty} h_k(t) \frac{\partial}{\partial t} h_{k'+\frac{1}{2}}(t) \, dt$$

$$= \int_{-\infty}^{\infty} h\left(\frac{t}{\Delta t} - k\right) \frac{\partial}{\partial t} h\left[\frac{t}{\Delta t} - \left(k' + \frac{1}{2}\right)\right] dt$$

$$= \int_{-\infty}^{\infty} h\left(\frac{t}{\Delta t} - k\right) \frac{\partial}{\partial t} \left\{ u\left[\frac{t}{\Delta t} - \left(k' + \frac{1}{2}\right) + \frac{1}{2}\right] - u\left[\frac{t}{\Delta t} - \left(k' + \frac{1}{2}\right) - \frac{1}{2}\right] \right\} dt$$

$$= \int_{-\infty}^{\infty} h\left(\frac{t}{\Delta t} - k\right) \frac{1}{\Delta t} \left\{ \delta\left(\frac{t}{\Delta t} - k'\right) - \delta\left[\frac{t}{\Delta t} - (k'+1)\right] \right\} dt$$

$$= \delta_{k,k'} - \delta_{k,k'+1}. \tag{9.3.8}$$

由于已设定 $\varphi(x)$ 与 $h(t)$ 具有相同的形式,故 $\varphi_m^0(x)$ 也具有如式(9.3.7)和 (9.3.8)的性质,只需把变量 t 变为 x 就可以了. 利用这些性质,可由式(9.3.6)得到

$$\Delta x \sum_k E_{k+\frac{1}{2},m}^{\varphi^0} (\delta_{k',k} - \delta_{k',k+1}) = \frac{\Delta t}{\varepsilon} \sum_m H_{k,m+\frac{1}{2}}^{\varphi^0} (\delta_{m',m} - \delta_{m',m+1})$$

而且进一步可得

$$E_{k+\frac{1}{2},m}^{\varphi^0} = E_{k-\frac{1}{2},m}^{\varphi^0} + \frac{\Delta t}{\varepsilon \Delta x} (H_{k,m+\frac{1}{2}}^{\varphi^0} - H_{k,m-\frac{1}{2}}^{\varphi^0}). \tag{9.3.9}$$

类似地,把展开式(9.3.5)代入式(9.3.1)的第二式,并且将 $h_{k'+\frac{1}{2}}(t)$ 和 $\varphi_{m'+\frac{1}{2}}^0(x)$ 作检验函数的伽辽金法,可以得到

$$H_{k+1,m+\frac{1}{2}}^{\varphi^0} = H_{k,m+\frac{1}{2}}^{\varphi^0} + \frac{\Delta t}{\mu \Delta x} (E_{k+\frac{1}{2},m+1}^{\varphi^0} - E_{k+\frac{1}{2},m}^{\varphi^0}). \tag{9.3.10}$$

这样的结果构成一个步进的递推关系. 为了对比,并进一步理解这些方程的意义,把传统的 FDTD 法中的中心差分近似用于方程(9.3.1),且仍用 FDTD 中的惯用符号,就可得到

$$E_z^{k+\frac{1}{2}}(m) = E_z^{k-\frac{1}{2}}(m) + \frac{\Delta t}{\varepsilon \Delta x} \left[H_y^k\left(m + \frac{1}{2}\right) - H_y^k\left(m - \frac{1}{2}\right) \right], \tag{9.3.11}$$

$$H_y^{k+1}\left(m + \frac{1}{2}\right) = H_y^k\left(m + \frac{1}{2}\right) + \frac{\Delta t}{\mu \Delta x} \left[E_z^{k+\frac{1}{2}}(m+1) - E_z^{k+\frac{1}{2}}(m) \right]. \tag{9.3.12}$$

分别把式(9.3.9)和式(9.3.10)与式(9.3.11)和式(9.3.12)进行对比不难发现,两者具有完全一样的格式. 由 FDTD 中各量的含义可知,$E_{k,m}^{\varphi^0}$ 可理解为电场 E_z 在网格 m 处 k 时间步的取值,而 $H_{k,m}^0$ 则是磁场 H_y 在网格 m 处 k 时间步的取值. 这一结果说明,时域多分辨分析法和时域有限差分法在原理上是相通的,时域有限差分法只是时域多分辨分析法的一种最简单的特殊情况. 如果在展开式中采用高阶的尺度函数,就可得到高阶的时域有限差分法. 如果在展开式中增加小波基函数,就能得到更复杂但也更精确的电磁场的时域算法.

9.3.2　基于 Haar 单阶小波的一维时域多分辨分析法

用 Haar 尺度函数和小波函数作为正交基的时域多分辨分析法具有简单的形式. 由于 Haar 尺度函数和小波函数具有有限的支撑集, 大大有利于时域多分辨分析法的执行, 使得就入射波而言, 对吸收边界条件及非均匀媒质的处理相对简单. 基于 Haar 小波基的时域多分辨分析法的计算流程类似于应用局部细化网格结构的时域有限差分法. 后者可在某些特殊的电磁场问题中得到有效的应用, 但为了防止不稳定性, 需采取某种经验性的、往往不具有一般性的修正. 相比之下, 时域多分辨分析法在一种稳定的结构中提供了完全不同的严格的算法.

为了便于理解, 首先对一维电磁场问题的时域多分辨分析法进行阐述, 然后再推广到二维和三维问题. 而且, 首先分析单一分辨率的问题, 然后再推广到多分辨率. 假设考虑的是均匀媒质空间, 分别用 Δx 和 Δt 表示空间和时间的离散步长, 时间离散函数用 $h(t)$ 表示, 尺度函数为 $\varphi(x)$, 小波母函数 $\psi(x)$ 由式 (9.2.6) 和 (9.2.7) 给出. $h_k(t)$ 和 $\varphi_m^0(x)$ 仍如式 (9.3.2) 和 (9.3.3) 所示, 而 $\psi_m(x)$ 则由下式给出

$$\psi_m(x) = \psi\left(\frac{x}{\Delta x} - m\right), \tag{9.3.13}$$

式中没有指明小波函数的等级, 其对任何单一等级都是成立的 [以下用到的是 $\varphi_m^0(x)$]. 应用对象仍如式 (9.3.1) 所表示的在无耗无源均匀媒质空间中, 沿 x 轴传播的电磁波满足的麦克斯韦旋度方程.

将电磁场各分量分别按以下形式展开, 即

$$E_z(x,t) = \sum_{k,m}\left[E_{k,m}^{\varphi^0}h_k(t)\varphi_m^0(x) + E_{k,m}^{\psi^0}h_k(t)\psi_m^0(x)\right], \tag{9.3.14}$$

$$H_y(x,t) = \sum_{k,m}\left[H_{k,m}^{\varphi^0}h_{k+\frac{1}{2}}(t)\varphi_{m+\frac{1}{4}}^0(x) + H_{k,m}^{\psi^0}h_{k+\frac{1}{2}}(t)\psi_{m+\frac{1}{4}}^0(x)\right], \tag{9.3.15}$$

并代入方程 (9.3.1), 然后利用伽辽金法. 考虑到尺度函数和小波函数的正交性, 不难得到单阶小波的时域多分辨分析方程

$$E_{k+1,m}^{\varphi^0} = E_{k,m}^{\varphi^0} + \frac{\Delta t}{\varepsilon\,\Delta x}(H_{k,m}^{\varphi^0} - H_{k,m}^{\psi^0} - H_{k,m-1}^{\varphi^0} + H_{k,m-1}^{\psi^0}), \tag{9.3.16}$$

$$E_{k+1,m}^{\psi^0} = E_{k,m}^{\psi^0} + \frac{\Delta t}{\varepsilon\,\Delta x}(H_{k,m}^{\varphi^0} + 3H_{k,m}^{\psi^0} - H_{k,m-1}^{\varphi^0} + H_{k,m-1}^{\psi^0}), \tag{9.3.17}$$

$$H_{k,m}^{\varphi^0} = H_{k-1,m}^{\varphi^0} + \frac{\Delta t}{\mu\,\Delta x}(E_{k,m+1}^{\varphi^0} + E_{k,m+1}^{\psi^0} - E_{k,m}^{\varphi^0} - E_{k,m}^{\psi^0}), \tag{9.3.18}$$

$$H_{k,m}^{\psi^0} = H_{k-1,m}^{\psi^0} + \frac{\Delta t}{\mu\,\Delta x}(-E_{k,m+1}^{\varphi^0} - E_{k,m+1}^{\psi^0} + E_{k,m}^{\varphi^0} - 3E_{k,m}^{\psi^0}), \tag{9.3.19}$$

其中 k 表示时间离散点的编号, m 表示沿 x 轴的空间离散点的编号, 上角标表示相应的空间展开函数. 如上面所证明的, 如果在形如式 (9.3.14) 和 (9.3.15) 的

空间函数中只包含尺度函数,则由方程(9.3.16)~(9.3.19)可精确地得到一维时域有限差分方程.这正说明,经典的时域有限差分法可以看成是时域多分辨分析法的一种特例.进一步观察可以发现,现在导出的方程与以 $\Delta x/2$ 为空间步长的时域有限差分格式等效.

图 9.7 分别描述了时域多分辨分析法和时域有限差分法中的电场展开项,其中上角标 Y 表示 Yee 氏网格中用时域有限差分法计算的场量.在 Yee 氏网格中,时域有限差分方程可改写为

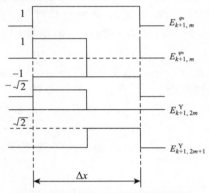

图 9.7 时域多分辨分析法和时域有限差分法中的电场展开项

$$E^{\mathrm{Y}}_{k+1,2m} = E^{\mathrm{Y}}_{k,2m} + \frac{2\Delta t}{\varepsilon \Delta x}(H^{\mathrm{Y}}_{k,2m} - H^{\mathrm{Y}}_{k,2m-1}), \tag{9.3.20}$$

$$E^{\mathrm{Y}}_{k+1,2m+1} = E^{\mathrm{Y}}_{k,2m+1} + \frac{2\Delta t}{\varepsilon \Delta x}(H^{\mathrm{Y}}_{k,2m+1} - H^{\mathrm{Y}}_{k,2m}), \tag{9.3.21}$$

$$H^{\mathrm{Y}}_{k,2m} = H^{\mathrm{Y}}_{k-1,2m} + \frac{2\Delta t}{\mu \Delta x}(E^{\mathrm{Y}}_{k,2m+1} - E^{\mathrm{Y}}_{k,2m}), \tag{9.3.22}$$

$$H^{\mathrm{Y}}_{k,2m+1} = H^{\mathrm{Y}}_{k-1,2m+1} + \frac{2\Delta t}{\mu \Delta x}(E^{\mathrm{Y}}_{k,2m+2} - E^{\mathrm{Y}}_{k,2m+1}). \tag{9.3.23}$$

经以下替换,两种差分格式的等效性将更加明显:

$$E^{\varphi^0}_{k,m} = \frac{1}{\sqrt{2}}(E^{\mathrm{Y}}_{k,2m} + E^{\mathrm{Y}}_{k,2m+1}), \tag{9.3.24}$$

$$E^{\psi^0}_{k,m} = \frac{1}{\sqrt{2}}(E^{\mathrm{Y}}_{k,2m} - E^{\mathrm{Y}}_{k,2m+1}), \tag{9.3.25}$$

$$H^{\varphi^0}_{k,m} = \frac{1}{\sqrt{2}}(H^{\mathrm{Y}}_{k,2m} + H^{\mathrm{Y}}_{k,2m+1}), \tag{9.3.26}$$

$$H^{\psi^0}_{k,m} = \frac{1}{\sqrt{2}}(H^{\mathrm{Y}}_{k,2m} - H^{\mathrm{Y}}_{k,2m+1}). \tag{9.3.27}$$

9.3.3 基于 Haar 多阶小波的一维时域多分辨分析法

将单阶小波的一维时域多分辨分析法推广到包含任意多阶小波的一般情况,对每阶小波函数都可按以上方式单独推导,因为在式(9.3.13)中并没有限定小波函数的等级. 但是,随着小波级数的增加,计算变得越来越复杂,因此需要一种新的表示方法使方程更加紧凑.

很容易发现,方程(9.3.16)~(9.3.19)可以等效地表示成以下两个矩阵方程

$$\begin{bmatrix} E_{k+1,m}^{\varphi^0} \\ E_{k+1,m}^{\psi^0} \end{bmatrix} = \begin{bmatrix} E_{k,m}^{\varphi^0} \\ E_{k,m}^{\psi^0} \end{bmatrix} + \frac{\Delta t}{\varepsilon \Delta x} \begin{bmatrix} -1 & 1 & 1 & -1 \\ -1 & 1 & 1 & 3 \end{bmatrix} \begin{bmatrix} H_{k,m-1}^{\varphi^0} \\ H_{k,m}^{\varphi^0} \\ H_{k,m-1}^{\psi^0} \\ H_{k,m}^{\psi^0} \end{bmatrix}, \quad (9.3.28)$$

$$\begin{bmatrix} H_{k,m}^{\varphi^0} \\ H_{k,m}^{\psi^0} \end{bmatrix} = \begin{bmatrix} H_{k-1,m}^{\varphi^0} \\ H_{k-1,m}^{\psi^0} \end{bmatrix} + \frac{\Delta t}{\mu \Delta x} \begin{bmatrix} -1 & 1 & -1 & 1 \\ 1 & -1 & -3 & -1 \end{bmatrix} \begin{bmatrix} E_{k,m}^{\varphi^0} \\ E_{k,m+1}^{\varphi^0} \\ E_{k,m}^{\psi^0} \\ E_{k,m+1}^{\psi^0} \end{bmatrix}. \quad (9.3.29)$$

若在整个计算空间中所用到的小波函数的最高等级为 N,而空间离散点 m 处用到的小波函数的最高等级为 $L+1$,则一般形式的时域多分辨分析方程可写为

$$[E_{k+1,m}^{L+1}] = [E_{k,m}^{L+1}] + \frac{\Delta t}{\varepsilon \Delta x} \boldsymbol{A}_{\mathrm{e}}^{L+1} [H_{k,m-1,m}^{L+1}], \quad (9.3.30)$$

$$[H_{k,m}^{L+1}] = [H_{k-1,m}^{L+1}] + \frac{\Delta t}{\mu \Delta x} \boldsymbol{A}_{\mathrm{h}}^{L+1} [E_{k,m,m+1}^{L+1}], \quad (9.3.31)$$

其中

$$[E_{k,m}^{L+1}] = [E_{k,m}^{\varphi^{0,0}}, E_{k,m}^{\psi^{0,0}}, E_{k,m}^{\psi^{1,0}}, E_{k,m}^{\psi^{1,1}}, \cdots, E_{k,m}^{\psi^{L,0}}, \cdots, E_{k,m}^{\psi^{L,2^L-1}}]^{\mathrm{T}}, \quad (9.3.32)$$

$$[H_{k,m-1,m}^{L+1}] = [H_{k,m}^{\varphi^{0,-1}}, H_{k,m}^{\varphi^{0,0}}, H_{k,m}^{\psi^{0,-1}}, H_{k,m}^{\psi^{0,0}}, \cdots, H_{k,m}^{\psi^{L,-2^L}}, \cdots, H_{k,m}^{\psi^{L,2^L-1}}]^{\mathrm{T}}, \quad (9.3.33)$$

$$[E_{k,m,m+1}^{L+1}] = [E_{k,m}^{\varphi^{0,0}}, E_{k,m}^{\varphi^{0,1}}, E_{k,m}^{\psi^{0,0}}, E_{k,m}^{\psi^{0,1}}, \cdots, E_{k,m}^{\psi^{L,0}}, \cdots, E_{k,m}^{\psi^{L,2^{L+1}-1}}]^{\mathrm{T}}, \quad (9.3.34)$$

$$[H_{k,m}^{L+1}] = [H_{k,m}^{\varphi^{0,0}}, H_{k,m}^{\psi^{0,0}}, H_{k,m}^{\psi^{1,0}}, H_{k,m}^{\psi^{1,1}}, \cdots, H_{k,m}^{\psi^{L,0}}, \cdots, H_{k,m}^{\psi^{L,2^L-1}}]^{\mathrm{T}}, \quad (9.3.35)$$

在以上各式中,尺度函数和小波函数分别表示为

$$\varphi^{n,i}(x) = 2^{\frac{n}{2}} \varphi^0(2^n x - i), \quad \psi^{n,i}(x) = 2^{\frac{n}{2}} \psi^0(2^n x - i), \quad (9.3.36)$$

其中 n 表示尺度函数和小波函数的等级,i 表示空间平移量. A_{e}^{L+1} 和 A_{h}^{L+1} 均为 $2^{L+1} \times 2^{L+2}$ 阶矩阵,其元素由以下积分给定

$$\int \frac{\partial \varphi_m^{n,i}(x)}{\partial x} \varphi_m^{p,j}(x \pm 2^{-N-1}) \mathrm{d}x, \quad (9.3.37)$$

$$\int \frac{\partial \psi_m^{n,i}(x)}{\partial x} \psi_m^{p,j}(x \pm 2^{-N-1}) \mathrm{d}x, \tag{9.3.38}$$

其中 N 为在计算域中小波阶数的最大值. 例如,当 $L=1$ 时,小波函数最高等级为 2 阶,这时有

$$\boldsymbol{A}_e^2 = \begin{bmatrix} -1 & 1 & 1 & -1 & 0 & 0 & \sqrt{2} & -\sqrt{2} \\ -1 & 1 & 1 & 3 & 0 & -2\sqrt{2} & \sqrt{2} & \sqrt{2} \\ -\sqrt{2} & \sqrt{2} & \sqrt{2} & \sqrt{2} & 0 & 6 & 2 & 0 \\ 0 & 0 & 0 & -2\sqrt{2} & 0 & 2 & 0 & 6 \end{bmatrix}, \tag{9.3.39}$$

$$\boldsymbol{A}_h^2 = \begin{bmatrix} -1 & 1 & -1 & 1 & -\sqrt{2} & \sqrt{2} & 0 & 0 \\ 1 & -1 & -3 & -1 & -\sqrt{2} & -\sqrt{2} & 2\sqrt{2} & 0 \\ 0 & 0 & 2\sqrt{2} & 0 & -6 & 0 & -2 & 0 \\ \sqrt{2} & -\sqrt{2} & -\sqrt{2} & -\sqrt{2} & 0 & -2 & -6 & 0 \end{bmatrix}. \tag{9.3.40}$$

9.3.4　二维和三维时域多分辨分析法的推广

将上述方法推广到二维和三维电磁场问题,不存在原则上的困难,只需选择适当的 Haar 尺度函数和小波函数的组合构造基函数. 在二维问题中,时间离散函数仍选用 $h_k(t)$,只需对坐标 x 和 y 分别离散化. 如果只用一阶小波,则可选择以下几种基函数的组合

$$h_k(t)\varphi_m(x)\varphi_n(y), \quad h_k(t)\psi_m(x)\varphi_n(y),$$
$$h_k(t)\varphi_m(x)\psi_n(y), \quad h_k(t)\psi_m(x)\psi_n(y),$$

其中 m 和 n 为整数,分别表示沿 x 轴和 y 轴的空间离散点的编号. 以上函数的平移表达式仍可由式(9.3.2),(9.3.3)和(9.3.13)给出.

以 TM 波为例, E_z 分量可展开为

$$E_z(x,y,t) = \sum_{k,m,n} \left[E_{z,k,m,n}^{\varphi_x\varphi_y} h_k(t)\varphi_m(x)\varphi_n(y) + E_{z,k,m,n}^{\psi_x\varphi_y} h_k(t)\psi_m(x)\varphi_n(y) \right.$$
$$\left. + E_{z,k,m,n}^{\varphi_x\psi_y} h_k(t)\varphi_m(x)\psi_n(y) + E_{z,k,m,n}^{\psi_x\psi_y} h_k(t)\psi_m(x)\psi_n(y) \right], \tag{9.3.41}$$

将上式代入无耗无源均匀媒质中的麦克斯韦旋度方程的分量式

$$\frac{\partial H_y}{\partial t} = \frac{1}{\mu} \frac{\partial E_z}{\partial x}, \quad \frac{\partial H_x}{\partial t} = -\frac{1}{\mu} \frac{\partial E_z}{\partial y}, \tag{9.3.42}$$

仍利用伽辽金法,则可得到 H_y 满足的一组方程

$$H_{y,k,m,n}^{\varphi_x\varphi_y} = H_{y,k-1,m,n}^{\varphi_x\varphi_y} + \frac{\Delta t}{\mu\Delta x}(E_{z,k,m+1,n}^{\varphi_x\varphi_y} + E_{z,k,m+1,n}^{\psi_x\varphi_y} - E_{z,k,m,n}^{\varphi_x\varphi_y} - E_{z,k,m,n}^{\psi_x\varphi_y}), \tag{9.3.43}$$

$$H_{y,k,m,n}^{\psi_x\varphi_y} = H_{y,k-1,m,n}^{\psi_x\varphi_y} - \frac{\Delta t}{\mu\Delta x}(E_{z,k,m+1,n}^{\varphi_x\varphi_y} + E_{z,k,m+1,n}^{\psi_x\varphi_y} - E_{z,k,m,n}^{\varphi_x\varphi_y} + 3E_{z,k,m,n}^{\psi_x\varphi_y}), \tag{9.3.44}$$

$$H_{y,k,m,n}^{\varphi_x\psi_y} = H_{y,k-1,m,n}^{\varphi_x\psi_y} + \frac{\Delta t}{\mu\Delta x}(E_{z,k,m+1,n}^{\varphi_x\psi_y} + E_{z,k,m+1,n}^{\psi_x\psi_y} - E_{z,k,m,n}^{\varphi_x\psi_y} - E_{z,k,m,n}^{\psi_x\psi_y}),$$

$$(9.3.45)$$

$$H_{y,k,m,n}^{\psi_x\psi_y} = H_{y,k-1,m,n}^{\psi_x\psi_y} - \frac{\Delta t}{\mu\Delta x}(E_{z,k,m+1,n}^{\varphi_x\psi_y} + E_{z,y,k,m+1,n}^{\psi_x\psi_y} - E_{z,k,m,n}^{\varphi_x\psi_y} + 3E_{z,k,m,n}^{\psi_x\psi_y}).$$

$$(9.3.46)$$

类似地, 可得到 H_x 满足的方程.

在三维问题中, 可选用以下几种基函数的组合

$$h_k(t)\varphi_m(x)\varphi_n(y)\varphi_l(z), \quad h_k(t)\varphi_m(x)\varphi_n(y)\psi_l(z),$$
$$h_k(t)\varphi_m(x)\psi_n(y)\varphi_l(z), \quad h_k(t)\psi_m(x)\varphi_n(y)\varphi_l(z),$$
$$h_k(t)\varphi_m(x)\psi_n(y)\psi_l(z), \quad h_k(t)\psi_m(x)\varphi_n(y)\psi_l(z),$$
$$h_k(t)\psi_m(x)\psi_n(y)\varphi_l(z), \quad h_k(t)\psi_m(x)\psi_n(y)\psi_l(z),$$

文献[56]中给出了其中一种具体的展开形式.

§9.4　基于 Battle-Lemarie 小波基的时域多分辨分析法[55]

事实上, 时域多分辨分析法最早被提出时用的是 Battle-Lemarie 小波基, 更确切地说, 是三次样条 Battle-Lemarie 小波基, 其尺度函数 $\varphi(x)$ 和小波母函数 $\psi(x)$ 及其傅里叶变换已在前面给出. 与 Haar 小波相比, Battle-Lemarie 小波的最大优点是其连续性. 正如上一节所显示的, 在时域多分辨分析法中, 将空间域的电磁场用尺度函数和小波函数作二重展开. 如果仅用尺度函数进行展开, 则只适用于对缓慢变化的电磁场进行精确的模拟, 称为 S-MRTD 法. 在场变化快或有奇异性的区域, 需要在展开函数中加入小波函数以增加空间离散点. 这种需要尺度函数和小波函数同时参与的时域多分辨分析法称为 W-MRTD 法. 对时间变量, 通常用脉冲函数作为展开函数和检验函数.

9.4.1　S-MRTD 格式

将无耗无源均匀媒质空间中的麦克斯韦旋度方程

$$\nabla \times \boldsymbol{H} = \varepsilon\frac{\partial \boldsymbol{E}}{\partial t}, \quad \nabla \times \boldsymbol{E} = -\mu\frac{\partial \boldsymbol{H}}{\partial t}, \qquad (9.4.1)$$

写成在直角坐标系中的六个分量式, 可以利用与前一小节中类似的方法——用 Battle-Lemarie 小波基作为尺度函数分别对其展开. 时域展开函数仍用如式 (9.3.2) 所示的 $h_k(t)$, 尺度函数改用 $\varphi_r(s)(s=x,y,z;r=l,m,n)$ 表示, 即

$$\varphi_r(s) = \varphi^0\left(\frac{s}{\Delta s} - r\right). \qquad (9.4.2)$$

方程 (9.4.1) 中场分量的展开式分别为

$$E_x(\boldsymbol{r},t) = \sum_{k,l,m,n} E_{x,k,l+\frac{1}{2},m,n}^{\varphi_x} h_k(t)\varphi_{l+\frac{1}{2}}(x)\varphi_m(y)\varphi_n(z), \qquad (9.4.3)$$

$$E_y(\boldsymbol{r},t) = \sum_{k,l,m,n}^{\infty} E_{y,k,l,m+\frac{1}{2},n}^{\varphi_y} h_k(t)\varphi_l(x)\varphi_{m+\frac{1}{2}}(y)\varphi_n(z), \tag{9.4.4}$$

$$E_z(\boldsymbol{r},t) = \sum_{k,l,m,n}^{\infty} E_{z,k,l,m,n+\frac{1}{2}}^{\varphi_z} h_k(t)\varphi_l(x)\varphi_m(y)\varphi_{n+\frac{1}{2}}(z), \tag{9.4.5}$$

$$H_x(\boldsymbol{r},t) = \sum_{k,l,m,n}^{\infty} H_{x,k+\frac{1}{2},l,m+\frac{1}{2},n+\frac{1}{2}}^{\varphi_x} h_{k+\frac{1}{2}}(t)\varphi_l(x)\varphi_{m+\frac{1}{2}}(y)\varphi_{n+\frac{1}{2}}(z), \tag{9.4.6}$$

$$H_y(\boldsymbol{r},t) = \sum_{k,l,m,n}^{\infty} H_{y,k+\frac{1}{2},l+\frac{1}{2},m,n+\frac{1}{2}}^{\varphi_y} h_{k+\frac{1}{2}}(t)\varphi_{l+\frac{1}{2}}(x)\varphi_m(y)\varphi_{n+\frac{1}{2}}(z), \tag{9.4.7}$$

$$H_z(\boldsymbol{r},t) = \sum_{k,l,m,n}^{\infty} H_{z,k+\frac{1}{2},l+\frac{1}{2},m+\frac{1}{2},n}^{\varphi_z} h_{k+\frac{1}{2}}(t)\varphi_{l+\frac{1}{2}}(x)\varphi_{m+\frac{1}{2}}(y)\varphi_n(z), \tag{9.4.8}$$

其中 $E_{k,l,m,n}^{\varphi_s}$ 和 $H_{k,l,m,n}^{\varphi_s}$ $(s=x,y,z)$ 为尺度函数的展开系数; k 和 l,m,n 分别为时间离散点的编号和沿 x 轴, y 轴, z 轴的空间离散点的编号, 表示为 $t=k\Delta t, x=l\Delta x, y=m\Delta y$ 和 $z=n\Delta z$, Δt 和 $\Delta x,\Delta y,\Delta z$ 分别为时间步长和空间步长.

为了获得展开系数所满足的方程, 仍然用伽辽金法. 积分中所用到的 $h_k(t)$ 的性质已由式(9.3.7)和(9.3.8)给出. 对尺度函数, 仍然有

$$\int_{-\infty}^{\infty} \varphi_m(x)\varphi_{m'}(x)\mathrm{d}x = (\Delta x)\delta_{m,m'}. \tag{9.4.9}$$

另外一个重要性质是

$$\int_{-\infty}^{\infty} \varphi_m(x)\frac{\partial}{\partial x}\varphi_{m'+\frac{1}{2}}(x)\mathrm{d}x$$

$$= \int_{-\infty}^{\infty}\left[\frac{1}{2\pi}\int_{-\infty}^{\infty}\hat{\varphi}(\omega)\mathrm{e}^{\mathrm{i}\omega m-\mathrm{i}\omega x}\mathrm{d}\omega\right]\left[\frac{1}{2\pi}\int_{-\infty}^{\infty}\frac{\partial}{\partial x}\hat{\varphi}(\omega')\mathrm{e}^{\mathrm{i}\omega'\left(m'+\frac{1}{2}\right)}\mathrm{e}^{-\mathrm{i}\omega'x}\mathrm{d}\omega'\right]\mathrm{d}x$$

$$= \iiint_{-\infty}^{\infty}\left[\frac{1}{2\pi}\mathrm{e}^{-\mathrm{i}x(\omega+\omega')}\right]\left[\frac{-\mathrm{i}\omega'}{2\pi}\hat{\varphi}(\omega')\hat{\varphi}(\omega)\mathrm{e}^{\mathrm{i}\omega m+\mathrm{i}\omega'\left(m'+\frac{1}{2}\right)}\right]\mathrm{d}x\mathrm{d}\omega\mathrm{d}\omega'$$

$$= \frac{1}{2\pi}\int_{-\infty}^{\infty}(\mathrm{i}\omega)\hat{\varphi}(\omega)\mathrm{e}^{\mathrm{i}\omega m}\hat{\varphi}(-\omega)\mathrm{e}^{-\mathrm{i}\omega\left(m'+\frac{1}{2}\right)}\mathrm{d}\omega$$

$$= \frac{1}{\pi}\int_0^{\infty}\omega|\hat{\varphi}(\omega)|^2\sin\left[\omega\left(m'-m+\frac{1}{2}\right)\right]\mathrm{d}\omega. \tag{9.4.10}$$

上式又可以表示成

$$\int_{-\infty}^{\infty}\varphi_m(x)\frac{\partial}{\partial x}\varphi_{m'+\frac{1}{2}}(x)\mathrm{d}x = \sum_{i=-\infty}^{\infty}a(i)\delta_{m+i,m'}, \tag{9.4.11}$$

其中

$$a(0) = \frac{1}{\pi}\int_0^{\infty}|\hat{\varphi}(\omega)|^2\omega\sin\frac{\omega}{2}\mathrm{d}\omega,$$

$$a(1) = \frac{1}{\pi}\int_0^{\infty}|\hat{\varphi}(\omega)|^2\omega\sin\frac{3}{2}\omega\mathrm{d}\omega,$$

$$a(2) = \frac{1}{\pi}\int_0^{\infty}|\hat{\varphi}(\omega)|^2\omega\sin\frac{5}{2}\omega\mathrm{d}\omega,$$

$$\vdots$$

系数 $a(i)$ 前九项的值列于表 9.2.

表 9.2　系数 $a(i)$ 前九项的值

i	$a(i)$	i	$a(i)$
0	1.291 846 2	5	−0.008 189 2
1	−0.156 076 1	6	0.004 378 8
2	0.059 639 1	7	−0.002 343 3
3	−0.029 309 9	8	0.001 254 2
4	0.015 371 6		

当 $i<0$ 时，$a(i)$ 的值可根据对称关系 $a(-1-i)=-a(i)$ 得到. Battle-Lemarie 尺度函数虽然不具有紧支集，却是指数衰减的，故 $a(i)$ 在 $i>8$ 时虽然不为零，但可以忽略. 因此，式(9.4.11)中的 i 可近似地取为一个不很大的值(例如 $i=8$). 利用以上性质，有

$$\int_{-\infty}^{\infty}\int_{-\infty}^{\infty}\int_{-\infty}^{\infty}\int_{-\infty}^{\infty}\frac{\partial E_x}{\partial t}\varphi_{l'+\frac{1}{2}}(x)\varphi_{m'}(y)\varphi_{n'}(z)h_{k'+\frac{1}{2}}(t)\mathrm{d}x\mathrm{d}y\mathrm{d}z\mathrm{d}t$$

$$=\sum_{k',l',m',n'=-\infty}^{\infty}E_{x,k',l'+\frac{1}{2},m',n'}^{\varphi_x}\delta_{l,l'}\delta_{m,m'}\delta_{n,n'}\left[\delta_{k+1,k'}-\delta_{k,k'}\right]\Delta x\Delta y\Delta z$$

$$=\left(E_{x,k+1,l+\frac{1}{2},m,n}^{\varphi_x}-E_{x,k,l+\frac{1}{2},m,n}^{\varphi_x}\right)\Delta x\Delta y\Delta z,\qquad(9.4.12)$$

$$\int_{-\infty}^{\infty}\int_{-\infty}^{\infty}\int_{-\infty}^{\infty}\int_{-\infty}^{\infty}\frac{\partial H_z}{\partial x}\varphi_{l'+\frac{1}{2}}(x)\varphi_{m'}(y)\varphi_{n'}(z)h_{k'+\frac{1}{2}}(t)\mathrm{d}x\mathrm{d}y\mathrm{d}z\mathrm{d}t$$

$$=\sum_{k',l',m',n'=-\infty}^{\infty}H_{z,k'+\frac{1}{2},l'+\frac{1}{2},m'+\frac{1}{2},n'}^{\varphi_z}\delta_{l,l'}\delta_{n,n'}\delta_{k,k'}\sum_{i=-9}^{8}a(i)\delta_{m+i,m'}\Delta x\Delta z\Delta t$$

$$=\sum_{i=-9}^{8}a(i)H_{z,k+\frac{1}{2},l+\frac{1}{2},m+i+\frac{1}{2},n}^{\varphi_z}\Delta x\Delta z\Delta t.\qquad(9.4.13)$$

对 $\frac{\partial H_y}{\partial z}$ 也可作类似处理. 由此，可从方程(9.4.1)的一个分量式

$$\frac{\partial H_z}{\partial y}-\frac{\partial H_y}{\partial z}=\varepsilon\frac{\partial E_x}{\partial t},\qquad(9.4.14)$$

得到 S-MRTD 方程

$$\frac{\varepsilon}{\Delta t}\left(E_{x,k+1,l+\frac{1}{2},m,n}^{\varphi_x}-E_{x,k,l+\frac{1}{2},m,n}^{\varphi_x}\right)$$

$$=\frac{1}{\Delta y}\sum_{i=-9}^{8}a(i)H_{z,k+\frac{1}{2},l+\frac{1}{2},m+i+\frac{1}{2},n}^{\varphi_z}-\frac{1}{\Delta z}\sum_{i=-9}^{8}a(i)H_{y,k+\frac{1}{2},l+\frac{1}{2},m,n+i+\frac{1}{2}}^{\varphi_z}.\qquad(9.4.15)$$

上式中所包含的电磁场的空间配置可以用与时域有限差分法中 Yee 氏网格单元类似的网格结构表示. 一个S-MRTD网格单元如图 9.8 所示. 但是，由于场的展开方法不同，在两种方法中的场分量是不同的. Yee 氏网格表示的是全部的

场,而 S-MRTD 网格表示的只是全部场的一部分. 类似地,还可以导出与方程 (9.4.1)中其他分量对应的 S-MRTD 方程,与方程(9.4.15)构成一套完整的 S-MRTD 格式. 特定空间离散点处的总场可由尺度函数展开而求得. 例如,总场区中的 $E_x(\boldsymbol{r}_0,t_0)=E_x(x_0,y_0,z_0,t_0)$ 可由下式给出

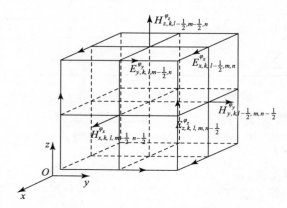

图 9.8　一个 S-MRTD 网格单元

$$E_x(\boldsymbol{r}_0,t_0)=\iiiint_{-\infty}^{\infty}E_x(\boldsymbol{r},t)\delta(x-x_0)\delta(y-y_0)\delta(z-z_0)\cdot\delta(t-t_0)\mathrm{d}x\mathrm{d}y\mathrm{d}z\mathrm{d}t$$

$$=\sum_{l,m,n=-\infty}^{\infty}E_{x,k,l+\frac{1}{2},m,n}^{\varphi_x}\varphi_{l+\frac{1}{2}}(x_0)\varphi_m(y_0)\varphi_n(z_0). \qquad (9.4.16)$$

由于 Battle-Lemarie 小波基的尺度函数的支集具有指数衰减特性,只需对上式中的求和式取有限的几项即可满足一定的计算精度.

9.4.2　W-MRTD 格式

　　如前所述,在 S-MRTD 法中加入小波函数就构成 W-MRTD 法,后者对场的描述更细致. 既然增加维度和提高小波函数分辨率只会增加表达式的复杂度,而不存在任何原则上的困难,为表述方便,只考虑在一个维度上加入一阶分辨率的小波函数. 假设小波函数只加在 y 轴上(称为 W_y-MRTD 格式),可用以下的展开式代替式(9.4.3)~(9.4.8),即

$$E_x(\boldsymbol{r},t)=\sum_{k,l,m,n}\left[E_{x,k,l+\frac{1}{2},m,n}^{\varphi_x}\varphi_m(y)+E_{x,k,l+\frac{1}{2},m+\frac{1}{2},n}^{\psi_x}\psi_{m+\frac{1}{2}}(y)\right]$$
$$\cdot h_k(t)\varphi_{l+\frac{1}{2}}(x)\varphi_n(z), \qquad (9.4.17)$$

$$E_y(\boldsymbol{r},t)=\sum_{k,l,m,n}\left[E_{y,k,l,m+\frac{1}{2},n}^{\varphi_y}\varphi_m(y)+E_{y,k,l,m,n}^{\psi_y}\psi_m(y)\right]$$
$$\cdot h_k(t)\varphi_l(x)\varphi_n(z), \qquad (9.4.18)$$

$$E_z(\boldsymbol{r},t) = \sum_{k,l,m,n} \left[E^{\varphi_z}_{z,k,l,m,n+\frac{1}{2}} \varphi_m(y) + E^{\psi_z}_{z,k,l,m+\frac{1}{2},n+\frac{1}{2}} \psi_{m+\frac{1}{2}}(y) \right]$$

$$\cdot h_k(t)\varphi_l(x)\varphi_{n+\frac{1}{2}}(z), \tag{9.4.19}$$

$$H_x(\boldsymbol{r},t) = \sum_{k,l,m,n} \left[H^{\varphi_x}_{x,k+\frac{1}{2},l,m+\frac{1}{2},n+\frac{1}{2}} \varphi_{m+\frac{1}{2}}(y) + H^{\psi_x}_{x,k+\frac{1}{2},l,m,n+\frac{1}{2}} \psi_m(y) \right]$$

$$\cdot h_{k+\frac{1}{2}}(t)\varphi_l(x)\varphi_{n+\frac{1}{2}}(z), \tag{9.4.20}$$

$$H_y(\boldsymbol{r},t) = \sum_{k,l,m,n} \left[H^{\varphi_y}_{y,k+\frac{1}{2},l+\frac{1}{2},m,n+\frac{1}{2}} \varphi_m(y) + H^{\psi_y}_{y,k+\frac{1}{2},l+\frac{1}{2},m+\frac{1}{2},n+\frac{1}{2}} \psi_{m+\frac{1}{2}}(y) \right]$$

$$\cdot h_{k+\frac{1}{2}}(t)\varphi_{l+\frac{1}{2}}(x)\varphi_{n+\frac{1}{2}}(z), \tag{9.4.21}$$

$$H_z(\boldsymbol{r},t) = \sum_{k,l,m,n} \left[H^{\varphi_z}_{z,k+\frac{1}{2},l+\frac{1}{2},m+\frac{1}{2},n} \varphi_{m+\frac{1}{2}}(y) + H^{\psi_z}_{z,k+\frac{1}{2},l+\frac{1}{2},m,n} \psi_m(y) \right]$$

$$\cdot h_{k+\frac{1}{2}}(t)\varphi_{l+\frac{1}{2}}(x)\varphi_n(z), \tag{9.4.22}$$

其中 $E^{\psi_s}_{s,k,l,m,n}$ 和 $H^{\psi_s}_{s,k,l,m,n}$ $(s=x,y,z)$ 为小波函数的展开系数，$\psi_{m+\frac{1}{2}}(y)$ 为三次样条 Battle-Lemarie 小波基的母函数：

$$\psi_{m+\frac{1}{2}}(y) = \psi^0\left(\frac{y}{\Delta y} - m\right). \tag{9.4.23}$$

小波基函数具有以下性质

$$\int_{-\infty}^{\infty} \psi_m(x)\psi_{m'}(x)\mathrm{d}x = \delta_{m,m'}\Delta x, \tag{9.4.24}$$

$$\int_{-\infty}^{\infty} \varphi_m(x)\psi_{m'+\frac{1}{2}}(x)\mathrm{d}x = 0, \tag{9.4.25}$$

以及

$$\int_{-\infty}^{\infty} \psi_m(x)\frac{\partial\psi_{m'+\frac{1}{2}}(x)}{\partial x}\mathrm{d}x = \frac{1}{\pi}\int_0^{\infty} |\hat{\psi}(\omega)|^2 \omega\sin\omega\left(m'+\frac{1}{2}-m\right)\mathrm{d}\omega$$

$$\approx \sum_{i=-9}^{8} b(i)\delta_{m+i,m'}, \tag{9.4.26}$$

$$\int_{-\infty}^{\infty} \varphi_m(x)\frac{\partial\psi_{m'+\frac{1}{2}}(x)}{\partial x}\mathrm{d}x = \frac{1}{\pi}\int_0^{\infty} \hat{\varphi}(\omega)|\hat{\psi}(\omega)|\omega\sin\omega(m'+1-m)\mathrm{d}\omega$$

$$\approx \sum_{i=-9}^{8} c(i)\delta_{m+i,m'+1}, \tag{9.4.27}$$

$$\int_{-\infty}^{\infty} \psi_m(x)\frac{\partial\varphi_{m'}(x)}{\partial x}\mathrm{d}x = \frac{1}{\pi}\int_0^{\infty} \hat{\varphi}(\omega)|\hat{\psi}(\omega)|\omega\sin\omega(m'-m)\mathrm{d}\omega$$

$$\approx \sum_{i=-9}^{8} c(i)\delta_{m+i,m'}, \tag{9.4.28}$$

其中系数 $b(i)$ 和 $c(i)$ 前十项的值列于表 9.3 中. 当 $i<0$ 时, $b(i)$ 和 $c(i)$ 的值可根据对称关系 $b(-1-i)=-b(i)$, $c(-i)=-c(i)$ 得到.

表 9.3   系数 $b(i)$ 和 $c(i)$ 前十项的值

i	$b(i)$	$c(i)$
0	2.472 538 8	0.000 000 0
1	0.956 228 2	−0.046 597 3
2	0.166 058 7	0.054 539 4
3	0.093 924 4	−0.036 999 6
4	0.003 141 3	0.020 574 5
5	0.013 493 6	−0.011 153 0
6	−0.002 858 9	0.005 976 9
7	0.002 778 8	−0.003 202 6
8	−0.001 129 5	0.001 714 1
9		−0.000 917 7

再考虑到如式(9.4.9)和(9.4.11)所示的尺度函数的性质,可以得到

$$\iiiint_{-\infty}^{\infty} \frac{\partial E_x}{\partial t} \varphi_{l'+\frac{1}{2}}(x)\varphi_{m'}(y)\varphi_{n'}(z)h_{k'+\frac{1}{2}}(t)\mathrm{d}x\mathrm{d}y\mathrm{d}z\mathrm{d}t$$

$$= \left(E^{\varphi_x^{'}}_{x,k+1,l+\frac{1}{2},m,n} - E^{\varphi_x}_{x,k,l+\frac{1}{2},m,n} \right)\Delta x\Delta y\Delta z, \tag{9.4.29}$$

$$\iiiint_{-\infty}^{\infty} \frac{\partial E_x}{\partial t} \varphi_{l'+\frac{1}{2}}(x)\psi_{m'+\frac{1}{2}}(y)\varphi_{n'}(z)h_{k'+\frac{1}{2}}(t)\mathrm{d}x\mathrm{d}y\mathrm{d}z\mathrm{d}t$$

$$= \left(E^{\psi_x}_{x,k+1,l+\frac{1}{2},m+\frac{1}{2},n} - E^{\psi_x}_{x,k,l+\frac{1}{2},m+\frac{1}{2},n} \right)\Delta x\Delta y\Delta z, \tag{9.4.30}$$

$$\iiiint_{-\infty}^{\infty} \frac{\partial H_z}{\partial y} \varphi_{l'+\frac{1}{2}}(x)\varphi_{m'}(y)\varphi_{n'}(z)h_{k'+\frac{1}{2}}(t)\mathrm{d}x\mathrm{d}y\mathrm{d}z\mathrm{d}t$$

$$= \left[\sum_{i=-9}^{8} a(i) H^{\varphi_z}_{z,k+\frac{1}{2},l+\frac{1}{2},m+i+\frac{1}{2},n} + \sum_{i=-9}^{9} c(i) H^{\psi_z}_{z,k+\frac{1}{2},l+\frac{1}{2},m+i,n} \right]\Delta x\Delta z\Delta t, \tag{9.4.31}$$

$$\iiiint_{-\infty}^{\infty} \frac{\partial H_z}{\partial y} \varphi_{l'+\frac{1}{2}}(x)\psi_{m'+\frac{1}{2}}(y)\varphi_{n'}(z)h_{k'+\frac{1}{2}}(t)\mathrm{d}x\mathrm{d}y\mathrm{d}z\mathrm{d}t$$

$$= \left[\sum_{i=-9}^{9} c(i) H^{\varphi_z}_{z,k+\frac{1}{2},l+\frac{1}{2},m+i+\frac{1}{2},n} + \sum_{i=-9}^{8} b(i) H^{\psi_z}_{z,k+\frac{1}{2},l+\frac{1}{2},m+i+1,n} \right]\Delta x\Delta z\Delta t. \tag{9.4.32}$$

对 $\frac{\partial H_y}{\partial z}$ 也可作类似处理. 由此,可从方程(9.4.14)得到与方程(9.4.15)相应的

W_y-MRTD 方程, 即

$$\frac{\varepsilon}{\Delta t}\left(E^{\varphi_x}_{x,k+1,l+\frac{1}{2},m,n}-E^{\varphi_x}_{x,k,l+\frac{1}{2},m,n}\right)=\frac{1}{\Delta y}\sum_{i=-9}^{8}a(i)H^{\varphi_z}_{z,k+\frac{1}{2},l+\frac{1}{2},m+i+\frac{1}{2},n}$$

$$+\frac{1}{\Delta y}\sum_{i=-9}^{9}c(i)H^{\psi_z}_{z,k+\frac{1}{2},l+\frac{1}{2},m+i,n}-\frac{1}{\Delta z}\sum_{i=-9}^{8}a(i)H^{\varphi_y}_{y,k+\frac{1}{2},l+\frac{1}{2},m,n+i+\frac{1}{2}},\quad(9.4.33)$$

$$\frac{\varepsilon}{\Delta t}\left(E^{\psi_x}_{x,k+1,l+\frac{1}{2},m+\frac{1}{2},n}-E^{\psi_x}_{x,k,l+\frac{1}{2},m+\frac{1}{2},n}\right)=\frac{1}{\Delta y}\sum_{i=-9}^{9}c(i)H^{\varphi_z}_{z,k+\frac{1}{2},l+\frac{1}{2},m+i+\frac{1}{2},n}$$

$$+\frac{1}{\Delta y}\sum_{i=-9}^{8}b(i)H^{\psi_z}_{z,k+\frac{1}{2},l+\frac{1}{2},m+i+1,n}-\frac{1}{\Delta z}\sum_{i=-9}^{8}c(i)H^{\psi_y}_{y,k+\frac{1}{2},l+\frac{1}{2},m+\frac{1}{2},n+i+\frac{1}{2}}.$$

$$(9.4.34)$$

以上两式中所包含的电磁场的空间配置可以用与时域有限差分法中 Yee 氏网格单元类似的网格结构表示. 一个 W_y-MRTD 网格单元如图 9.9 给出. 与方程 (9.4.1) 中其他各分量对应的 W_y-MRTD 方程也可类似地导出, 与方程 (9.4.33) 和 (9.4.34) 构成一套完整的 W_y-FDTD 格式.

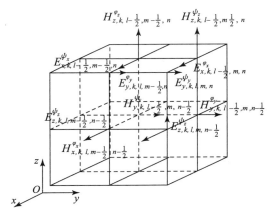

图 9.9　一个 W_y-MRTD 网格单元

与 S-MRTD 格式类似, 特定空间离散点处总场的计算可由尺度函数和小波函数展开而求得. 例如, 总场区中的 $E_x(\boldsymbol{r}_0,t_0)=E_x(x_0,y_0,z_0,t_0)$ 可由下式求出

$$E_x(\boldsymbol{r}_0,t_0)=\iiiint_{-\infty}^{\infty}E_x(\boldsymbol{r},t)\delta(x-x_0)\delta(y-y_0)\delta(z-z_0)\cdot\delta(t-t_0)\mathrm{d}x\mathrm{d}y\mathrm{d}z\mathrm{d}t$$

$$=\sum_{l,m,n=-\infty}^{\infty}\left[E^{\varphi_x}_{x,k,l+\frac{1}{2},m,n}\varphi_m(y_0)+E^{\psi_x}_{x,k,l+\frac{1}{2},m+\frac{1}{2},n}\psi_{m+\frac{1}{2}}(y_0)\right]$$

$$\cdot\varphi_{l+\frac{1}{2}}(x_0)\varphi_n(z_0).\qquad(9.4.35)$$

事实上, 只需对上式中的求和式取有限的几项即可满足计算精度.

§9.5 数值稳定性和数值色散分析

上面所介绍的 MRTD 是一种显式格式,它的稳定性是有条件的.和 FDTD 法一样,离散取样的结果,也会导致非物理的色散现象,造成计算的误差.这种误差的大小是评价一个数值方法优劣的重要指标.

9.5.1 数值稳定性分析

以下分析将以 Battle-Lemarie 小波基 MRTD 为例,导出的结果对其他基的 MRTD 也有参考价值.为了书写简便,将以二维 TM_z 波为例加以说明,而且只考虑尺度函数展开.TM_z 的方程已由式(2.2.1a)～(2.2.1c)给出.把场量表示成如式(9.3.2)和(9.3.3)所示形式的基函数展开,只是 $\varphi(x)$ 为三次 B-样条 Battle-Lemarie 的尺度函数,则可用伽辽金法得到展开系数所满足的方程.由于处理的是二维问题,表示取样位置的参数需要两个,为了书写方便,把表示时间的参数放到系数的左下角,而把表示分量方向的字母移到右上角.所得到的方程为

$$\frac{{}_{k+\frac{1}{2}}H^{x\varphi}_{i,j-\frac{1}{2}} - {}_{k-\frac{1}{2}}H^{x\varphi}_{i,j-\frac{1}{2}}}{\Delta t} = -\frac{1}{\mu\Delta y}\sum_{j'=-n}^{n-1} a(j')\,{}_kE^{z\varphi}_{i,i+j'}, \qquad (9.5.1)$$

$$\frac{{}_{k+\frac{1}{2}}H^{y\varphi}_{i-\frac{1}{2},j} - {}_{k-\frac{1}{2}}H^{y\varphi}_{i-\frac{1}{2},j}}{\Delta t} = \frac{1}{\mu\Delta x}\sum_{i'=-n}^{n-1} a(i')\,{}_kE^{z\varphi}_{i+i',j}, \qquad (9.5.2)$$

$$\frac{{}_{k+1}E^{z\varphi}_{i,j} - {}_kE^{z\varphi}_{i,j}}{\Delta t} = \frac{1}{\varepsilon}\left[\frac{1}{\Delta x}\sum_{i'=-n}^{n-1} a(i')\,{}_{k+\frac{1}{2}}H^{y\varphi}_{i+i'-\frac{1}{2},j} - \frac{1}{\Delta y}\sum_{j'=-n}^{n-1} a(j')\,{}_{k+\frac{1}{2}}H^{x\varphi}_{i,j+j'-\frac{1}{2}}\right],$$
$$\qquad (9.5.3)$$

其中 n 为式(9.4.11)中所取近似项的个数,Δy 为 y 方向的取样间隔,即 $\varphi_j = \varphi^0\left(\dfrac{y}{\Delta y} - j\right)$,该差分式的特征值问题由如下方程表示

$$\frac{{}_{k+\frac{1}{2}}H^{x\varphi}_{i,j-\frac{1}{2}} - {}_{k-\frac{1}{2}}H^{x\varphi}_{i,j-\frac{1}{2}}}{\Delta t} = \lambda_k H^{x\varphi}_{i,j-\frac{1}{2}}, \qquad (9.5.4)$$

$$\frac{{}_{k+\frac{1}{2}}H^{y\varphi}_{i-\frac{1}{2},j} - {}_{k-\frac{1}{2}}H^{y\varphi}_{i-\frac{1}{2},j}}{\Delta t} = \lambda_k H^{y\varphi}_{i-\frac{1}{2},j}, \qquad (9.5.5)$$

$$\frac{{}_{k+1}E^{z\varphi}_{i,j} - {}_kE^{z\varphi}_{i,j}}{\Delta t} = \lambda_{k+\frac{1}{2}} E^{z\varphi}_{i,j}. \qquad (9.5.6)$$

显然,这些方程与式(2.2.3a)～(2.2.3c)完全类似,故用同样的方法可以得到要使计算稳定,λ 必须满足的条件

$$\mathrm{Re}\lambda = 0, \quad -\frac{2}{\Delta t} \leqslant \mathrm{Im}\lambda \leqslant \frac{2}{\Delta t}. \tag{9.5.7}$$

此外,平面波是方程(9.5.4)～(9.5.6)的特征模,且可以表示为

$$E_{i,j}^{z\varphi} = E_0^z \mathrm{e}^{\mathrm{i}(k_x i\Delta x + k_y j\Delta y)},$$

$$H_{i,j-\frac{1}{2}}^{x\varphi} = H_0^x \mathrm{e}^{\mathrm{i}\left[k_x i\Delta x + k_y \left(j-\frac{1}{2}\right)\Delta y\right]},$$

$$H_{i-\frac{1}{2},j}^{y\varphi} = H_0^y \mathrm{e}^{\mathrm{i}\left[k_x \left(i-\frac{1}{2}\right)\Delta x + k_y j\Delta y\right]}. \tag{9.5.8}$$

把它们代入方程(9.5.4)～(9.5.6),又可得到

$$\lambda^2 = -\frac{4}{\varepsilon\mu}\left\{\frac{1}{(\Delta x)^2}\left[\sum_{i'=0}^{n-1} a(i')\sin\left(k_x\left(i'+\frac{1}{2}\right)\Delta x\right)\right]^2\right.$$

$$\left. +\frac{1}{(\Delta y)^2}\left[\sum_{j'=0}^{n-1} a(j')\sin\left(k_y\left(j'+\frac{1}{2}\right)\Delta y\right)\right]^2\right\}. \tag{9.5.9}$$

显然,这里的 λ 为纯虚数,且对任意的 k_x 和 h_y 都应该有

$$|\mathrm{Im}\lambda| \leqslant 2v\left(\sum_{i'=0}^{n-1}|a(i')|\right)\sqrt{\frac{1}{(\Delta x)^2}+\frac{1}{(\Delta y)^2}}. \tag{9.5.10}$$

这样,λ 应该同时满足式(9.5.7)和(9.5.10)两个条件,由此得到

$$\Delta t \leqslant \frac{1}{v\left(\sum_{i'=0}^{n-1}|a(i')|\right)\sqrt{\frac{1}{(\Delta x)^2}+\frac{1}{(\Delta y)^2}}}, \tag{9.5.11}$$

与 FDTD 的稳定条件相比,其差异主要决定于因子

$$\delta = \sum_{i'=0}^{n-1}|a(i')|$$

的大小. 由表 9.2 可以看出,二者差别不是很多. 这一结果可以推广到三维和包含小波基的 W-MRTD 的情况.

9.5.2　数值色散分析

S-MRTD 的数值色散关系也可以用分析 FDTD 类似的方法得到,即把单色平面波的一般表示代入 MRTD 方程,以导出频率与时间步长和空间步长之间的关系.

单色平面波的频率用 ω 表示,所需的表达式只需在式(9.5.8)的指数部分增加一项 $(-\omega k\Delta t)$ 即可. 把这些表达式代入(9.5.4)～(9.5.6),即得到

$$\left[\frac{1}{v\Delta t}\sin\left(\frac{\omega\Delta t}{2}\right)\right]^2 = \left\{\frac{1}{\Delta x}\sum_{i'=0}^{n-1} a(i')\sin\left[k_x\left(i'+\frac{1}{2}\right)\Delta x\right]\right\}^2$$

$$+\left\{\frac{1}{\Delta y}\sum_{j'=0}^{n-1} a(j')\sin\left[k_y\left(j'+\frac{1}{2}\right)\Delta y\right]\right\}^2. \tag{9.5.12}$$

如果 $\Delta x = \Delta y = \Delta s$,且波的传播方向与 x 轴的夹角为 ϕ,则式(9.5.12)可表示为

$$\left[\frac{\Delta}{v\Delta t}\sin\left(\frac{\omega\Delta t}{2}\right)\right]^2 = \left\{\sum_{i'=0}^{n-1} a(i')\sin\left[k\cos\phi\left(i'+\frac{1}{2}\right)\Delta s\right]\right\}^2$$

$$+\left\{\sum_{j'=0}^{n-1} a(j')\sin\left[k\sin\phi\left(j'+\frac{1}{2}\right)\Delta s\right]\right\}^2. \quad (9.5.13)$$

该式给出了波的传播速度与空间和时间步长、频率或波长以及波的传播方向之间的关系. 把这一结果与理想的色散关系相比较,就可以得到相位误差.

为了进行比较,图 9.10 和图 9.11 给出了一些数值计算结果. 图 9.10 给出的是在空间取样间隔均为 20 点/波长的情况下相位误差与 $1/s$ 的关系,其中 $s = (v\Delta t)/\Delta s$,称为柯朗(Courant)数;图中包括 $n(a(i)$ 取的个数,图中记做 MR-Ste)取不同值时的结果,并与 FDTD 的结果作了比较. 在图 9.11 中则给出了不同空间取样间隔时 S-MRTD 与 FDTD 色散特性的比较. 图中 MR10, MR20 和 MR40 分别表示在 MRTD 中每个波长的取样点数分别为 10,20 和 40;FD10,FD20 和 FD40 则表示在 FDTD 中每个波长的取样点数分别为 10, 20 和 40.

图 9.10 所示结果说明,在相同网格密度时,MRTD 比 FDTD 有较小的相位误差,且系数 $a(i)$ 项数取得越多效果越好. 图 9.11 的结果说明,在 $a(i)$ 的项数一定的情况下,只在取样密度低时,MRTD 比 FDTD 才表现出明显的优势.

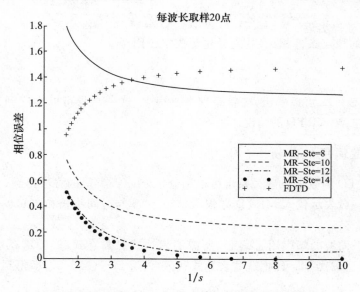

图 9.10　不同 n 值时 S-MRTD 的色散特性$(\lambda/\Delta s = 20)$

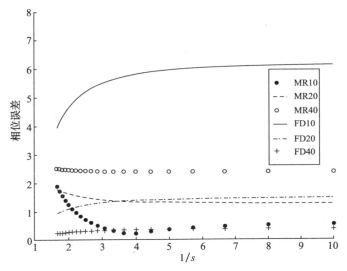

图 9.11　S-MRTD(n＝8),FDTD 的色散特性与 Δs 值的关系

§9.6　时域多分辨分析法的应用

　　虽然已被提出近十年,时域多分辨分析法的研究仍处于起步阶段,这主要是因为其存在一定的复杂性.在谐振腔和平面电路的分析以及散射问题的计算等方面,该方法显示了一定的优越性.

　　时域多分辨分析法最突出的优点是其数值色散误差比时域有限差分法的小,尤其在空间离散点较少时更加明显.在时域有限差分法中,随着空间离散点的减少,数值色散迅速增加,甚至出现截止的状态.因此,为保证一定的计算精度,一般要求每个波长的空间离散点不少于 10 个.对时域多分辨分析法数值色散的分析表明,当求和式中的项数足够多时,离散采样率可以接近奈奎斯特(Nyquist)极限.与时域有限差分法相比,用时域多分辨分析法可计算电大问题,且在用于相同问题时有更高的计算效率.

　　文献[113]给出了用 Battle-Lemarie 小波 S-MRTD 格式计算谐振腔谐振频率的例子.首先,要处理理想导体边界.由于采用非局域化的基函数,所以不能应用局域化的边界条件.在 S-MRTD 网格中,理想导体边界条件是用镜像原理模拟的.具体做法是将理想导体用一个具有对称的电磁场的开放结构代替.为了保证在理想导体原始位置上的切向电场分量为零,切向电场分量必须是非偶对称的,而切向磁场分量却必须是偶对称的.用类似的方法,也可以处理理想磁导体边界.

　　文献[113]还分别用两种方法计算了尺寸为 $1\,m\times2\,m\times1.5\,m$ 的谐振腔的谐振频率,腔内充满空气.时域有限差分法的均匀空间步长为 $\Delta s = 0.1\,\mathrm{m}$,网格数为 3000 个;S-MRTD 网格的均匀空间步长为 $\Delta s = 0.5\,\mathrm{m}$,网格数仅为 24 个.两种方法选用同一时间步长 $\Delta t = 10^{-10}\,\mathrm{s}$.由表 9.4 给出的计算结果可以看出,两种方法几乎有相同的精度,但 S-MRTD 格式中所用网格数少了 125 倍,运行时间也缩短了近 10 倍.

表 9.4　用 S-MRTD 格式和 FDTD 格式计算谐振腔的谐振频率

理论值/MHz	S-MRTD 网格 (网格数为 2×4×3)		FDTD 网格 (网格数为 10×20×15)	
	绝对值/MHz	相对误差/(%)	绝对值/MHz	相对误差/(%)
125.00	125.10	0.080	124.85	−0.120
180.27	180.50	0.128	179.75	0.288
213.60	214.60	0.468	212.40	−0.562
246.22	248.70	1.007	244.50	−0.699
250.00	251.00	0.400	248.70	−0.520

文献[122]分别用基于 Haar 小波基的时域多分辨分析法和传统的时域有限差分法计算了谐振腔的谐振频率以及平面电路结构低通滤波器的网络参数.在分析微带低通滤波器时,前者所采用的空间步长比后者所采用的长一倍.由表 9.5 给出的其他性能参数,也可以看出时域多分辨分析法在计算效率方面的优越性.

表 9.5　用 MRTD 格式和 FDTD 格式分析微带低通滤波器

	基于 Haar 小波基的 MRTD 格式	FDTD 格式
网格数	49×39×8(非均匀)	100×80×16(均匀)
时间步长/ps	0.676 94	0.433 25
时间步数	2560	4000
计算时间	32.5 s(11 m)	45.5 s(20 m)

文献[156]将基于 Haar 小波基的时域多分辨分析法用于电磁散射问题的计算,为此首先考虑了平面波的引入.文中采用的方法与时域有限差分法类似,用连接边界将计算空间分成总场区和散射场区,并将入射波作为连接边界条件引入,以保证切向场分量的连续性.与时域有限差分法相比,该方法的计算结果显示出该方法在节省计算机资源方面的优越性.

在文献[129]中 Battle-Lemarie 小波 W-MRTD 法分析了开放微带线的传输特性及场分布,其截断边界采用了 PML 吸收边界.所得场分布如图 9.12 所示,图中同时给出了 FDTD 的计算结果.FDTD 所用的网格数为 42×28,而 MRTD 只用了 12×4 个网格.

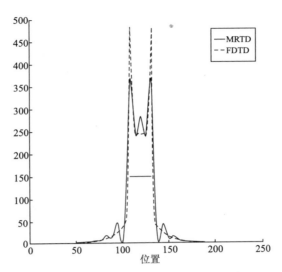

图 9.12 开放微带线 TEM 模电场分布

§9.7 基于双正交基的 MRTD[164]

从上面已做的分析可以看出,尽管 MRTD 的初始网格数(或取样点)可以取得比较少,但与 FDTD 相比方程的项数增加很多. 在 MRTD 中一个节点的场值是所有相关邻近节点部分值的和. 这主要由展开函数的支撑集长度决定. 对 Battle-Lemarie B-样条小波基而言,其支撑集为整个实轴,使得基于这种小波基的 MRTD 方程更为复杂. 为了降低计算复杂度,显然要求小波函数需具有尽量小的支撑集和尽量高阶的消失矩(即尽量好的正则性). 但是,小波理论已证明,这两项要求是相互矛盾的. 克服这一矛盾的途径之一是采用双正交基,它可以在支撑集和正则性之间取得平衡.

9.7.1 双正交小波基和取样双正交基

设有 $\psi(x), \widetilde{\psi}(x) \in L^2(R)$,且 $\psi_{j,k}(x) = 2^{j/2} \psi(2^j x - k)$,$\widetilde{\psi}_{j,k}(x) = 2^{j/2} \widetilde{\psi}(2^j x - k)$,$j, k \in Z$.

如果 $\{\psi_{j,k}\}_{j,k \in Z}$ 和 $\{\widetilde{\psi}_{j,k}\}_{j,k \in Z}$ 均为 $L^2(R)$ 的里斯(Riesz)基,且有

$$\langle \psi_{j,k}, \widetilde{\psi}_{j',k'} \rangle = \delta_{j,j'} \delta_{k,k'}, \quad j,k,j',k' \in Z, \tag{9.7.1}$$

则称 ψ 是一个双正交小波函数,$\widetilde{\psi}$ 是 ψ 的对偶小波函数,而 $\{\psi_{j,k}\}$ 和 $\{\widetilde{\psi}_{j,k}\}$ 为 $L^2(R)$ 的一对双正交对偶小波基.

如果 $f(x) \in L^2(R)$,则根据以上特性可以得到

$$f(x) = \sum_{j,k \in Z} \langle f, \psi_{j,k} \rangle \widetilde{\psi}_{j,k} = \sum_{j,k \in Z} \langle f, \widetilde{\psi}_{j,k} \rangle \psi_{j,k}. \tag{9.7.2}$$

　　因为标准正交基一定是 Riesz 基,所以当 $\psi(x)=\widetilde{\psi}(x)$ 时,$\psi(x)$ 就是标准正交小波基的母函数. 由此可知,双正交小波基是标准正交小波基的推广. 双正交小波基可以从两个对偶的 MR 出发来构造,比构造标准正交小波基的自由度增加,因此可以在紧支撑性、对称性和正则性之间找到平衡.

　　根据 MRTD 的需要,我们希望展开基函数具有取样特性,从而可大大简化所得方程. 为此,可利用双正交小波基的思路,构造一组虽不具标准正交性但有取样性的基函数作为展开函数,再选一组与其标准正交的基函数作为检验函数. 由这样一组双正交基构成的 MRTD 一定具有预期的优越性.

　　由于 Daubechies 小波具有良好的紧支撑性和正则性,可以用 $N=2$ 时的 Daubechies 尺度函数来构造所期望的展开基函数. 若 $\varphi(x)$ 为 $N=2$ 时的 Daubechies尺度函数,则可证明如下定义的函数 $S(x)$ 的平移序列 $S_m(x)$ 具有取样特性,其中

$$S(x) = \frac{1}{\varphi(1)} \sum_{k=0}^{\infty} \left[\left(\frac{|\varphi(2)|}{\varphi(1)} \right)^k \varphi(x-k+1) \right], \qquad (9.7.3)$$

$$S_m(x) = \frac{1}{\varphi(1)} \sum_{k=0}^{\infty} \left[\left(\frac{|\varphi(2)|}{\varphi(1)} \right)^k \varphi(x-m-k+1) \right]. \qquad (9.7.4)$$

$S_m(x)$ 的取样特性为

$$S_m(n) = \delta_{m,n}. \qquad (9.7.5)$$

　　由 Daubechies 尺度函数的支撑集特性可知,当 $N=2$ 时,$\varphi(x)$ 的支撑集为 $[0,3]$,于是式(9.7.4)的右方当 $x=n$ 时,只有两项不为零,即

$$n-m-k+1 = \begin{cases} 1, \\ 2, \end{cases}$$

也就是

$$k = \begin{cases} n-m, \\ n-m-1, \end{cases}$$

于是有

$$S_m(n) = \frac{1}{\varphi(1)} \left[\left(\frac{|\varphi(2)|}{\varphi(1)} \right)^{n-m} \varphi(1) + \left(\frac{|\varphi(2)|}{\varphi(1)} \right)^{n-m-1} \varphi(2) \right]. \quad (9.7.6)$$

　　当 $n=m$ 时,k 取值 0,-1. 由于式(9.7.4)中的 k 是从 $k=0$ 开始,$k=-1$ 不在取值范围,故式(9.7.6)中的第二项应该舍去,于是有

$$S_m(m) = \frac{1}{\varphi(1)} \left[\left(\frac{|\varphi(2)|}{\varphi(1)} \right)^0 \varphi(1) \right] = 1, \qquad (9.7.7)$$

　　当 $n \neq m$ 时,由于 $\varphi(2)$ 是负值,故有

$$S_m(n) = \frac{1}{\varphi(1)} \left[-\frac{|\varphi(2)|^{n-m}}{\varphi(1)^{n-m-1}} + \frac{|\varphi(2)|^{n-m}}{\varphi(1)^{n-m-1}} \right] = 0. \qquad (9.7.8)$$

　　综合式(9.7.7)和(9.7.8)就得到式(9.7.5).遗憾的是,$S(x)$ 的平移系并不

构成标准正交基,即

$$\int_{-\infty}^{\infty} S_m(x)S_n(x) \neq \delta_{m,n}.$$

不过,函数序列

$$Q_n(x) = \sum_{p \in Z} \varphi(n-p)\varphi(x-p), \quad n \in Z, \tag{9.7.9}$$

却是与 $S_m(x)$ 标准正交的,即

$$\int_{-\infty}^{\infty} S_m(x)Q_n(x)\mathrm{d}x = \delta_{m,n}, \tag{9.7.10}$$

也就是说,序列 $\{S_m(x)\}$ 和 $\{Q_n(x)\}$ 是一组双正交基.下面对式(9.7.10)给予证明.

由于 $\varphi(x)$ 的紧支撑性,$Q_n(x)$ 可以表示为

$$Q_n(x) = \varphi(1)\varphi(x-n+1) + \varphi(2)\varphi(x-n+2), \tag{9.7.11}$$

由此可知 $Q_n(x)$ 的支撑集为 $[n-2, n+2]$.于是

$$\int_{-\infty}^{\infty} S_m(x)Q_n(x)\mathrm{d}x = \frac{1}{\varphi(1)} \sum_{k=0}^{\infty} \left(\frac{|\varphi(2)|}{\varphi(1)} \right)^k$$

$$\int_{-\infty}^{\infty} \varphi(x-m-k+1)[\varphi(1)\varphi(x-n+1) + \varphi(2)\varphi(x-n+2)]\mathrm{d}x$$

$$= \frac{1}{\varphi(1)} \left[\left(\frac{|\varphi(2)|}{\varphi(1)} \right)^{n-m} \varphi(1) + \left(\frac{|\varphi(2)|}{\varphi(1)} \right)^{n-m-1} \varphi(2) \right]. \tag{9.7.12}$$

在最后一步中用到了 Daubechies 尺度函数的标准正交特性,即

$$\int_{-\infty}^{\infty} \varphi(x-k)\varphi(x-l)\mathrm{d}x = \delta_{k,l}.$$

由于式(9.7.12)与式(9.7.6)相同,故式(9.7.10)得到了证明.

$S(x)$ 和 $Q(x)$ 的波形由图 9.13 给出.

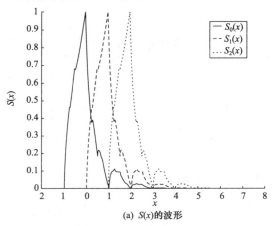

(a) $S(x)$ 的波形

图 9.13　$S(x)$ 和 $Q(x)$ 的波形

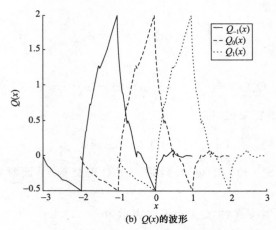

(b) $Q(x)$的波形

图 9.13 $S(x)$ 和 $Q(x)$ 的波形(续)

在基于 Battle-Lemarie 小波基的 MRTD 中,曾用到尺度函数的性质(9.4.11). 对双正交函数 $S(x)$ 和 $Q(x)$,也有类似的结果.

$$\int_{-\infty}^{\infty} Q_l(x)\frac{\partial}{\partial x}S_{l'+\frac{1}{2}}(x)\mathrm{d}x = \sum_{i=-3}^{2}c(i)\delta_{l+i,l'}, \tag{9.7.13}$$

其中

$$c(i) = \int_{-\infty}^{\infty} Q_{-i}(x)\frac{\mathrm{d}}{\mathrm{d}x}S_{\frac{1}{2}}(x)\mathrm{d}x$$

$$= \int_{-\infty}^{\infty} \varphi_{-i}(x)\frac{\mathrm{d}}{\mathrm{d}x}\varphi_{\frac{1}{2}}(x)\mathrm{d}x$$

$$= \frac{1}{\pi}\int_{-\infty}^{\infty} \omega\mid\hat{\varphi}_{\mathrm{in}}(\omega)\mid^2\sin\Big[\omega\Big(i+\frac{1}{2}\Big)\Big]\mathrm{d}\omega. \tag{9.7.14}$$

而且

$$c(-1-i) = -c(i), \quad i = 0,1,2.$$

$c(i)$的值由表 9.6 给出.

表 9.6   系数 $c(i)$

i	$c(i)$
0	1. 229 166 612 027 45
1	$-0.093\ 749\ 977\ 647\ 64$
2	0. 010 416 664 183 09

9.7.2   基于取样双正交基的 MRTD

按照类似的步骤,可用上面构建的双正交基构造电磁场计算的一种 MRTD. 由于这一方法用到了具有取样特性的展开函数,在文献中也称之为取样双正交基时域方法(Sampling Biorthogonal Time Domain Method,SBTD).

在 SBTD 中,展开基函数取成

$$s_m(u) = S\left(\frac{u}{\Delta u} - m\right), \quad u = x, y, z, \tag{9.7.15}$$

检验函数则取为

$$q_n(u) = Q\left(\frac{u}{\Delta u} - n\right), \quad u = x, y, z, \tag{9.7.16}$$

而时间离散函数仍用脉冲函数 $h(t)$,但取

$$h_k(t) = h\left(\frac{t}{\Delta t} - k + \frac{1}{2}\right). \tag{9.7.17}$$

假设应用对象是三维麦克斯韦旋度方程,但只对其中一个分量方程

$$\frac{\partial E_x}{\partial t} = \frac{1}{\varepsilon}\left(\frac{\partial H_z}{\partial y} - \frac{\partial H_y}{\partial z}\right) \tag{9.7.18}$$

进行推导. 三个场分量用 $h_k(t)$ 和 $s_m(u)$ 展开为

$$E_x(\boldsymbol{r},t) = \sum_{k,l,m,n} {}_k E^x_{l+\frac{1}{2},m,n} h_k(t) s_{l+\frac{1}{2}}(x) s_m(y) s_n(z),$$

$$H_y(\boldsymbol{r},t) = \sum_{k,l,m,n} {}_{k+\frac{1}{2}} H^y_{l+\frac{1}{2},m,n+\frac{1}{2}} h_{k+\frac{1}{2}}(t) s_{l+\frac{1}{2}}(x) s_m(y) s_{n+\frac{1}{2}}(z), \tag{9.7.19}$$

$$H_z(\boldsymbol{r},t) = \sum_{k,l,m,n} {}_{k+\frac{1}{2}} H^z_{l+\frac{1}{2},m+\frac{1}{2},n} h_{k+\frac{1}{2}}(t) s_{l+\frac{1}{2}}(x) s_{m+\frac{1}{2}}(y) s_n(z).$$

把这些表示式代入方程(9.7.18),然后用 $q_{l'+\frac{1}{2}}(x), q_{m'}(y), q_{n'}(z)$ 和 $h_{k'+\frac{1}{2}}(t)$ 作为检验函数施以伽辽金法,则方程的左侧为

$$\sum_{k,l,m,n} {}_k E^x_{l+\frac{1}{2},m,n} \left[\int h_{k'+\frac{1}{2}}(t) \frac{\partial}{\partial t} h_k(t) dt\right]$$

$$\cdot \left[\int q_{l'+\frac{1}{2}}(x) s_{l+\frac{1}{2}}(x) dx\right]\left[\int q_{m'}(y) s_m(y) dy\right]\left[\int q_{n'}(z) s_n(z) dz\right]$$

$$= \left({}_{k+1} E^x_{l+\frac{1}{2},m,n} - {}_k E^x_{l+\frac{1}{2},m,n}\right) \Delta x \Delta y \Delta z, \tag{9.7.20}$$

其中用到了

$$\int h_{k'+\frac{1}{2}}(t) \frac{\partial}{\partial t} h_k(t) dt = \delta_{k,k'+1} - \delta_{k,k'},$$

$$\int q_{m'}(u) s_m(u) du = \delta_{m,m'} \Delta u, \quad u = x, y, z.$$

由方程(9.7.18)右侧第一项得到

$$\sum_{k,l,m,n} {}_{k+\frac{1}{2}} H^z_{l+\frac{1}{2},m+\frac{1}{2},n} \left[\int h_{k+\frac{1}{2}}(t) h_{k'+\frac{1}{2}}(t) dt\right]$$

$$\cdot \left[\int q_{l'+\frac{1}{2}}(x) s_{l+\frac{1}{2}}(x) dx\right]\left[\int q_{m'}(y) \frac{\partial}{\partial y} s_{m+\frac{1}{2}}(y) dy\right]\left[\int q_{n'}(z) s_n(z) dz\right]$$

$$= \sum_{k,l,m,n} {}_{k+\frac{1}{2}}H^z_{l+\frac{1}{2},m+\frac{1}{2},n}\delta_{k,k'}\delta_{l,l'}\delta_{n,n'}\Delta t\Delta x\Delta z\int q_{m'}(y)\frac{\partial}{\partial y}s_{m+\frac{1}{2}}(y)\mathrm{d}y$$

$$= \sum_{i=-3}^{2} c(i)_{k+\frac{1}{2}}H^z_{l+\frac{1}{2},m+i+\frac{1}{2},n}\Delta t\Delta x\Delta z. \tag{9.7.21}$$

类似的方法可以处理方程(9.7.18)的第二部分,并结合上面的结果,最后得到

$$_{k+1}E^x_{l+\frac{1}{2},m,n} = {}_kE^x_{l+\frac{1}{2},m,n} + \frac{\Delta t}{\varepsilon_{l+\frac{1}{2},m,n}}\Big[\frac{1}{\Delta y}\sum_{i=-3}^{2}c(i)_{k+\frac{1}{2}}H^z_{l+\frac{1}{2},m+i+\frac{1}{2},n}$$

$$- \frac{1}{\Delta z}\sum_{i=-3}^{2}c(i)_{k+\frac{1}{2}}H^y_{l+\frac{1}{2},m,n+i+\frac{1}{2}}\Big]. \tag{9.7.22}$$

同样地,可以从麦克斯韦旋度方程的其他5个分量方程得到

$$_{k+1}E^y_{l,m+\frac{1}{2},n} = {}_kE^y_{l,m+\frac{1}{2},n} + \frac{\Delta t}{\varepsilon_{l,m+\frac{1}{2},n}}\Big[\frac{1}{\Delta z}\sum_{i=-3}^{2}c(i)_{k+\frac{1}{2}}H^x_{l,m+\frac{1}{2},n+\frac{1}{2}+i}$$

$$- \frac{1}{\Delta x}\sum_{i=-3}^{2}c(i)_{k+\frac{1}{2}}H^z_{l+i+\frac{1}{2},m+\frac{1}{2},n}\Big], \tag{9.7.23}$$

$$_{k+1}E^z_{l,m,n+\frac{1}{2}} = {}_kE^z_{l,m,n+\frac{1}{2}} + \frac{\Delta t}{\varepsilon_{l,m,n+\frac{1}{2}}}\Big[\frac{1}{\Delta x}\sum_{i=-3}^{2}c(i)_{k+\frac{1}{2}}H^y_{l+i+\frac{1}{2},m,n+\frac{1}{2}}$$

$$- \frac{1}{\Delta y}\sum_{i=-3}^{2}c(i)_{k+\frac{1}{2}}H^x_{l,m+i+\frac{1}{2},n+\frac{1}{2}}\Big], \tag{9.7.24}$$

$$_{k+\frac{1}{2}}H^x_{l,m+\frac{1}{2},n+\frac{1}{2}} = {}_{k-\frac{1}{2}}H^x_{l,m+\frac{1}{2},n+\frac{1}{2}} + \frac{\Delta t}{\mu_{l,m+\frac{1}{2},n+\frac{1}{2}}}\Big[\frac{1}{\Delta z}\sum_{i=-3}^{2}c(i)_{k}E^y_{l,m+\frac{1}{2},n+i+1}$$

$$- \frac{1}{\Delta y}\sum_{i=-3}^{2}c(i)_{k}E^z_{l,m+i+1,n}\Big], \tag{9.7.25}$$

$$_{k+\frac{1}{2}}H^y_{l+\frac{1}{2},m,n+\frac{1}{2}} = {}_{k-\frac{1}{2}}H^y_{l+\frac{1}{2},m,n+\frac{1}{2}} + \frac{\Delta t}{\mu_{l+\frac{1}{2},m,n+\frac{1}{2}}}\Big[\frac{1}{\Delta x}\sum_{i=-3}^{2}c(i)_{k}E^z_{l+i+1,m+\frac{1}{2},n}$$

$$- \frac{1}{\Delta z}\sum_{i=-3}^{2}c(i)_{k}E^x_{l+\frac{1}{2},m,n+i+1}\Big], \tag{9.7.26}$$

$$_{k+\frac{1}{2}}H^z_{l+\frac{1}{2},m+\frac{1}{2},n} = {}_{k-\frac{1}{2}}H^z_{l+\frac{1}{2},m+\frac{1}{2},n} + \frac{\Delta t}{\mu_{l+\frac{1}{2},m+\frac{1}{2},n}}\Big[\frac{1}{\Delta y}\sum_{i=-3}^{2}c(i)_{k}E^x_{l+\frac{1}{2},m+i+1,n}$$

$$- \frac{1}{\Delta x}\sum_{i=-3}^{2}c(i)_{k}E^y_{l+i+1,m+\frac{1}{2},n}\Big]. \tag{9.7.27}$$

对于二维问题,方程具有更简单的形式.例如由方程(2.1.1a)～(2.1.1c)描述的 TM$_z$ 问题中的场量,可利用展开式

$$E_z(\boldsymbol{\rho},t) = \sum_{k,l,m} {}_kE^z_{l,m}h_k(t)s_l(x)s_m(y),$$

$$H_x(\boldsymbol{\rho},t) = \sum_{k,l,m} {}_{k+\frac{1}{2}}H^x_{l,m+\frac{1}{2}}h_{k+\frac{1}{2}}(t)s_l(x)s_{m+\frac{1}{2}}(y),$$

$$H_y(\boldsymbol{\rho},t)=\sum_{k,l,m}{}_{k+\frac{1}{2}}H^y_{l+\frac{1}{2},m}h_{k+\frac{1}{2}}(t)s_{l+\frac{1}{2}}(x)s_m(y).$$

通过与上面类似的伽辽金法,便可得到

$${}_{k+1}E^z_{l,m}={}_kE^z_{l,m}+\frac{\Delta t}{\varepsilon_{l,m}}\left[\frac{1}{\Delta x}\sum_{i=-3}^{2}c(i)_{k+\frac{1}{2}}H^y_{l+\frac{1}{2}+i,m}-\frac{1}{\Delta y}\sum_{i=-3}^{2}c(i)_{k+\frac{1}{2}}H^x_{l,m+\frac{1}{2}+i}\right],$$

$$(9.7.28)$$

$${}_{k+\frac{1}{2}}H^x_{l,m+\frac{1}{2}}={}_{k-\frac{1}{2}}H^x_{l,m+\frac{1}{2}}-\frac{\Delta t}{\mu_{l,m+\frac{1}{2}}}\frac{1}{\Delta y}\sum_{i=-3}^{2}c(i)_kE^z_{l,m+i}, \qquad (9.7.29)$$

$${}_{k+\frac{1}{2}}H^y_{l+\frac{1}{2},m}={}_{k-\frac{1}{2}}H^y_{l+\frac{1}{2},m}+\frac{\Delta t}{\mu_{l+\frac{1}{2},m}}\frac{1}{\Delta x}\sum_{i=-3}^{2}c(i)_kE^z_{l+i,m}. \qquad (9.7.30)$$

由以上获得的方程可以看出,由于所用展开基函数具有取样特性,使获得的方程具有简单的形式,更接近于时域有限差分法中相应的差分格式.

可用 §9.5 中的类似方法对 SBTD 的稳定性和色散特性进行分析,当 $\Delta x=\Delta y=\Delta z=\Delta s$ 时,其稳定性条件可表示为

$$\Delta t\leqslant 0.530330099\cdot\frac{\Delta s}{v}; \qquad (9.7.31)$$

而数值色散的主要特点可由图 9.14 中看出,图中给出了一维时相位误差与取样数之间的关系及与其他方法的比较.图 9.15 则给出了二维情况下相位误差与传输角度之间的关系.以上结果都显示,SBTD 比 FDTD 有较大的改进.

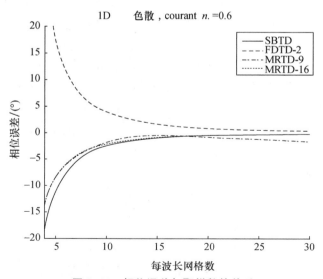

图 9.14　相位误差与取样数的关系

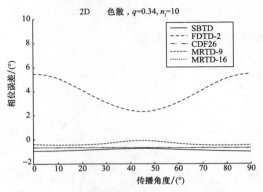

图 9.15　相位误差与传播角度之间的关系

$(q=v\Delta t/\Delta s, n_l=\lambda/\Delta s)$

9.7.3　应用实例

在文献[164]中给出了数个应用 SBTD 的计算实例,其中包括二维和三维金属谐振空腔,也分析了三维谐振腔部分介质填充的问题和贴片天线问题.下面仅介绍三维谐振空腔的应用情况.

理想导体构成的三维矩形空腔的尺度为 $1.2\,\mathrm{m}\times0.6\,\mathrm{m}\times0.8\,\mathrm{m}$,时间步长 $\Delta t=8\times10^{-10}$ s.用 FDTD 和 SBTD 两种方法进行了计算,计算网格数都取为 $6\times3\times4=72$.经 FFT 处理,把计算结果转换到频域,所得的电场幅度与频率的关系由图 9.16(a)给出.计算中 FDTD 法用了 23.8 s,而 SBTD 法则用了 125.7 s.但是,这时的 FDTD 计算结果存在相当大的误差.为提高 FDTD 的计算精度,把网格数增加为 $24\times12\times16=4608$,这时的结果由图 9.16(b)给出,其精度已比较接近 SBTD 法用 72 网格的计算结果,而这时 FDTD 的计算时间已经增加到 1608.3 s.由此可以看出,SBTD 比 FDTD 在计算效率上已有很大提高.

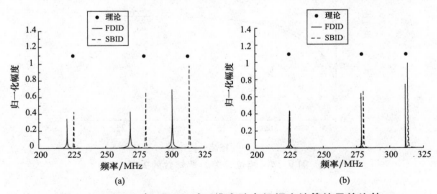

图 9.16　SBTD 与 FDTD 对三维空腔电场幅度计算结果的比较

第十章　时域有限差分法的并行化

计算电磁学的发展使电磁场问题的计算效率不断提高. 但是, 就目前的水平而言, 如果只用单 CPU 的计算机进行串行计算, 面对很多复杂的电磁场问题已远远不能满足要求. 高性能计算机的发展趋势是开发采用多 CPU 的并行计算机系统. 为了适应这一趋势, 必须发展电磁场问题的并行计算方法. 时域有限差分法具有天然的易并行化的特点, 因此在电磁场计算的并行化研究中获得的成果最为丰富.

§10.1　电磁场计算并行化研究的必要性和可行性

10.1.1　电磁场计算并行化的必要性

在绪论中, 已对最重要的几种用于电磁场计算的数值方法进行了论述. 研究这些方法的主要目的不仅是借助计算机解决各种复杂的电磁场问题, 而且要尽量提高计算效率, 尽量少地占用计算机的存储空间和 CPU 时间. 一种方法的计算效率可由其计算复杂度粗略地反映出来.

在微分方程法中, 时域有限差分法的计算复杂度仅为 $O(N)$(N 为空间网格总数). 但是, 这种方法也有其自身的缺点, 即设置离散未知量的网格点必须遍布整个计算空间, 而且, 对开放性问题还要附加吸收边界条件, 这也就额外地扩大了计算空间. 用时域有限差分法求解电磁场问题时, N 往往很大, 从而大大限制了其计算效率. 在积分方程法中, 虽然矩量法由于采用表面积分方程可使某些问题的计算空间降低一维, 从而使 N(N 为未知量的个数) 相对减少, 但即使采用多层快速多极子算法, 计算复杂度一般也难以低于 $O(N\log N)$.

基于以上原因, 利用现有的数值方法求解电磁场问题时, 若未知量的个数增大到一定程度, 就会使所需的内存空间和 CPU 时间超出单 CPU 计算机的技术水平. 这正是很多实际电磁场问题不能解决的原因. 以用时域有限差分法计算带引擎终端的飞机进气道的雷达散射截面为例[32], 假设进气道的半径为 16 个波长, 长度为 120 个波长 (相当于一般喷气式飞机的实际进气道在 3 cm 波段的电长度). 若空间步长为波长的 1/20, 则总的未知量的个数 N 约为 4.63×10^9. 假定完成一次计算需 50 000 个时间步 (腔体结构达到稳定所需的时间较长), 为了计算各个方向的雷达散射截面需运行 5000 次. 如果使用单 CPU 的计算机 Cray

Y-MP 完成以上计算,即使不考虑庞大的存储空间,粗略的估算时间可达 2400 年. 显然,这是没有实际意义的. 进一步考虑,利用高频近似技术与时域有限差分法结合的混合方法可减少计算量,其中时域有限差分法仅用于包括引擎在内的进气道终端部分的计算. 设该部分的长度为 15 个波长,未知量的个数约为 3.86×10^8. 假定一次运算需 5 000 个时间步,共运算 5 000 次,在 Cray Y-MP 机上进行计算也需要 20 年(假设是可行的).

以上分析说明,这种计算是没有实际意义的. 而且,这还仅仅是飞机这样一个复杂目标的一部分. 如果要计算整个飞机的电磁散射特性,并尽量考虑各个组成部分的细节,则更是不可想象的. 在现代科学技术的发展中有很多类似的复杂电磁场问题亟待解决,不断提高电磁场的计算效率始终是迫切的需求.

计算方法的改善可在很大程度上提高计算效率,但目前计算电磁学的发展水平对解决复杂的电磁场问题还是远远不够的. 所幸的是,计算机技术也在飞速发展,高性能计算机的存储能力和计算速度已有大幅度的提高.

由于高性能计算机均为多处理器构成并采用并行算法,因此,为了用高性能计算机解决电磁场问题,就必须研究各种数值方法并行化的问题. 电磁场计算的并行化,一方面要尽量吸收已有的并行计算的研究成果,另一方面要解决电磁场计算本身的特殊问题,以便达到最佳使用效果,实现高效率的计算.

10.1.2　并行计算技术的发展

为了适应大规模计算的需求,最直观的想法就是将多台计算机并联起来或用多台处理器构成并行系统,称为并行计算机(Parallel Computer)、高性能计算机(High Performance Computer)或超级计算机(Super Computer). 大型并行计算机系统一般可分为六类:单指令多数据流(Single-Instruction Multiple-Data,SIMD)机、并行向量处理器(Parallel Vector Processor,PVP)、对称多处理器(Symmetric Multi-Processor,SMP)、大规模并行处理器(Massively Parallel Processor,MPP)、工作站机群(Cluster of Workstation,COW)和分布共享存储(Distributed Shared Memory,DSM)多处理器. 单指令多数据流机多为专用,其余五类均属于多指令多数据流(Multiple-Instruction Multiple-Data,MIMD)机.

在国外,并行计算机的发展得很快. 1993 年,美国科学、工程、技术联邦协调理事会提交了"重大挑战项目:高性能计算与通信"(High Performance Computing and Communication,HPCC)的报告,提出某些科学工程计算中的重大挑战性课题,显示了世界大国试图通过发展高性能计算能力以保持在相关领域的领先地位. 在激烈的国际竞争背景下,并行计算机的计算能力一直不断地得到提高和突破. 20 世纪 80 年代至今,我国研制了对称多处理器机、大规模并行处理器机和工作站机群等. 1995 年 5 月,我国第一套大规模并行计算机系统——曙光-1000 由国家智能计算机研究开发中心研制成功. 该系统在整体上达到了 20 世纪 90 年代前期的国际先进水平, 使我国成为世界上少数几个能研制生产大规模并行计算机系统的国家之一. 2001 年, 由中国科学院计算所研制的曙光-3000 超级服务器由 70 个节点 (280 个处理器) 构成, 其峰值速度达到每秒 4 032 亿次浮点运算, 内存容量为 168 GB, 磁盘总容量为 3.63 TB, 在全世界运算速度最快的 500 台高性能计算机中排名第 80 位左右, 整体上达到了当时的国际先进水平, 部分技术 (如机群操作系统和并行编程环境等) 已达到国际领先水平.

以 "曙光" 系列大规模并行计算机为主干, 我国在合肥、北京、上海、成都和武汉成立了五个国家高性能计算中心, 建立起全国性的并行计算网络体系, 大规模地向全国众多行业领域提供高性能计算服务. 此外, 我国还从国外引入了一些并行计算机系统.

我们相信我国将研制出越来越强大的万亿次浮点运算的并行计算机. 超导、量子、光学和生物计算机在 21 世纪将有突破性的进展, 高性能计算机可以对大至宇宙小至微观世界进行逼真的模拟计算, 已成为科学研究和新产品设计最有效的工具.

与单 CPU 计算机的串行运作方式不同, 并行计算机是按并行方式运作的, 因此在并行计算机发展的同时发展了并行算法 (Parallel Algorithm). 利用并行算法进行的计算称为并行计算 (Parallel Aomputing).

随着并行计算机系统的发展, 人们对并行算法和并行程序设计方法也同时进行了大量研究. 可以说, 无论硬件和软件都已为电磁场计算的并行化提供了必要的条件, 因此各种电磁场计算方法的发展都应考虑到运行并行化的问题; 而且容易实现的并行化计算方法, 必然会受到更多重视和更广泛的应用.

§10.2   并行算法设计和并行程序设计

10.2.1   并行算法设计的一般方法和过程

算法是解题方法的精确描述, 是一组有穷的规则和操作过程, 规定了解决某一特定类型问题的一系列运算. 并行算法可以被简单地理解为是适合在各种并行计算机上求解问题和处理数据的计算方法, 在形式上也可以被定义成是一些可同时执行的、相互作用并协调工作从而达到对给定问题求解的进程的集合.

尽管并行算法的设计尚不成熟, 但随着研究的不断深入, 人们已逐渐总结出一些基本设计技术可供参考使用:

(1) 从并行处理操作最朴素的思想出发, 可导出划分设计技术, 即将一个大而复杂的问题分解为若干个子问题, 然后由相应的处理器同时求解;

（2）从求解问题的策略出发，可导出分治设计技术，即将一个大而复杂的问题分解为若干个子问题，然后逐步求解；

（3）从求解问题的特性出发，还可导出其他一些有效的设计技术，如平衡树技术、倍增技术和流水线技术等.

作为最基本的并行算法设计技术，划分设计技术又可细分为均匀划分技术、方根划分技术、对数划分技术和功能划分技术.用划分设计技术求解问题时，首先将给定的问题分解成 p 个独立的几乎等尺寸的子问题，然后用 p 台处理器并行求解.划分的重点在于如何将问题分解，使得子问题比较容易并行求解，或者使得子问题的解比较容易组合成原问题的解.若待求解的问题尺寸为 n，现有 p 台处理器，则最简单的划分方法就是执行均匀划分，即尽量将尺寸为 n/p 的子问题分配给每台处理器.

并行算法设计指经过任务划分（Partitioning）、通信分析（Communication）、任务组合（Agglomeration）和处理器映射（Mapping）四个阶段，最终设计出一种体现并行性、可扩放性、局部性和模块性的并行算法.这个过程称为 PCAM 设计过程，如图 10.1 所示.其基本要点是：从给定的问题出发，首先寻找一种计算任务的划分方法，然后确定各个任务的通信要求，再对计算任务进行组合，最后将优化后的各个任务分配给各台处理器.应尽量开拓算法的并行性且满足算法的可扩放性，着重优化算法的通信成本和全局执行时间.

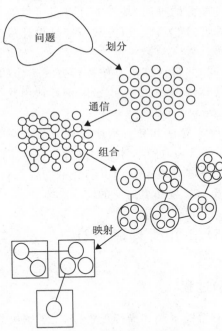

图 10.1　并行算法的 PCAM 设计过程

划分是指将整个计算问题分成一些小的计算任务，以充分开拓算法的并行性和可扩放性.绝大多数并行算法采用的是域分解，其步骤是：首先分解与问题相关的数据，尽可能地使数据片大致相等，然后将每个操作关联到相应的数据上，由此产生一系列任务，每个任务均包括一些数据及其相关的操作.经验表明，划分应优先集中在最大的数据或经常被访问的数据结构上.一个三维计算空间的一维、二维和三维域分解如图 10.2 所示.

通信是指为了执行并行计算，各个任务之间所需进行的数据传递.由划分产生的多个任务通常不能完全独立地并行执行，当一个任务需要用到其他任务中的数据时,就会产生通信要求.通信的设计原则是:所有任务执行的通信量应大致相等,每个任务应只与少数的近邻任务相互通信,各个通信操作能并行执行,不同任务的计算也能并行执行.

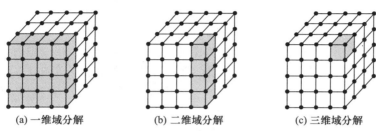

(a) 一维域分解　　　　(b) 二维域分解　　　　(c) 三维域分解

图 10.2　三维计算空间的域分解(图中每个阴影部分均代表一个任务)

组合是指通过合并小尺寸的任务以减少任务数,从而提高效率并减少通信成本.理想的情况是每台处理器上有且只有一个任务,从而获得一个单程序多数据流(Single-Program Multiple-Data,SPMD)模式的程序.

映射是指为每个任务指定相应的处理器,以减少算法总的执行时间.具体地讲,将能够并行执行的任务放在不同的处理器上,将需要频繁通信的任务放在同一台处理器上.映射的设计原则是应保证合理的计算负载平衡并衡量不同策略的成本.

为了把解决实际问题的并行算法在并行计算机上实现,必须针对某种计算模型编制计算程序,这一工作需要以某种软件环境作为依托.当前比较流行的这类软件主要有:基于共享内存的高性能 Fortran(High Performance Fortran,HPF)、基于消息传递的消息传递接口(Message Passing Interface,MPI)、消息传递库(Message Passing Library,MPL)和并行虚拟机(Parallel Virtual Machine,PVM)等.编写基于共享内存的并行程序较为简单,用户工作量较小,并行化工作主要由编译器完成,但并行性能的提高不显著.编写基于消息传递的并行程序虽然需要考虑的因素较多,但这是充分发挥其并行性能的唯一方式.

10.2.2　基于消息传递接口(MPI)的并行程序设计

消息传递接口是由全球工业、政府和科研等部门联合推出的一种基于标准消息传递模型的并行程序设计平台,是一个发展较快、使用范围较广的公共消息传递库,也是当今国际上最流行的并行编程环境之一.最初于 1993 年正式诞生,1994 年 5 月已可从网络上免费下载,目前正式公布的是 2.0 版.消息传递接口系统主要由消息传递函数库和宏定义组成,包含 200 多个函数(根据 1997 年修订的标准),支持多种版本的 Fortran 和 C 语言,具有精确的定义、完备的异步通信功能,还具有可移植性、高效性、灵活性和易用性,既适用于分布存储的大规模并行处理器和工作站机群,也可用于共享存储的对称多处理器.

　　基于消息传递接口的并行程序设计是指用户必须显式地为处理器分配数据和负载,并通过发送、接收消息(Message)实现处理器之间的数据交换.这是大规模并行处理器和工作站机群的主要编程方式,其中每个进程有各自独立的地址空间,并且必须通过消息传递访问其他进程中的数据.消息传递的通信开销比较大,主要用来开发粗粒度任务的并行性.

　　根据划分计算问题和开发消息传递并行性的不同形式,相应地有以下两种编程模式:每台处理器执行相同的代码副本,但不同的数据分布在不同的处理器上,即单程序多数据流模式,多用于基于域分解开发的并行计算程序;每台处理器执行不同的代码副本,各自对数据完成不同的计算,即多程序多数据流模式,多用于基于功能分解开发的并行计算程序.

　　在基于消息传递接口的并行程序设计中,一组进程所执行的程序是由用标准串行语言书写的代码和用于发送、接收消息的库函数共同构成的.消息传递接口就是在现有机器的软硬件通信基础上实现并行计算程序中各并行任务之间的通信、协调和同步等功能,并对这些任务加以管理.

　　一个消息传递接口并行程序由多个独立执行各自代码的进程组成,进程之间的通信通过调用消息传递接口函数实现.在程序初始化时,生成一组固定的进程(每台处理器通常只生成一个进程),这些进程可执行相同或不同的代码.在程序运行中如何将进程映射到具体的处理器上,一般由并行计算机厂商提供的具体的消息传递接口实现(MPICH)确定.一个消息传递接口并行程序必须包含预处理定义的头文件 mpif.h(在 Fortran 77 语言中)或 mpl.h(在 ANSI C 语言中),其中包含程序编译所需的消息传递接口系统定义的常数、宏和函数类型.在系统提供的 200 多个函数中,只用 6 个最基本的函数就能编写一个完整的消息传递接口并行程序:启动和结束计算、识别并确认进程以及发送和接收消息.以 Fortran 语言为例,一般消息传递接口并行程序的设计流程如图 10.3 所示.进程初始化时,函数 MPI_INIT 必须被首先调用,且只能调用一次.然后,通常要调用函数 MPI_COMM_RANK 和 MPI_COMM_SIZE,分别获取通信器(Communicator)包含的各进程的序号和所有进程的数目.在程序运行中,可以调用函数 MPI_SEND 和 MPI_RECV 在进程之间发送和接收数据,进程结束时,必须调用函数 MPI_FINALIZE 通知系统.此外,还有获取墙上时间、消息传递接口系统查询和消息传递接口异常及其处理等消息传递接口的环境管理函数.

　　消息传递接口程序初始化并建立所需的通信器和进程拓扑结构后,就进入并行程序设计的主要阶段.该阶段主要涉及两类进程间的通信操作:一类称为点对点通信,即任意两个进程之间的通信,其中一个进程调用函数 MPI_SEND 发送数据,另一个进程调用函数 MPI_RECV 接收数据;另一类称为聚合通信,即基于某个通信器的进程组内的所有进程均必须参与的通信,包括同步通信、全局通信和全局归约等三种类型.

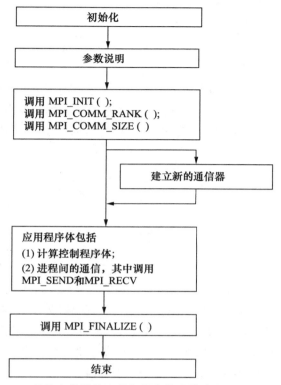

图 10.3 一般消息传递接口并行程序的设计流程图(Fortran 语言)

消息传递接口进程之间通信的基本单位是消息. 一个消息可分为数据和包装两个部分,前者由待发送数据缓冲区在内存中的首地址、数据单元类型和数据单元个数组成,后者由发送进程的序号、接收进程的序号、消息标号和通信器组成.

消息传递接口最重要的特性就是使用了称为通信器的结构. 系统规定任何通信函数必须基于某个通信器进行. 通信器是建立在进程组上的具有多种属性的不透明对象,也是通信域的具体表现形式,包括进程组(即系统内部一类有序进程的集合)和进程拓扑结构(即在进程之间建立的一种虚拟拓扑连接方式)两个重要的属性. 通信域是能够相互进行点对点通信的进程的集合. 也就是说,在通信域中的任意进程之间均可进行点对点通信. 每个通信域可由一个或多个通信器来表示.

消息传递接口系统提供的函数一般可分为以下五类:

(1) 局部函数:函数在被调用的进程中执行,无需任何进程间通信.

(2) 非局部函数:函数的执行需要其他进程的参与.

(3) 阻塞式函数:函数调用后一旦返回,用户就可以安全地使用该函数占用的存储空间.

（4）非阻塞式函数：函数调用后返回时，其执行的完成情况不明确，用户不能安全地使用该函数占用的存储空间.

（5）聚合函数：函数的调用需要进程组内所有进程的共同参与.

由应用数值积分法计算 π 的经典例题可以看出，一个消息传递接口并行程序的运行过程依赖于具体的并行计算机，但只要每台处理器上分配到一个进程，则该过程就可简单地描述为：首先，运行一条命令并在每台处理器上拷贝一份执行代码；然后，每台处理器执行拷贝的代码，与进程序号相对应的分支语句控制不同的进程执行不同的代码段.除进程 0 以外的各个进程均执行同一程序代码.

§10.3　时域有限差分法的并行算法

10.3.1　时域有限差分法的并行算法设计

在对将用于电磁场计算的数值方法并行化的研究中，时域有限差分法的并行算法起步最早，成果最丰富，应用也最广泛.由第二章的分析不难发现，在时域有限差分法的 Yee 氏网格中，任一网格点上的电场（或磁场）分量只与其前一时间步的值及其四周环绕的网格点上的磁场（或电场）分量有关，而与其他网格点上的场量没有直接关系.这样的局域特性非常适于执行基于域分解的并行计算，每个子区域可单独由一台处理器进行计算，在迭代过程中只需在其边界处与相邻子区域执行切向场分量的通信操作.由于通信量不大，因而容易获得较好的计算效果.

为简明起见，首先以一个长度为 $18\Delta s$（Δs 为沿 y 轴的空间步长）的一维并行计算区域为例，说明并行算法设计的主要问题.

对沿 y 方向传播的平面波其差分格式可由式(5.3.16)得到

$$H_x^{n+\frac{1}{2}}\left(m+\frac{1}{2}\right) = H_x^{n-\frac{1}{2}}\left(m+\frac{1}{2}\right) + \frac{\Delta t}{\mu\Delta s}\left[E_z^n(m) - E_z^n(m+1)\right] \quad (10.3.1a)$$

$$E_z^{n+1}(m) = E_z^n(m) + \frac{\Delta t}{\varepsilon\Delta s}\left[H_x^{n+\frac{1}{2}}\left(m-\frac{1}{2}\right) - H_x^{n+\frac{1}{2}}\left(m+\frac{1}{2}\right)\right] \quad (10.3.1b)$$

由于在计算机中序号只能用整数标记，故把上式改记为

$$H_x^n(m) = H_x^{n-1}(m) + \frac{\Delta t}{\mu\Delta s}\left[E_z^n(m) - E_z^n(m+1)\right], \quad (10.3.2a)$$

$$E_z^n(m) = E_z^{n-1}(m) + \frac{\Delta t}{\varepsilon\Delta s}\left[H_x^{n-1}(m-1) - H_x^{n-1}(m)\right]. \quad (10.3.2b)$$

由式(10.3.1)所表示的实际关系可在运行的顺序中表现出来.

假定将该区域沿 y 轴均匀划分成 4 个子区域，并映射到 4 台处理器（即 4 个进程）上，由于在 Yee 氏网格中电场分量 E_z 和磁场分量 H_x 被交叉放置，且二者

相距半个空间步长,因此可对该区域进行如图 10.4 所示的域分解.每台处理器上分配到的计算单元数分别为 5,5,4,4,基本达到负载平衡.

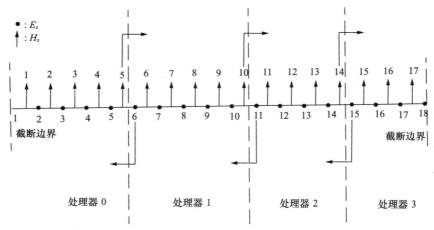

图 10.4 对时域有限差分法的一维并行计算区域进行域分解

此外,将进程之间的划分边界分别放置在 $H_x^n(5)$,$H_x^n(10)$ 和 $H_x^n(14)$ 之后.这样由式(10.3.2)可以看出,计算进程 0 中 $H_x^n(5)$ 的值,要用到进程 1 中 $E_z^{n-1}(6)$ 的值;计算进程 1 中 $E_z^n(6)$ 和 $H_x^n(10)$ 的值,则分别要用到进程 0 中 $H_x^{n-1}(5)$ 的值和进程 2 中 $E_z^{n-1}(11)$ 的值;计算进程 2 中 $E_z^n(11)$ 和 $H_x^n(14)$ 的值,分别要用到进程 1 中 $H_x^{n-1}(10)$ 的值和进程 3 中 $E_z^{n-1}(15)$ 的值;计算进程 3 中 $E_z^n(15)$ 的值,要用到进程 2 中 $H_x^{n-1}(14)$ 的值(上角标 n 和 $n-1$ 分别表示第 n 和 $n-1$ 时间步).可见,以上计算的完成需要进程之间适时的通信操作,当然,也可对该区域进行另一种域分解,即将进程之间的划分边界分别放置在 $E_z(5)$,$E_z(10)$ 和 $E_z(14)$ 之后.这时,进程之间的通信操作显然与前一种情况不同.

在时域有限差分法的并行算法中执行迭代计算和通信操作的过程如图 10.5 所示(仍采用如图 10.4 所示的一维模型).由于每个网格点上 E_z(或 H_x)的新值与该点在前一时间步的值及其邻近点上的 H_x(或 E_z)在前半个时间步的值有关,因此在第 n 时间步执行迭代计算和通信操作的过程如图 10.5 所示,可概括为以下四步:

(1) 从后一进程接收/发送本进程边界上前一时间步的 E_z^{n-1};

(2) 计算本进程内每个网格点(非截断边界)上当前时间步的 H_x^n;

(3) 向后一进程发送/接收本进程边界上当前时间步的 H_x^n;

(4) 计算本进程内每个网格点(非截断边界)上下一时间步的 E_z^{n+1}.

以上步骤将在给定的总的时间步数 N 内循环执行.最后,还需通过一个全局归约操作将每个进程的计算结果归并到进程 0 并依次全部输出.

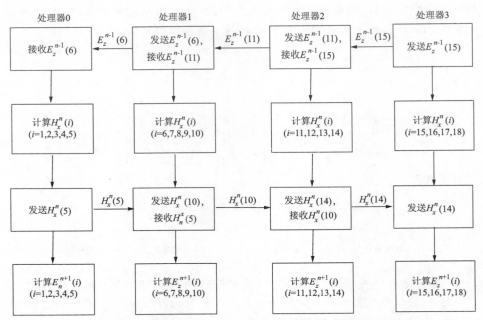

图 10.5　在第 n 时间步执行迭代计算和通信操作的过程

　　值得注意的是,在截断边界处场分量的计算不能直接进行,需要特殊处理,因此,包含截断边界的进程所执行的计算内容与其他进程有所不同.若采用单程序多数据流模式,应采用特殊标识,使各个处理器执行相应的计算内容.此外,在引入波源的进程中必然也包括特殊的计算内容.

　　如果并行计算区域是二维的,对其进行一维或二维域分解,所形成的子区域为矩形,边界为多条直线.对进程边界处的每个场分量都要执行与一维情况类似的通信操作,从而使总的通信量相应地增加.包含截断边界的进程也必须包括对边界场分量的特殊处理,所需的通信操作和计算任务的标识比一维情况复杂得多.对于更复杂的问题,还有更多需要特殊处理的因素.例如,对电磁散射问题,还需要赋予包括连接边界的进程新的计算内容,对通信的需求也要根据计算内容作特殊外理.

　　对于三维问题,区域的划分可根据情况选取一、二或三维等不同形式,这时的每个子区域在直角坐标系中就是立方体,边界则为平面.如果相邻的两个进程都是执行 Maxwell 方程的差分格式,则在计算机中的计算格式可由式(2.1.23)和(2.1.22)得到,在时间步 n 时为

$$H_x^n(I,J,K) = H_x^{n-1}(I,J,K) + CD \cdot [\widetilde{E}_y^{n-1}(I,J,K+1) - \widetilde{E}_y^{n-1}(I,J,K)$$
$$+ \widetilde{E}_z^{n-1}(I,J,K) - \widetilde{E}_z^{n-1}(I,J+1,K)], \tag{10.3.3a}$$

$$H_y^n(I,J,K) = H_y^{n-1}(I,J,K) + CD \cdot [\widetilde{E}_z^{n-1}(I+1,J,K) - \widetilde{E}_z^{n-1}(I,J,K)$$

$$+\widetilde{E}_x^{n-1}(I,J,K)-\widetilde{E}_x^{n-1}(I,J,K+1)\big], \qquad (10.3.3\text{b})$$

$$H_z^n(I,J,K)=H_z^{n-1}(I,J,K)+CD\cdot\big[\widetilde{E}_x^{n-1}(I,J+1,K)-\widetilde{E}_x^{n-1}(I,J,K)$$
$$+\widetilde{E}_y^{n-1}(I,J,K)-\widetilde{E}_y^{n-1}(I+1,J,K)\big], \qquad (10.3.3\text{c})$$

$$\widetilde{E}_x^n(I,J,K)=CA(I,J,K)\cdot\widetilde{E}_x^{n-1}(I,J,K)+CD\cdot CB(I,J,K)\cdot\big[H_z^{n-1}(I,J,K)$$
$$-H_z^{n-1}(I,J-1,K)+H_y^{n-1}(I,J,K-1)-H_y^{n-1}(I,J,K)\big], $$
$$(10.3.4\text{a})$$

$$\widetilde{E}_y^n(I,J,K)=CA(I,J,k)\cdot\widetilde{E}_y^{n-1}(I,J,K)+CD\cdot CB(I,J,K)\cdot\big[H_x^{n-1}(I,J,K)$$
$$-H_x^{n-1}(I,J,K-1)+H_z^{n-1}(I-1,J,K)-H_z^{n-1}(I,J,K)\big], $$
$$(10.3.4\text{b})$$

$$\widetilde{E}_z^n(I,J,K)=CA(I,J,k)\cdot\widetilde{E}_z^{n-1}(I,J,K)+CD\cdot CB(I,J,K)\cdot\big[H_y^{n-1}(I,J,K)$$
$$-H_y^{n-1}(I-1,J,K)+H_x^{n-1}(I,J-1,K)-H_x^{n-1}(I,J,K)\big]. $$
$$(10.3.4\text{c})$$

现在我们考虑由垂直于 x 轴的交界面分开的两个子域,其进程分别为 N 和 $N+1$,若分界面取在 I_0 的左侧,即 I_0 属于进程 $N+1$,而 I_0-1 属于进程 N,考察式(10.3.3)和(10.3.4)可知,在交界面两侧属于对界面为垂直分量的 H_x 和 E_x 而言,所执行的差分格式不需要交界面另一方提供信息,每个进程可自行独立地完成计算,亦即没有通信的要求.然而,对于切向分量而言,要计算属于 N 进程中的 $H_y^n(I_0-1,J,K)$ 和 $H_z^n(I_0-1,J,K)$ 则分别需要属于 $N+1$ 进程中的 $\widetilde{E}_z^{n-1}(I_0-1,J,K)$ 和 $\widetilde{E}_y^{n-1}(I_0-1,J,K)$;而计算 $N+1$ 进程中的 $\widetilde{E}_y^n(I_0,J,K)$ 和 $\widetilde{E}_z^{n-1}(I_0,J,K)$ 时分别需要进程 N 中的 $H_z^{n-1}(I_0-1,J,K)$ 和 $H_y^{n-1}(I_0-1,J,K)$.这种信息的交换都需要通过进程之间的通信来完成.对于垂直于其他坐标轴的分界面也可作完全类似的分析,从而了解在整个求解过程中所需要的进程之间通信安排.

以上所讨论的子域之间数据交换的需求,只考虑了直接执行 Maxwell 方程差分格式的部分,在解决各种实际问题时,常常带有附加的计算内容.开放问题中在截断边界处需要附加吸收边界条件,在辐射问题中需要附加激励源和近场到远场的转换,在散射问题中又需再加入连接条件及平面波的传播等.由于这些内容的存在可能需要不同进程中所执行的指令有一定的差别,在信息交换的需求上也有所不同.

一个合理的时域有限差分法的并行算法设计,首先要进行的是合适的子域划分,以保证子域之间的通信量尽量减少,且合并计算量尽量使每个进程所需时间大体相等,以便使各个进程协同进行,提高计算效率.各子域的计算任务完成后,还要把最后数据收集到一个处理器中组合成所求的最终结果.

根据以上分析可知,实现时域有限差分法的并行计算,关键是解决进程间的通信问题,当前的发展趋势是用 MPI 来解决.

10.3.2 并行时域有限差分法的效率分析

评价一个并行算法的优劣,通常有两个重要指标:并行算法的加速比(Speed-Up)和效率(Efficiency). 令 p 为处理器的数目,T_1 为 1 台处理器的执行时间,T_p 为 p 台处理器的执行时间($p \geq 2$),则加速比可定义为

$$S(p) = T_1/T_p, \tag{10.3.5}$$

效率与加速比的关系为

$$E(p) = S(p)/p. \tag{10.3.6}$$

通常,若满足 $S(p)=O(p)$,则称算法具有线性加速比;若满足 $S(p)>p$,则称算法具有超线性加速比. 理想情况下,并行算法应满足

$$S(p) = p, \quad E(p) = 1, \tag{10.3.7}$$

但实际上这是不可能实现的. 因为,任何并行计算都需要比串行计算附加的额外开销,这也说明,提高并行计算效率的途径就是在各个环节上尽量减少额外开销.

从上面关于时域有限差分法的并行算法分析中可以看出,并行计算额外开销的主要部分是通信的需求,如何减少通信开销就成了提高并行计算效率的关键. 为做到这一点,从子域划分的时候就要开始考虑. 子域如何划分与问题性质紧密相连,包括解域的形状,解域各部分所需执行代码的差异等等. 子域的不同划分方法,对通信的要求会有很大差别. 在子域确定之后,通信方式是另一个需要考虑的问题. 在 MPI 标准中,有两种通信方式可供选择:一种称为阻塞通信方式,它要求一个进程的规定的通信任务全部完成后,才能开始执行该进程的计算任务;另一种称为非阻塞通信形式,它的运行方式是,通信开启后不需要通信的计算任务即可开始执行. 显然非阻塞通信方式节省了等待通信完成的时间,加快了计算速度.

由于并行计算的效率直接决定于并行计算所花费的时间,而这个时间由花费时间最长的那个进程决定. 为了提高计算效率就需要各个进程的负载尽量平衡,负载包括计算量和通信量等,这也要在子域划分的时候认真考虑.

尽管时域有限差分法本身特性为并行化提供了方便条件,但并行计算的效率还是与编程技巧有一定的关系,而且还强烈地依赖执行任务的计算机系统.

§10.4 并行计算效率的验证

与串行计算相比,完成同一个计算任务,利用多处理器的并行计算肯定可以大大提高计算速度,但由于各种因素的影响使得计算速度不能随处理器的增加而直线上升,为了更形象地了解并行计算与处理器个数的关系,下面列举一些验证结果.

文献[198]用一个简单的算例测试了时域有限差分法的并行计算效率,计算空间为 $300\times300\times300$ 个网格,其边界设定为理想导体,以便容易给出较好的任务平衡分配.测试是在 Dell PowerEdge 1750 上完成的,该机有 160 个结点,共 320 个处理器.测试结果由图 10.6 和 10.7 给出,其中 nD 表示子域划分的维数为 n,1 维子域划分和处理器的分布分为三种情况,各沿不同的坐标方向进行.结果表明三种情况的加速比和效率是不同的. 这是因为计算效率与数组在内存中的存放结构有关. 在 MPI 通信标准中,需要给出数据的首地址、类型和个数,如果需要传输的场值在内存中是连续存放的,就不需要声明新的数据类型.对同一种内存的数据结构在一维划分和处理器分布中,只能对某一个坐标轴做到这一点,对其他坐标轴的处理器分布需要传输的数据在内存中就不是连续分布的,此时需要声明新的数据类型,以便 MPI 在传输数据时按声明的间隔规律在内存中提取数据.这样一来.就要开销更多的通信时间.

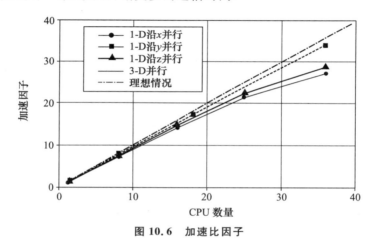

图 10.6　加速比因子

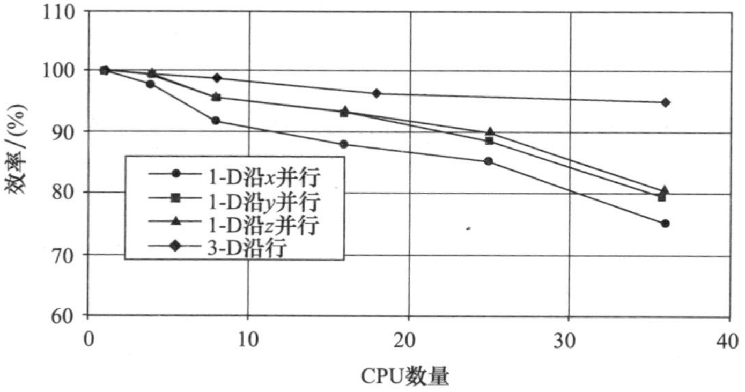

图 10.7　并行计算效率

　　文献中给出了一个有实际意义的计算实例[137],计算对象是放在介质基底上的宽为 200 nm、厚为 100 nm 的印制板偶极天线.在一个并行机群上使用一维域分解的时域有限差分法的并行算法得到天线长度不同时的输入阻抗,并用四种方法展示了该算法的加速性能,其结果如图 10.8 所示.

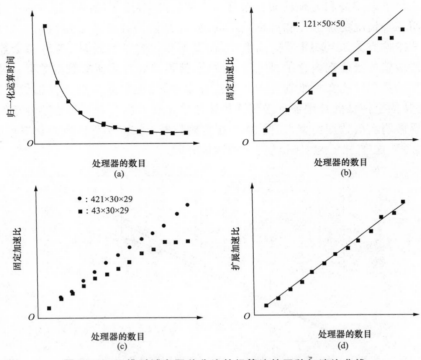

图 10.8　三维时域有限差分法并行算法的四种加速比曲线

　　图 10.8(a)表明,计算量相同的问题的计算时间随着处理器数目的增加而减少.图 10.8(b)给出按式(10.3.5)计算的加速比.由图 10.8(b)可以清楚地看到,随着处理器数目的增加,加速比越来越偏离理想的数据.这是因为在一维域分解的情况下,随着处理器数目的增加,虽然每次迭代计算时处理器之间的通信量不变,但每台处理器的计算区域却变小了,即每台处理器需要花费相对更多的时间和相邻处理器进行通信,从而导致加速比下降.图 10.8(c)给出的也是按式(10.3.5)计算的加速比,但两组数据对应着计算量不同的问题,其中加速比较大(或较小)的对应计算量较大(或较小)的问题.由图 10.8(c)也可以清楚地看到,问题的尺度越大,越容易在更多的处理器上得到接近于理想加速比的计算结果,这是因为本问题中的域分解是沿偶极天线长度增加的方向进行的.采用相同数目的处理器参与运算时,天线越长,问题的尺度越大,每台处理器的计算量越大,但和天线较短的问题具有相同的通信量.也就是说,问题尺度的增大导致每台处

理器的绝对计算开销增加而绝对通信开销不变,从而使得相对通信开销减小. 由此可见,对于尺度的较大问题,执行一维域分解的时域有限差分法的并行算法可以获得较高的加速比. 图 10.8(d)给出了采用以下定义的扩展加速比

$$S(p) = pT_1/T_p, \tag{10.3.8}$$

其中 T_1 表示在 1 台处理器上计算一段长度为 S 的偶极天线的输入阻抗所需的时间,T_p 表示在 $p(p>1)$ 台处理器上计算长度为 pS 的偶极天线的输入阻抗时每台处理器计算其中长度为 S 的一段所需的时间. 由图 10.8(d)还可以看到,扩展加速比是高度线性的,这是因为在这种情况下,随着处理器数目的增加,每台处理器上的计算开销和通信开销始终是相同的.

在一维实例的计算中,由于在处理器上可能有同时执行的其他任务破坏了负载平衡,并引起等待、竞争等额外开销,又由于网络上数据的频繁交换可能引起更大的通信开销,并造成较低的网络速率及网络或交换机的"瓶颈",所以由时域有限差分法并行算法得到的加速比曲线比理想曲线略低,随着处理器数目的增加,计算值与理想值的偏差增大,这是因为处理器之间的通信量也随之增加,引起更大的通信开销,从而延长了执行时间.

由以上结果可知,时域有限差分法的并行算法不仅大大提高了时域有限差分法自身的计算能力,而且与传统的串行算法相比,大大节省了计算时间,提高了计算效率,充分显示出并行计算技术的高性能特性,从而更能满足大规模电磁场问题的计算需求.

参 考 文 献

[1] Yee K S. Numerical Solution of Initial Boundary Value Problems Involving Maxwell's Equations in Isotropic Media. IEEE Trans. Antennas Propagat., Vol. AP-14, pp. 302—307, 1966.

[2] Taylor C D, Lam D H, and Shumpert T H. Electromagnetic Pulse Scattering in Time-Varying Inhomogeneous Media. IEEE Trans. Antennas Propagat., Vol. AP-17, No. 5, pp. 585—589,1969.

[3] Merewether D E. Transient Currents Induced on a Metallic Body of Revolution by an Electromagnetic Pulse. IEEE Trans. Electromag. Compat., Vol. EMC-13, No. 2, pp. 41—44, 1971.

[4] Taflove A, and Brodwin M E. Numerical Solution of Steady-State Electromagnetic Scattering Problems Using the Time-Dependent Maxwell's Equations. IEEE Trans. Microwave Theory Tech., Vol. MTT-23, pp. 623—630, 1975.

[5] Taflove A, and Brodwin M E. Computation of the Electromagnetic Fields and Induced Temperatures within a Model of the Microwave-Irriadiated Human Eye. IEEE Trans. Microwave Theory Tech., Vol. MTT-23, pp. 888—896, 1975.

[6] Lindman E L. Free Space Boundary Conditions for the Time Dependent Wave Equation. J. Comp. Phys., Vol 18, pp. 66—78, 1975.

[7] Engquist B ,and Majda A. Absorbing Boundary Conditions for the Numerical Simulation of Waves. Mathematics of Computation, Vol. 31, No. 139, pp. 629—651, 1977.

[8] Holland R. THREDE: A Free-Field EMP Coupling and Scattering Code. IEEE Trans. Nuclear Science, Vol. NS-24, pp. 2416—2421,1977.

[9] Engquist B, and Majda A. Absorbing Boundary Conditions for the Numerical Simulation of Waves. Mathematics of the Computation, Vol. 31, No. 139, pp. 629—651, 1977.

[10] Kunz K S, and Lee K M. A Three-Dimensional Finite-Difference Solution of the External Response of an Aircraft to a Complex Transient EM

Environment: Part I-The Method and its Implementation. IEEE Trans. Electromag. Compat. , Vol. EMC-20, pp. 328—333, 1978.

[11] Kunz K S, and Lee K M. A Three-Dimensional Finite-Difference Solution of the External Response of an Aircraft to a Complex Transient EM Environment: Part II-Comparison of Predictions and Measurements. IEEE Trans. Electromag. Compat. ,Vol. EMC-20, pp. 333—341, 1978.

[12] Kriegsman G A, and Morawetz C S. Numerical Solutions of Exterior Problems with the Reduced Wave Equation. J. Comp. Phys. , Vol. 28, pp. 181—197, 1979.

[13] Taflove A. Application of the Finite-Difference Time-Domain Method to Sinusoidal Steady-State Electromagnetic Penetration Problems. IEEE Trans. Electromag. Compat. , Vol. EMC-22, No. 3, pp. 191—202, 1980.

[14] Holland R, Simposon L, and Kunz K S. Finite-Difference Analysis of EMP Coupling to Lossy Dielectric Structures. IEEE Trans. Electromag. Compat. , Vol. EMC-22, pp. 203—209, 1980.

[15] Taflove A, and Umashankar K. A Hybrid Moment Method/Finite-Difference Time-Domain Approach to Electromagnectic Coupling and Aperture Penetration into Complex Geometries. Application of the Method of Moments to Electromagnetic Field, edited by Strait B J, pp. 361—426, 1980.

[16] Merewether D E, Fisher R, and Smith F W. On Implementing a Numeric Huygen's Source Scheme in a Finite Difference Program to Illuminate Scattering Bodies. IEEE Trans. Nuclear Science, Vol. NS-27, No. 6, pp. 1829—1833, 1980.

[17] Bayliss A, and Turkel E. Radiation Boundary Conditions for Wave-Like Equations. Comm. Pure Appl. Math. , Vol. 23, pp. 707—725,1980.

[18] Holland R, and Simpson L. Finite-Difference Analysis of EMP Coupling to Thin Struts and Wires. IEEE Trans. Electromag. Compat. , Vol. EMC-23, pp. 88—97, 1981.

[19] Mur G. The Modeling of Singularities in the Finite-Difference Approximation of the Time-Domain, Electromagnetic-Field Equations. IEEE Trans. Microwave Theory Tech. , Vol. MTT-29, No. 10, pp. 1073—1077, 1981.

[20] Mur G. Absorbing Boundary Conditions for the Finite-Difference Approximation of the Time-Domain Electromagnetic-Field Equations. IEEE Trans. Electromag. Compat. , Vol. EMC-23, No. 4, pp. 377—382, 1981.

[21] Kunz K S, and Simpson L. A technique for Increasing the Resolution of Finite-Difference Solution of the Maxwell Equation. IEEE Trans. Electromag. Compat. , Vol. EMC-23, No. 4, pp. 419—422,1981.

[22] Gilbert J, and Holland R. Implementation of the Thin-Slot Formalism in the Finite-Difference EMP Code THRED II. IEEE Trans. Nuclear Science, Vol. NS-28, No. 6, pp. 4269—4274, 1981.

[23] Mur G. The Modeling of Singularities in the Finite-Difference Approximation of the Time-Domain Electromagnetic-Field Equations. IEEE Trans. Microwave Theory Tech. , Vol. MTT-29,No. 10, pp. 1073—1077, 1981.

[24] Taflove A, and Umashankar K. User's Code for FD-TD. Final Report RADC-TR-82-16 by IIt Research Institute, Chicago, IL to Rome Air Development Center. Griffiss AFB, New York, On Contract F30602-80-C-0302, Feb. 1982.

[25] Taflove A, and Umashankar K. A Hybrid Moment Method/Finite-Difference Time-Domain Approach to Electromagnetic Coupling and Aperture Penetration into Complex Geometries. IEEE Trans. Antennas Propagat. , Vol. AP-30, No. 4, pp. 617—627, 1982.

[26] Umashankar K, and Taflove A. A Novel Method to Analyze Electromagnetic Scattering of Complex Objects. IEEE Trans. Electromag. Compat. , Vol. EMC-24, No. 4, pp. 406—410, 1982.

[27] Taflove A, and Umashankar K. Radar Cross Section of General Three-Dimensional Scatters. IEEE Trans. Electromag. Compat. , Vol. EMC-25, No. 4, pp. 433—440, 1983.

[28] Holland R. Finite-Difference Solution of Maxwell's Equations in Generalized Nonorthogonal Coordinates. IEEE Trans. Nuclear Science, Vol. NS-30, No. 6, pp. 4589—4591, 1983.

[29] Holland R. Finite-Difference Solution of Maxwell's Equations in Generalized Nonorthogonal Coordinates. IEEE Trans. Nuclear Science, Vol. NS-30, No. 6, pp. 4592—4595, 1983.

[30] Liao Z P, Wong H L, Yang B P, and Yuan Y F. A Transmitting Boundary for Transient Wave Analysis. Scientia Sinica (Series A), Vol. 27, No. 10, pp. 1063—1076, 1984.

[31] Taflove A, Umashankar K, and Jurgens T G. Validation of FD-TD Modeling of the Radar Cross Section of Three-Dimensional Structures Spanning up to Nine Wavelengths. IEEE Trans. Antennas Propagat. ,

Vol. AP-33, No. 6, pp. 662—666, 1985.

[32] Trefethen L N, and Halpern L. Well-Posedness of One Way Wave Equations and Absorbing Boundary Conditions. Inst. Comput. Appl. Sci. and Engrg (ICASE), NASA Langley Res. Ctr. , Hampton, VARept. pp. 85—130, 1985.

[33] Choi D H, and Hoefer W J R. The Finite-Difference Time-Domain Method and its Application to Eigenvalue Problems. IEEE Trans. Microwave Theory Tech. , Vol. MTT-34, No. 12, pp. 1464—1470, 1986.

[34] Taflove A. The Finite-Difference Time-Domain (FD-TD) Method for Electromagnetic Scattering and Interaction Problems. J. Electromagnetic Waves and Applications, Vol. 1, No. 3, pp. 243—267, 1987.

[35] Sullivan D M, Broup D T, and Gandhi O P. Use of the Finite-Difference Time-Domain Method in Calculating EM Absorption in Human Tissues. IEEE Trans. Biomedical Engineering, Vol. BEM-34, No. 2, pp. 148—157, 1987.

[36] Borup D T, Sullivan D M, and Gandhi O P. Comparison of the FFT Conjugate Gradient Method and the Finite-Difference Time-Domain Method. for the 2-D Absorption Problem. IEEE Trans. Microwave Theory Tech. , Vol. MTT-35, No. 4, pp. 383—395, 1987.

[37] Demarest K R. A Finite Difference Time Domain Technique for Modeling Narrow Apertures in Conducting Scatters. IEEE Tran. Antennas Propagat. Vol. AP-35, No. 7, pp. 826—831, 1987.

[38] Umashankar K R, Taflove A, and Beker B. Calculation and Experimental Validation of Induced Currents on Coupled Wires in an Arbitrary Shaped Cavity. IEEE Trans. Antennas Propagat. ,Vol. AP-35,No. 11, pp. 1248—1257,1987.

[39] Zhang X L, Fang J Y, Mei K K, and Liu Y W. Calculation of the Dispersive Characteristics of Microstrip by the Time-Domain Finite Difference Method. IEEE Trans. Microwave Theory Tech. ,Vol. MTT-36, No. 2, pp. 263—267, 1988.

[40] Taflove A, Umashankar K R, Beker B, Harfpush F, and Yee K S. Detailed FD-TD Analysis of Electromagnetic Fields Penetrating Narrow Slots and Lapped Joints in Thick Conducting Screens. IEEE Trans. Antennas Propagat. ,Vol. AP-36, No. 2, pp. 247—457, 1988.

[41] Gwarek W K. Analysis of Arbitratily Shaped Two-dimensional Micro-

wave Circuits by Finite-Difference Time-Domain Method. IEEE Trans. Microwave Theory Tech. ,Vol. MTT-36,No. 4, pp. 738—744,1988.

[42] Fang J Y, and Mei K K. A Super-Absorbing Boundary Algorithm for Numerical Solving Electromagnetic Problems by Time-Domain Finite Difference Method. 1988 IEEE AP-s International Symposium, Syracuse, NY,USA, June 6-10, pp. 427—475,1988.

[43] Madsen N K, and Ziolkowski R W. Numerical Solution of Maxwell's Equations in the Time Domain Using Irregular Nonorthogonalgrids. Wave Motion,Vol. 10, pp. 583—596,1988.

[44] Turner C D, and Bacon L D. Evaluation of a Thin-Slot Formalism for Finite Difference Time-Domain Electromagnetics Codes. IEEE Trans. Electromag Compat. , Vol. EMC-30. No. 4, pp. 523—528,1988.

[45] Wang C Q, and Zhu X L. Use of the FD-TD method in Interaction of Near-field with Model of Human Torso. Proceeding of Second Asia-Pacific Microwave Confetence, pp. 81—82,1988 in Beijing,P. R. China.

[46] Sullivan D M, Gandhi O P, and Taflove A. Use of the Finite-Difference Time-Domain Method for Calculation EM Absorption in Man Models. IEEE Trans. Biomedical Engineering, Vol. BME-35,No. 3, pp. 179—185, 1988.

[47] Zhang X L, and Mei K K. Time-Domain Finite Difference Approach to the Calculation of the Frequency-Dependent Characteristics of Microstrip Discontinuities. IEEE Trans. Microwave Theory Tech. , Vol, MTT-36, No. 12, pp. 1775—1787, 1988.

[48] Blaschak J G, and Kriegsmann G A. A Comparative Study of Absorbing Boundary Conditions. J. Comp. Phys. , Vol. 77, pp. 109—139, 1988.

[49] Larsom R W, Rudolph T, and Ng P H. Special Purpose Computers for The Time Domain Advance of Maxwell's Equations. IEEE Trans. Magnetics, Vol. 25, No. 4, pp. 2913—2915, 1989.

[50] Britt C L. Solution of Electromagnetic Scattering Problems Using Time Domain Techniques. IEEE Trans. Antennas Propagat. , Vol. AP-37, No. 9, pp. 1181—1192, 1989.

[51] Wang C Q, and Gandhi O P. Numerical Simulation of Annular Phased Arrays for Anatomically Based Models Using the FD-TD Method. IEEE Trans. Microwave Theory Tech. , Vol. MTT-37, No. 1, pp. 118—126, 1989.

[52] Reineix A, and Jecko B. Analysis of Microstrip Patch Antennas Using Finite Difference Time Domain Method. IEEE Trans. Antennas

Propagt. , Vol. AP-37, No. 11, pp. 1361—1369, 1989.

[53] Liang G C, Liu Y W, and Mei K K. Full-Wave Analysis of Coplanar Waveguide and Slotline Using the Time Domain Finite-Difference Method. IEEE Trans. Microwave Theory Tech. , Vol. MTT-37, No. 12, pp. 1949—1957,1989.

[54] Blaschak J G, Kriegsaman G A, and Taflove A. A Study of Wave Interactions with Flanged Waveguide and Cavities Using the On-Surface Radiation Condition Method. Wave Motion, Vol. 11, pp. 65—76,1989.

[55] Luebbers R , Hunsberger F P, Kunz K S, et al. A Frequency Dependent Finite-Difference Time-Domain Formulation for Dispersive Materials. IEEE Trans. Electromag. Compat. , Vol. EMC-32, No. 3, pp. 222—227,1990.

[56] Eswarappa, Costache G I, and HoeferW J R. Transmission Line Matrix Modeling of Dispersive Wide-Band Absorbing Boundaries with Time-Domain Diakoptics for S-Parameter Extraction. IEEE Trans. Microwave Theory Tech. ,Vol. MTT-38, No. 4, pp. 379—386,1990.

[57] Sheen D M, Ali S M, Abouzahra M D, and Kong J A. Application of the Three Dimensional Finite-Difference Time-Domain Method to the Analysis of Planar Microstrip Circuits. IEEE Trans. Microwave Theory Tech. , Vol. MTT-38, No. 7, pp. 849—857,1990.

[58] Fusco M A. FDTD Algorithm in Curvilinear Coordinates. IEEE Trans. Antennas Propagat. , Vol. AP-38, No. 1, pp. 76—89,1990.

[59] Wang C Q, Zhu X L, and Chen J Y. Numerical Simulation of Annular Phased Array of Dipole Antenna. J. Electronics,Vol. 7, No. 3, pp. 193—199,1990.

[60] Riley D J, and Turner C D. Hybrid Thin-Slot Algorithm for the Analysis of Narrow Apetrures in Finite-Difference Time-Domain Calculations. IEEE Trans. Antennas Propagat. , Vol. AP-38, No. 12, pp. 1934—1950,1991.

[61] Chen J Y, and Gandhi O P. Currents Induced in an Anatomically Based Model of a Human for Exposure to Vertically Polarized Electromagnetic Pulses. IEEE Trans. Microwave Theory Tech. , Vol. MTT-39, No. 1, pp. 31—39,1991.

[62] Navarro A, Nunez M J, and Martin E. Study of TE_0 and TM_0 Modes in Dielectric Resonators by a Finite Difference Time-Domain Method Coupled with the Discrete Fourier Transform. IEEE Trans. Microwave Theory Tech. , Vol. MTT-39, No. 1, pp. 14—17, 1991.

[63] Zivanovic S S, Yee K S, and Mei K K. A Subgridding Method for the Time-Domain Finite-Difference Method to Solve Maxwell's Equations. IEEE Trans. Microwave Theory Tech. , Vol. MTT-39, No. 3, pp. 471—479, 1991.

[64] Yee K S, Ingham D, and Shlager K. Time-Domain Extrapolation to the Far Field Based on FDTD Calculations. IEEE Trans. Antennas Propagat. , Vol. AP-39, No. 3, pp. 410—413, 1991.

[65] Huang W P, Chu S T, Goss A, and Chaudhuri S K. A Scalar Finite-Difference Time-Domain Approach to Guided-Wave Optics. IEEE Photonics Tech. Lett. , Vol. 3, No. 9, pp. 524—526, 1991.

[66] Chu S T, and Chaudhuri S K. A Finite-Difference Time-Domain Method for the Design and Analysis of Guided-Wave Optical Structures. J. Lightwave Technology, Vol. 7, No. 12, pp. 2034—2038, 1991.

[67] Bui M D, Stuchly S S, and Costache G I. Propagation of Transients in Dispersive Dielectric Media. IEEE Trans. Microwave Theory Tech. , Vol. MTT-39. No. 7, pp. 1165—1171, 1991.

[68] Katz D D, Piket-may M J, Taflove A, and Umashanker K R. FDTD Analysis of Electromagnetic Wave Radiation from Systems Containing Horn Antennas. IEEE Trans. Antennas Proagat. , Vol. AP-39, No. 8, pp. 1203—1212, 1991.

[69] Tirkas P A, and Demarest K R. Modeling of Thin Dielectric Structures Using the Finite-Difference Time-Domain Technique. IEEE Trans. Antennas Propagat. , Vol. AP-39, No. 9, pp. 1338—1344, 1991.

[70] Katz D S, Piket-may M J, and Taflove A. FDTD Analysis of Electromagnetic Wave Radiaion from Systems Containing Horn Antennas. IEEE Trans. Antennas Propagat. , Vol. AP-39, No. 8, pp. 1203—1212, 1991.

[71] Alinikula P, and Kunz K S. Analysis of Waveguide Aperture Coupling Using the Finite-Difference Time-Domain Method. IEEE Microwave Lett. , Vol. 1, No. 8, pp. 189—191, 1991.

[72] Wang C Q, Chen C J, and Zhu X L. Use of Finite-Difference Time-Domain Method for Calculating EM Absorption in Lossy Dielectric Scatter. J. Electronics, Vol. 8, No. 4, pp. 357—362, 1991.

[73] Fusco M A, Smith M V, and Gordin L W. A Three-Dimensional FDTD Algorithm in Curvilinear Coordinates. IEEE Trans. Antennas Propagat. , Vol. AP-39, No. 10, pp. 1463—1471, 1991.

[74] Wu L K, and Chang Y C. Characterization of the Shielding Effects on the Frequency-Depended Effective Dielectric Constant of a Waveguide-Shielded Microstrip Using the Finite-Difference Time-Domain Method. IEEE Trans. Microwave Theory Tech., Vol. MTT-39, No. 10, pp. 1688—1693, 1991.

[75] Bi Z Q, Wu K L, and Litva J. A New Finite-Difference Time-Domain Algorithm for Solving Maxwell's Equations. IEEE Microwave Guided Wave lett., Vol. 1, No. 12, pp. 382—433, 1991.

[76] Yee K S, Chen J S, and Chang A H. Conformal Finite-Difference Time-Domain (FDTD) with Overlapping Grids. IEEE Trans. Antennas Propagat. Vol. AP-40, No. 9, pp. 1068—1075,1992.

[77] Beggs J H, Lubbers R J, Yee K S, and Kunz K S. Finite-Difference Time-Domain Implementation of Surface Impedance Boundary Conditions. IEEE Trans. Antennas Propagat., Vol. AP-40, No. 1, pp. 49—56,1992.

[78] Maloney J G, and Smith G S. The Use of Surface Impedance Concepts im the Finite-Difference Time-Domain Method. IEEE Trans. Antennas Propagat., Vol. AP-40, No. 1, pp. 38—48, 1992.

[79] Lee J F, Palandech R, and Mittra R. Modeling Three-Dimensional Disconti-nuities in Waveguides Using Nonorthogonal FDTD Algorithm. IEEE Trans. Microwave Theory Tech., Vol. MTT-40, No. 2, pp. 346—352,1992.

[80] Maloney J G, and Smith G S. The Efficient Modeling of Thin Material Sheets in the Finite-Difference Time-Domain (FDTD) Method. IEEE Trans. Antennas Propagat., Vol. AP-40, No. 3, pp. 323—330,1992.

[81] Tirkas P A, and Balanis C A. Finite-Difference Time-Domain Method for Antenna Radiation. IEEE Trans. Antennas Propagat., Vol. AP-40, No. 3, pp. 334—340, 1992.

[82] Bi Z Q, Wu K, and Litva J. A Dispersive Boundary Condition for Microstrip Component Analysis Using the FD-TD Method. IEEE Trans. Microwave Theory Tech., Vol. MTT-40, No. 4, pp. 774—777, 1992.

[83] Luebbers R, and Kunz K. Finite Difference Time Domain Calculatios of Antenna Mutual Coupling. IEEE Trans. Electromag. Compat., Vol. EMC-34, No. 3, pp. 357—359, 1992.

[84] Jurgens T G, Taflove A, Umashankar K, and Moore T G. Finite-Difference Time-Domain, Modeling of Curved Surfaces. IEEE Trans. Antennas Propagat., Vol. AP-40, No. 4, pp. 357—366, 1992.

[85] Sui W Q, Christensen D A, and Durney C H. Extending the Two-Di-

mensional FDTD Method to Hybrid Electromagnetic Systems with Active and Passive Lumped Elements. IEEE Trans. Microwave Theory Tech. , Vol. MTT-40, No. 4, pp. 724-730, 1992.

[86] Wu C, Wu K L, Bi Z Q, and Litva J. Accurate Characterization of Planar Printed Antennas Using Finite-Difference Time-Domain Method. IEEE Trans. Antennas Propagat. , Vol. AP-40, No. 5, pp. 526—534, 1992.

[87] Mei K K, and Fang J Y. Superabsorption—A Method to Improve Absorbing Boundary Conditions. IEEE Trans. Antennas Propagat. , Vol. AP-40, No. 9, pp. 1001—1010, 1992.

[88] Gao B Q, and Gandhi O P. An Expanding-Grid Algorithm for the Finite-Difference Time-Domain Method. IEEE Trans. Electromag. Compat. , Vol. EMC-34, No. 3, pp. 277—283, 1992.

[89] Bi Z Q, ShenY, Wu K L, and Litva J. Fast Finite-Difference Time-Domain Analysis of Resonators Using Digital Filtering and Spectrum Estimation Techniques. IEEE Trans. Microwave Theory Tech. , Vol. MTT-40, No. 8, pp. 1611—1619, 1992.

[90] Wolff I. Finite Difference Time-Domain Simulation of Electromagnetic Fields and Microwave Circuits. International Journal of Numerical Modeling: Electronic Networks, Devices and Fields, Vol. 5, pp. 163—182, 1992.

[91] Luebbers R J, Hunsberger F. FDTD for Nth-Order Dispersive Media. IEEE Trans. Antennas Propagat. Vol. AP-40, No. 11, pp. 1297—1301, 1992.

[92] Sullivan D M. A Frequency Dependent FDTD Method for Biological Applications. IEEE Trans. Microwave Theory Tech. , Vol. MTT-40, No. 3, pp. 532—539, 1992.

[93] Suillivan D M. Frequency-Dependent FDTD Methods Using Z Transforms. IEEE Trans. Antennas Propagat. , Vol. AP-40, No. 10, pp. 1223—1230, 1992.

[94] Maloney J G, and Smith G S. A Study of Transient Radiation from the Wu-King Resistive Monopole-FDTD Analysis and Experimental Measurements. IEEE Trans. Antennas Propagat. , Vol. AP-41, No. 5, pp. 668—676, 1993.

[95] Maloney J G, and Smith G S. A Comparison of Methods for Modeling Electrically Thin Dielectric and Conducting Sheets in the Finite-Difference Time-Domain (FDTD) Method. IEEE Trans. Antennas Propagat. , Vol. AP-41, No. 5, pp. 690—694, 1993.

[96] Wang C Q, and Zhu X L. Numerical Simulation of the Interaction on

Near Field of Dipole with Human Body. The 15th International Bioelectromagnetics (BEM) Meeting, 1993, Los Angeles, U. S. A.

[97] Wang C Q, and Zhu X L. The Relationship between the EM Energy Absorption of Human Body and the Incident Direction and Polarization of the Plane Wave. J. Electronics, Vol. 10, No. 1, pp. 79—85,1993.

[98] Fang J, and Ren J S. A Locally Conformed Finite-Difference Time-Domain Algorithm of Modeling Arbitrary Shape Planar Metal Strips. IEEE Trans. Microwave Theory Tech. , Vol. MTT-41, No. 5, pp. 830—838,1993.

[99] Luebbers R J, Steich D, and Kunz K. FDTD Calculation of Scattering from Frequency-Dependent Materials. IEEE Trans. Antennas Propagat. , Vol. AP-41, pp. 1249—1257, 1993.

[100] Schneider J, and Hudson S. The Finite-Difference Time-Domain Method Opplied to Anisotropic Material. IEEE Trans. Antennas Propagat. , Vol. AP-41, pp. 994—999, 1993.

[101] Kunz K S, and Luebbers R J. The Finite Difference Time Domain Method for Electromagneties, CRC Press,1993.

[102] Railton C J, et al. Optimized Absorbing Boundary Conditions for the Analysis of Planar Circuits Using the Finite-Difference Time-Domain Method. IEEE Trans. Microwave Theory Tech. , Vol. MTT-41, No. 5, pp. 290—297,1993.

[103] Berenger J P. A Perfectly Matched Layer for the Absorption of Electromagnetic Waves. J. Comp. Phys. , Vol. 114, pp. 185—200, 1994.

[104] Katz D S, Thiele E T, and Taflove A. Validation and Extension to Three Dimensions of the Berenger PML Absorbing Boundary Condition for FDTD Meshens. IEEE Microwave Guide Wave Lett. , Vol. 4, pp. 268—270, 1994.

[105] Chew W C, and Weedon W H. A 3D Perfectly Matched Medium from Modified Maxwell's Equations with Stretched Coordinates. IEEE Microwave Guided Wave Lett. , Vol. 7, pp. 599—604, 1994.

[106] Taflove A. Computational Electrodynamics: The Finite Difference Time Domain Method. Norwood, MA:Artech House,1995.

[107] Chew K C, and Fusco V. A Parallel Implementation of the FDTD Algorithm. Int. J. Num. Modeling, Vol. 8,pp. 293—299,1995.

[108] Gedney S D. FDTD Analysis of MW Circuit Devices in High Perform-

ance Vector /Parallel Computers. IEEE Trans. Microwave Theory Tech. , Vol. MTT-43, No. 10, pp. 2510—2514,1995.

[109] Sacks Z S, Kingsland D M, Lee D M, and Lee J F. A Perfectly Matched Anisotropic Absorber for Use as an Absorbing Boundary Condition. IEEE Trans. Antennas Propagat. ,Vol. AP-43, No. 12,pp. 1460—1463,1995.

[110] Gedney S D. An Anisotropic Perfectly Matched Layer Absorbing Media for the Truncation of FDTD Lattices. IEEE Trans. Antennas Propagat. , Vol. AP-44, pp. 1630—1639, 1996.

[111] Krumpholz M, and Katehi L P B. MRTD: New Time-Domain Schemes Based on Multiresolution Analysis. IEEE Trans. Microwave Theory Tech. , Vol. MTT-44, pp. 555—572, 1996.

[112] Liu Q H. The PSTD Algorithm: A Time-Domain Method Requiring Only Two Grids per Wavelength, New Mexico State Univ. , Las Cruces, NM,Tech. Rept. NMSU-ECE96-013,Dec. 1996.

[113] Krumpholz M, and Katehi L P B. MRTD: New Time-Domain Schemes Based on Multiresolution Analysis. IEEE Trans. Microwave Theory Tech. Vol. MTT-44, pp. 555—571,1996.

[114] Kelley D F, and Luebbers R J. Piecewise Linear Recursiae Convolution for Dispersive Media Using FDTD. IEEE Trans. Antennas Propagat. , Vol. AP-44, pp. 792—797, 1996.

[115] Berenger J P. Perfectly Matched Layer for the FDTD Solution of Wave-Structure Interaction Problem. IEEE Trans. Antennas Propagat. , Vol. 44, No. 1, pp. 110—117,1996.

[116] Furukawa H, and Kauata S. Analysis of Image for Mation in Near-field Scanning Optical Microscope: Ellects of Multiple Scattering. Optics Comm. , Vol. 132, pp. 170—178, 1996.

[117] Berenger J P. Three Dimentional Perfectly Matched Layer for the Absorption of Electromagneties Waves. J. Comp. Phys. , Vol. 127, pp. 363—379, 1996.

[118] Joseph R M, and Tofloae A. FDTD Maxwell's Equation Modeling for Nonlinear Electremagnetus and Optics. IEEE Trans. Antennas Propagat. , Vol. AP-45, pp. 364—374, 1997.

[119] OKaniewski M, Mazowski M, and Stuchly M A. Simple Treatment of Muli-term Dispersion in FDTD. IEEE Microwave Guided Wave lett. , Vol. 7, pp. 121—123,1997.

[120] Berenger J P. Improved PML for the FDTD Solution of Wave Structure Interaction Problems. IEEE Trans. Antennas Propagat. , Vol. AP-05, pp. 466—473, 1997.

[121] Hadi M F, and Piket-May M. A Modified FDTD(2,4) Scheme for Modeling Electrically Large Structures with High-Phase Accuracy. IEEE Trans. Antennas Propagat. , Vol. AP-45, pp. 254—264,1997.

[122] Fujii M, and Haefer W J R. A Three-Domensional Haar-Wavelet-Based Multiresolution Analysis Similar to the FDTD Method-Derivation and Application. IEEE Trans. Microwave Theory Tech. , Vol. MTT-46, pp. 2463—2475, 1998.

[123] Taflove A. Review of the Formulation and Applications of the Finite-Difference Time-Domain Method for Numerical Modeling of Electromagnetic Wave Interactions with Arbitrary Structures. Wave Motion, Vol. 10, pp. 547—582, 1998.

[124] Taflove A(Ed.). Aduances in Computational Electromagnetics: The FDTD Method. Norwood, MA: Artech House, 1998.

[125] Hagness S C, Rafizadeh D, Ho S T, and Toflove A. FDTD Analysis and Comparision of Circular and Elongated Ring Designs for Waveguide-Coupled Microcavity Ring Resonators. Integrated Photonics Research, Opt. Soc. Am. Technical Digest Series,1998.

[126] Prather D W, and Shi S Y. Formulation and Application of the Finite Difference Time Domain Method for the Analysis of Axially Symmetric Diffractive Optical Elements. J. Opt. Soc. Am. A. , Vol. 16 No. 5, pp. 1131—1142, 1999.

[127] Lan K, Liu Y W, and Lin W G. A Higher Order(2,4) Scheme for Reducing Dispersion in FDTD Algorithm. IEEE Tran. Electromag. Compat. ,Vol. EMC-41,pp. 160—165,1999.

[128] Zheng F, Chen Z, and Zhang J. A Finite-Difference Time-Domain Method without the Courant Stability Conditions. IEEE Microwave Guided Wave Lett. ,Vol. 9, No. 11, pp. 441—443,1999.

[129] Tentzeris E M, et al. Stability and Dispersion Analysis of Battle-Lemarie-Based MRTD Schemes. IEEE Trans. Microwave Theory Tech. , Vol. MTT-47, pp. 1004—1013, 1999.

[130] Tentzeris E M, et al. PML Absorbing Boundary Conditions for the Characterization of Open Microwave Circuit Components Using Multi-

resolution Time-Domain Techniques (MRTD). IEEE Trans. Antennas Propagat. , Vol. AP-47, pp. 1709—1715,1999.

[131] Lan K, et al. A Higher-Order(2,4) Scheme for Reducing Dispersion in FDTD Algorithm. IEEE Trans. Electromag. Campat. , Vol. EMC-41, pp. 160—165,1999.

[132] Namiki T. A New FDTD Algorithm Based on Alternating-Direction Implicit Method. IEEE Trans. Microwave Theory Tech. Vol. MTT-47, pp. 2003—2007,1999.

[133] Schneider J B, and Wagner C L. FDTD Dispersion Revisited: Faster-than-Light Propagation. IEEE Microwave Guided Wave lett. , Vol. 9, pp. 54—56, 1999.

[134] Hagness S C, Taflove A, and Bridges J E. Three-Dimensional FDTD Analysis of a Pulsed Microwave Confocal System for Breast Cancer Detection: Design of an Antenna-Array Element. IEEE Trans. Antennas Propagat. , Vol. AP-47, pp. 783—791, 1999.

[135] Qiu M, and He S L. A Nanorthogunal Finite-Difference Time-Domain Method for Computing the Land Structure of a Two-Dimensional Photonic Crystal with Dielectric and Metallic Inclusions. J. Appl. Phys. , Vol. 87, pp. 8268—8275, 2000.

[136] Guiffaut E, and Mahdjauli K. Perfect Wideland Plane Wave Injector for FDTD Method. Proc. IEEE Antennas Propagat. Soc. Int. Symp, Salt Lake City, UT, Vol . 1, pp. 236—239, 2000.

[137] Rodohan D P, et al. Special Issue on Parallel and Distributed Processing Techniques for Electromagnetic Field Solution. International Journal of Numerical Modelling: Electronic Networks, Devices and Fields, Vol. 8, Issue 3-4, pp. 283—291, 1995.

[138] Roden J A, and Gedney S D. Convolutional PML(CPML): An Efficient FDTD Implementation of the CFS-PML for Arbitrary Media. Microwave Opt. Tech. Lett. , Vol. 27, pp. 334—339, 2000.

[139] Rylander T, and Bondeson A. Stable FDTD-FEM Hybrid Method for Maxwell's Equations. Comp. Phys. Comm. , Vol. 125, pp. 75—82, 2000.

[140] Zheng F, Chen Z, and Zhang J. Toward the Development of a Three-Dimensional Unconditionally Stable Finite-Diffference Time-Domain Method. IEEE Trans. Microwave Theory Tech. , Vol. MTT-48, pp.

1550—1558, 2000.

[141] Namiki T. 3-DADI-FDTD Method-Unconditionally Stable Time Domain Algorithim for Solving Full Vector Maxwell's Equations. IEEE Trans. Microwave Theory Tech. , Vol. MTT-48, pp. 1743—1748, 2000.

[142] Sullivan D M. Electromagnetic Simulation Using the FDTD Method. New York: IEEE Press,2000.

[143] Taflove A, and Hagness S C. Computational Electrodynamics: The Finite Difference Time Domain Method. Second Ed. Norwood, MA: Artech House, 2000.

[144] Namiki T. A New FDTD Algorithm Based on Alternating Direction Implicit Method. IEEE Trans. Microwave Theory Tech. , Vol. MTT-47, No. 10, pp. 2003—2007,1999.

[145] Namiki T, and Ito K. Investigation of Numerical Errors of the Two-Dimensional ADI-FDTD Method. IEEE Trans. Microwave Theory Tech. Vol. MTT-48, No. 11, pp. 1950—1956, 2000.

[146] Liu G, and Gedney S D. Perfectly Matched Layer Media for an Unconditionally Stable Three-Dimensional ADI-FDTD Method. IEEE Microwave Guided Wave Lett. , Vol. 48, No. 10, pp. 261—263, 2000.

[147] Yu W, and Mittra R. A Conformal FDTD Software Package Modeling Antennas and Microstrip Circuit Components. IEEE Antennas Propagat. Magazine, Vol. AP-42, No. 5, pp. 28—39,Oct. 2000.

[148] Zheng F, and Chen Z. Nmerical Dispersion Analysis of the Unconditionally Stable 3-D ADI-FDTD Method. IEEE Trans. Microwave Theory Tech. , Vol. MTT-49, pp. 1006-1009,2001.

[149] Yu W, and Mittra R. A Conformal Finite Difference Time Domain Technique for Modeling Curved Dielectric Surface. IEEE Microwave Wireless Components Lett. , Vol. 11, pp. 25—27,2001.

[150] Guiffaut C, and Mahdjoubi K. A Parallel FDTD Algorithm Using the MPI Library. IEEE Trans. Antennas Propagat. Magazine. , Vol. AP-43, No. 2, pp. 94—103,April 2001.

[151] Ganzalez G S, Lee T W, and Hagness S C. On the Accuracy of the ADI-FDTD Method. IEEE Antennas Wireless Propagat. Lett. , Vol. 1, pp. 31—34,2002.

[152] Makinen R M, Jantuner J S, and Kvuihoski M A. An Improved Thin-Wire Model for FDTD. IEEE Trans. Microwave Theory Tech. , Vol.

MTT-50, pp. 1245—1255,2002.

[153] Huang Y. Simulation of Semiconductor Materials Using FDTD Method. M. S. Thesis, Northwestern Univ. , Evanston, IL,2002.

[154] Hayakawa M, and Otsuyama T. FDTD Analysis of ELF Wave Propagation in Inhomogeneous Subionospheric Waveguide Models. ACES J. ,Vol. 17, pp. 239—244,2002.

[155] Tentzeris E M, et al. Multiresolution Time-Domain(MRTD) Adaptive Schemes Using Arbitrary Resolutions of Wavelets. IEEE Trans. Microwave Theory Tech. Vol. MTT-50, pp. 501—516, 2002.

[156] Dogaru T, and Carin L. Application of Haar-Wavelet-Based Multiresolution Time-Domain Schemes to Electromagnetic Scattering Problems. IEEE Trans. Antennas Propagat. Vol. AP- 50, pp. 774—784,2002.

[157] Georgakopoulos S V, et al. Higher-Order Finite-Difference Scheme for Electromagnetic Radiation, Scattering, and Penetration, Part: Theory. IEEE Antennas Propagat. Magazine, Vol. AP- 44, pp. 134—142,2002.

[158] Zhao A P. Analysis of the Numerical Dispersion of the 2-D Alternation-Direction Implicit FDTD Method. IEEE Trans. Microwave Theory Tech. , Vol. MTT-50, No. 4, pp. 1156—1164, 2002.

[159] Zhao A P. The Influence of the Time Step on the Numerical Dispersion Error of an Unconditionally Stable 3-D ADI-FDTD Method: A Simple and Unified Approach to Determine the Maximum Allowable Time Step Required by a Desired Numerical Dispersion Accuracy. Microwave Opt. Tech. Lett. , Vol. 35, pp. 60—65, 2002.

[160] Zhao A P. Uniaxial Perfectly Matched Layer Media for an Unconditionally Stable 3-D ADI-FD-TD Method. IEEE Microwave Wireless Comp. Lett. , Vol. 12,No. 12, pp. 497—499, 2002.

[161] Chen J, Wang Z, and Chen Y C. High-Order Alternative Direction Implicit Method. Electronics Lett. , Vol. 28, No. 22, pp. 1321—1322, 2002.

[162] Yuan C H, and Chen Z Z. A Three-Dimensional Unconditionally Stable ADI-FDTD Method in the Cylindrical Coordinate System. IEEE Trans. Microwave Theory Tech. , Vol. MTT-50, No. 10, pp. 2401—2405,2002.

[163] Staker S W, et al. Alternating-Directian Implicit(ADI) Formulation of the Finite-Difference Time-Domain (FDTD) Method: Algorithm and

Material Dispersion Implementation. IEEE Trans. Electromag. Compat. Vol. EMC- 45, pp. 156—166,2003.

[164] George W P. Wavelets in Electromagnetics and Device Modeling, Wiley-Interscience, 2003.

[165] Ryu H Y, Natomi M , and Lee Y H. Finite Difference Time Domain Investigation of Land Edge Resonant Modes in Finite Size Two Dimeusional Photonic Crystal Slat. Phys. Red. B. , Vol. 68, p. 45209,2003.

[166] Hertel T W, and Smith G S. On the Convergence of Common FDTD Feed Models for Antennas. IEEE Trans. Aritennas Propagat. , Vol. AP-51, pp. 1771—1779,2003.

[167] De Raedt, Michielsen H K, Kole J S, and Figge M T. Solving the Maxwell's Equations by the Chebyshev Method: A One-Step Finite Difference Time-Domain Algorithm. IEEE Trans. Antennas Propagat. , Vol. AP-51, pp. 3155—3160, 2003.

[168] Yanik M F, Fan S, Soljacic M, and Joannopoulos J D. All-Optical Transistor Action with Bistable Switching in a Photonic Crystal Cross-Waveguide Geometry. Optics Lett. , Vol. 28, pp. 2506—2508, 2003.

[169] Otsuyama T, Sakuma D, and Hayakawa M. FDTD Analysis of ELF Wave Propagation and Schumann Resonances for a Subionospheric Waveguide Model. Radio Science, Vol. 38,No. 6, p. 1103, 2003.

[170] Bond E J, Li X, Hagness S C, and van Veen B D. Microwave Imaging via Space-Time Beamforming for Early Detection of Breast Cancer. IEEE Trans. Antennas Propagat. , Vol. AP-51, pp. 1690—1705, 2003.

[171] Bao X L, and Zhang W X. The Dispersion Characteristics of PBG with Complex Medium by Using Non-Yee Grid Higher Order FDTD Method. Antennas Propagat. Soc. Intl. Symp. , Vol. 2, pp. 1128—1131, June 22—27, 2003.

[172] Zioikowski R W. Pulse and CW Gaussian Beam Interaction with Double Negative Metamaterial Slabs. Optics Express, Vol. 11,No. 7, pp. 662—681, 2003.

[173] Akyurtlu A, and Werner D H. Analysis of Double Negative Media with Magneto-Electric Coupling Using a Novel Dispersive FDTD Formulation. Antennas Propagat. Soc. Intl. Symp. Vol. 3, pp. 371—374,June 22—27,2003.

[174] Almeida J F, Sobrinho C L, and dos Santos R O. Analysis by FDTD Method of a Microstrip Antenna with PBG Considering the Substrate Thickness Variation. 17th International Conference on Applied Electromagnetics and Communications. , pp. 344—347, Oct. 1-3, 2003.

[175] Laurinenko A, et al. Comprehensive FDTD Modeling of Photonic Crystal Waveguide Components. Optics Express, Vol. 12, pp. 234—248, 2004.

[176] Wu T L, Chen S T, and Huang Y S. A Novel Opproach for the Incorporation of Arkitrary Linear Lumped Network into FDTD Method. IEEE Microwave Wireless Comp. Lett. , Vol. 14, pp. 74-76, 2004.

[177] Garcia S G, Bretones A R, Martin R G, and Hagness S C. Accurate Implementation of Current Source in the ADI-FDTD Scheme. IEEE Antennas Wireless Propagat. Lett. , Vol. 3, pp. 141—144, 2004.

[178] Becache E, Petropoulos P G, and Gedmey S D. On the Long-Time Behavior of Unsplit Perfectly Matched Layer. IEEE Trans. Antennas Propagat. , Vol. AP-52, pp. 1335—1342, 2004.

[179] Li X, Davis S K, Hagness S C, van der Weide D W, and van Veen B D. Microwave Imaging via Space-Time Beamforming: Experimental Investigation of Tumor Detection in Multilayer Breast Phantoms. IEEE Trans. Microwave Theory Tech. : Special Issue on Medical Applications and Biological Effects of RF/Microwaves, Vol. 52, pp. 1856—1865, 2004.

[180] Simpson J J, Taflove A, Mix J A, and Heck H. Computational and Experimental Study of a Microwave Electromagnetic Bandgap Structure with Waveguiding Defect for Potential Use as a Bandpass Wireless Interconnect. IEEE Microwave Wireless Comp. Lett. , Vol. 14, pp. 343—345, 2004.

[181] Wang J, Fujiwara O, Watanabe S, and Yamanaka Y. Computation with a Parallel FDTD System of Human-Body Effect on Electromagnetic Absorption for Portable Telephones. IEEE Trans. Microwave Theory Tech. , Vol. MTT-52, No. 1, pp. 53—58, 2004.

[182] Simpson J J, and Taflove A. Three-Dimensional FDTD Modeling of Impulsive ELF Propagation about the Earth-Sphere. IEEE Trans. Antennas Propagat. , Vol. AP- 52, pp. 443—451, 2004.

[183] Simpson J J, and Taflove A. Efficient Modeling of Impulsive ELF An-

tipodal Propagation About the Earth-Sphere Using an Optimized Two-Dimensional Geodesic FDTD Grid. IEEE Antennas Wireless Propagat. Lett. , Vol. 3, pp. 215—218, 2004.

[184] Park H G, Kim S H, Kwon S H, Ju Y G, Yang J K, Baed J H, Kim S B, and Lee Y H. Electrically Driven Single-Cell Photonic Crystal Laser. Science, Vol. 305, pp. 1444—1447, 2004.

[185] Chang S H, and Taflove A. Finite-Difference Time-Domain Model of Lasing Action in a Four-Level Two-Electron Atomic System. Optics Express, Vol. 12, pp. 3827—3833, 2004.

[186] Lazzi G, Gandhi O P, and Ueno S(Eds.). IEEE Trans. Microwave Theory Tech: Special Issue on Medical Applications and Biological Effects of RF/Microwaves. , Vol. MTT-52, pp. 1853—2083, 2004.

[187] Shlager K L, and Schneider J B. Comparison of the Dispersion Properties of Higher Order FDTD Schemes and Equivalent-Sized MRTD Schemes. IEEE Trans. Antennas Propagat. Vol. AP-52, pp. 1095—1104, 2004.

[188] Li X, Taflave A, and Bockman V. Modified FDTD Near-to-far Field Transformation for Improved Backscattering Calculation of Strangly Forword-Scattering Objects. IEEE Antennas Wireless Propagat. Lett. Vol. 4, pp. 35—38, 2005.

[189] Yu W H, et al. A Rolust Parallel Conformal Finite-Difference Time-Domain Processing Package Using the MPI/Library. IEEE Antennas Propagat. Magazine, Vol. AP-47, pp. 39—57, 2005.

[190] Sun G, and Trueman C W. Optimized Finite-Difference Time-Domain Method Based on the (2,4) Stencil. IEEE Trans. Microwave Theory Tech. , Vol. MTT-53, pp. 832—842, 2005.

[191] Simpson J J, Taflove A, Mix J A, and Heck H. Advances in Hyper-speed Digital Interconnects Using Electromagnetic Bandgap Technology: Measured Low-Loss 43-GHz Passband Centered at 50 GHz. IEEE Antennnas Propagat. Soc. Intl. Symp. , Washington D. C. , 2005.

[192] Taflove A, and Hagness S C. Computational Electrodynamice: The Finite-Difference Time-Domain Method. (Third Ed.), Artech House, 2005.

[193] Sun G L, and Trueman C W. Optimized Finite-Difference Time-Domain Method Based on the (2,4) Stencil. IEEE Trans. Microwave Theory Tech. , Vol. MTT—53, pp. 832—842, 2005.

[194]　Chai M，et al. Conformal Method to Eliminate the ADI-FDTD Stair-cosing Errors. IEEE Trans. Electromag. Compat. Vol. EMC-48，pp. 273—281，2006.

[195]　王长清,祝西里.电磁场计算中的时域有限差分方法.北京:北京大学出版社,1994.

[196]　高本庆.时域有限差分法.北京:国防工业出版社,1995.

[197]　葛德彪,闫玉波.电磁波时域有限差分法(第二版).西安:西安电子科技大学出版社,2005.

[198]　佘文华,苏涛.并行时域有限差分法.北京:中国传媒大学出版社,2005.

[199]　王长清.时域有限差分(FD-TD)法基本原理.无线电电子学汇刊,No. 1-2, pp. 38—48,1988.

[200]　王长清.FD-TD 法中的吸收边界条件.无线电电子学汇刊,No. 1-2, pp. 49—57, 1988.

[201]　王长清.FD-TD 法计算机程序要领.无线电电子学汇刊,No. 3-4, pp. 1—8, 1998.

[202]　王长清.FD-TD 法在电磁工程中的应用.无线电电子学汇刊,No. 3-4, pp. 9—18, 1988.

[203]　王长清.时域有限差分(FD-TD)法.微波学报,No. 4, pp. 8—18, 1989.

[204]　王长清,祝西里,陈金元.FD-TD 法用于环形相控阵子天线阵列的数字模拟.电子科学学刊,Vol. 11, No. 5, pp. 449—457,1989.

[205]　王长清.FD-TD 法在生物电磁学问题中的应用.微波学报,No. 1, pp. 19—28,1990.

[206]　·王长清,祝西里,陈金元.时域有限差分(FD-TD)法在电磁辐射系统近场计算中的应用.电子学报,Vol. 18, No. 1, pp. 34—39, 1990.

[207]　陈金元,王长清.人体电磁剂量学的发展与现状.电子学报,Vol. 18, No. 2, pp. 109—115,1990.

[208]　王长清,陈金元.时域有限差分法在有耗介质电磁能量吸收问题中的应用.电子科学学刊,Vol. 13, No. 3, pp. 308—312, 1991.

[209]　王长清,祝西里.时域有限差分法局部网格细分技术用于电磁热疗场公布的计算.91'全国生物医学电子学、生物医学测量、生物医学信息与控制联合学术年会论文集,pp. 377—339,上海,1991.

[210]　王长清,祝西里.时域有限差分法及其应用的研究.电子学科归国学者学术会议论文集,pp. 484—489,北京,1991.

[211]　高本庆，Gandhi Om P. 一种广义有限差分时域(FDTD)算法.电子学科归国学者学术会议论文集,pp. 490—496,北京,1991.

[212] 王长清,祝西里.平面波照射下人体吸收电磁能量的研究.91'全国微波会议论文集,卷Ⅱ,pp.702—709,陕西三原,1991.

[213] 王长清,祝西里.时域有限差分法的局部网格细化技术.91'全国微波会议论文集,卷Ⅰ,pp.710—716,陕西三原,1991.

[214] 王晴理,王长清.FD-TD法中亚网格技术的研究.91'全国微波会议论文集,卷Ⅰ,pp.702—709,陕西三原,1991.

[215] 安同一,董兴其.FD-TD法求解有耗柱体电磁散射的近场.91'全国微波会议论文集,卷Ⅰ,pp.231—237,陕西三原,1991.

[216] 过浔,杨铨让.时域有限差分法分析微带不连续性.91'全国微波会议论文集,卷Ⅰ,pp.640—646,陕西三原,1991.

[217] 郑国武,陈杭生.圆柱坐标中的二维时域有限差分法.91'全国微波会议论文集,卷Ⅰ,pp.731—734,陕西三原,1991.

[218] 郑国武,陈杭生.包含铁氧体介质波导的时域差分分析.91'全国微波会议论文集,卷Ⅰ,pp.735—738,陕西三原,1991.

[219] 王长清.理论电磁学研究的最新进展.第四届全国生物电磁学学术会议论文摘要集,p.94,西安,1992.

[220] 王长清,祝西里.通过导电壁上窗口透入的电磁场对人体作用的研究.第四届全国生物电磁学学术会议论文摘要集,pp.98—99,西安,1992.

[221] 王长清,祝西里.脉冲电磁波对人体作用的研究.第四届全国生物电磁学学术会议论文集,pp.95—96,西安,1992.

[222] 王长清,祝西里.振子天线辐射近场对人体作用的研究.第四届全国生物电磁学学术会议论文集,pp.97,西安,1992.

[223] 王军,祝西里,王长清.脉冲电磁波对色散介质作用的研究.第四届全国生物电磁学学术会议论文集,pp.100,西安,1992.

[224] 高本庆,王道群.用时域有限差分法(FD)^{2}TD分析色散媒质.第四届全国生物电磁学学术会议论文集,pp.102—107,西安,1992.

[225] 王长清,祝西里.时域有限差分法的收敛性.微波学报,No.3,pp.22—29,1992.

[226] 王长清,祝西里.电磁波通过导电壁上孔和缝问题的研究.微波电磁兼容全国学术会议论文集,pp.13—17,青岛,1992.

[227] 王长清,祝西里.电磁波照射下飞机座舱中电磁场分布的计算.微波电磁兼容全国学术会议论文集,pp.18—22,青岛,1992.

[228] 王长清,祝西里.人体吸收电磁能量与入射方向和极化的关系.电子科学学刊,Vol.14,No.4,pp.394—399,1992.

[229] 郭利强,李明之,葛得彪,历明博.时域有限差分法计算电磁场散射问题.

计算物理,Vol. 9,No. 4, pp. 655—666,1992.

[230]　葛得彪.关于用时域有限差分法分析电磁散射问题的研究简报.电波科学学报,Vol. 7,No. 3,pp. 80—85,1992.

[231]　王长清,祝西里.人体坐姿模型吸收电磁能量计算的研究.电子学报,Vol. 21, No. 3, pp. 1—6,1993.

[232]　王长清,祝西里.时域有限差分法中提高局部空间分辨率的技术.北京大学学报,Vol. 29, No. 1, pp. 65—69,1993.

[233]　祝西里,王长清.天线近场对眼睛作用的剂量学研究.1993'全国微波会议论文集(下册),pp. 1349—1352,1993.

[234]　祝西里,王长清.近场对人体作用的问题.1993'全国微波会议论文集(下册),pp. 1329—1333,1993.

[235]　王长清,祝西里.稳态平面电磁波照射下飞行员座舱中场分布的计算.1993'全国微波会议论文集(下册),pp. 155—158,1993.

[236]　王长清,祝西里.飞机对电磁脉冲响应特性的研究.1993'全国微波会议论文集(上册), pp. 180—181,1993.

[237]　郑国武,陈杭生.利用 CC-FD-TD 方法分析空心圆柱形导波结构.1993'全国微波会议论文集(上册),pp. 288—291,1993.

[238]　刘晓其,傅君眉.FD-TD 方法分析耦合缝微带线.1993'全国微波会议论文集(上册),pp. 367—368,1993.

[239]　葛得彪,郭利强,李明之.用 FD-TD 法模拟稳定电磁场散射时开关函数的应用.电子科学学刊,Vol. 15,No. 4,pp. 441—444,1993.

[240]　郑国武,王湖庄,陈杭生.一种用于研究圆柱形波导结构的时域分析方法.微波学报,No. 2,pp. 12—17,1993.

[241]　王长清,祝西里.电磁波照射下飞机座舱中电磁场分布的计算.微波学报,No. 4,pp. 1—7,1993.

[242]　祝西里,王长清. Research on Interaction of Pulse Electromagnetic Wave with Human Body. J Electronics(China),Vol. 3,No. 1, pp. 82—86,1994.

[243]　祝西里,王长清. Calculation of the Interaction of Dipole's Near Field with Human Body Using FDTD Method. 94' Interaction Conference on Computational EM and It's Application, pp. 67—70, 1994.

[244]　李建中,祝西里.中波组织间加温对犬肌肉组织的影响.中国理疗杂志,Vol. 17, No. 2, pp. 74—76,1994.

[245]　王长清,祝西里.脉冲电磁波对人体作用的研究.电子学报,Vol. 22,No. 6, pp. 83—87,1994.

[246] 王长清,祝西里. TEM-Cell 的计算机模拟. 第二届全国微波电磁兼容及超高频移动通信技术会议论文集,pp. 74—77,1994.

[247] 王长清,祝西里. 建筑物内电磁波传播的计算问题. 第二届全国微波电磁兼容及超高频移动通信技术会议论文集,pp. 229—235,1994.

[248] 祝西里,王长清. 天线辐射近场对人体作用与频率的关系. 第五届全国生物电磁学学术会议论文集,pp. 54—56, 1994.

[249] 王长清,祝西里. 模型分辨率对局部 SAR 计算的影响. 第五届全国生物电磁学学术会议论文集,pp. 57—59, 1994.

[250] 祝西里,王长清. 辐射近场作用下头部的高分辨率 SAR 分布. 微波学报(三十周年增刊),pp. 87—92,1994.

[251] 王长清,祝西里. 建筑物内电磁波传输的计算问题. 微波学报,Vol. 11, No. 3, pp. 176—182,1995.

[252] 王长清,祝西里. Electromagnetic Penetration through an Aperture in One Wave of a Metallic Container with Complex Load. Proceeding of 1995 IEEE Asia-Pasific Workshop on Mobile Telecommunication, Tagen, Korea, 1995.

[253] 康钢,祝西里. 单极天线辐射场及其与人体作用的研究. 全国微波会议论文集,pp. 724—727,青岛,1995.

[254] 李明之,王长清. 用 FDTD 方法计算稳态电磁场时新的模值和相位提取方法. 全国微波会议论文集,pp. 724—727,青岛,1995.

[255] 刘友键,李明之,王长清. 计算腔体电磁散射的一种混合法. 复杂目标电磁散射研讨会,1995.

[256] 王长清. 通过导电壁上窗口透入的电磁波对人体作用的研究. 电子科学学刊,Vol. 18, No. 5,pp. 508—512, 1996.

[257] 王长清,祝西里. 瞬态电磁波在损耗介质中的传播和电磁脉冲测井问题. 计算物理会议,昆明,1996.

[258] 王长清. 稳态和瞬态电磁场对开口腔透入稳态的比较研究. 微波电磁兼容第三届全国会议论文集,张家界,1996.

[259] 康钢,祝西里,王长清. 移动通信手机天线与人体相互作用的理论分析. 微波电磁兼容第三届全国会议论文集,张家界,1996.

[260] 康钢,祝西里,王长清. 单极天线手机对人体作用的电磁剂量学分析. 北京大学学报,Vol. 32, pp. 635—641,1996.

[261] 王长清,祝西里. 电磁脉冲测井问题的计算机模拟. 高技术研究中的数值计算(第三卷),第九届物理研讨会,1997.

[262] 康钢,祝西里,王长清. 移动通信手机天线对人体作用的温度分布研究.

高技术研究中的数值计算(第三卷),第九届物理研讨会,1997.

[263] 康钢,祝西里,王长清.脉冲电磁场和辐射近场对人体作用的剂量学研究. 第六届全国生物电磁学和第二届微波生物医学学术会议论文集,1997.

[264] 王长清,祝西里.电磁剂量学研究的新进展. 第六届全国生物电磁学和 第二届微波生物医学学术会议论文集,1997.

[265] Li M Z, Wang C Q. A New Technique for Detection of the Amplitude and Phase Information of Steady-State Electromagnetics Field in FDTD Method. J Electronics(China), Vol. 6, No. 2 , pp. 94—97, 1997.

[266] 李明之,王长清.迭代物理光学(IPO)求解高频部件相互耦合问题.电波 科学学报,Vol. 12,No. 2, pp. 176—180, 1997.

[267] 康钢,祝西里,王长清.人体对移动通信手机天线辐射特性的影响.电子 学报,Vol. 12,No. 9,1997.

[268] 王树民,李明之,王长清.GRE- FDTD 混合法对带复杂终端任意形状进 气道 RCS 的计算.97'全国电磁兼容学术研讨会,1997.

[269] 王长清,祝西里.磁偶极子激励的脉冲电磁波在损耗介质中的传播.微波 学报,Vol. 14,No. 2,1998.

[270] 康钢,祝西里,王长清.分析脉冲电磁场对人体作用的一种人体简单散射 模型.电子学报,Vol. 26,No. 6,1998 EI.

[271] 康钢,祝西里,王长清.移动通信手机特性对人体作用的剂量学研究进 展.微波学报,Vol. 14,No. 6,1998.

[272] 刘友健,李明之,王长清.计算腔体散射的 GRE - FDTD 混合方法.微波 学报,Vol. 14,No. 1,1998.

[273] 蔡朝晖,王长清,祝西里. FDTD 的亚网格技术.全国电磁兼容学术会 议,大连,1998.

[274] 蔡朝晖,王长清,祝西里.FDTD 亚网格技术及其在天线辐射特性中的 应用.全国天线理论、电磁散射与逆散射学术会议论文集,pp. 228— 231,合肥,1999.

[275] 蔡朝晖,王长清,祝西里.FDTD 中的亚网格技术.计算物理会议论文集 (高技术研究中的数值计算第五卷),pp.222—227,贵阳,1999.

[276] 李明之,刘友健,王长清.用 CAD 技术实现复杂目标 FDTD 方法几何— 电磁模型.电子学报,Vol. 27,No. 3, pp.131—135, 1999.

[277] 王树民,李明之,王长清.GRE-FDTD 混合法对二维矩形终端任意形状 进气道 RCS 的计算.电子学报,Vol. 28,No. 6, pp. 138—141,2000.

[278] 康钢,祝西里,王长清.移动通信手机天线对人体作用的温度分布研究. 中国生物医学工程学报,Vol. 19,No. 4, pp. 441—448,2000.

[279] 李明之,王长清,祝西里. 用 FDTD 方法分析涂敷目标的散射. 北京大学学报(自然科学版),Vol. 37,No. 1, pp. 71—73,2001.

[280] 刘建新,李明之,祝西里,王长清. FDTD 在复杂终端进气道电磁散射计算中应用的研究. 电波科学学报,Vol. 16(增刊),pp. 16—19, 2001.

[281] 刘建新,李明之,祝西里,王长清. 腔体电磁散射计算中的级联 FDTD 方法. 电波科学学报,Vol. 16(增刊),pp. 54—56, 2001.

[282] 胡炜,周乐柱,祝西里,李明之. FDTD Analysis of Plane Wave Scattering by Slots on Conducting Targets Loaded with Anisotropic Material. 2002 3rd International Conference on Microwave and Millimeter Technology Proceedingy (ICMMT'2002), Proceeding:IEEE Press, Beijing, China, pp. 665—668,2002.

[283] Stratton J A. Electromagnetic Theory. McGraw-Hill Book Company, Inc. , 1941.

[284] Bayliss A , Gunzburger M, Turkel E. Boundary Conditions for the Numerical Solution of Elliptic Equations in Exterior Regions. SIAM Journal of Applied Mathematics, Vol. 42, pp. 430—451, 1982.

[285] Taflove A and Umashankar K R. The Finite-Difference Time-Domain Method for Numerical Modeling of Electromagnetic Scattering. IEEE Trans. Magnetics, Vol. 25, pp. 3086—3091, 1989.

[286] Luebbers R J , Hunsberger F P,and Kunz K S. A Frequency-Dependent Finite-Difference Time-Domain Formulation for Transient Propagation in Plasma. IEEE Trans. Antennas Propagat. , Vol. AP-39, pp. 29—34, 1991.

[287] Chu S T, Chaudhuri S K. A Finite-Difference Time-Domain Method for the Design and Analysis of Guided-Wave Optical Structures. J. Lightwave Technology, Vol. 7, No. 12, pp. 2033—2038,1989.

[288] Gandhi Om P, Chen J Y. Numerical Dosimetry at Power-Line Frequencies Using Anatomically Based Models. Bioelectromagnetics Supplement, Vol. 13, Issue S1, pp. 43—60, 1992.

[289] Pirjola R. On the Current Induced within an Infinitely Long Circular Cylinder (or Wire) by an Electromagnetic Wave. IEEE Trans. Electromag. Compat. , Vol. EMC-18, pp. 190 — 197, 1976.

[290] Stuchly S S , Kraszewski A , Stuchly M A , Hartsgrove G , Adamski D. Energy Deposition in a Model of Man in the Near Field . Bioelectromagnetics, Vol. 6, pp. 115—129, 1985.